5G丛书

5G 空口设计与实践进阶

5G Air Interface Designing and Network Construction Advancing

中睿通信规划设计有限公司 主编

黄劲安 区奕宁 董力 曾哲君 蔡子华 梁广智 编著

人民邮电出版社
北京

图书在版编目（CIP）数据

5G空口设计与实践进阶 / 中睿通信规划设计有限公司主编 ; 黄劲安等编著. -- 北京 : 人民邮电出版社, 2019.8(2023.1重印)
（5G丛书）
国之重器出版工程
ISBN 978-7-115-51932-0

Ⅰ. ①5… Ⅱ. ①中… ②黄… Ⅲ. ①无线电通信－移动通信－通信技术 Ⅳ. ①TN92

中国版本图书馆CIP数据核字(2019)第179877号

内 容 提 要

本书主要介绍 5G NR 物理层技术及 5G 网络规划部署相关的内容。首先介绍 5G NR 的性能和效率需求及其设计目标，重点讨论 5G NR 应对多样化业务需求挑战的整体设计思路；继而从底层设计的角度出发，紧扣技术规范，对关键的空口资源利用、信道管理和物理层过程实现等进行比较详细的阐述；然后重点关注和讨论 5G NR 网络规划和工程实施；最后介绍 5G NR 的应用前瞻以及对 5G NR 演进的思考。

本书可供具有一定移动通信技术基础的管理人员或专业技术人员阅读，也可作为通信院校相关专业师生的参考读物。

◆ 主　　编　中睿通信规划设计有限公司
　编　　著　黄劲安　区奕宁　董　力　曾哲君
　　　　　　蔡子华　梁广智
　责任编辑　李　强
　责任印制　杨林杰

◆ 人民邮电出版社出版发行　　北京市丰台区成寿寺路 11 号
　邮编　100164　　电子邮件　315@ptpress.com.cn
　网址　http://www.ptpress.com.cn
　固安县铭成印刷有限公司印刷

◆ 开本：720×1000　1/16
　印张：27.75　　　　　　2019 年 8 月第 1 版
　字数：495 千字　　　　　2023 年 1 月河北第 2 次印刷

定价：168.00 元

读者服务热线：(010) 81055493　印装质量热线：(010) 81055316
反盗版热线：(010) 81055315

《国之重器出版工程》编辑委员会

李伯虎 中国工程院院士

李应红 中国科学院院士

李春明 中国兵器工业集团首席专家

李莹辉 国际宇航科学院院士

李得天 国际宇航科学院院士

李新亚 国家制造强国建设战略咨询委员会委员、中国机械工业联合会副会长

杨绍卿 中国工程院院士

杨德森 中国工程院院士

吴伟仁 中国工程院院士

宋爱国 国家杰出青年科学基金获得者

张　彦 电气电子工程师学会会士、英国工程技术学会会士

张宏科 北京交通大学下一代互联网互联设备国家工程实验室主任

陆　军 中国工程院院士

陆建勋 中国工程院院士

陆燕荪 国家制造强国建设战略咨询委员会委员、原机械工业部副部长

陈　谋 国家杰出青年科学基金获得者

陈一坚 中国工程院院士

陈懋章 中国工程院院士

金东寒 中国工程院院士

周立伟 中国工程院院士

郑纬民　中国工程院院士
郑建华　中国科学院院士
屈贤明　国家制造强国建设战略咨询委员会委员、工业和信息化部智能制造专家咨询委员会副主任
项昌乐　中国工程院院士
赵沁平　中国工程院院士
郝　跃　中国科学院院士
柳百成　中国工程院院士
段海滨　“长江学者奖励计划”特聘教授
侯增广　国家杰出青年科学基金获得者
闻雪友　中国工程院院士
姜会林　中国工程院院士
徐德民　中国工程院院士
唐长红　中国工程院院士
黄　维　中国科学院院士
黄卫东　“长江学者奖励计划”特聘教授
黄先祥　中国工程院院士
康　锐　“长江学者奖励计划”特聘教授
董景辰　工业和信息化部智能制造专家咨询委员会委员
焦宗夏　“长江学者奖励计划”特聘教授
谭春林　航天系统开发总师

前 言

“不言之言，闻于雷鼓”。2019 年 6 月 6 日，工业和信息化部经履行法定程序，向中国电信、中国移动、中国联通和中国广电四家企业颁发了基础电信业务经营许可证，批准四家企业经营“第五代数字蜂窝移动通信业务”。这标志着我国正式进入 5G 商用元年。

5G NR 作为新一代信息通信技术的主要发展方向，具备更快的传输速度、超低时延、更低功耗以及支持海量连接等显著特征，不仅能满足人与人的基本通信需求，还能进一步满足人与物、物与物的通信需求，最终实现万物互联。5G 商用，将孕育新兴的信息产品和服务，并逐步渗透到经济社会的各行业、各领域，对于构筑数字化时代国家竞争优势的意义非常重大。而优质的网络覆盖则是 5G 商用并催生和重塑新业态的重要基础。

为了支撑高效率、低成本的 5G 网络部署，当前业界进行了诸多有益的探索和尝试，包括 5G NR 标准研制的支撑、样机开发、关键技术验证、组网技术性能测试和典型的业务演示等。

本书主要关注 5G NR 的空口设计及与网络部署相关的技术方案。全书共分为 10 章。第 1 章为 NR 演进之路，主要描述 5G NR 的性能和效率需求及其设计目标，重点讨论 NR 应对多样化业务需求挑战的整体设计思路，并简述 NR 的标准化进程。第 2～6 章从 5G NR 底层设计的角度出发，紧扣技术规范，对关键的空口资源利用、信道管理和物理层过程实现等进行了比较详细的阐述，其中，第 2 章简述 NR 的无线接口架构；第 3 章介绍 NR 对空口资源的利用及相对于 LTE 的变化；第 4 章和第 5 章分别论述 NR 信道的设计和管理，以及小区搜索、随机接入等 NR 的关键物理层过程；第 6 章参照 3GPP 对 R15 版本 NR 的自评估，提供了与 eMBB 场景密切相关的性能指标评估。第 7 章和第 8 章重点讨论网络规划和工程实施，其中，第 7 章介绍 NR 新特性对网络规划带来的挑战，以及相应的应对策略和具体规划方法；第 8 章从工程实施的角度介绍 NR 主设备、电源配套、室分系统等的建设方案。第 9 章是对 5G NR 应用的前瞻，根据智慧城市、智慧生活和智慧生产的体系划分，简要介绍未来 NR 可能落地的典型垂直行业应用。第 10 章是对 5G NR 演进的再思考，简述 NR 通过非授权频谱接入技术融合主流无线制式网络的趋势，并提出 NR 持续演进是长期过程的论断。

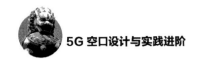

本书由黄劲安、区奕宁、董力、曾哲君、蔡子华、梁广智、郑锐生、陈志成、蒋绍杰等组织编写并统稿；陆俊超、陈漩、许泽钊负责技术结论的验证和审核；张紫璇、梁雅菁、韩钰昕负责插图绘制和校对。书中的主要内容是中睿通信规划设计有限公司技术团队在从事 5G 标准化研究及试验网建设过程中的部分研究成果。限于作者的认知水平，书中难免存在疏漏或不当之处，敬请广大读者不吝赐教。

作者
2019 年 6 月于广州

目 录

第一部分 绪论

第二部分 底层设计

第三部分 网络部署

第四部分　应用前瞻

第五部分　系统演进

第一部分 绪论

第1章 NR演进之路

相对以往的移动通信系统，NR的应用场景和服务对象均发生了极大的变化，其系统设计也不再简单地以更高峰值速率和更高频谱效率作为核心目标。为满足差异化的能力指标要求，NR需要系统性的方案设计，基于一组关键技术以解决不同场景的需求侧重点。需要强调的是，NR选择的技术不一定是理论上最先进的，但一定是可实现和满足需求的。

|1.1 NR 的需求和目标|

随着移动互联网数据流量需求和物联网终端接入需求的快速增长以及各类新业务、新应用的不断涌现，NR（New Radio，特指 5G，以下同）面对的是具有极端差异化性能需求的多样性业务场景。NR 的服务对象将由传统的“以人为中心”的移动互联网业务拓展到“以物为中心”的物联网业务，进而实现人与人、人与物和物与物的互联。

根据 NR 业务性能需求和信息交互对象的不同，国际电信联盟（ITU）定义了增强移动宽带（eMBB）、海量机器类通信（mMTC）和超高可靠低时延通信（uRLLC）三大类 NR 应用场景，如图 1-1 所示。

增强移动宽带场景主要面向移动互联网业务需求，可以进一步划分为连续广覆盖和热点高容量子场景。其中，连续广覆盖子场景是移动通信最基本的覆盖方式，重在为用户提供无缝的高速业务体验。热点高容量子场景则面向局部热点区域，为用户提供极高的数据传输速率。

海量机器类通信场景主要面向以传感和数据采集为目标的物联网业务需求，旨在为海量连接、小数据分组、低成本、低功耗的设备提供有效的连接方式。

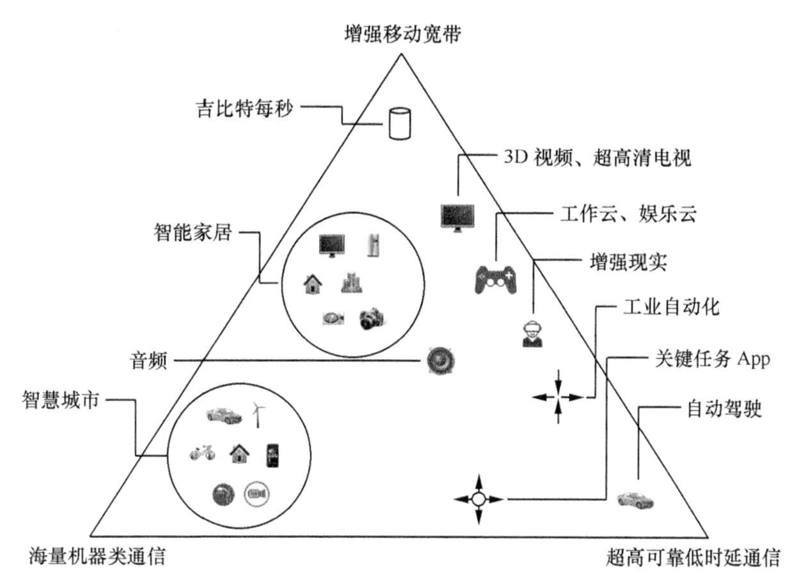

图 1-1 ITU《IMT 愿景》定义的三大应用场景

超高可靠低时延通信场景主要满足物联网业务需求，具体面向车联网、工业控制、移动医疗等对时延和可靠性具有极高指标要求的特殊行业应用。

1.1.1 NR 性能需求

由于 NR 的应用场景和服务对象发生了极大的变化，因而 NR 系统的设计也不再是简单地以更高峰值速率和更高频谱效率作为核心设计目标。根据对增强移动宽带、海量机器类通信和超高可靠低时延通信三大典型应用场景的初步分析，NR 除了要持续提升峰值速率、时延和移动性 3 个方面传统移动通信系统的性能指标外，还需要新增关注用户体验速率、流量密度、连接数密度和可靠性等新型指标。

总结起来，NR 的主要性能需求包括以下几方面。

• 峰值速率（Peak Data Rate）。理想信道条件下单用户所能达到的最高传输速率，可用 Gbit/s 衡量。相比于 4G 网络，NR 要求峰值速率呈数十倍的提升，常规条件下要求达到 10 Gbit/s，而特定场景下则要求达到 20 Gbit/s。

• 时延（Latency）。时延具体包括空口时延和端到端时延，单位为 ms。移动通信系统的时延一般采用 OTT（Over Trip Time）或 RTT（Round Trip Time）

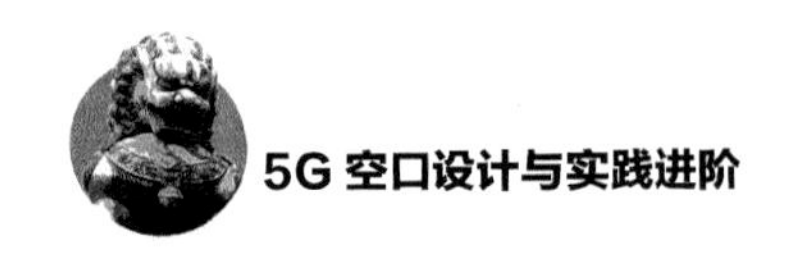

进行衡量。OTT 是指在发送端到接收端之间完成数据收发的时间间隔；RTT 是指从发送端发送数据到发送端收到接收端确认信息过程的时间间隔。在 NR 的常规场景下，一般要求控制面时延低于 20 ms，而在车联网、工业控制等对时延要求严苛的场景下，要求最小空口时延为 1 ms。

- 移动性（Mobility）。满足特定 QoS 和无缝传输条件下收发双方可支持的最大相对移动速度，单位为 km/h。NR 要求在 500 km/h 的极端环境下，能够克服多普勒频移和频繁切换的不利影响，保持始终如一的高速连接，以便更好地支持地铁、高速公路、高铁等高速或超高速移动场景。
- 用户体验速率（User Experienced Data Rate）。在实际网络荷载下可保证的用户传输速率，可用 Mbit/s 或 Gbit/s 衡量。用户体验速率首次作为衡量移动通信系统的核心性能指标而被引入 NR 系统。在实际网络中，用户体验速率与无线环境、设备接入数、用户规模与分布、用户位置等因素息息相关，一般采用期望平均值或 95%比例统计方法进行分析和评估。在不同场景下，对 NR 用户体验速率的要求不同。一般在连续广覆盖场景中要求达到 100 Mbit/s，而在热点高容量场景中则期望达到 1 Gbit/s。
- 流量密度（Area Traffic Capacity）。忙时典型区域单位面积上总的业务吞吐量，单位为 $\text{Tbit/s}\cdot\text{km}^{-2}$。流量密度是衡量典型区域覆盖范围内数据传输能力的重要性能指标，具体与网络拓扑、用户分布、传输模型等密切相关。NR 要求支持不低于数十 $\text{Tbit/s}\cdot\text{km}^{-2}$ 的流量密度。
- 连接数密度（Connection Density）。单位面积上可支持的在线终端的总和，在线是指终端正在以特定的 QoS 等级进行通信，一般可用 $10^6/\text{km}^2$ 来衡量连接数密度。NR 要求单位面积内可支持的连接器件数目达到 $1\times10^6/\text{km}^2$。
- 可靠性（Reliability）。在一定时间范围内规定的数据信息量被成功发送到对端的概率。历代移动通信系统均是以覆盖和容量的相对最大化为设计目标，并提供尽力而为的移动通信服务。但 NR 的某些特定场景，如自动驾驶、远程医疗等，对高可靠和高可达性的连接服务需求较高。这类场景要求 NR 能够支持可靠性高达 99.999%的中低速数据传输能力。

ITU《IMT 愿景》定义的 5G 关键能力指标如图 1-2 所示。

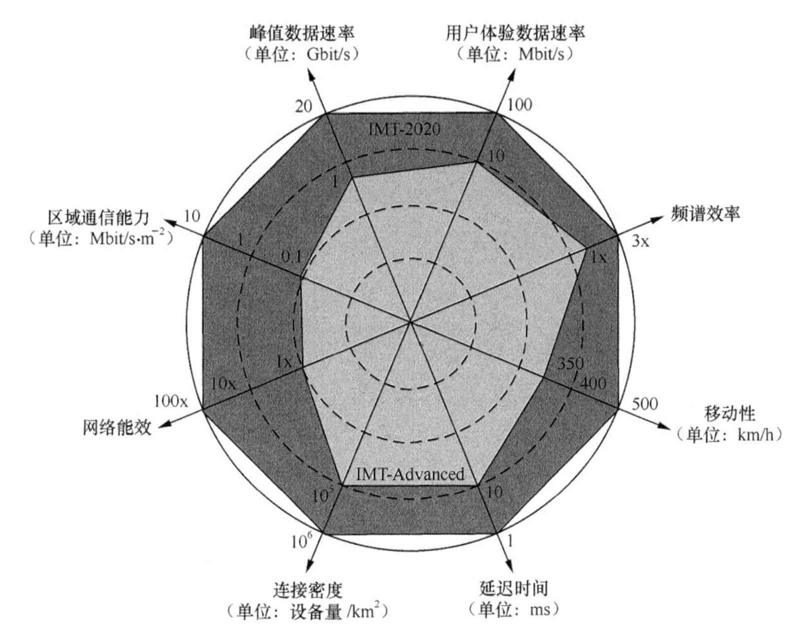

图 1-2　ITU《IMT 愿景》定义的 5G 关键能力指标

1.1.2　NR 效率需求

NR 系统的设计，除了关注前述的性能需求外，还需要关注频谱效率、网络能效以及成本效率等直接决定新系统能否实现可持续与高效发展的效率需求，具体包括以下几方面。

- 频谱效率（Spectrum Efficiency）。每小区或单位面积内，单位频谱资源可提供的吞吐量，可用 $bit/s\cdot Hz^{-1}$ 衡量。频谱效率的提升对于占用频谱这种短缺且不可再生资源的移动通信系统来说至关重要。NR 要求频谱效率相对于 LTE-A 网络有 3～5 倍的提升，室外场景下的平均频谱效率需达到 6~9 $bit/s\cdot Hz^{-1}$。
- 网络能效（Energy Efficiency）。每焦耳能量所能传输的比特数，可用 bit/J 衡量。在指数级流量增长和海量设备连接的背景需求下，如果网络能效不高，将难以实现 NR 系统的可持续和高效发展。因此，NR 注重网络能效的改善，要求能效相对 LTE-A 能够得到超百倍的提升。
- 成本效率（Cost Efficiency）。每单位成本所能传输的比特数。NR 的成本主要包括网络部署成本和运营维护成本，直接与运营商的资本性支出（CAPEX）和运营性支出（OPEX）挂钩。因而成本效率也是 NR 系统设计时不可忽略的运营需求。

1.1.3 NR 设计目标

根据《ITU-R M.2410 IMT-2020 最小性能要求》，符合设计目标的 IMT-2020 候选技术方案必须全部满足 13 项指标要求。这 13 项指标是对图 1-2 所示的八大关键能力指标的扩充，具体指标见表 1-1。

表 1-1 NR 的最低设计目标要求

<table>
<tr><th colspan="2">指标</th><th>应用场景</th><th>最小性能要求</th></tr>
<tr><td colspan="2">峰值速率</td><td>eMBB</td><td>下行：20 Gbit/s；上行：10 Gbit/s</td></tr>
<tr><td colspan="2">峰值频谱效率</td><td>eMBB</td><td>下行：30 bit/s·Hz^{-1}；上行：15 bit/s·Hz^{-1}</td></tr>
<tr><td colspan="2">用户体验速率</td><td>eMBB</td><td>• 密集城区（Dense Urban）
下行：100 Mbit/s；上行：50 Mbit/s</td></tr>
<tr><td colspan="2">5%用户频谱效率</td><td>eMBB</td><td>• 室内热点（Indoor Hotspot）
下行：0.3 bit/s·Hz^{-1}；上行：0.21 bit/s·Hz^{-1}
• 密集城区
下行：0.225 bit/s·Hz^{-1}；上行：0.15 bit/s·Hz^{-1}
• 农村（Rural）
下行：0.12 bit/s·Hz^{-1}；上行：0.045 bit/s·Hz^{-1}</td></tr>
<tr><td colspan="2">平均频谱效率</td><td>eMBB</td><td>• 室内热点
下行：9 bit/s·Hz^{-1}/TRxP；上行：6.75 bit/s·Hz^{-1}/TRxP
• 密集城区
下行：7.8 bit/s·Hz^{-1}/TRxP；上行：5.4 bit/s·Hz^{-1}/TRxP
• 农村
下行：3.3 bit/s·Hz^{-1}/TRxP；上行：1.6 bit/s·Hz^{-1}/TRxP</td></tr>
<tr><td colspan="2">区域流量</td><td>eMBB</td><td>• 室内热点
10 Mbit/s·m^{-2}</td></tr>
<tr><td rowspan="2">时延</td><td>用户面时延</td><td>eMBB、uRLLC</td><td>• eMBB：4 ms
• uRLLC：1 ms</td></tr>
<tr><td>控制面时延</td><td>eMBB、uRLLC</td><td>最低要求 20 ms，提议 10 ms</td></tr>
<tr><td colspan="2">连接数密度</td><td>mMTC</td><td>1000000/km^2</td></tr>
<tr><td colspan="2">能效</td><td>eMBB</td><td>高休眠比例，长休眠时间</td></tr>
<tr><td colspan="2">可靠性</td><td>uRLLC</td><td>• 城区宏站（Urban Marco）测试环境下
小区边缘，一个 32 字节的层二 PDU 在 1 ms 内的传输可靠性达到 1–10^{-5}，即 99.999%</td></tr>
<tr><td colspan="2">移动性</td><td>eMBB</td><td>• 室内热点
谱效 1.5 bit/s·Hz^{-1} 前提下，支持 10 km/h
• 密集城区
谱效 1.12 bit/s·Hz^{-1} 前提下，支持 30 km/h
• 农村
谱效 0.8 bit/s·Hz^{-1} 前提下，支持 120 km/h；
谱效 0.45 bit/s·Hz^{-1} 前提下，支持 500 km/h</td></tr>
<tr><td colspan="2">移动中断时间</td><td>eMBB、uRLLC</td><td>0 ms</td></tr>
<tr><td colspan="2">带宽</td><td>全部</td><td>支持 100 MHz</td></tr>
</table>

简单总结一下，NR 应采用统一、灵活、可配置的设计，以实现高速率、广覆盖、高移动性、低时延和大连接的基本特性。

1.2　解码 NR 设计

在 NR 的三大典型场景中，不同场景对关键能力指标的侧重点不同，如图 1-3 所示。其中，增强移动宽带 eMBB 是移动通信系统设计最基本的覆盖目标。eMBB 要求在连续广覆盖场景下，无论用户处于覆盖中心还是边缘，无论终端处于静止还是高速移动，都能获得最低 100 Mbit/s 的体验速率保证。而实际上，由于多普勒效应的存在，高移动性与高速率保证是一对某种程度上互斥的指标。这就决定了，NR 的设计必须是系统性的优化或重设计，使原本对立的性能指标趋于整体最优。而海量机器类通信（mMTC）既要求支持海量的设备接入，又要求极高的网络能效，同理也免不了性能与成本的博弈。超高可靠低时延通信（uRLLC）对时延、可靠性等能力有严格的要求，且极可能与 eMBB 业务并存，此时单一的空口技术优化或突破已无法同时满足多个差异化的指标需求。因此，NR 的设计需要系统性的解决方案，定义 NR 的将是一组关键技术而非单一技术。需要强调的是，NR 选择的技术不一定是理论上最先进的，但一定是可实现和满足需求的。

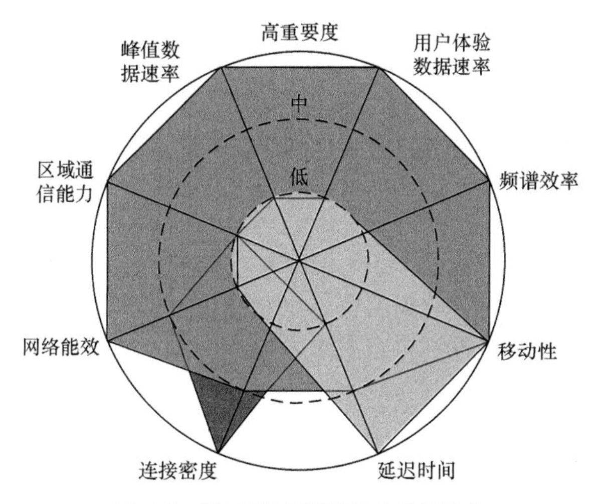

图 1-3　NR 应用场景及技术指标需求

图 1-4 简化和归纳了 NR 典型应用场景的主要需求，以及相应的解决方案。对于高速率需求，主要通过超大带宽传输、多载波优化、更高阶调制、超密集

组网以及大规模阵列天线等技术方案解决；对于广覆盖需求，可从信道覆盖增强、辅助上行、终端增强等方面入手；对于高移动性需求，为了克服多普勒频偏的影响，主要是从系统参数设计和优化的途径实现。对于低时延需求，则必须通过网络架构调整以及空口技术的优化解决；而对于大连接需求，目前主流的思路是通过非正交多址接入及相应的免调度接入机制等来实现。

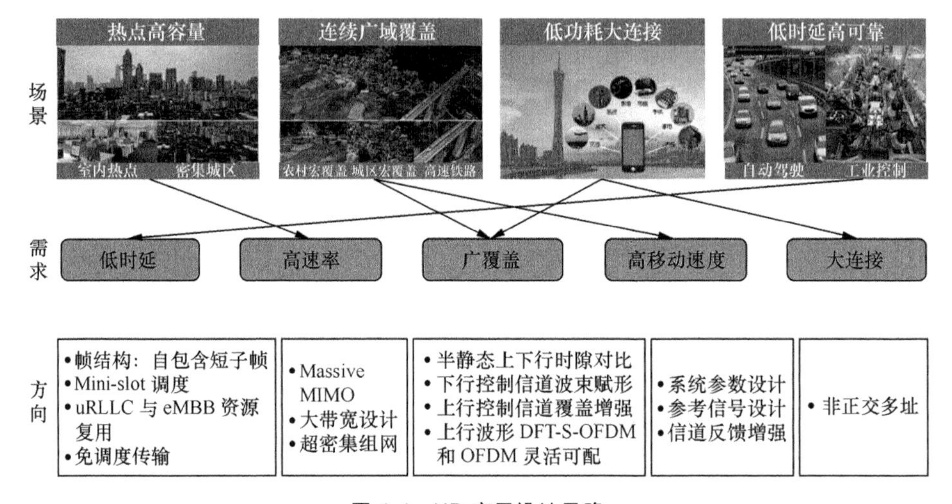

图 1-4　NR 底层设计思路

下面重点讨论高速率、广覆盖、高移动性、低时延和大连接的基本约束和实现。

1.2.1　高速率需求的实现

高速率是 NR 及历代移动通信系统的重要提升方向。对于高速率的追求，实际是对香农极限（Shannon Limit）的不断逼近。

香农第二定理给出了有噪信道信息传输速率的上限。对于给定的存在随机热噪声的通信信道，其信道容量 C 可表示为

$$C = B \cdot \log_2\left(1+\frac{S}{N}\right) \tag{1-1}$$

在式（1-1）中，B 是可用的信道带宽，S 是接收信号平均功率，N 是加在接收信号上的白噪声功率。

1. **高速率的基本约束**

由式（1-1）可知，限制可达数据传输速率的两个重要因素分别是信噪比和

可用带宽。更进一步地分析，假设以信息速率 R 进行通信，E_b 是接收信号的每比特能量，则接收信号功率 S 可以表示为

$$S = E_b \cdot R \tag{1-2}$$

用 n_0 表示噪声单边功率谱密度，则噪声功率 N 可以表示为

$$N = n_0 \cdot B \tag{1-3}$$

由于理论上可达数据传输速率不可能超过香农极限，联系式（1-2）和式（1-3），则有

$$R \leqslant C = B \cdot \log_2\left(1+\frac{S}{N}\right) = B \cdot \log_2\left(1+\frac{E_b \cdot R}{n_0 \cdot B}\right) \tag{1-4}$$

定义无线链路带宽利用率$\gamma=R/B$，则有

$$\gamma \leqslant \log_2\left(1+\gamma \cdot \frac{E_b}{n_0}\right) \tag{1-5}$$

变化不等式（1-5），可计算出，在一定噪声功率密度下，给定带宽利用率γ所需要达到的每比特接收能量的下限：

$$\frac{E_b}{n_0} \geqslant \min\left\{\frac{E_b}{n_0}\right\} = \frac{2^{\gamma}-1}{\gamma} \tag{1-6}$$

接收端所需 $\min\left\{\frac{E_b}{n_0}\right\}$ 与带宽利用率γ的关系曲线如图 1-5 所示。

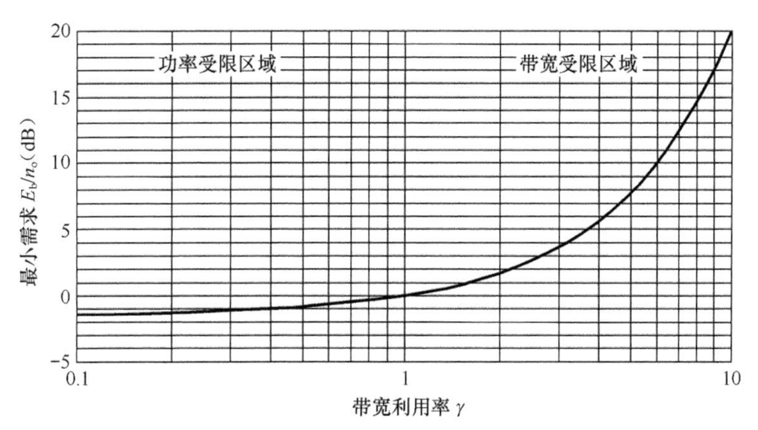

图 1-5 接收端所需最小的 E_b/n_0 与带宽利用率的函数关系

图 1-5 提供了一种新的视角，即在给定噪声功率密度下，观测可用带宽 B 的变化对某种信息速率 R 对应所需的接收信号功率 S 的影响，分析后得出以下

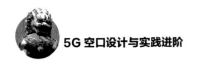

基本结论。

- 当$\gamma>1$ 时，$\min\left\{\frac{E_b}{n_0}\right\}$随着$\gamma$迅速增长，也就是说，更高的数据速率要求高信噪比或信干比，但如果可用带宽 B 与信息速率 R 成比例增长，则会降低该信息速率下所需的最小接收信号功率 S，这类场景我们称为带宽受限。
- 当$\gamma \ll 1$时，无论γ取何值，$\min\left\{\frac{E_b}{n_0}\right\}$趋于某个定值，此时，可用带宽 B 的增长并不完全影响某种信息速率所需的接收信号功率 S，在给定噪声功率密度下，任何信息速率 R 的增长都要求接收端最小信号功率要有 $S=E_b\cdot R$ 的相对增长，这类场景我们称为功率受限。

2. **高速率的实现思路**

根据前述的讨论，为获取更高的数据速率，增大带宽、提高信噪比是主要的途径。NR 实现高速率的设计思路也源于此。

（1）超大带宽传输。

在带宽受限时，为了高效利用可获得的接收信号功率，更准确地说是可获得的信噪比，增加系统带宽是提高信息速率最直接的方法。因此，超大带宽传输是 NR 的主要设计方向。

超大带宽传输面临的严峻问题是，低频带资源稀缺，且考虑到目前的频率占用情况，低频带难以提供足够的连片带宽，因而 NR 将采用高频通信。这是由于无线通信的最大信号带宽约是载波频率的 5%，载波频率越高，可实现的信号带宽也越大。

根据 R15，NR 定义的工作带宽最大可达 100 MHz（Sub 6G）和 400 MHz（mmWave），这相比 LTE 单载波最大带宽 20 MHz 的设计提高 5～20 倍。需要指出的是，工作带宽不可能也不必要无限拓展。这是由于，一方面，应用更高带宽对基站和终端的无线器件有影响，设计支持更高带宽的射频器件将更加复杂且成本更为昂贵；另一方面，在给定信噪比时，即使带宽趋于无穷大，信道容量也不会趋于无限大，而只是 S/n_0 的 1.44 倍。相关证明如下。

根据式（1-3），可将式（1-1）改写为

$$C=B\cdot\log_2\left(1+\frac{S}{n_0B}\right) \tag{1-7}$$

令 $x=S/(n_0B)$，则式（1-7）可进一步改写为

$$C=\frac{S}{n_0}\frac{Bn_0}{S}\cdot\log_2\left(1+\frac{S}{n_0B}\right)=\frac{S}{n_0}\cdot\log_2(1+x)^{1/x} \tag{1-8}$$

利用关系式

$$\lim_{x\to 0}\ln(1+x)^{1/x}=1 \tag{1-9}$$

及

$$\log_2 a=\log_2 \mathrm{e}\cdot\ln a \tag{1-10}$$

可以从式（1-8）写出

$$\lim_{B\to\infty}C=\lim_{x\to 0}\frac{S}{n_0}\log_2(1+x)^{1/x}=\frac{S}{n_0}\log_2 \mathrm{e}\approx 1.44\frac{S}{n_0} \tag{1-11}$$

根据式（1-11）画出的信道容量 C 和带宽 B 的关系曲线如图 1-6 所示。

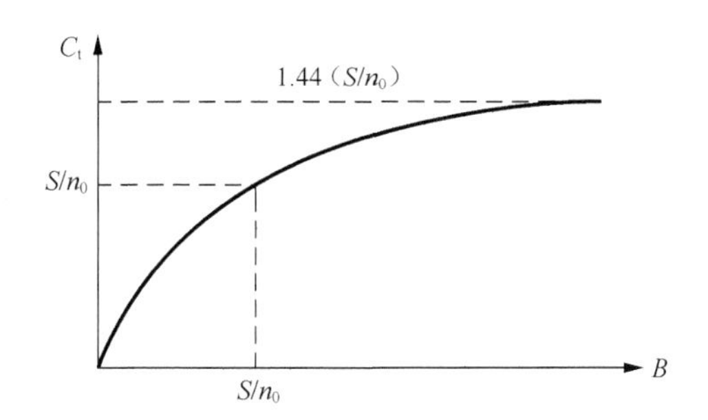

图 1-6 信道容量和带宽的关系

（2）多载波传输。

在讨论超大带宽传输时，通常需要关注的细节还有无线信道频率选择性对信号传输的衰减。一般来说，更高带宽传输时受到信道频率选择性的影响更大。因此，在超大带宽传输时，必须考虑专门的传输方案和信号设计。典型的解决方法如多载波传输。

多载波传输是通过传输多路窄带的子载波信号来替代传输一路宽带信号。M 路子载波信号通过频率复用后在相同的无线链路上共同传输至同一接收机，既能够使整体数据速率增加到 M 倍，又能使无线信道频率选择性所造成的信号衰减仅取决于每个子载波的带宽。

LTE 选择的多载波传输方案是，下行链路采用 CP-OFDM，上行链路采用 DFT-S-OFDM。在 R15 中，NR 沿用了 OFDM 技术，区别主要有两方面：其一，NR 上行链路既支持 OFDM 又支持 DFT-S-OFDM；其二，NR 的 OFDM 基本参数支持多种 Numerologies（参数集）。

（3）更高阶调制。

在前文对带宽受限的讨论中已推导出，更高的带宽利用率要求更大的

$\min\left\{\frac{E_b}{n_0}\right\}$。这意味着，在给定带宽时，要获取更高的信息速率，需要保证更高的信噪比。但实际上，在小区轻负载或者用户靠近小区中心等特定场景下，较高的信噪比是可保证的。因而在这类场景且给定传输带宽的条件下，可以通过高阶调制来提高数据传输速率。

从 LTE 到 NR，数据信道的调制方式演进见表 1-2。

表 1-2　LTE 和 NR 的调制方式对比

LTE	NR
QPSK 16QAM 64QAM	π/2-BPSK QPSK 16QAM 64QAM 256QAM

相对 LTE，NR 增加了 256QAM 和 π/2-BPSK 两种调制方式。256QAM 的星座图共有 256 个星座点，每个符号可以代表 8 bit 的信息，因而理论上 256QAM 的带宽利用率是 QPSK 的 4 倍，但由此带来的代价是对抗噪声和干扰的能力降低。反之，在给定传输带宽，当信噪比变差时，数据信道必须回落到低阶调制的方式，以保证可靠的数据传输。这也是 NR 在上行信道引入 π/2-BPSK 以提高小区边缘覆盖的原因。

（4）超密集组网。

根据图 1-5 和图 1-6，当可用带宽增大到一定程度时，由于噪声功率的增大，带宽 B 作用于信道容量提升的增益将趋缓，此时系统功率受限。为了获取更高速率，必须提高接收端信号功率，或者更准确地说，必须提高信噪比。

假定噪声功率一定，提高发射端发射功率是解决功率受限问题的可选方案。但实际上，出于电磁辐射对人体的影响、节能降耗的运营需求以及射频器件功放设计的限制等因素，发射端功率无法显著提升。对应 R15，NR 上行链路也仅是在若干频带（n41/n77/n78/n79）上允许终端提高 3 dB 发射功率。因此，仍需寻求在传输功率恒定条件下的解决方案。

在给定发射功率和噪声功率的条件下，决定接收信号功率的主要因素是链路传播损耗。因此，适当缩减小区的覆盖区域，可以缩短收发两端的距离并至少在理论上可以减少传播损耗，保证接收端信号功率的幅值，增加可获得的数据速率。

实际上，NR 也采用了类似的技术手段，即超密集组网，来实现局部热点区域的数据速率的成倍提升。

（5）大规模阵列天线。

在给定发射功率条件下，提高整体接收信号功率的另一种可选方法是增加接收端的天线数，即通过分集增益成比例地提高信噪比，从而在给定收发距离下也能达到更高的数据速率。但仅在收发的任意一侧增加天线数来提高数据速率是有上限的，更进一步的提高还需要在收发两端均增加天线数，以获得空分复用增益，突破数据速率提升的限制。上述方法即 MIMO 技术。

实际上，MIMO 技术已经在 LTE 中得到了广泛的应用。而 NR 将进一步增加天线的规模，通过巨大的阵列增益来改善接收信号强度并更好地抑制用户间干扰，从而实现更高速率。

综上所述，NR 主要是从超大带宽传输、多载波传输、更高阶调制、超密集组网以及大规模天线等方面来实现更高速率的。这些技术的实现，与 NR 物理层的设计密切相关，具体将在后续章节介绍。此外，作为补充，前述讨论均是基于给定噪声功率的前提条件，在实际应用中，还可以通过使用更加先进的 RF 设计来降低接收端噪声，提升可达的信噪比。

1.2.2　广覆盖需求的实现

覆盖是 NR 实现高速率、低时延、大连接等其他性能指标的基础。为满足连续广覆盖的需求，NR 在覆盖方面进行了全方位的增强设计。

1. 广覆盖的基本约束

在无线随参信道环境下，信号在传输过程中通常会产生各种失真，包括线性失真、非线性失真、时间延迟以及衰减等。这些失真可能随时间随机变化，只能用随机过程来表述。因此，在讨论某个移动通信系统的覆盖能力时，将进行简化处理，只关注系统自身的传输特性。

对于 NR 而言，决定其覆盖能力的基本约束主要有传输机制、工作频段和发射功率。传输机制主要反映在底层的设计，如 RB、CP、GT 和 GP 的配置等。以 LTE 的随机接入突发信号为例。随机接入突发信号由 CP（循环前缀）、随机接入前导码（Preamble）和保护时间（GT）3 个部分组成。预留 GT 是为了在上行同步尚未建立时，保证随机接入前导码的发送不受到干扰，因而 GT 的长度就决定了 LTE 的最大覆盖距离，即有

$$S_{\max} = GT \cdot c_0 / 2 \tag{1-12}$$

其中，c_0 为光速。式（1-12）表明，GT 长度越大，则 LTE 覆盖距离也越大。同理，NR 的覆盖能力也将受制于其自身的传输机制，尤其是底层参数的配置。

工作频段对 NR 覆盖能力的影响较为明显。由自由空间传播模型可知，载波频率越高，传播损耗就越大。因此，NR 工作在 mmWave 时的覆盖能力将远低于工作在 Sub 6G 时。

发射功率对 NR 覆盖能力的影响可以结合上下行链路来看。由于终端发射功率远低于基站侧发射功率，发射功率的差异导致了上行链路的覆盖距离低于下行链路的覆盖距离，即上下行不平衡现象，也称上行受限。可以预见，NR 的覆盖能力也决定于上行覆盖能力，如图 1-7 所示。

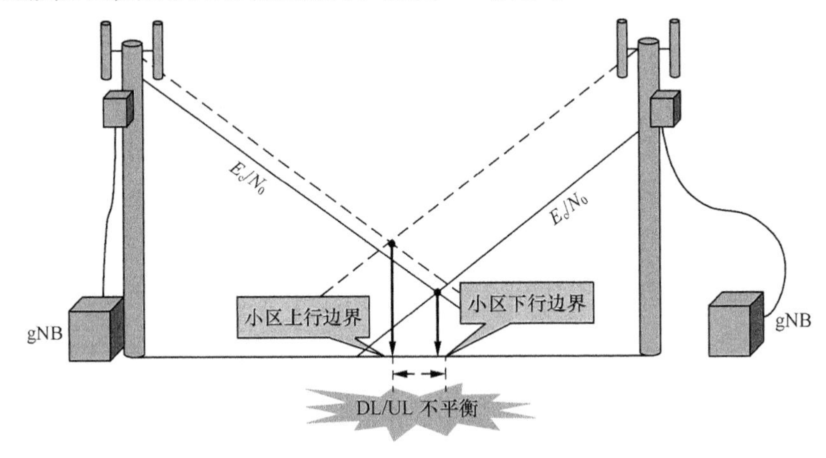

图 1-7　上下行不平衡现象

2. *广覆盖的实现思路*

根据对广覆盖基本约束的讨论，对应来看，NR 在传输机制，尤其是信道覆盖方面进行了全方位的增强设计。在工作频段方面，尽管向高频拓展是必然趋势，但 NR 也通过共享的方式对低频资源进行再利用。此外，为了弥补上行覆盖能力，NR 也在特定频段允许终端提升 3 dB 的发射功率。

（1）信道覆盖增强。

以 LTE 为例，PRACH 随机接入突发信号格式是制约 LTE 最大覆盖距离的重要因素之一。随机接入突发信号由循环前缀（CP）、前导序列（Sequence）和保护时间（GT）3 个部分组成。预留 GT，是因为在前导序列传输时，上行同步尚未建立，需要通过 GT 的配置来对抗多径时延。因此，PRACH 随机接入突发信号格式与小区覆盖范围存在约束关系，即小区边缘用户的传输时延 T_{RTT} 需要小于保护时间 T_{GT}，才能保证 PRACH 能被正常接收且不干扰其他子帧。由于 T_{RTT} 表征往返时延，故有

$$T_{\mathrm{RTT}}=\frac{1}{2}T_{\mathrm{GT}} \tag{1-13}$$

由式（1-13）可进一步推导出小区最大覆盖距离，即有

$$S_{\max} = c_0 \cdot T_{\mathrm{RTT}} = c_0 \cdot T_{\mathrm{GT}} / 2 \tag{1-14}$$

LTE 定义了 5 种 PRACH 前导格式，根据式（1-13）可计算出 LTE 小区最大覆盖距离为 107.34 km（Format 3）。

NR 的 PRACH 前导格式沿用了 LTE 的设计方案，但对 CP 的时长、前导序列的时长和重复次数、GT 的时长有不同的配置。例如 NR PRACH 的 Format 2，前导序列重复 4 次，能够有效对抗上行干扰，提高接收信号的解调性能。同时，在 Format 2 下，根据 GT 换算出的小区覆盖距离可达 142.99 km，相对 LTE 所支持的最大距离有较大幅度的提升。

除了随机接入信道的覆盖增强，NR 也对同步/广播信道、上/下行控制信道均进行了增强设计，具体的细节将在后续章节介绍。

（2）辅助上行。

针对上行受限问题，NR 提出了辅助上行（SUL，Supplementary Uplink）的可选方案。SUL 允许 UE 除了配置成对（FDD）或非成对（TDD）的上下行链路外，还可以附加配置辅助的上行链路，如图 1-8 所示。

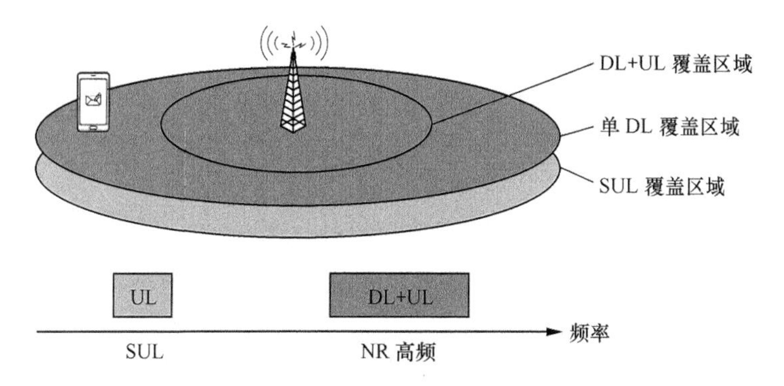

图 1-8 辅助上行 SUL 的典型示例

考虑 NR 在不同工作频段 f_1（如 1.8 GHz、20 MHz 带宽）和 f_2（3.5 GHz、100 MHz 带宽）条件下的上行覆盖能力。由于上行数据传输受限于 UE 最大发射功率而非上行信道带宽，尽管在 f_2 频段下为用户分配的 PRB 更多，但每 PRB 的功率密度远小于 f_1 频段下的功率密度，因此，NR f_1 的上行覆盖优于 NR f_2。此外，由于 f_2 频段高于 f_1，其上行方向的路径损耗也更大，同理也印证了上述结论。因此，为了增强 NR 上行能力，可以为 NR UL 引入辅助链路，NR 与 LTE 通过 TDM 或 FDM 的方式共用 LTE 载波频率（其频率通常低于 NR 的主力频段）。

通过辅助上行，NR 的覆盖范围将被适当拓展。以图 1-9 所示的场景为例，

当 UE 处于 3.5 GHz 覆盖能力范围内，上行基于 3.5 GHz 进行数据传输；当 UE 移动到 3.5 GHz 覆盖边缘，则上行调度至 1.8 GHz 传输，这就间接拓展了 NR 上行的覆盖能力。

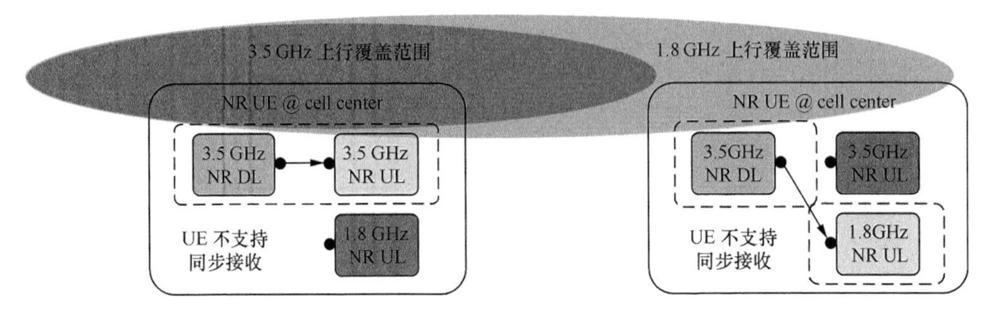

图 1-9　NR 3.5 GHz 配置 1.8 GHz 辅助链路

值得注意的是，LTE 载波可用于 NR 上行共享的基本判断是，当前 LTE 承载的多为上下行不对称业务，尤其是 FDD 模式下，上行存在空闲频率资源。但 SUL 会造成 LTE 性能的下降，尤其是当 LTE 使用高阶调制时，性能下降得更为明显。根据实验数据，当且仅当设置一个 PRB 的频率保护并且无功率偏置时，SUL 对 LTE 的影响才可忽略。

此外，还需特别指出，配置 SUL 的 UE，仅能在任一上行链路上进行调度传输，而不支持同时在两个上行链路上传送数据。这也是 SUL 和载波聚合（CA）的本质区别。

（3）终端增强。

在不考虑功放器件受限以及电磁辐射的前提下，提高终端功率实际上才是解决 NR 上行覆盖能力不足问题的最为行之有效的方案。综合考虑功率补偿的作用以及运营需求等多种因素，R15 允许在 n41/n77/n78/n79 特定频段上支持发射功率为 26 dBm 的高功率终端，即 HPUE（High Power UE）。HPUE 的 RFFE 架构设计用例如图 1-10 所示。

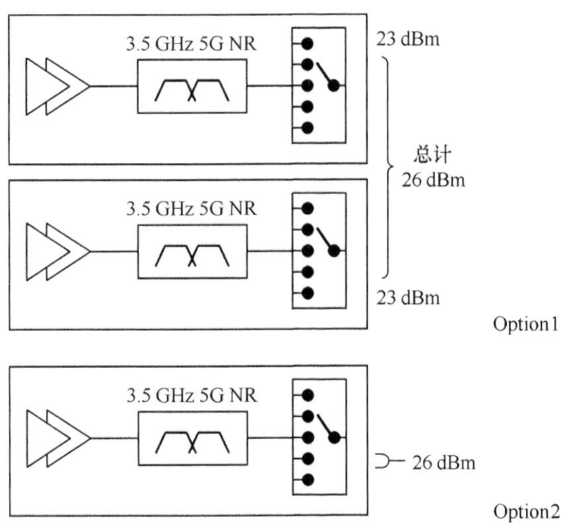

图 1-10　HPUE RFFE 架构

此外，增加 UE 收发天线的数目也是有效的可选方案。支持 2×2UL-MIMO

将是 NR 终端配置的普遍要求。

1.2.3 高移动性需求的实现

移动性是指满足特定 QoS 和无缝传输条件下系统可支持的最大移动速度。NR 要求用户终端在 500 km/h 的极端环境下也能保持始终如一的高速连接。这一指标相对于 LTE 最大支持 350 km/h 的设计有着显著的性能提升，同时也就要求要有一系列优化的方案来克服移动性的限制。

1. **高移动性基本约束**

由于多普勒效应的作用，终端在高速运动时将引起多普勒频偏，直接导致接收机解调性能的下降。

多普勒效应是指当发射端与接收端之间存在相对运动时，两者互相接近时接收频率变高，而两者互相远离时接收频率变低的物理现象。多普勒频移即发射端与接收机之间的相对运动所引起信号在频域上的扩展，具体可表征为

$$f_d = f_c \cdot \frac{v}{c} \cdot \cos\theta \qquad (1\text{-}15)$$

其中，f_c为载波频率，c为光速，v为移动速度，θ是运行方向与接收方向的夹角。由式（1-15）可知，在给定移动速度时，最大的多普勒频偏f_d发生在$\cos\theta=1$时。

对 OFDM 通信系统而言，多普勒频移对移动性的影响直接体现在其对子载波正交性的破坏或部分破坏。如图 1-11 所示，OFDM 子载波间的正交性取决于每个子载波特殊的时频结构（子载波周期性地出现零值，且这些零值恰好落在其他子载波的峰值频率处），而并非简单地依赖于频域隔离。而一旦存在多普勒频偏，每一个子载波在所有其他子载波中心频率处的频率不再为零，子载波间的正交性受到破坏，从而引起子载波间干扰（ICI）。图 1-12 示出了存在频偏时的情况。

相干时间T_c是频域多普勒频移在时域的表示，用以描述在时域信道内频率色散的时变性。相干时间的普遍定义由式（1-16）近似给出。

$$T_c \approx \sqrt{\frac{9}{16\pi f_d^2}} = \frac{0.423}{f_d} \qquad (1\text{-}16)$$

当 OFDM 信号的符号周期$T_s < T_c$时，发送信号经历慢衰落，此时信道为静态信道；而当符号周期$T_s > T_c$时，发送信号经历快衰落，此时信道发生时间选择性衰落，易引起 OFDM 的子载波间干扰。

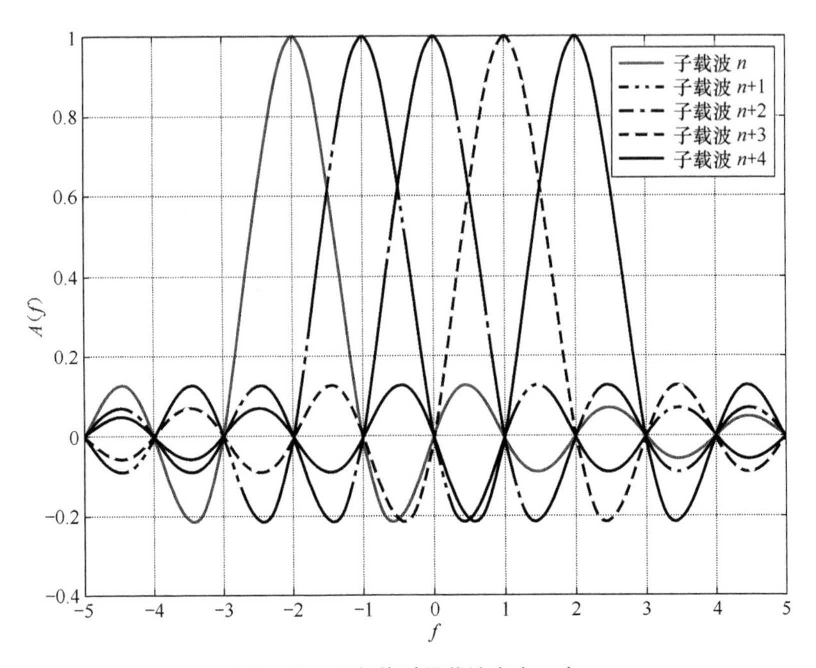

图 1-11　无频偏时子载波完全正交

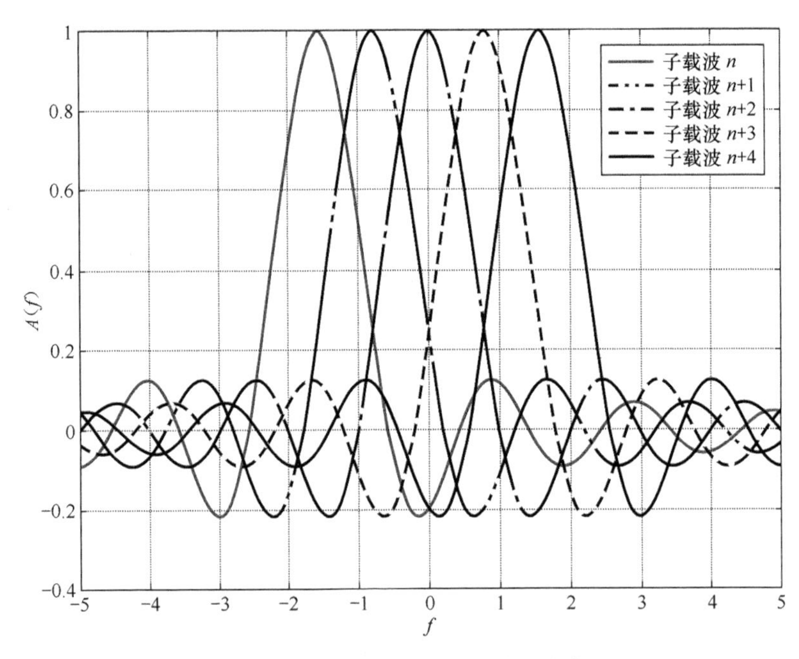

图 1-12　有频偏时子载波正交性丧失

由于 OFDM 符号周期与子载波间隔成反比，因而，为了对抗多普勒频移引发的 ICI，在设计通信系统的 OFDM 基本参数时，OFDM 子载波间隔不宜过小，以免因 T_s 过大而增加系统的时频敏感性。从这一意义上来说，相干时间 T_c 越小，OFDM 基本参数配置的受限越大，通信系统也越难设计。

图 1-13 示出了载波频率分别为 2.6 GHz、3.5 GHz、4.9 GHz 以及 28 GHz 条件下，信道相干时间 T_c 与速度 v 的关系。可见，载波频率越高，相干时间越小；且随着速度的缓慢增大，相干时间迅速变小。这也决定了更高频段难以适用于 NR 高速移动的场景。

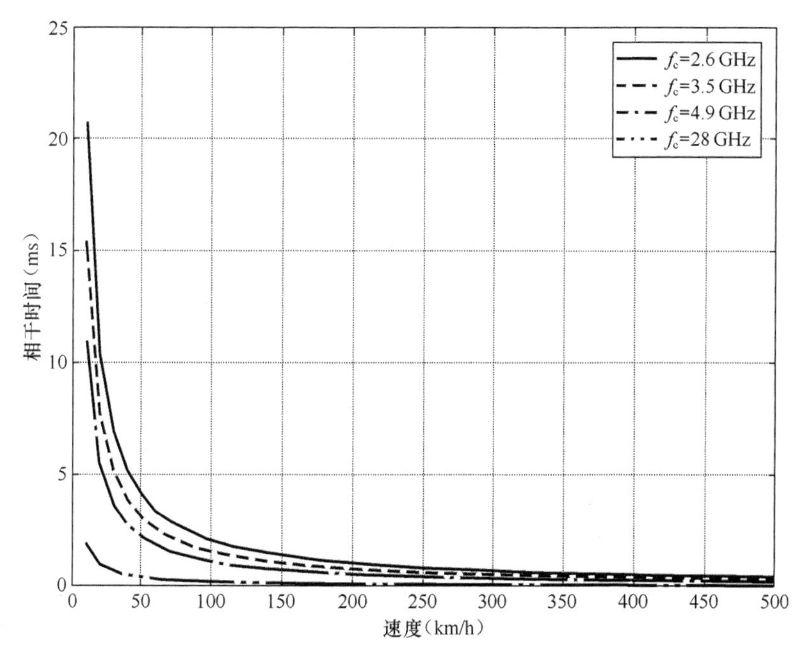

图 1-13 典型载频下信道相干时间与速度的关系

除了多普勒频移，对移动性的另一基本约束是小区频繁切换的问题。由于单站覆盖范围有限，UE 高速移动时将在短时间内穿越多个小区的覆盖范围，引起频繁的小区间切换，进而影响网络的整体性能。

2. 高移动性实现思路

根据前面的讨论，为了支持更高移动性，NR 需要从克服多普勒频偏、降低小区切换频次两方面入手。前者可通过增强的系统参数设计来降低系统的时频敏感性，如增大子载波间隔、加大 RS 信号的时域发送密度等。后者主要是从网络层面考虑，加强站间协作。

（1）系统参数设计。

NR 对子载波间隔（SCS）、循环前缀（CP）、随机接入 PRACH 格式、解调参考信号（DMRS）以及小区下行参考信号（RS）进行了全新设计，以便更好地满足高速移动的需求，如图 1-14 所示。

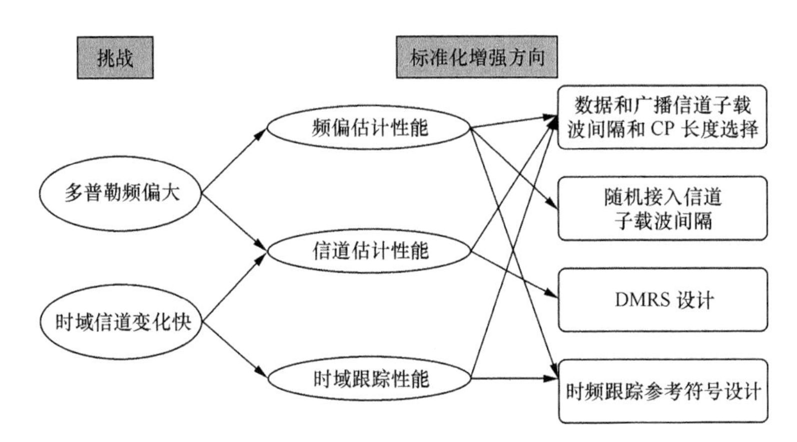

图 1-14　支持高移动性的实现思路（系统参数设计方面）

以 PRACH 格式为例，LTE 的 PRACH 序列采用 SCS 为 1.25 kHz 的单一设计，无法完全对抗频段升高、速度升高带来的多普勒频偏。NR 则定义了更为灵活的 PRACH Preamble 格式，以支持不同场景的灵活切换。按照 NR 的 Preamble 序列长度，可分为长序列和短序列两类前导。长序列沿用了 LTE 设计方案，共 4 种格式，支持{1.25，5}kHz 子载波间隔；短序列为 NR 新增，共 9 种格式，其子载波间隔 Sub-6G 支持{15, 30}kHz，Above-6G 支持{60, 120}kHz。凭借灵活的 PRACH 子载波配置，NR 在应对超高速场景时相对于 LTE 更为得心应手。

此外，增加解调参考信号的时域密度也是重要的手段。NR 设计了前置 DMRS 导频与时域密度可配置的附加 DMRS 导频相结合的导频结构。其中，前置 DMRS 的作用在于以较少的开销获得满足解调需求的信道估计功能。附加 DMRS 的作用在于，面对中/高移动场景时，可在调度持续时间内安插更多的 DMRS 导频符号，以满足对快速时变信道的估计精度。更多其他系统参数增强设计的细节，我们留待后续章节介绍。

（2）双连接。

在高移动性场景下，为保证用户无缝连接及 QoS 要求，最基本的要求就是减少切换并且保证用户通过切换区域的时间一定要大于切换的处理时间。从这一层面出发，双连接是解决 NR 小区间频繁切换的可选方案。

双连接是指工作在 RRC 连接态的用户终端同时由至少两个网络节点提供服务，通常包括一个主基站 MeNB（Master eNodeB）和一个辅基站 SeNB（Secondary eNodeB）。各网络节点在为同一个终端服务的过程中所扮演的角色与节点的功率类别无关。

考虑终端由一个宏小区（Macro-cell）和一个微小区（Small-cell）同时提供服务的典型场景。如图 1-15 所示，UE 沿着 A 点到 E 点的轨迹高速移动。首先，配置以下移动性事件：A2 为服务小区比门限差；A3 为邻小区比服务小区质量好；A4 为邻小区比门限好；A6 为邻小区比辅服务小区质量好。当用户 UE 初始位于 A 点时，根据 A4 事件，UE 与 Macro-cell 保持 RRC 连接，此时的 Macro-cell 即为 MeNB。当 UE 到达 B 点时，由于邻小区比当前服务小区质量好，UE 根据 A3 事件切换到 Small-cell，此时 MeNB 也变为 Small-cell。从 B 到 D 的移动过程中，Small-cell 为 UE 添加合适的 SeNB，比如 Macro-cell。过了 D 点以后，UE 再次执行 A3 事件，将 MeNB 从当前的 Small-cell 切换到 Macro-cell。假设沿着 UE 的移动轨迹，在 Small-cell 相邻处存在 Small-cell #2，此时，UE 可能会根据 A6 事件，将 SeNB 设置为 Small-cell #2。

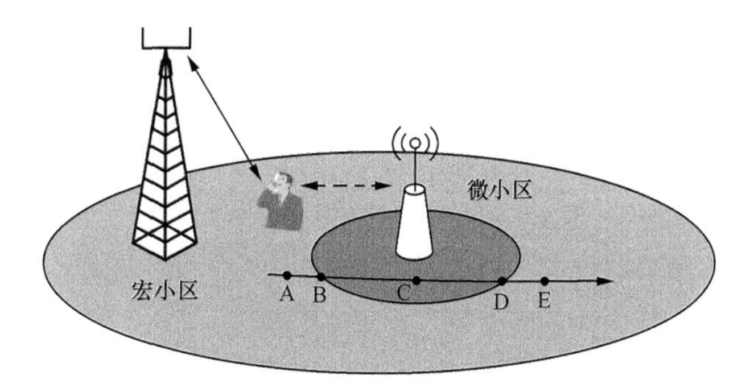

图 1-15 双连接典型场景下的切换流程

在上述双连接的切换流程中，由于 Small-cell 始终处于 Macro-cell 的覆盖范围内，且 Macro-cell 可以为 UE 提供相对稳定可靠的连接，因而，可以重新设计合理的切换算法，去除 MeNB 的切换。也就是说，使 UE 始终保持与 Macro-cell 的 RRC 连接，而仅仅执行 SeNB 的添加、修改和释放，使 Small-cell 只提供数据传输的连接。这样，通过使 Macro-cell 利用其广域覆盖的优势提供控制面连接，Small-cell 发挥高容量优势提供用户面连接，既避免了频繁切换的信令开销，又使在高速移动场景下，即使终端移动到小区边缘也能保持良好的用户体验速率。

1.2.4 低时延需求的实现

NR 要求实现毫秒级的用户面端到端时延，理想情况下端到端时延为 1ms，典型端到端时延约为 5～10 ms。注意此处对端到端时延的定义是，数据分组从离开源节点的应用层开始，直至抵达并被目标节点的应用层成功接收所经历的时间长度。也即，端到端时延包含了多段路径的传输时延以及对应转发节点的处理时延。

典型 NR 网络架构的端到端时延由空口、前传、中传和回传多段路径的传输时延，以及 UE、AAU、CU、DU 和 5GC 设备各个节点的处理时延相加而成，如图 1-16 所示。因此，NR 实现低时延需要一系列技术的有机结合，而不能仅仅针对某一局部的时延进行单独的优化。

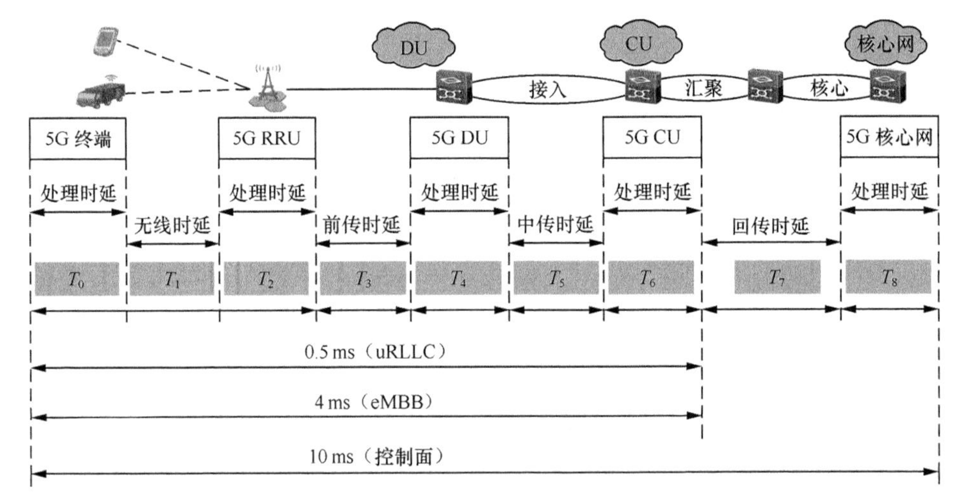

图 1-16　NR 端到端时延的组成

1. 低时延的基本约束

为简化分析，可将 NR 的端到端时延视由空口时延、承载网时延和核心网时延 3 段组成。

核心网时延主要是指核心网网元设备的处理时延，具体与设备的集中计算能力和处理能力等有关。实际上，此处出于简化的目的，还规避了对核心网到应用服务器的时延讨论，而这主要取决于核心网到服务器的传输距离。由于网络自身结构的复杂性，对网元设备处理时延的优化难以对端到端时延起到量变的作用。因而，对核心网时延的优化更多的是关注核心网的“去中心化”，将核心网分离部署，使用户平面简化下沉，数据存储和计算功能下移到网络边缘，从而降低时延。

承载网时延与传输距离以及承载设备的处理能力密切相关。对于光传送网而言，光在媒介中的传播时间与光速、距离和折射率相关，即有

$$t = n \times L / c \tag{1-17}$$

其中，n 为光纤群折射率，一般取值在 1.467～1.468（1310～1550 nm）。c 为光速，L 为传输距离。可见，在传输距离一定的条件下，光纤传输时延无法优化。而对于承载设备节点的处理时延，目前一般为 20～50 μs 量级，当优化到 10 μs 以内或更低时，进一步优化的必要性已经不强。因此，对于承载网时延，其基本约束是源节点到目的节点的距离，以及传输路由中的转发节点数量。

相比于核心网时延和承载网时延，空口时延的优化空间相对较大。以 LTE 为例，图 1-17 和图 1-18 分别示出了 LTE 的上行传输时延和下行传输时延，不包括重传时延。上下行传输时延主要由以下几个部分组成。

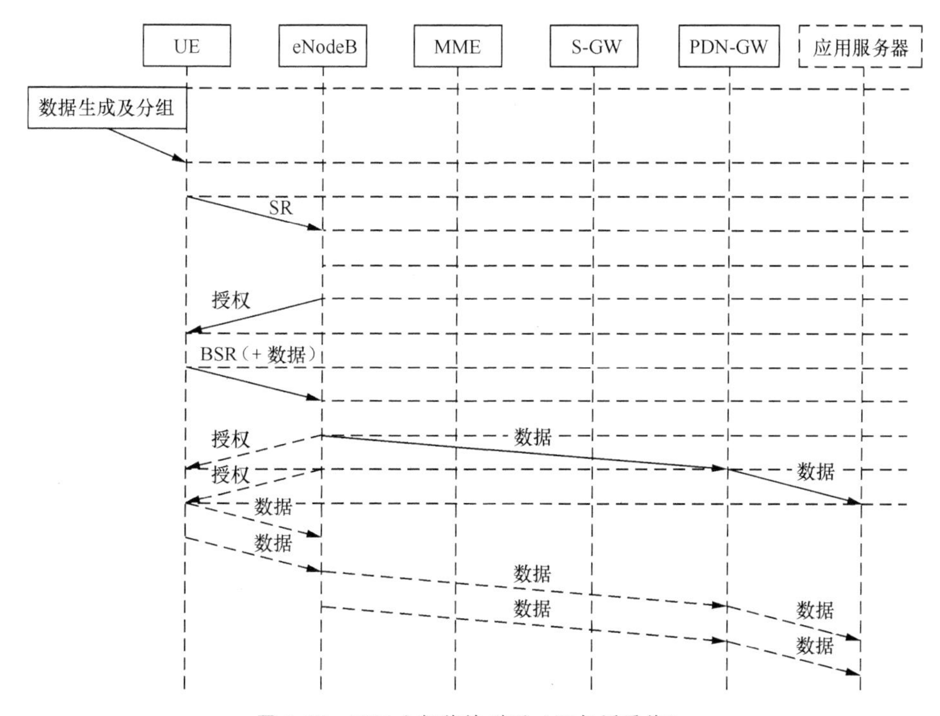

图 1-17 LTE 上行传输时延（不包括重传）

- 调度请求。UE 在发送数据前须先发送调度请求（SR，Scheduling Requst），在收到 eNodeB 的调度授权（SG，Scheduling Grant）并得到上行传输资源后，UE 才可以向 eNodeB 端发送数据分组。此处产生的时延是，UE 必须严格等待

下一个 PUCCH 资源才能够发送 SR；eNodeB 收到 SR 控制信息，引入了 SR 解码时延；eNodeB 经过调度和分配资源，决定允许用户进行上行传输并反馈 SG；UE 收到 SG 相应引入了 SG 解码时延，然后才可以在 PUSCH 传输上行数据。

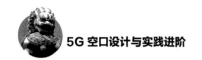

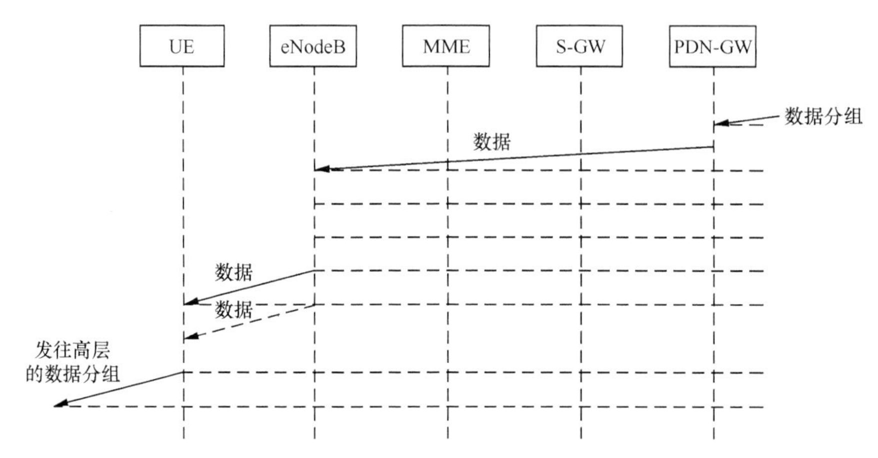

图 1-18 LTE 下行传输时延（不包括重传）

• 随机接入。如果 UE 上行定时未对齐，则需要通过随机接入来进行初始的定时对齐。eNodeB 通过向 UE 发送定时提前命令来完成定时对齐，但是经过一个去激活周期，可能会停止发送定时提前命令，因此，在 RRC 连接态下，随机接入的周期也会影响到时延。随机接入过程也可以用于发送 SR，此时不需要 PUCCH 资源发送 SR。

• TTI（Transmission Time Interval）。LTE 的各种信令（包括请求、调度）以及数据传输，都是基于 1 ms 的子帧，因此，TTI 是 UE 和 eNodeB 间每个分组交换时延的来源。

• 处理时延。UE 和 eNodeB 需要对数据和控制信令进行处理，例如调制、解调。数据的处理时延（Processing Time）和传输块（TB，Transport Block）的大小正相关，而控制信令的处理时延与 TB 的大小没有太大关系。

• HARQ RTT。对于 LTE FDD，在上行方向，n 子帧发送的数据在 n+4 子帧进行 HARQ 反馈，在 n+8 子帧进行重传，因此，上行 HARQ RTT 为 8 ms；在下行方向，由于采用异步重传，RTT 未详细规定，n 子帧发送的数据可以在 n+4 子帧进行 HARQ 反馈，在 n+8 或者之后的子帧进行重传。对于 LTE TDD，HARQ RTT 和 TDD 的配置有关，这是由于在 TDD 中，上下行子帧的数目是不连续的，也并非一一对应的关系。例如，eNodeB 在 n 子帧接收到错误数据后，在 n+4 子帧的位置可能不存在下行子帧，因而 eNodeB 需要多等待一段时间，才有可能调度到相应的下行 HARQ 进程。

表 1-3 和表 1-4 给出了在不考虑重传时延的条件下，LTE（R8/R9）典型的上下行空口时延。当 SR 调度周期为 10 ms 时，上行传输时延平均为 17 ms；当 SR 调度周期为 5 ms 时，上行传输时延平均为 12.5 ms，下行传输时延平均为 7.5 ms。由此也可见，LTE 用户面传输时延远远超过 NR 毫秒级的低时延要求。

表 1-3　LTE 典型上行空口时延

时延组成	描述	时间（ms）
1	PUCCH 的平均等待时间（10 ms/5 ms SR 周期）	5/0.5
2	UE 发送 PUCCH 上行调度请求 SR	1
3	eNodeB 解码 SR 并产生调度许可 SG	3
4	SG 的传输	1
5	UE 处理时延	3
6	上行数据传输	1
7	eNodeB 端数据解码	3
	总和	17/12.5

表 1-4　LTE 典型下行空口时延

时延组成	描述	时间（ms）
1	输入数据处理	3
2	TTI 分配	0.5
3	下行数据传输	1
4	UE 端数据解码	3
	总和	7.5

由上述 LTE 上下行传输时延的分析可知，数据传输资源请求等待时间、数据传输时长、数据处理时间以及反馈时间都是影响空口时延的主要因素，可针对物理层和 MAC 层协议进行优化，获取较大的时延性能提升。

2. *低时延的实现思路*

结合前面的讨论，低时延的实现需要一系列有机结合的技术应用，一方面尽可能地减少转发节点，并缩短源节点到目的节点的距离；另一方面通过底层协议的优化大幅度降低空口传输时延。针对前者，主要有边缘计算、核心网功能下沉、CU/DU 分离等解决思路；针对后者，则提出了时隙聚合、EAI 机制、上下行异步 HARQ 等技术方案。

（1）边缘计算。

在不考虑空口时延、多重汇聚和转发时延以及拥塞和抖动等的前提下，即网络内部时延为 0 时，根据式（1-17）可知，数据分组在 1 ms 端到端时延的条件限制下，往返的最大传输距离不能超过 100 km。这仅仅相当于地市级别的调度范围，而将核心网功能和应用服务器整体下沉至市区一级明显不够现实。因而，NR 必须考虑让用户就近访问的方法。多接入边缘计算（MEC，Multi-Access Edge Computing）通过在无线接入网侧部署通用服务器，为无线接入网提供 IT 和云计算能力，使业务本地化、用户就近访问的诉求具备了实现条件。

以视频监控和智能分析场景为例，如图 1-19 所示。传统网络中视频监控的所有数据都需要回传到网络服务器，而监控视频的回传流量通常较大，且大部分画面是静止不动或无价值的。这种方式往往计算量大、耗费资源且往返时延较长。而通过在基站侧部署 MEC 服务器并加载视频管理应用，可将捕捉到的视频流进行转码和就地保存，以节省传输资源。同时，视频管理应用还可对视频内容进行分析和处理，对监控画面有变化的片段或者出现预配置事件的片段进行回传，计算量大幅减少。

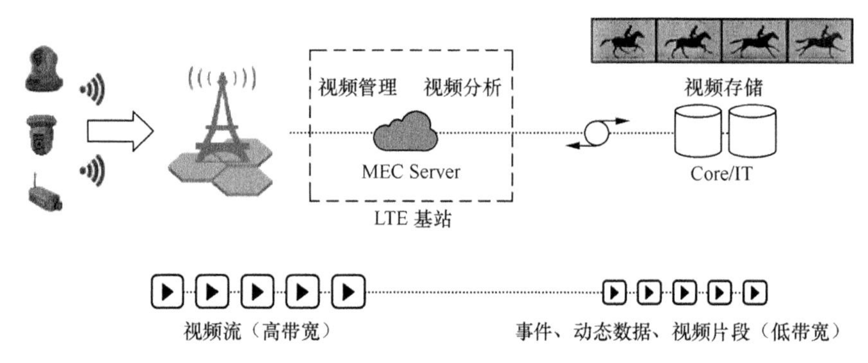

图 1-19 MEC 在视频监控场景的应用

（2）核心网功能下沉。

与 MEC 下沉的思路相对应，核心网功能也要求尽可能在地理位置上靠近用户。NR 核心网可以进一步将控制面功能（CPF）和用户面功能（UPF）分离，统一的 CPF 部署在省干或大区的核心机房或数据中心（DC，Data Center），实现集中管控运营，分布式的 UPF 则根据业务需求，分布式部署在省干核心 DC、本地 DC 或者边缘 DC。其中，部署在边缘 DC 的 UPF 可以与 MEC 平台融合，进行本地分流，以满足低时延业务的需求。

（3）CU/DU 分离。

将 NR BBU 功能重构为集中单元（CU，Centralized Unit）和分布单元（DC，

Distributed Unit）两个功能实体，如图 1-20 所示。CU 和 DU 功能的切分通过处理内容的实时性进行区分。CU 主要负责非实时性的无线高层协议栈功能，同时也支持部分核心网功能下沉和边缘应用业务的部署。而 DU 主要处理实时性要求较高的物理层和层二功能。

在低时延业务场景下，DU 可以下沉部署，甚至与 AAU 合设，实现实时性功能的本地化处理。

上述几类方案主要是针对回传时延的解决思路，如前所述，空口时延的优化空间相对更大。但是空口时延的降低是一个系统性工程，可以考虑从缩短 TTI 以减小等待及响应时延、增强 HARQ 以降低可能的重传时延、简化控制信道以降低 UE 解码复杂度从而减小处理时延等方面进行组合优化。以下仅简要介绍几类关键技术、调度策略或优化机制。

（4）时隙聚合。

相对 LTE 每毫秒每子帧调度一次的机制（*TTI* =1 ms），NR 引入了时隙聚合（Slot Aggregation）机制，即在 NR 中的调度周期可以灵活变动，且一次可以调度多个时隙，以适应不同的业务需求，降低无线传输时延，如图 1-21 所示。

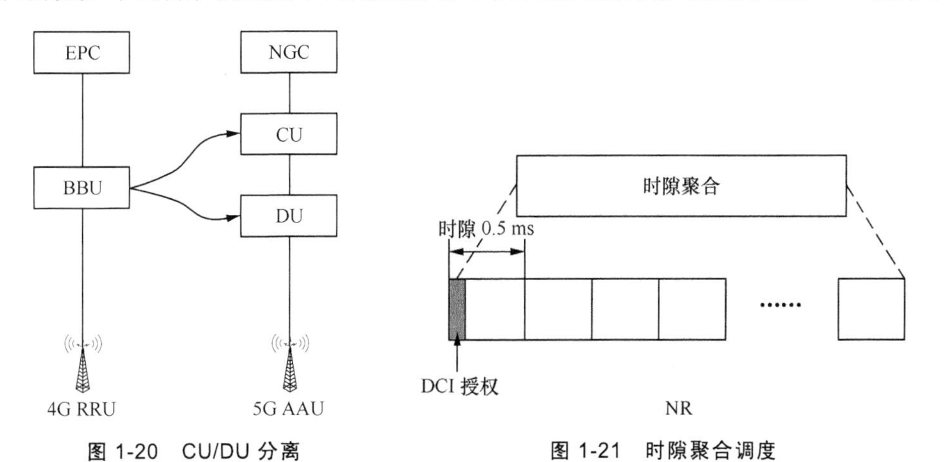

图 1-20 CU/DU 分离　　图 1-21 时隙聚合调度

（5）EAI 机制。

当 NR 多业务，尤其是 eMBB 和 uRLLC 业务共存时，必须设计合理的资源复用机制以保证 uRLLC 的实时可靠传输。

我们注意到，eMBB 业务由于数据分组通常较大，传输速率要求高，通常采用较大的时域调度单元进行数据传输。而 uRLLC 数据分组较小，且为了保证超短时延传输的要求，通常采用较小的时域调度单元。因此，eMBB 和 uRLLC 业务共存时，uRLLC 的业务特性会影响空口资源的分配方式。如果采用预占资

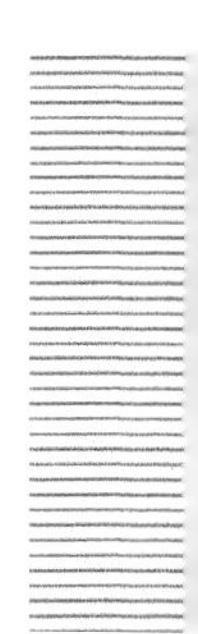

源的方式为 uRLLC 分配资源，则由于 uRLLC 的突发传输和小数据分组特性，在大部分无 uRLLC 数据传输的周期，会造成极大的资源浪费。如果采用频分复用的方式为 uRLLC 分配资源，则由于 eMBB 和 uRLLC 业务的时域调度粒度差异很大，会造成资源分配复杂度的提高。

鉴于上述原因，NR 采用了 EAI（Embed Air Interface）机制来实现 uRLLC 业务对 eMBB 所占用资源的打孔，借此保障 uRLLC 对时延的敏感要求。如图 1-22 所示，当 uRLLC 业务数据到达 gNB 时，如果此时无可调度的空闲时频资源，由于 uRLLC 业务对时延敏感，无法等待 eMBB 正常传输完成后再进行调度，此时 gNB 会对当前已分配给 eMBB 业务的时频资源的部分或者全部进行打孔，交由 uRLLC 业务进行数据传输。一旦 eMBB 资源被打孔，gNB 会通过抢占指示（PI，Preemption Indication）通知对应的 UE，以免 UE 将该时频资源上的数据全部接收，并且由于接收数据中含有 uRLLC 用户数据而造成译码错误，进而导致重传。

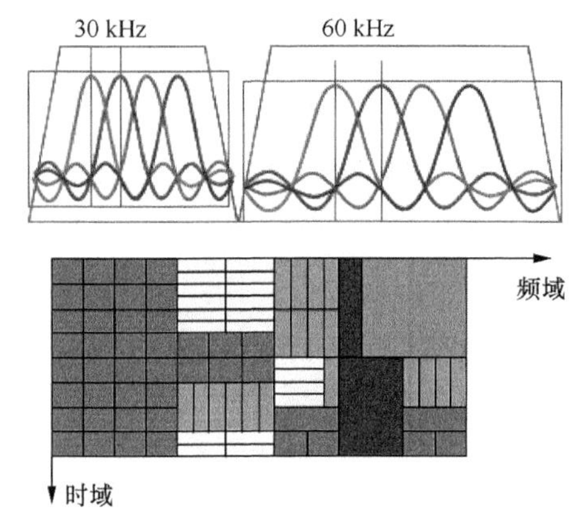

图 1-22 EAI 机制

需特别说明的是，上述的 EAI 机制目前仅对下行 eMBB 和 uRLLC 业务共存场景适用。对于上行 eMBB 和 uRLLC 业务共存场景，R15 暂时未予以支持，需要在后续演进的版本进一步研究。

（6）异步 HARQ。

在 LTE 中，上行链路采用同步 HARQ，如图 1-23 所示，可以使用自适应或非自适应模式。下行链路采用自适应的异步 HARQ，如图 1-24 所示。

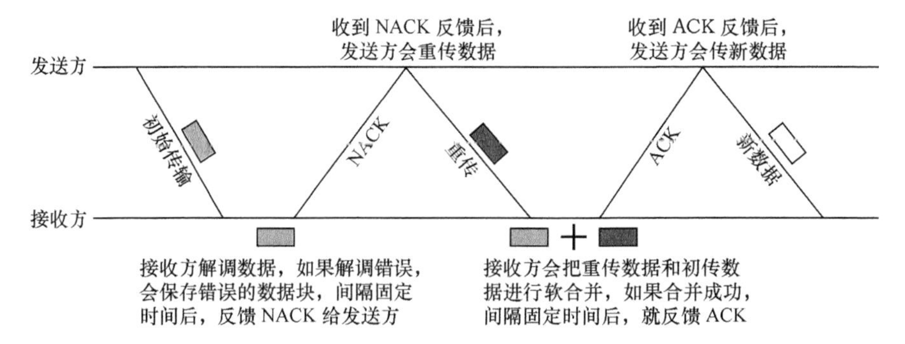

图 1-23 同步 HARQ 传输机制

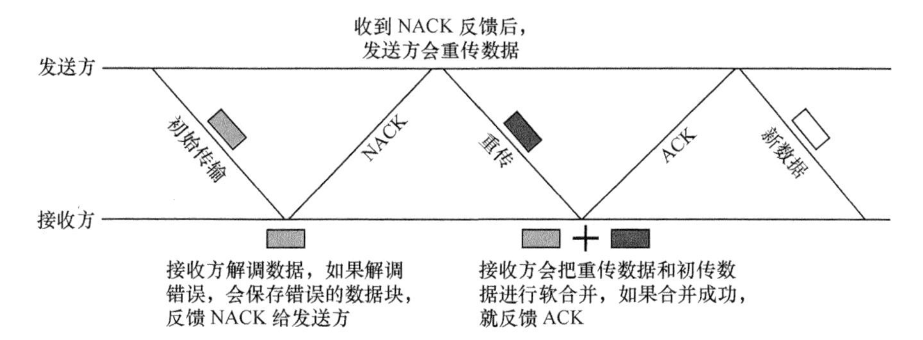

图 1-24 异步 HARQ 传输机制

同步 HARQ 是指 HARQ 进程号不需要传输，依据时间关系接收端即可判断出相应的进程号。异步 HARQ 是指一个 HARQ 进程的传输可以发生在任意时刻，接收端预先不知道传输的发生时刻，因此，HARQ 进程的处理序号需要连同数据一起发送。相对同步 HARQ，异步 HARQ 信令开销较大，但是为调度和资源分配提供了更多的灵活性。

自适应 HARQ（Adaptive HARQ）意味着可以改变重传所使用的 PRB 资源以及调制与编码策略（MCS，Modulation and Coding Scheme）。非自适应 HARQ（Non-adaptive HARQ）意味着重传必须与前一次传输（新传或前一次重传）使用相同的 PRB 资源和 MCS。

在 NR 中，为了缩短重传时延，上下行链路均采用自适应的异步 HARQ 机制。这样，gNB 可以根据 MCS 灵活选择 HARQ 调度。例如，对于靠近 gNB 且时延敏感的用户，可以选择上下行单 TTI 调度，以减少等待重传的时间。而对于远离 gNB 且上行发射功率受限的用户，可以选择下行单 TTI、上行多 TTI 聚合进行调度，以提高传输的可靠性。

除上述讨论的方案外，NR 还通过灵活自适应的 Numerology、自包含时隙、上行免调度传输等机制的设计来实现空口时延的缩短，具体内容将在后续章节讨论。

1.2.5 大连接需求的实现

作为物联网（IoT，Internet of Things）的主要存在形式，机器类通信（MTC）使得机器与机器之间能够在没有人为干预或极少干预的情况下进行自主的数据通信和信息交互。随着 MTC 规模的扩大，海量的机器类设备开始依赖蜂窝网络基础设施为其提供广域连接，这就是 mMTC 场景。而 mMTC 面临的最为迫切的问题是，如何接入并服务海量的 MTC 设备。简言之，如何实现大连接。

1. 大连接的基本约束

大连接场景，或者说 mMTC 场景，与传统的面向人与人通信的蜂窝网络设计需求有着极大的差异。在传统的通信网络模型中，数据分组通常较大，对下行数据传输也具有较高的需求。因此，为了在频谱资源受限的情况下提升数据传输速率，就极大地依赖于精细的物理层和 MAC 层设计。为了实现有效接入、可靠传输以及安全认证，通常需要大量的物理层开销以及 MAC 层控制信令负载。而在大连接场景下，大量机器设备只需发送低速率的数据分组，且这些数据分组极短，通常只有几个字节，如果沿用传统的底层设计，用于信道估计的导频信号以及链路自适应所需的反馈信息可能会远远超过发送信息的长度。这对于系统性能而言，显然效率是极低的。因此，对大连接场景解决方案的研究，应着眼于 mMTC 的特点。

对 mMTC 的特点和需求总结如下。

- 连接数量。海量的机器类设备，单一小区内的接入设备数量可达 300000，远远大于 MBB 场景中的用户数。
- 数据大小。短数据分组，通常只包含几个字节，甚至只需要一个比特来表示某个事件的发生与否。
- 传输方向。以上行数据为主导，多为监测信息的上报。在某些应用中也可能需要对称的上下行容量以满足控制器与传感器之间的动态交互。
- 传输速率。用户传输速率通常较低。
- 传输周期。零星通信为主，但不同的 MTC 业务间可能存在较大差异。例如，某些应用的传输在时间上可能非常稀疏，而其他应用可能会按照预设周期进行传输。
- 传输优先级。某些极端 MTC 业务传输的是非常重要的信息，因此，需要很高的优先级。
- 设备能耗。设备复杂度通常较低，且多数对能耗都相对敏感，MTC 设备电池的使用寿命一般需要达到几年甚至几十年。

根据上述 mMTC 系统的特点，大连接的实现思路可以围绕以下几点来展开，即如何增加系统连接数、如何设计匹配零星通信需求的接入机制等。

2. 大连接的实现思路

针对如何增加系统连接数的问题，为了增加无线通信系统所能容纳的用户数量，较为直观的做法是增加系统带宽，如向高频拓展，以及利用空间维度复用资源，如加密小区部署、使用大规模阵列天线等。但是，受制于有限的频谱资源、难以获取的小区站址，以及物理实现复杂的天线，上述增加用户数量的方法的可行性降低。更为有效的方法是从多址接入技术入手。多址接入技术是物理层的关键技术，其作用是让多个用户能够接入同一小区进行通信，并保证不同用户之间的信号不相互干扰。第一代到第四代移动通信系统所采用的多址接入技术均为正交多址接入（OMA，Orthogonal Multiple Access）。从FDMA、TDMA到CDMA，再到OFDMA，正交多址接入技术不断改进，并获得了复用增益的较大增长。但正交多址接入技术仍存在以下限制。

- 单用户容量受限。每个正交信道上的单用户容量已经逼近香农极限，其与香农极限的差值主要来源于信道编码的长度受限等因素，这些因素无法通过技术手段得到解决。
- 同时进行传输的用户数受限。小区的连接数严格受限于相互正交的信道的数量，当系统过载时，系统的性能会出现明显下降。
- 免授权上行传输时的可靠性无保证。正交多址接入不支持符号间冲突，因此，在免授权上行传输模式下，一旦用户数过多或者业务到达速率很高时，传输可靠性将失去保证。并且，为了解决竞争冲突，系统需要进行大量的重传和退避，这将导致传输时延的增大。

鉴于上述原因，虽然OFDMA可以利用重叠子载波的方法提高频谱效率，但在面对大连接的场景下，即使减小子载波间隔，也难以带来实质性的效果。因此，对于mMTC，NR计划至少在上行方向支持非正交多址接入（NOMA，Non-orthogonal Multiple Access），且不同的多址接入方式可以组合使用，以便充分利用各自的优势。

（1）非正交多址接入。

与正交多址接入的最大不同是，非正交多址接入允许多个用户共享相同的时频资源。假设某一块资源被平均分配给N个用户，则在正交多址接入方式下，每个用户只能分配到$1/N$的资源；而在非正交多址接入方式下，由于摆脱了正交性的约束，每个用户分配到的资源可以大于$1/N$，极限情况下甚至每个用户都可以分配到全部的资源。

尽管通过非正交能够提升用户连接数并有效提高系统频谱效率，但是非正交同时也带来了多用户间干扰的负面影响。为了解决这一问题，需要在接收端通过串行干扰删除（SIC，Successive Interference Cancellation）技术来实现多用户检测。SIC的基本思想是，逐级减去信号功率最大的用户造成的干扰，在接收信号中对多个用户逐个进行判决，进行幅度恢复后，将该用户信号产生的多址干扰从接收信号中减去，并对其余的用户再次进行判决，如此循环操作，直到消除所有的多址干扰为止，这样逐次把所有用户的信号解调出来。

在实际系统中，SIC接收机并不能完全消除NOMA用户间干扰。因此，非正交多址接入的解调性能通常比正交多址接入差。在一些处于小区边缘或信号覆盖较差的区域，非正交多址接入可能无法满足某些业务的 QoS。因此，在保证 QoS 的情况下选择合适的随机接入方式，也是提高网络接入容量的关键。

由于 mMTC 的标准化主要在 R16 完成，因此，对于非正交多址接入的相关研究目前仍处于提案阶段。业界典型的非正交多址接入技术主要有日本 DOCOMO 提出的非正交多址接入（NOMA）、中兴提出的多用户共享接入（MUSA）、华为提出的稀疏码多址接入（SCMA）以及大唐电信提出的图样分割多址接入（PDMA）等。其中，NOMA 在功率域对不同用户进行复用，MUSA 和 SCMA 在码域对不同用户进行复用，PDMA 则更为复杂，同时结合了功率域、空域和码域的多用户复用。

NOMA 是通过复用同一时频资源的不同用户设定不同的发送功率来实现非正交传输的，如图 1-25 所示，因而其实现难度也相对最小。NOMA 可以简单地看作多个用户信号在功率域的简单线性叠加，能够与 OFDM 技术结合使用。但是，由于 NR 系统的最大功率域强度值非常有限，因而 NOMA 功率域能够划分用户的层数不可能太多。这就决定了 NOMA 对用户连接数的提升能力较为有限，难以匹配 mMTC 的实际需求。

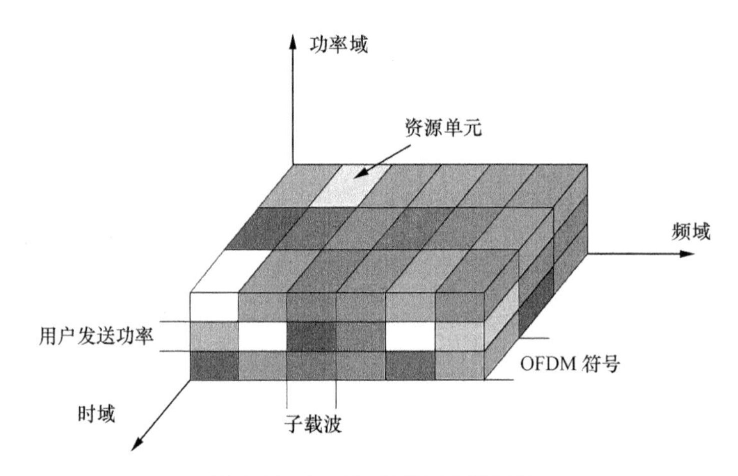

图 1-25　NOMA 的资源分配示意

MUSA 是典型的码域非正交多址接入技术，且多适应于通信系统的上行链路，如图 1-26 所示。在上行链路中，由于不同用户与基站之间的距离不同，会存在发射功率上的差异。MUSA 充分利用这种差异，在发送端使用非正交复数扩频序列编码对用户信息进行调制，在接收端使用 SIC 技术消除干扰，恢复每个用户的信息。通过这种在同一时频资源上的用户信息扩频编码，MUSA 可以显著地提升系统的资源复用能力。

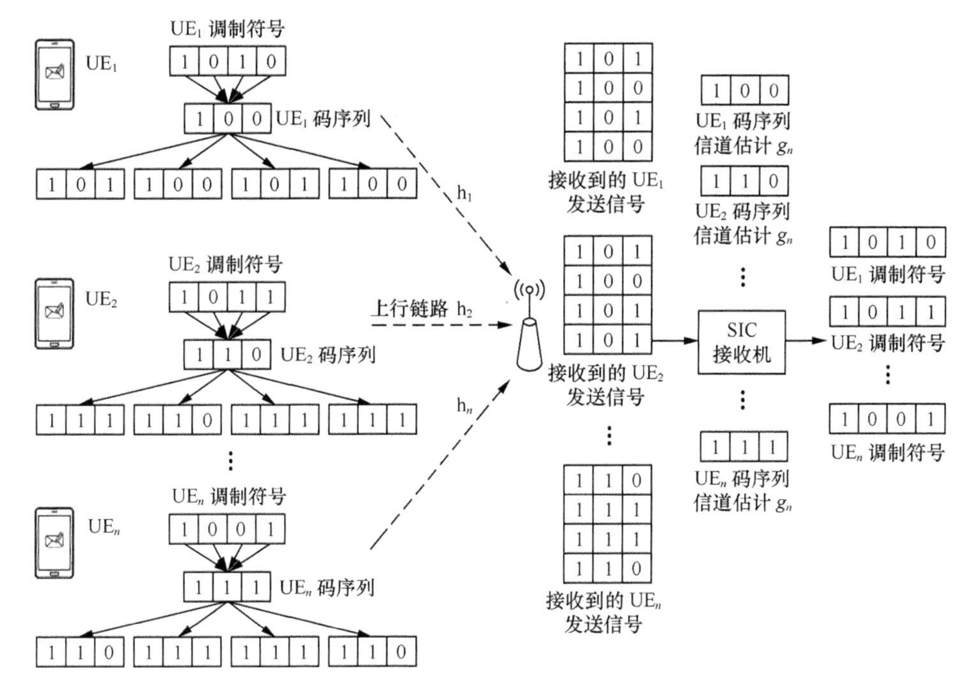

图 1-26 MUSA 上行链路收发原理示意

SCMA 也属于码域非正交多址接入技术。SCMA 与 OFDMA 的区别在于，OFDMA 每个用户占用一个不同的子载波，解调时用不同的子载波来区分不同的用户，而在 SCMA 中，每个子载波上可以叠加两个用户的数据，但同时每个用户又不止占用一个子载波。实际上 SCMA 是通过码本区分用户，每个用户分配一个码本，该码本上包含用户占用哪些子载波以及在每个子载波上的调制方式。因此，SCMA 的性能实际取决于每个用户码本的高维调制星座图的设计。

SCMA 在多址接入方面主要有低密度子载波扩频、子载波和符号自适应两项重要技术，如图 1-27 所示。低密度子载波扩频是指频域各子载波通过码域的稀疏编码方式扩频，使其能同频承载多个用户信号。由于各子载波间满足正交条件，因而不会产生子载波间干扰。同时又由于每个子载波扩频用的稀疏码本的码字稀疏，同频资源上的用户信号不易产生相互干扰。子载波和符号自适应是指承载用户信号的子载波带宽和 OFDM 符号时长，可以根据业务和系统的要求自适应，从而满足业务多样性以及空口灵活性的要求。

PDMA 是一种可以在功率域、码域、空域联合或单独应用的非正交多址接入技术，如图 1-28 所示。PDMA 在发射端通过特征图样叠加的方式将多个用户信号叠加在一起进行编码传输，在接收端通过 SIC 进行图样检测以区分出多用户。特征图样是功率域、码域和空域的基本参量，由于包含了 3 个物理量，所

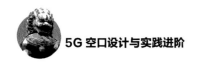

以 PDMA 在理论上的多址容量可以达到 NOMA 的 3 倍以上。但同时 PDMA 图样的设计复杂度也相对最高。

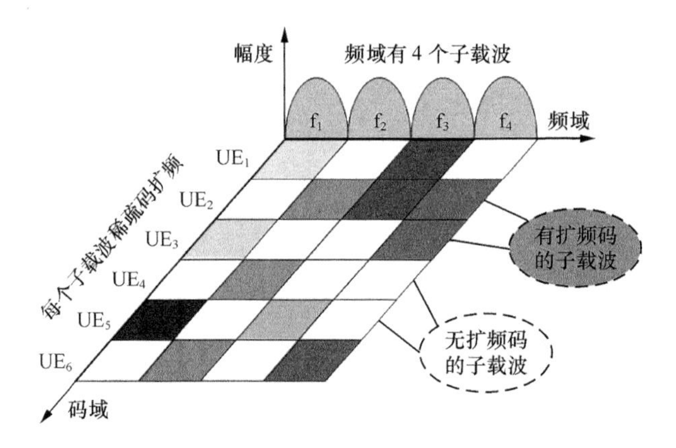

（a）低密度子载波扩频示意

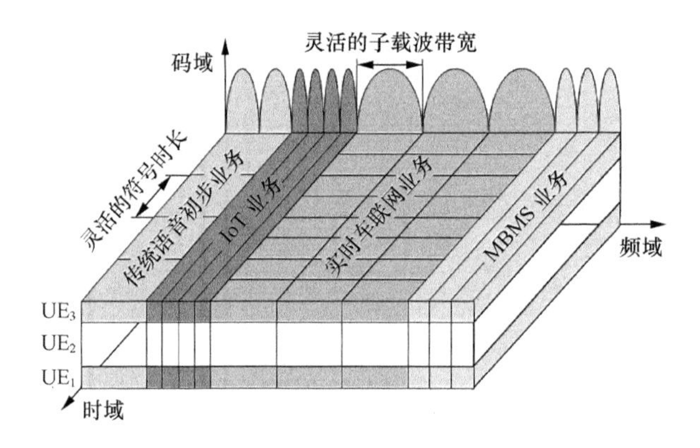

（b）子载波和符号自适应示意

图 1-27　SCMA 原理示意

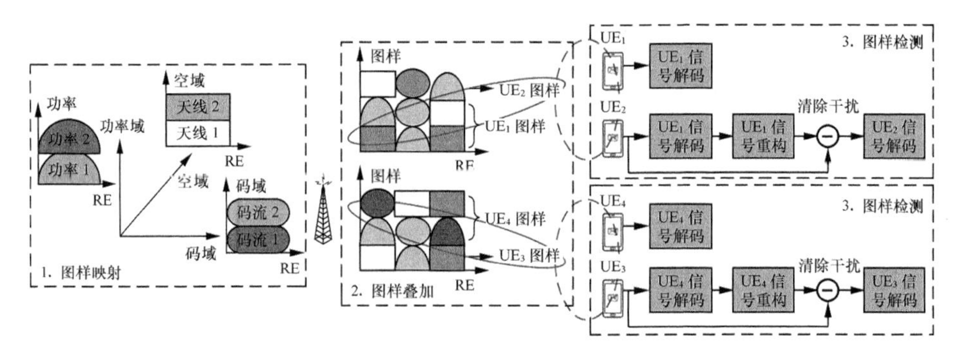

图 1-28　PDMA 原理示意

表 1-5 总结了 NOMA、MUSA、SCMA 和 PDMA 的特点。

表 1-5　NOMA、MUSA、SCMA 和 PDMA 的对比

多址接入技术	关键技术	优势	劣势
NOMA	• 用户分簇 • 发射端功率域复用 • 接收端 SIC 检测	• 实现简单，对现有标准影响不大 • 提升频谱效率和系统容量	• 用户间干扰增加 • 复用用户数量不能过多 • 对频谱效率的提升比较有限
MUSA	• SIC 检测 • 复数域多维编码 • 叠加编码和叠加符号传输	• 低误码块 • 大量用户数接入 • 提升频谱效率	• 用户间干扰增加 • 扩频序列的实现存在一定困难
SCMA	• 低密度传输 • 高维调制技术 • 低复杂度消息传递算法的检测	• 提升频谱效率 • 上行系统容量为 OFDMA 的 2 倍，下行系统的吞吐量比 OFDMA 提升 5%～8%	• 用户间干扰增加 • 难以设计并实现最优的编码
PDMA	• 最大似然串行干扰消除检测	• 上行系统容量提升 2～3 倍 • 下行系统的频谱效率提升 1.5 倍	• 用户间干扰增加 • 设计和优化特征图样较为困难

（2）免调度接入。

在面向大连接的场景中，主要的问题还有信令拥塞，且以上行传输居多。以基于竞争的随机接入控制信令为例，UE 从空闲态到连接完成的过程如图 1-29 所示。首先，UE 随机选取一个可用的前导序列，在 PRACH 上进行发送。基站检测到 PRACH 中的前导序列后，在 PDSCH 上反馈随机接入响应（RAR，Random Access Response），其中包含随机接入前导标示、定时调整信息、上行链路授权、无线网络临时标识以及退避标识等信息。UE 成功接收到与发送的前导序列相匹配的 RAR 后，在 PUSCH 上发送调度信息。调度信息可能包括连接请求信息、终端的无线网络临时标识、无线资源控制重新建立连接请求等信息。随后，基站检测 UE 是否发生碰撞。如成功解析 UE 在上一步发送的调度信息，则认为未发生碰撞，并在 PDSCH 上下发竞争解决消息；否则不发送消息。如果 UE 未收到竞争解决消息，且 UE 会认为发生了碰撞，将在静默一段时间后重新发起随机接入。

可见，在大连接场景下，采用基于竞争的随机接入机制，将产生海量的信令负载，甚至导致信令拥塞。同时，由于大部分 MTC 传输是事件触发的，大量设备同时发起接入的可能性非常大，这种情况下所发生的大量退避等待也导致了严重的时延。此外，从设备能耗的角度看，频繁发送接入请求会快速损耗设备电池的寿命。

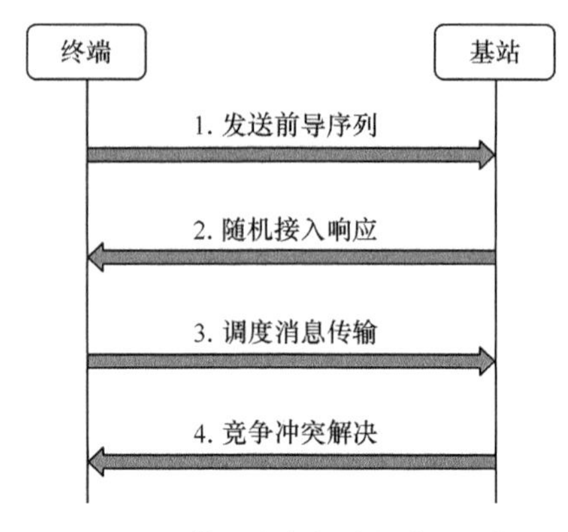

图 1-29 基于竞争的随机接入机制

而通过免调度接入机制的设计，所有用户均为虚拟接入，不发送数据的用户处于休眠状态，而有数据需要发送时则进入激活状态。这样的调度策略可以显著降低传输时延和信令负载，简化物理层设计，降低节点能耗和设备成本。免调度接入机制的具体实现，目前还处于 FFS（未来继续研究）状态。

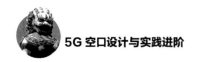

1.3 NR 标准化进程

NR 的相关标准化工作主要是在 ITU（国际电信联盟）和 3GPP（第三代合作伙伴计划）的发起和组织下进行的。其中，ITU 是发起 IMT-2020 标准（5G）制定的需求方，3GPP 是根据 ITU 相关需求制定详细的技术规范和产业标准的响应方。

ITU 于 2015 年对外发布了 IMT-2020 工作计划，明确了 5G 标准制定的时间表。5G 标准化工作主要分为 3 个阶段，即标准化前期研究、技术性能需求与评估方法，以及候选方案的评估与标准化，如图 1-30 所示。

3GPP 制定的标准规范是以 Release 作为版本进行管理的。NR 的标准化进程主要涉及 R14～R16 3 个版本，其中 R14 主要开展 5G 系统框架和关键技术研究；R15 作为 NR 标准的第一个版本，可以满足部分 NR 需求（主要面向 eMBB 场景）；R16 拟完成 NR 的全部标准化内容，并计划于 2020 年年中向 ITU 提交方案。图 1-31 给出了 R15 和 R16 的时间表。

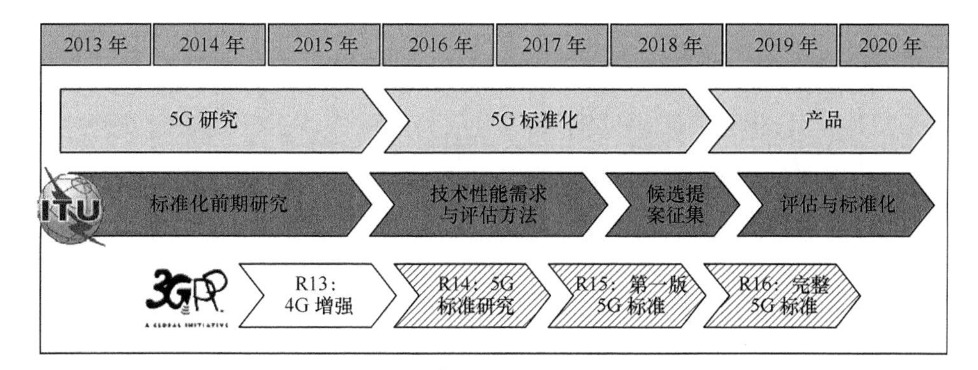

图 1-30　NR 标准化进程规划

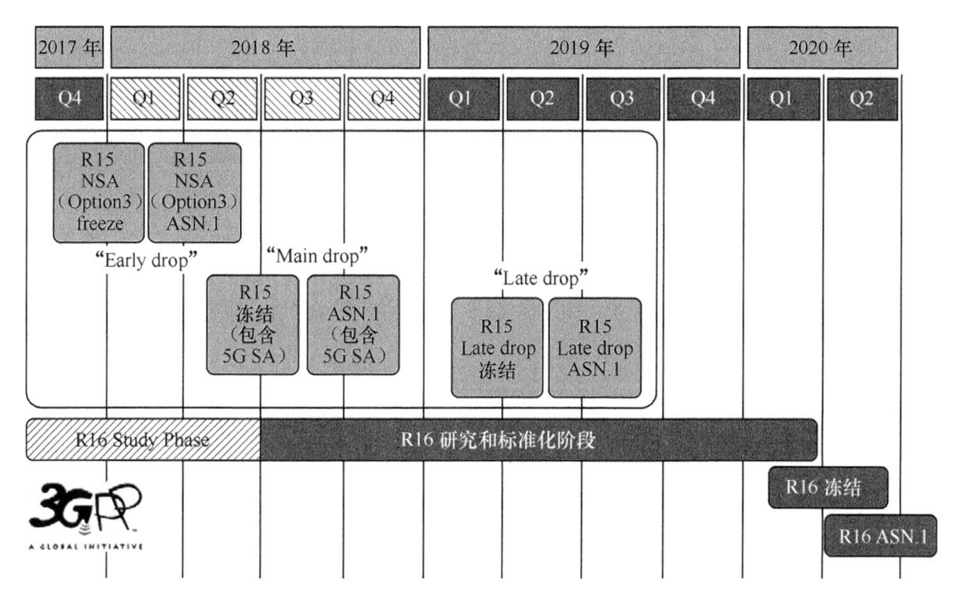

图 1-31　3GPP NR 标准化时间轴

注意到，R15 又细分为 3 个子版本，分别为早期版本（Early drop）、主要版本（Main drop）和延迟版本（Late drop）。不同子版本对应 NR 的不同网络部署架构，如图 1-32 所示。NR 的各种候选网络部署架构又可以分为独立组网（SA，Stand Alone）和非独立组网（NSA，Non-Stand Alone）两种模式，二者的区别主要在于控制面信令锚点的不同。对于 NSA，信令锚点位于 LTE eNB；而对于 SA，信令锚点则位于 gNB。

在 R15 中，Early drop 适用于 NR 非独立组网，对应 Option3/3a/3x 架构。该子版本已提前于 2017 年 Q4 冻结。之所以加速规范进度，一方面是为了满足

eMBB 场景部署的迫切需求，另一方面是为了规避 OTSA 等非标组织割裂产业链的风险，推动并保证全球形成统一的 5G 标准。

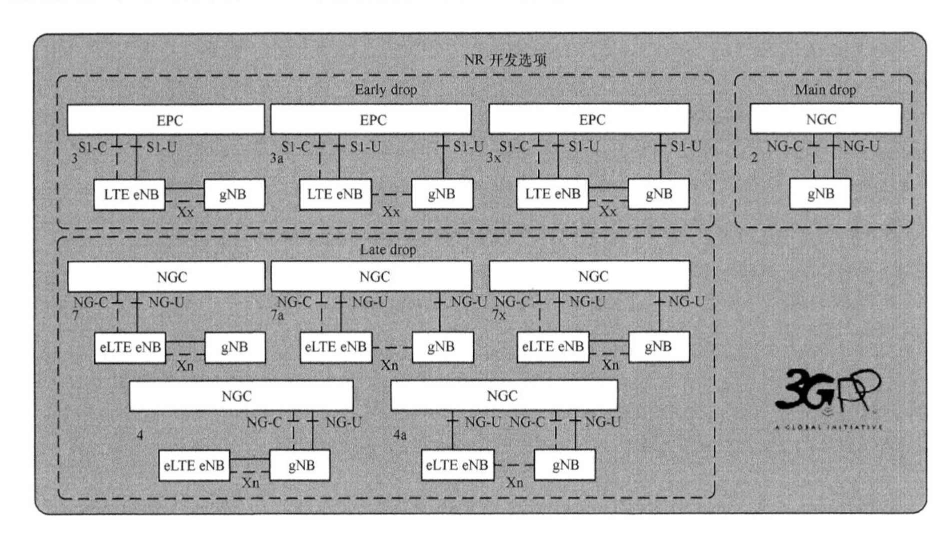

图 1-32　NR 网络部署架构

Main drop 适用于 5G 独立组网，主要对应 Option2 架构，已于 2018 年 Q2 冻结。这一子版本包含完整的 5G 核心网技术规范和标准，能够支持 eMBB 的全业务特性。

Late drop 制定的目的在于加速向 5G 网络的迁移。该子版本包含了全部潜在的迁移选项，主要对应 Option7/7a/7x 和 Option4/4a 架构，计划于 2019 年 Q1 冻结，相比最初规划的时间推迟了 3 个月。

而随着 R15 中 Late drop 规范的推迟，R16 的协议规范也相应计划推迟到 2020 年 Q1 冻结，对应的 ASN.1 则安排在 2020 年 Q2 冻结。ASN.1 是指抽象语法描述（Abstract Syntax Notation One），具体分为语法规则和编码规则。语法规则描述信息的内容，而编码规则描述如何编码为实际消息中的数据。ASN.1 的冻结意味着对应版本标准化的真正完成。

R16 是 R15 的演进和增强。R16 的技术演进路线大致包括以下内容。

• MIMO 增强。R15 已完成 MU-MIMO 基本功能的制定，并引入了波束管理。R16 将进一步研究 MU-MIMO 增强、Multi-TRP 增强以及波束管理增强等。

• NR-NR DC。R15 引入了双连接，包括 EUTRA-NR DC、NR-EUTRA DC 和 NR-NR DC，但并不支持异步的 NR-NR DC。R16 将完成这部分标准化工作。

• NR-U（非授权频谱）。R16 研究 NR-U 旨在利用非授权频段提升系统容量。

• NOMA。如前所述，R15 阶段仅完成了 NOMA 潜在技术方案的部分研究。

R16 将进一步研究并完成 NOMA 的标准化工作。

- NR-V2X。3GPP 的 V2X 标准制定分为 3 个阶段，分别对应 R14、R15 和 R16。其中，第一阶段和第二阶段的 V2X 是基于 LTE 协议的，也即 LTE-V2X。第三阶段，R16 将着重研究基于 NR 新空口的 C-V2X，以便和 LTE-V2X 形成互补。
- uRLLC。R15 仅定义了一小部分缩短时延和提高可靠性的方案，不足以支持 uRLLC 全业务场景。R16 将进一步增强 uRLLC 相关技术方案的定义，以适用工业 IoT 等重要的应用场景。

此外，R16 的研究重点还包括 NR UE 能耗降低、NR 定位增强、NR 移动性管理增强、无线接入和无线回传（Integrated Access and Backhaul）联合设计和非陆地网（Non Terrestrial Networks）等方面。可以简单地概括，R16 将会对 eMBB 场景的技术标准进行增强，对 mMTC 和 uRLLC 场景的技术规范进行制定。

随着 R15 和 R16 标准化进程的加速，5G 的需求和目标将在 2020 年前后逐一落地。

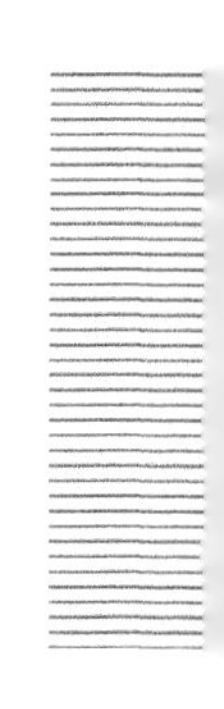

第二部分
底层设计

第2章 无线接口架构

每一代移动通信系统，其标志性的技术特征主要在于全新的空口技术。在深入讨论NR空中接口的底层设计前，有必要先认识和掌握NR无线接口架构。本章主要介绍NR的整体架构以及其无线协议栈中各个子层的主要功能和特征。

| 2.1 NR 整体架构 |

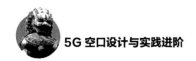

NR 的整体架构由 NGC（核心网）和 NG-RAN（无线接入网）两部分组成，如图 2-1 所示。

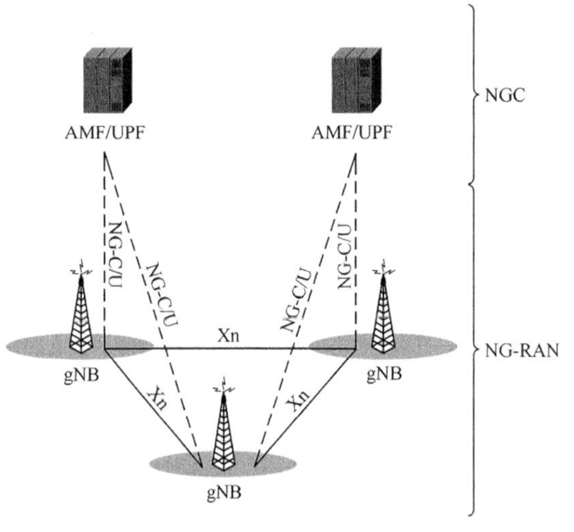

图 2-1 NR 整体架构

2.1.1 NGC

NGC 与传统的移动通信网络核心网一脉相承，主要提供认证、鉴权、计费以及建立端到端连接等功能。这些功能的集合与无线接入非相关，但从网络功能完整性的角度来说是必需的。

NGC 采用了基于 SBA 的服务化架构设计，具有控制转发分离、全 IP 化、支持敏捷部署、支持网络切片功能以实现对业务和用户分类的精细化控制等特点。其主要网元包括 AMF、SMF、UPF、PCF、UDM、AUSF 和 NSSF 等，此处仅简要介绍 AMF、SMF 和 UPF 的功能。

AMF 主要负责控制面功能，具体包括注册区域管理、连接管理（空闲态 UE 寻址，包括控制和执行寻呼重传）、移动性管理控制、信令合法监听以及上下文安全性管理等。

SMF 主要实现会话管理功能，具体包括会话的建立、变更和释放等，同时也负责 UE IP 地址的分配和管理、业务转发配置、UPF 功能的选择和控制（相当于网关选择）、控制策略执行和部分 QoS 功能、下行链路数据通知。

UPF 主要负责用户面功能，具体包括 RAT 间/内移动性锚点、分组路由和转发、与数据网互连的外部 PDU 会话点、用户平面策略规则实施、数据分组检查流量使用报告、用户平面 QoS 处理、上行链路数据分类、下行数据缓冲以及发起数据到达通知等。

NG-RAN 和 NGC 之间的功能划分如图 2-2 所示。

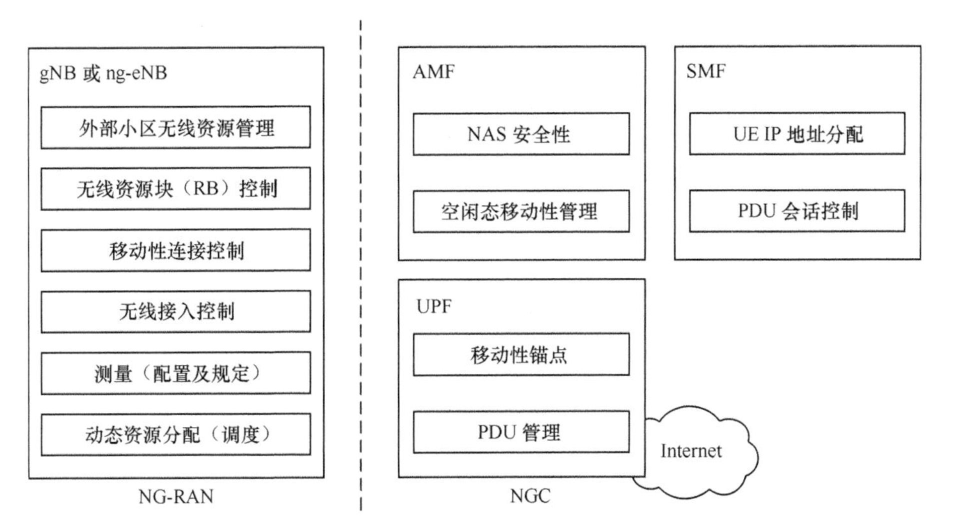

图 2-2　NG-RAN 和 NGC 之间的功能划分

2.1.2 NG-RAN

NG-RAN 主要提供与无线接入相关的功能集合，具体包含 gNB 和 ng-eNB 两类节点。其中，gNB 是采用 NR 用户面和控制面协议并提供 NR 接入服务的功能性逻辑节点，其网络实体一般指 NR 基站。相应地，ng-eNB 是指采用 LTE 用户面和控制面协议并提供 LTE 接入服务的逻辑节点，网络实体一般为增强型 LTE 基站。

gNB/ng-eNB 的主要功能包括无线资源管理、会话管理、报头压缩以及加密和完整性保护、连接建立和释放、调度和传输寻呼消息以及系统广播消息、移动性和测量配置、CP/UP 数据路由、QoS 流映射、NAS 消息分发、支持双连接等。

2.1.3 NG 接口

NG 接口是 NG-RAN 与 NGC 之间的逻辑接口。其中，NG-C 接口是 AMF 和 gNB/ng-eNB 之间的接口，可提供可靠的信令传输服务，其协议栈如图 2-3 所示。

NG-U 是 UPF 和 gNB/ng-eNB 之间的接口，可提供非保证的数据传输，其协议栈如图 2-4 所示。

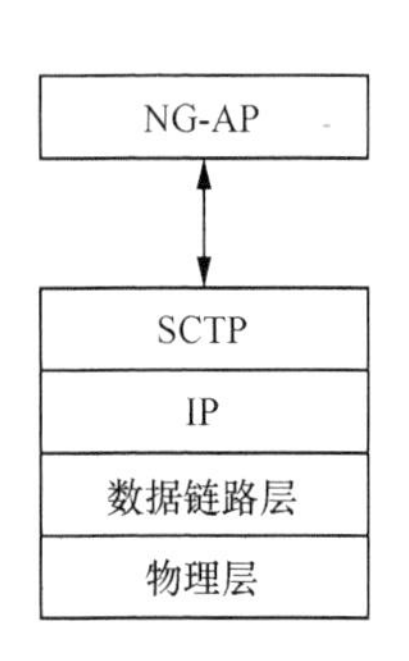

图 2-3 NG-C 接口协议栈

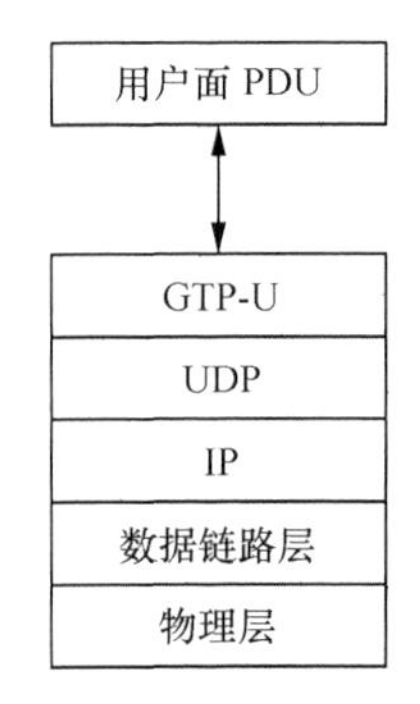

图 2-4 NG-U 接口协议栈

NG 接口可以实现 NGC 和 NG-RAN 节点的多对多连接，也就是说，一个 AMF/UPF 可以连接多个 gNB/ng-eNB，同理，一个 gNB/ng-eNB 也可以连接多个 AMF/UPF。当 UE 在网络侧分配的注册区域内移动时，即使发生小区重选，也仍可以驻留在相同的 AMF/UPF 上，而不需要发起新的注册更新流程。而当

AMF/UPF 与 NG-RAN 之间进行新资源分配或者两者间的连接路径较长时，可以改变与 UE 连接的 AMF/UPF。这种 AMF/UPF 与 NG-RAN 之间的灵活连接有助于 NR 网络的共享。

2.1.4　Xn 接口

gNB 之间、ng-eNB 之间，以及 gNB 和 ng-eNB 之间通过 Xn 接口进行连接。其中，用户面接口称为 Xn-U 接口，主要提供数据转发功能和流量控制功能，其协议栈如图 2-5 所示。

Xn 控制面接口称为 Xn-C 接口，主要提供 Xn 接口管理、UE 移动性管理和双连接的实现等功能，其协议栈如图 2-6 所示。

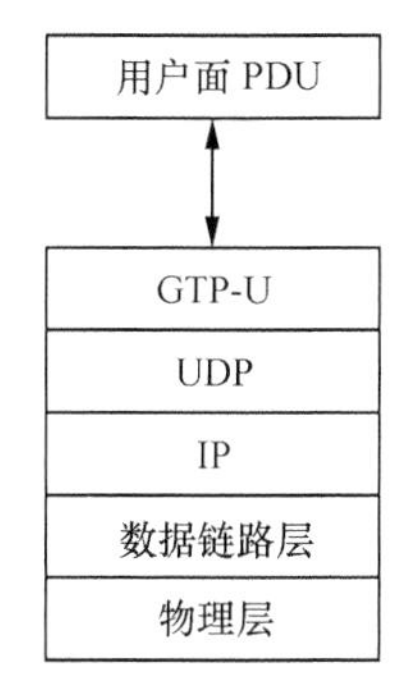

图 2-5　Xn-U 接口协议栈

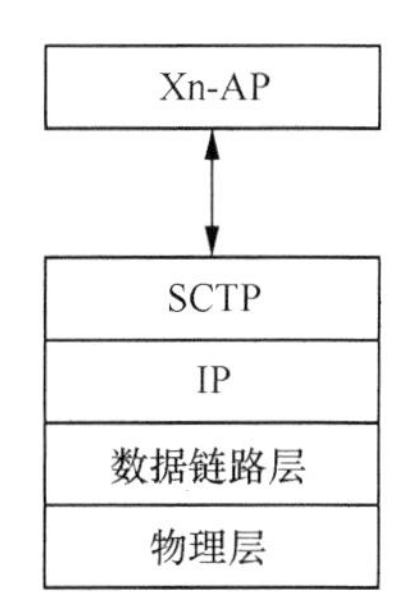

图 2-6　Xn-C 接口协议栈

2.2　无线协议栈

NR 无线协议栈可以分为两个平面，即用户面和控制面。其中，用户面（UP，User Plane）协议栈即是用户数据传输所采用的协议簇，控制面（CP，Control Plane）协议栈即是系统的控制信令传输所采用的协议簇。二者稍有不同。

2.2.1　控制面协议栈

NR 控制面协议栈与 LTE 基本一致，自上而下依次为以下几层。

- NAS：非接入层（Non-Access Stratum）。

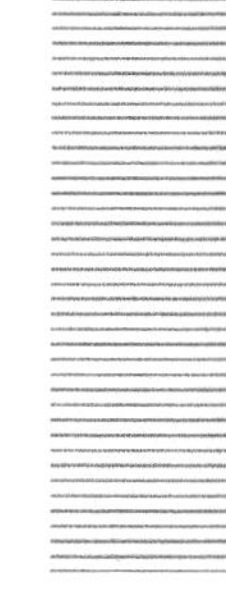

- RRC 层：无线资源控制（Radio Resource Control）层。
- PDCP 层：分组数据汇聚协议（Packet Data Convergence Protocol）层。
- RLC 层：无线链路控制（Radio Link Control）层。
- MAC 层：媒体接入控制（Medium Access Control）层。
- PHY 层：物理层（Physical Layer）。

对于 UE 侧，所有的控制面协议栈都位于 UE 内。而对于网络侧，除 NAS 层位于核心网的 AMF，其余均位于 gNB 上，具体如图 2-7 所示。

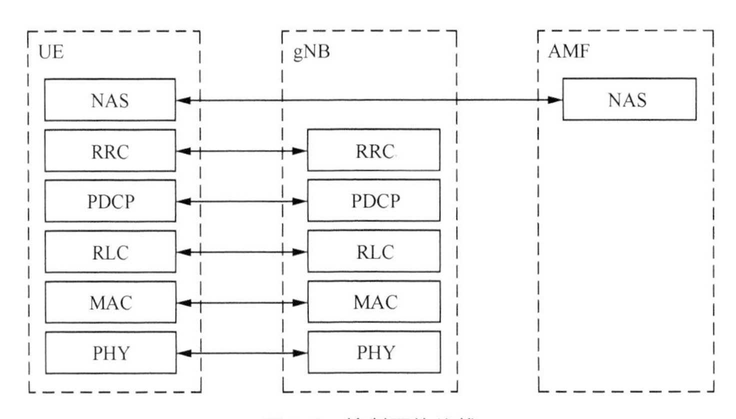

图 2-7 控制面协议栈

2.2.2 用户面协议栈

NR 用户面协议栈相对于 LTE 增加了 SDAP 子层，自上而下依次为以下几层。

- SDAP 层：服务数据适应协议（Service Data Adaptation Protocol）层。
- PDCP 层：分组数据汇聚协议层。
- RLC 层：无线链路控制层。
- MAC 层：媒体接入控制层。
- PHY 层：物理层。

对于 UE 侧，所有的用户面协议栈都位于 UE 内。对于网络侧，用户面协议栈也同样都存在于 gNB 内，如图 2-8 所示。

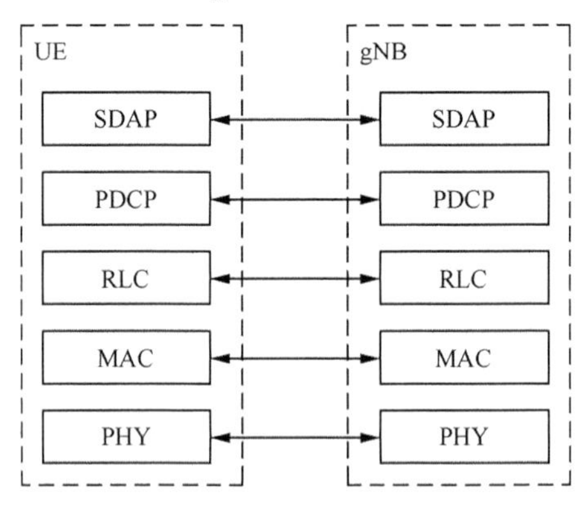

图 2-8 用户面协议栈

| 2.3　RRC 层 |

RRC（Radio Resource Control）层是控制面的高层，主要负责控制 L1/L2 完成空口资源传输，并为 NAS 层提供信息传输服务。

2.3.1　RRC 层功能

RRC 层的功能可以分为以下五大类。

（1）系统消息广播：公共 NAS 消息；RRC_IDLE、RRC_INACTIVE 状态 UE 的信息；RRC_CONNECTED 状态 UE 的信息；公共频道信息；CMAS 通知。

（2）RRC 连接控制：寻呼；建立/修改/暂停/恢复/释放 RRC 连接；初始安全激活；建立/修改/激活 SRB/DRB；DC、CA 模式的小区管理；无线链路故障恢复。

（3）移动性管理：切换和上下文传输；RAT 移动性；安全激活。

（4）测量配置报告：建立/修改/释放测量；建立和释放测量 GAP；测量报告。

（5）其他功能：NAS 信息传输；UE 无线接入能力传输；安全功能，包括密钥管理；QoS 管理。

2.3.2　RRC 状态

NR 支持 3 种 RRC 状态，包括 RRC_IDLE（空闲态）、RRC_INACTIVE（去激活态）和 RRC_CONNECTED（连接态），如图 2-9 所示。

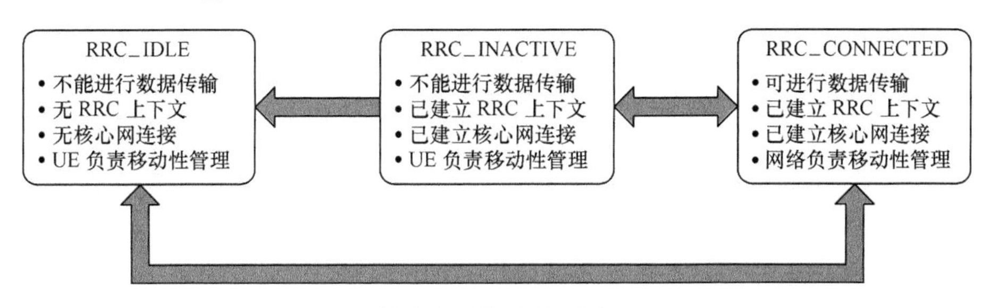

图 2-9　NR RRC 状态

当 UE 处于 RRC_IDLE 状态时，其特征是 UE 未保留 RRC 上下文（RRC Context）。RRC 上下文是 UE 与网络之间建立通信的关键参数，具体包括安全上下文、UE 能力信息等。这也意味着，UE 尚未与核心网 NGC 建立连接，即处于 CN_IDLE 状态。此时，UE 不存在待传送的数据，自身将进入休眠（Sleep）状态，关闭收发单元以降低功耗。处于空闲态的 UE 仅周期性地唤醒以接收可能的寻呼消息，即 Paging DRX（不连续接收）。

当 UE 处于 RRC_CONNECTED 状态时，UE 已建立了 RRC 上下文，UE 与网络之间建立通信所必需的全部参数均已为通信双方所知，网络为接入的 UE 分配了 C-RNTI，UE 与核心网则处于 CN_CONNECTED 状态。此时，如 UE 正在传送数据，则处于连续接收状态，直至数据传送完成而进入等待状态时，切换为连接态 DRX 以节省功耗。如果后续还有数据待传送，则 UE 再次返回连续接收状态。此时，由于 RRC 上下文已建立，UE 离开连接态 DRX 并准备连续接收所需的切换时间相对于从空闲状态切换到连接状态的时间要短得多。

综上可知，RRC 状态不仅影响 UE 的发射功率，还影响处理时延。在 LTE 中仅支持 RRC_IDLE 和 RRC_INACTIVE 两种状态是符合网络需求的。但是，未来 NR 网络将存在大规模的静态物联网。这类静态物联网终端具有海量连接、小数据分组、密集发送的特点，部分还对时延有一定的敏感性。那么，如果终端频繁在 RRC_IDLE 状态和 RRC_CONNECTED 状态之间切换，将引起极大的信令开销以及不必要的连接时延。而如果让这类终端长时间驻留在 RRC_CONNECTED 状态，海量的连接数又将导致极大的功耗。因此，NR 引入了一个新的 RRC 状态，即 RRC_INACTIVE。

当 UE 处于 RRC_INACTIVE 状态时，UE 和网络之间保留了 RRC 上下文，UE 与核心网也处于 CN_CONNECTED 状态。此时，切换到连接态以进行数据接收的流程是相对快速的，且无须产生额外的核心网信令开销。此外，处于 RRC_INACTIVE 状态的 UE 也同样会进入休眠状态。因此，RRC_INACTIVE 状态能够满足降低连接时延、减小信令开销和功耗的需求。

需要强调的是，RRC_IDLE、RRC_INACTIVE 和 RRC_CONNECTED 三者的主要不同还在于移动性管理方面。对于 RRC_IDLE 和 RRC_INACTIVE，UE 的移动性是通过 UE 进行小区重选来实现管理的，而 RRC_CONNECTED 状态下的 UE 移动性则是由网络侧基于测量进行管理的。

NR RRC 状态的切换如图 2-10 所示。RRC_IDLE 和 RRC_CONNECTED 状态，以及 RRC_INACTIVE 和 RRC_CONNECTED 状态之间均可以支持双向切换。但是，RRC_IDLE 无法直接切换到 RRC_INACTIVE 状态，反之则可以。

此外，目前，R15协议中对于RRC_CONNECTED状态如何切换到RRC_INACTIVE状态，以及RRC_INACTIVE如何切换到RRC_IDLE状态的标准化仍处于FFS（未来继续研究）状态。

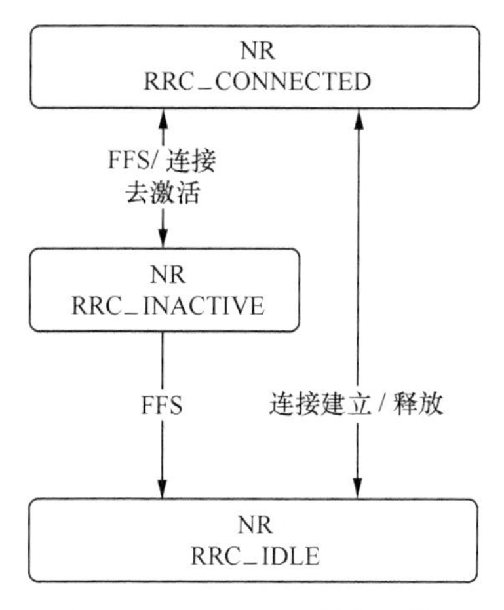

图 2-10　NR RRC 状态切换

当NR与LTE共存时，NR RRC与LTE RRC的状态交互如图2-11所示。注意到，UE可以在NR RRC_IDLE和LTE RRC_IDLE之间双向重选，但当UE处于NR RRC_INACTIVE状态时，只能从NR RRC_INACTIVE重选到LTE RRC_IDLE状态，而不能反向重选。

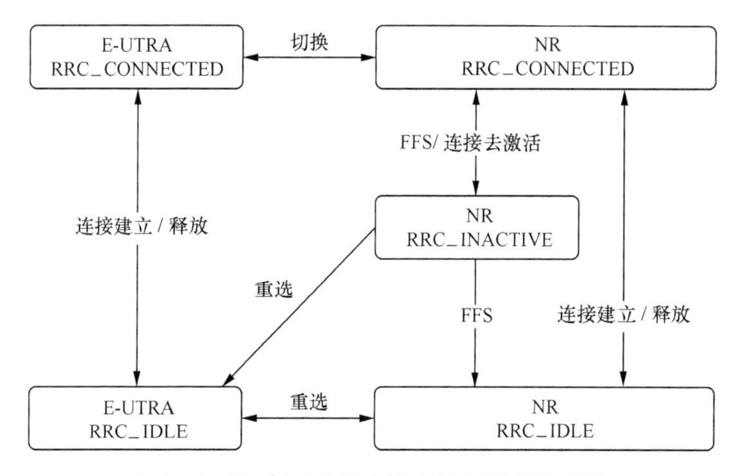

图 2-11　NR 与 LTE 网络间 RRC 状态重选/切换

此外，NR RRC也支持与UMTS/GSM RRC的交互，如图2-12所示。

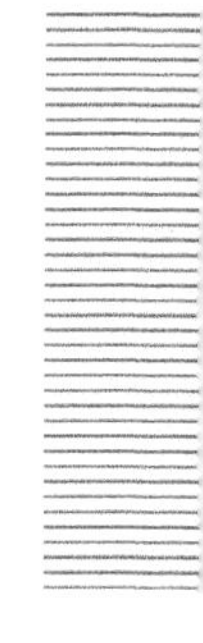

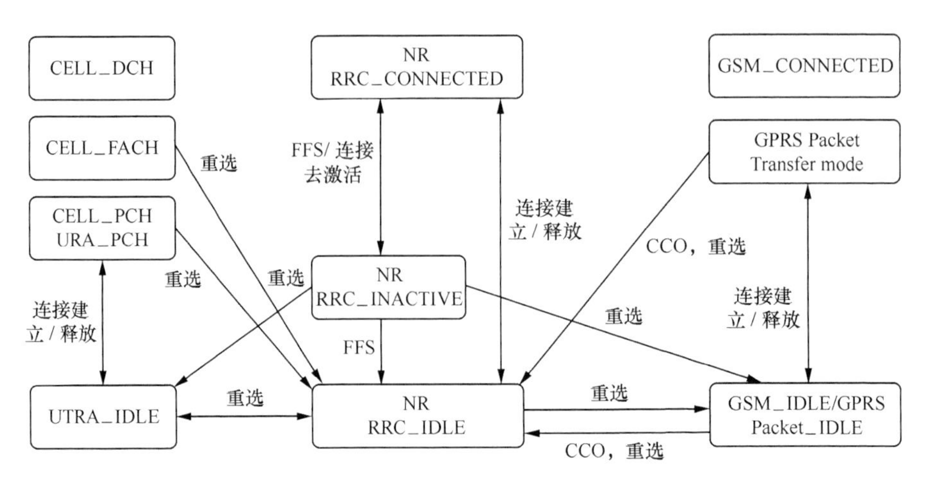

图 2-12　NR 与 UMTS/GSM 间 RRC 状态重选/切换

2.3.3　NR 与 LTE RRC 层的对比

NR RRC 层协议基本与 LTE 一致，但 NR RRC 层对功能进行了扩展。除了引入新的 RRC 状态 RRC_INACTIVE 外，NR RRC 还支持 EN-DC（LTE-NR 双连接）中的 RRC 独立连接和 RRC 分集。

RRC 独立连接是指除作为主站的 eNB 外，作为从站的 gNB 也可独立地配置网络到 UE 之间的 RRC 连接，如图 2-13 所示。这种配置方式可以降低传输时延和回传链路上的信令开销，实现快速、高效的 RRC 配置以及对多连接链路的优化管理。

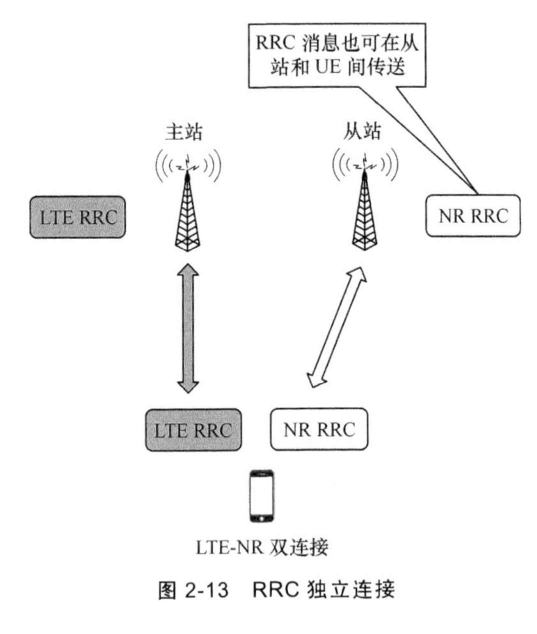

图 2-13　RRC 独立连接

RRC 分集是指主站 MeNB 的 RRC 消息可以被复制，并通过主站 MeNB 和从站 SeNB 向 UE 发送相同的 RRC 消息，通过这种方式保证 RRC 消息传送的可靠性，如图 2-14 所示。通过配置 RRC 分集的方式，在切换过程中也能避免无线链路失败以及 RRC 连接重建的过程，从而提高切换性能，保证用户的无缝移动性。

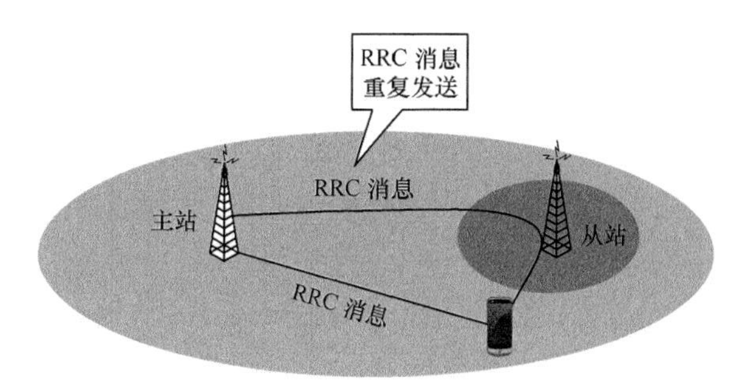

图 2-14　RRC 分集

2.4　SDAP 子层

用户面的 L2 自上而下包含 SDAP、PDCP、RLC 和 MAC 子层，如图 2-15 所示。其中，SDAP 子层是 NR 新定义的协议子层，其标志性功能是提供 QoS flow（流）映射。

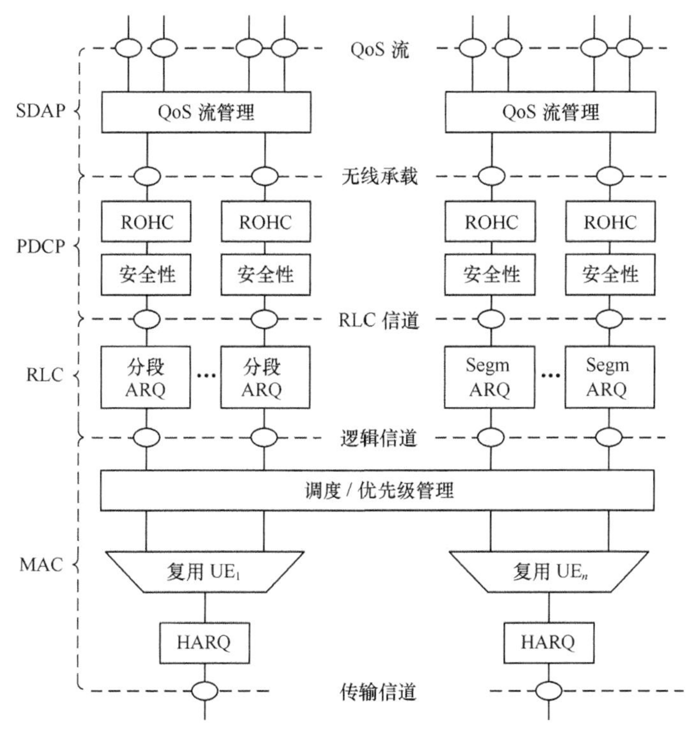

图 2-15　数据链路层（L2）下行架构

2.4.1 SDAP 子层功能

SDAP（Service Data Adaptation Protocol）子层具体包括以下功能。

（1）完成 QoS flow 到 DRB 的 QoS 映射。

（2）在上下行数据分组中打上 QFI（QoS flow ID）标识，如图 2-16 所示。

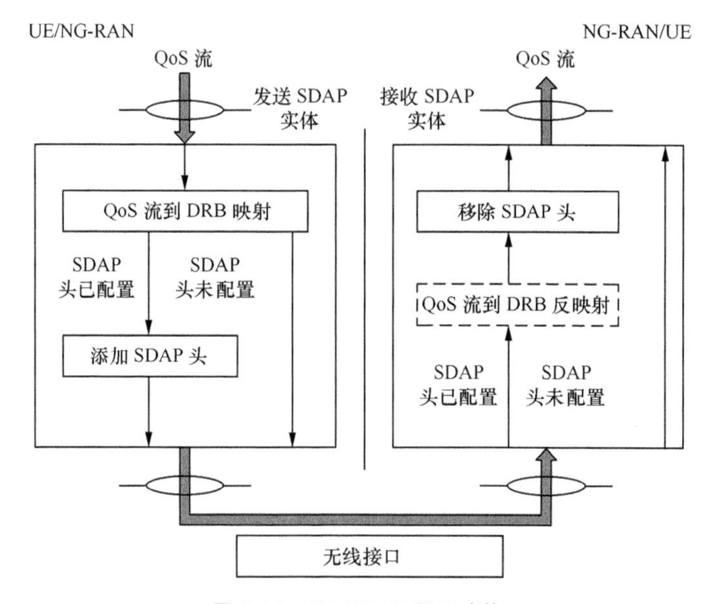

图 2-16　NR SDAP 子层功能

2.4.2 QoS 管理

图 2-17 所示为 NR 的 QoS 架构。不难发现，NR QoS 管理粒度细化为 QoS 流（QoS Flow），这相比于 LTE RAB-RB 简单的 QoS 映射要更为复杂，但是 QoS 管理粒度的细化也提高了对多种差异化业务的适应性。

对比图 2-18 中的 LTE QoS 架构。当在 eNB 中建立了 UE 上下文后，MME 发起 E-RAB 的建立、修改和释放，并且为 eNB 提供 E-RAB 相应的 QoS 信息。一个 E-RAB（E-UTRAN Radio Access Bearer）是由一个 S1 承载和对应的数据无线承载（DRB，Data Radio Bearer）串联而成，也就是说，DRB 和 E-RAB 是一对一映射的关系。当 E-RAB 建立后，与 NAS 层的 EPS 承载进行一对一的映射。因此可以说，LTE 的 QoS 管理是承载级别的。

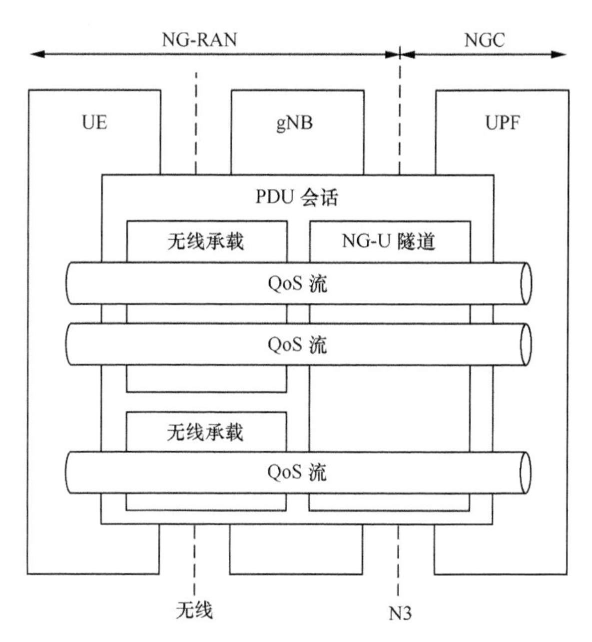

图 2-17　NR QoS 架构

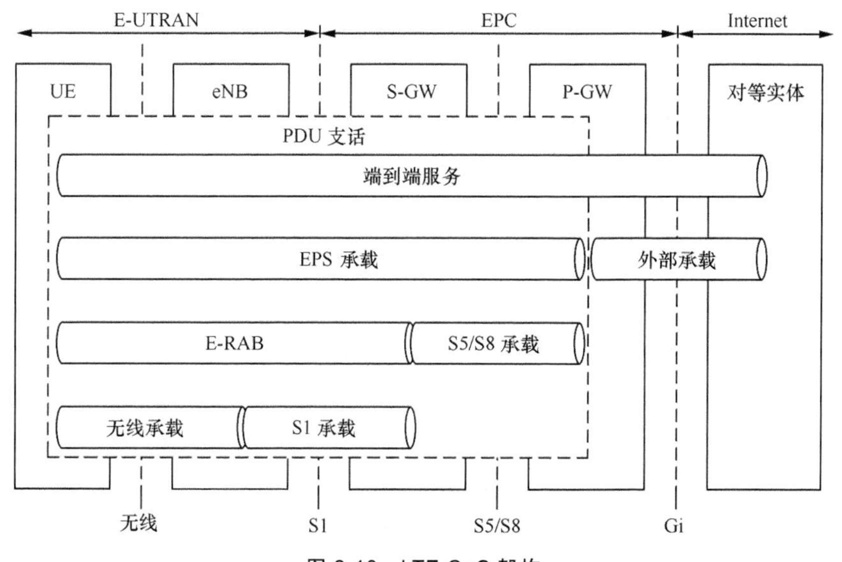

图 2-18　LTE QoS 架构

而在 NR 中，单个 PDU 会话（PDU Session）在一个用户面隧道承载，并且可以传送一个或多个 QoS 流的数据分组报文，多个 QoS 流可以根据具体的 QoS 要求映射到已建立的 RB 上，或者根据需要新建 RB 进行 QoS 流映射。

如图 2-19 所示，在 PDU 会话中，首先，根据 QoS 需求（如时延、传输速率等），IP 数据分组被映射为 QoS 流，并打上 QFI 标识。随后，QoS 流进一步映射到 DRB 上。QoS 流到 DRB 的映射既可以是一对一的关系，也可以是多对一的关系。具体的映射处理可以通过镜像映射（Reflective Mapping）或指定配置（Explicitcon Figuration）实现。

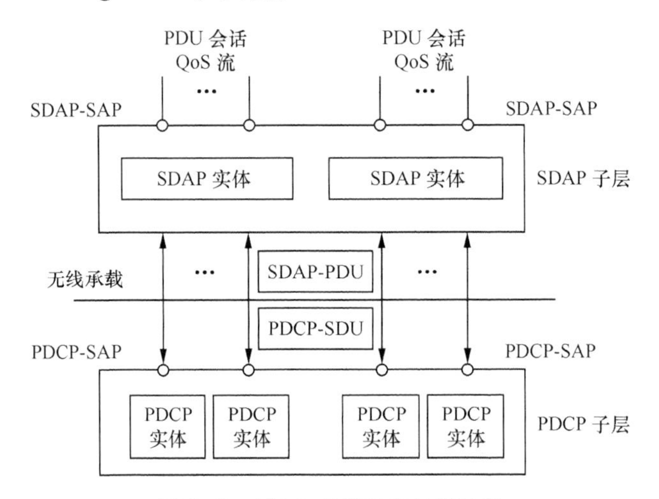

图 2-19　NR QoS 流映射处理过程

镜像映射是指当 UE 获取到 PDU 会话中的下行数据分组对应的 QFI 标识后，即能获知 IP 流与之对应的 QoS 流以及 QoS 流和 DRB 的映射关系。UE 随后在上行数据流中应用相同的映射关系。

指定配置是指 QoS 流和 DRB 的映射关系由 RRC 信令指定。

2.5　PDCP 子层

PDCP（Packet Data Convergence Protocol）子层主要为映射为 DCCH 和 DTCH 逻辑信道的无线承载（RB）提供传输服务。其标志性功能是执行 IP 头压缩以减少无线接口上传输的比特数。

每个 PDCP 子层实体对应一个 RB，同时，每个 PDCP 子层都包含控制面和用户面，具体根据 RB 所携带的信息来确定相应的平面。每个 PDCP 子层实体对应 1/2/4 个 RLC 子层实体（具体须根据单向传输/双向传输、RB 分割/不分割、RLC 模式等确定），如图 2-20 所示。

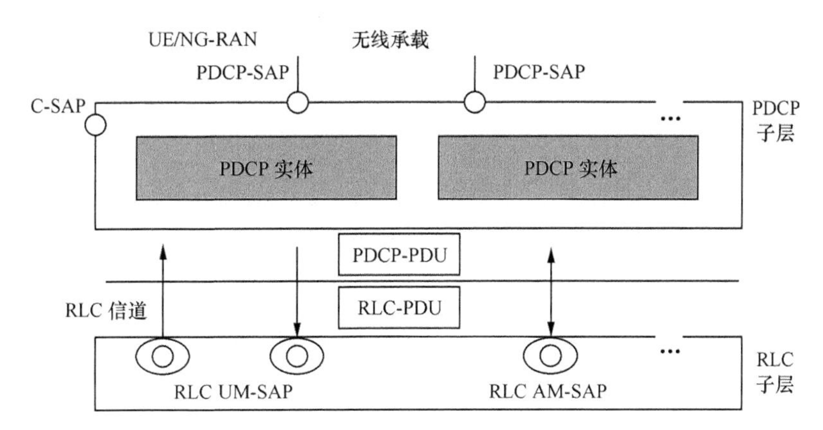

图 2-20　NR PDAP 子层

2.5.1　PDCP 子层功能

PDCP 子层的功能具体包括：

（1）编号，即添加序列编号（SN，Sequence Number）；

（2）头压缩和解压缩（ROHC，Robust Header Compression）；

（3）用户数据传输；

（4）加密解密（只针对数据部分）；

（5）完整性保护和验证，其中，携带 SRB 的数据 PDU 必须进行完整性保护，携带 DRB 的数据 PDU 根据配置需要进行完整性保护；

（6）重排序和重复检测；

（7）PDCP SDU 路由（当存在 RB 分割时）；

（8）PDCP SDU 重传；

（9）PDCP SDU 丢弃；

（10）PDCP 重建并为 RLC AM 恢复数据；

（11）PDCP PDU 复制等。

NP PDCP 子层实体功能如图 2-21 所示。

注意 PDCP 子层的处理过程，在下行方向：

步骤 1　当下行数据到达 PDCP 子层后，首先被存储在一个缓冲区中；随后，对到达的数据进行序列编号；这么做的目的是便于接收端准确判断出数据分组是否按序到达以及是否有重复分组，从而便于对数据分组的重组；

步骤 2　针对用户面数据进行头压缩，也就是说控制面信令不进行头压缩

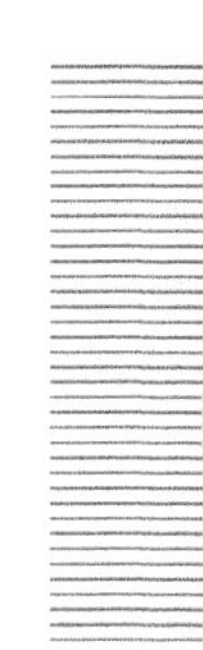

处理，头压缩的功能开关是可配置的；

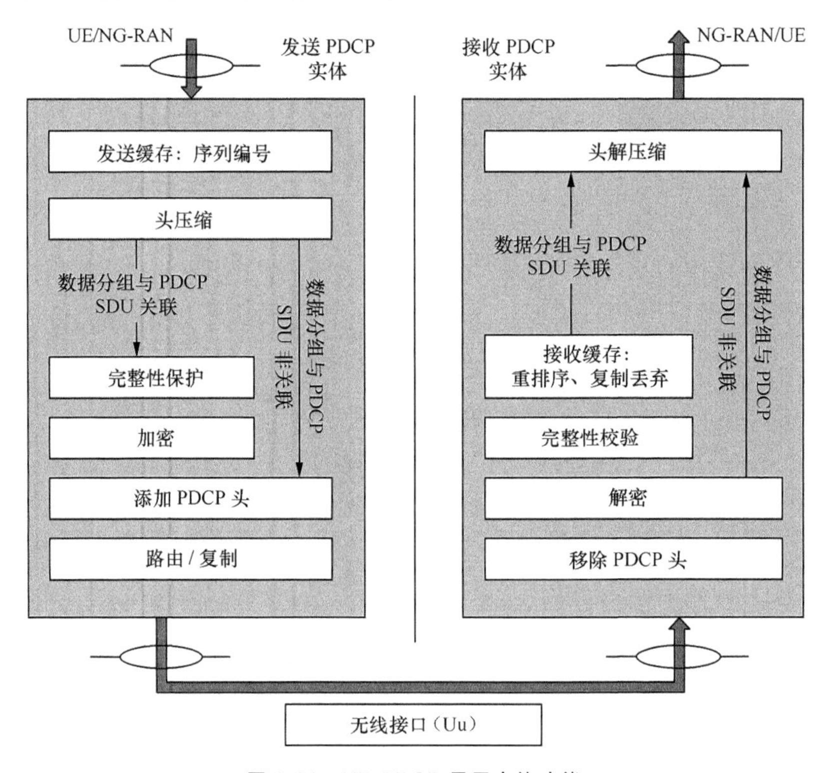

图 2-21　NR PDCP 子层实体功能

步骤 3　完成头压缩后存在两条路径，对于与 PDCP SDU 相关的数据分组必须经过完整性保护和加密，否则直接跳到下一步骤；

步骤 4　添加 PDCP 头；

步骤 5　PDCP SDU 路由或复制。

在上行方向：要经过去除 PDCP 头、解密、完整性验证、重排序或丢弃副本、头部解压缩一系列流程。

2.5.2　NR 与 LTE PDCP 子层对比

对比图 2-21 和图 2-22 可知，NR 和 LTE PDCP 子层的功能和处理流程非常相似，但二者也存在微小的差异。

其一，NR 为了支持双连接，为 PDCP 子层添加了复制功能。其二，NR PDCP 子层处理过程增加了数据缓存功能。其三，LTE PDCP 子层的头压缩、完整性保护等功能，或只针对用户面，或只针对控制面，而 NR PDCP 子层则无这种限制。

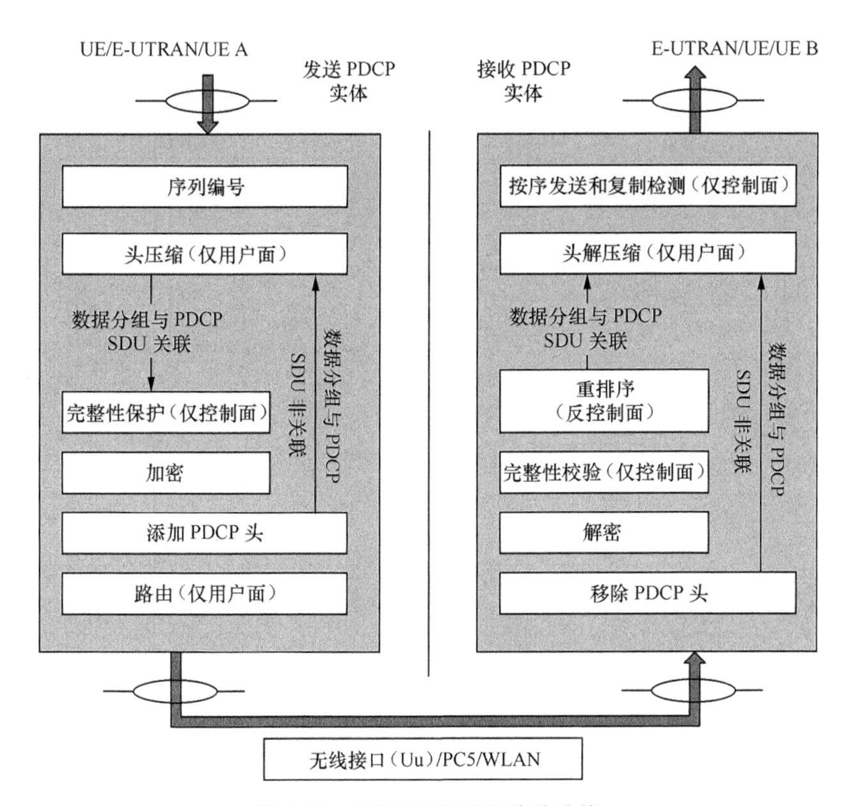

图 2-22　LTE PDCP 子层实体功能

| 2.6　RLC 子层 |

RLC（Radio Link Control）子层主要提供无线链路控制功能，为上层提供分割、重传控制以及按需发送等服务。RLC 子层包含透明模式（TM，Transparent Mode）、非确认模式（UM，Unacknowledged Mode）和确认模式（AM，Acknowledged Mode）3 种传输模式，主要提供纠错、分段、重组等功能。

2.6.1　RLC 传输模式

TM、UM 和 AM 3 种传输模式均可以发送和接收数据，在 TM 和 UM 模式中，接收和发送采用独立的 RLC 实体，而在 AM 模式中，仅采用单一的实体来执行发送和接收数据，如图 2-23 所示。

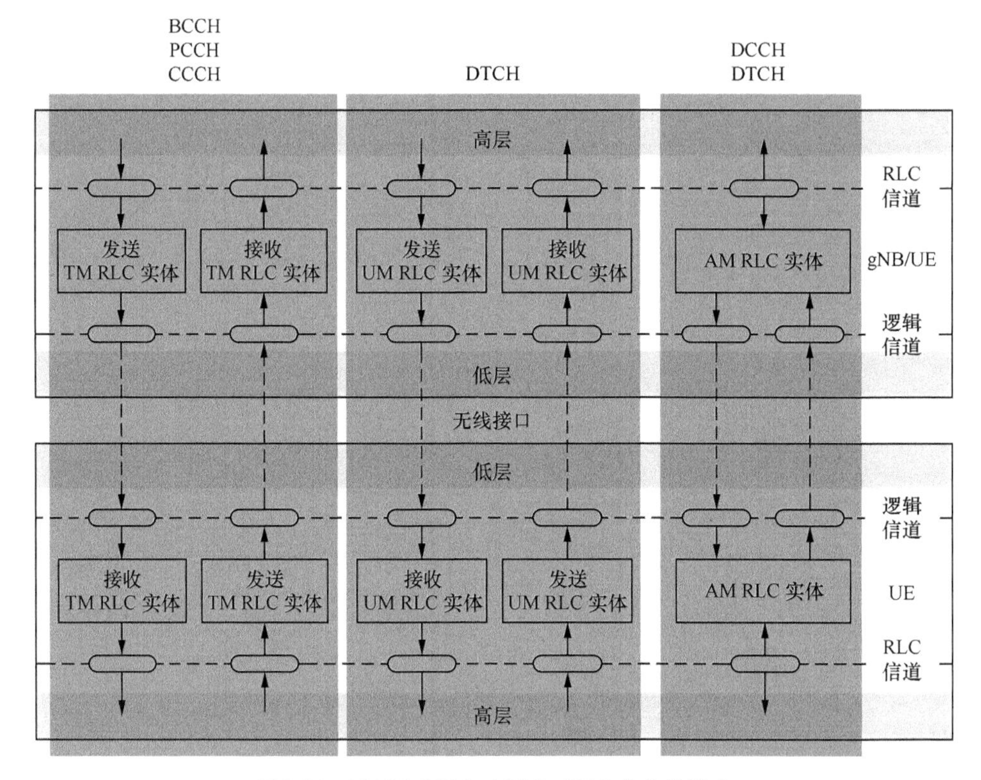

图 2-23　NR RLC TM、UM 和 AM 3 种传输模式

NR 中的各类逻辑信道各自对应一种 RLC 配置。其中，BCCH、PCCH 和 CCCH 只采用 TM 模式，DCCH 只可采用 AM 模式，而 DTCH 既可以采用 UM 模式又可以采用 AM 模式，具体由高层的 RRC 配置。

1. TM 模式

TM 模式不对传入 RLC 的 SDU 进行任何处理，直接透传，如图 2-24 所示。这意味着在 TM 模式下，RLC 发送实体无须添加 RLC 头，也无须进行分段，只起简单的转发作用，而 RLC 接收实体也无须经过重排序，更无须进行重组。TM 模式传输的 PDU 称为 TMD PDU。

2. UM 模式

UM 模式传输的 PDU 称为 UMD PDU，每个 UMD PDU 包含完整的 RLC SDU 或者一个 RLC SDU 的分段（Segment）。

UM RLC 发送实体会为 RLC SDU 添加头（Header）并缓存。当 MAC 子层通知有发送机会时，UM RLC 发送实体按须对 RLC SDU 进行分段，并更新相应的 RLC 头。分段的目的是使 RLC PDU 的大小与 MAC 子层提供的资源相匹配。UM RLC 接收实体探测 RLC SDU 是否丢失，重组 RLC SDU 并把 RLC SDU 传输给上层。如果 UMD PDU 无法重组为 RLC SDU，则丢弃。RLC UM 模式的处理流程如图 2-25 所示。

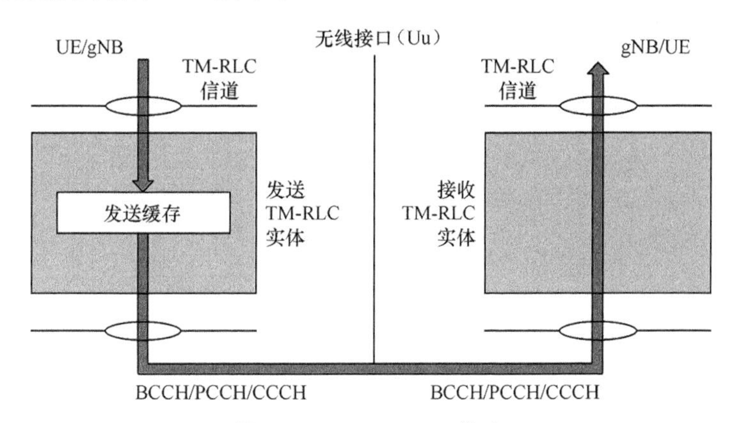

图 2-24 NR RLC TM 模式

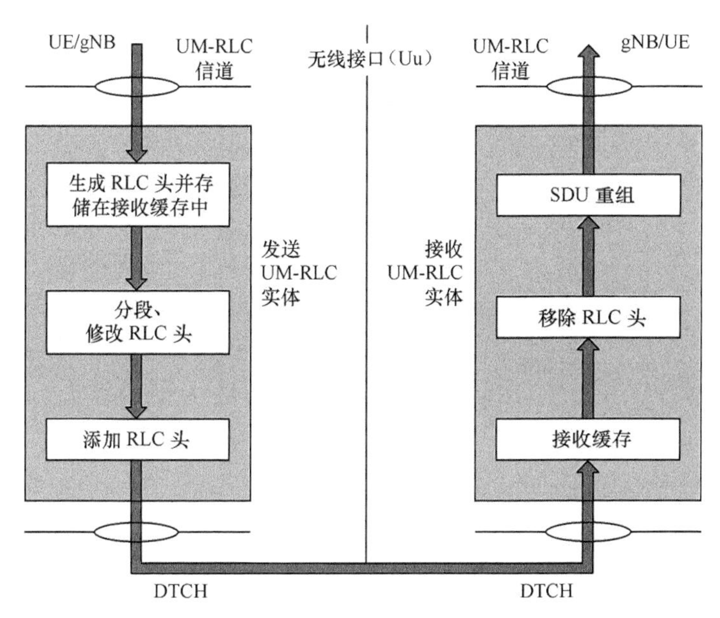

图 2-25 NR RLC UM 模式

3. AM 模式

AM 模式相比 UM 模式，增加了支持 ARQ 重传的要求。AM 模式所传输的数据 PDU 称为 AMD PDU，所传输的控制 PDU 称为 STATUS PDU。

AM RLC 实体同样会为 RLC SDU 添加头，并按需进行分段和更新 RLC 头。

与 UM 模式不同的是，AM RLC 实体支持 ARQ 重传，当重传的 RLC SDU 大小与 MAC 子层指示的大小不符时，可以对 RLC SDU 进行分割或者重分割。

对比图 2-25 和图 2-26 可知，AM 模式与 UM 模式处理过程的根本区别在于，AM RLC 实体处理分段和添加 RLC 头后，会制作两份完全相同的 RLC PDU，并将其中一份传送至 MAC 子层，将另一份置于重传缓存（Retransmission Buffer）中。经过一定时间，如果 AM RLC 实体接收到 NACK 应答或者未获得任何应答时，将缓存中的 RLC PDU 进行重传；反之，如果 AM RLC 实体获得 ACK 应答，则将缓存中的备份丢弃。

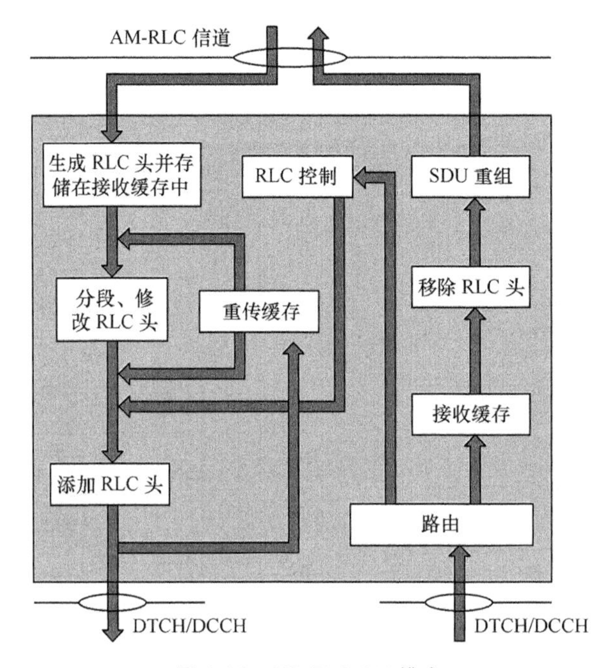

图 2-26 NR RLC AM 模式

注意 AM 模式下，STATUS PDU 的发送优先级高于重传的 AMD PDU，而重传 AMD PDU 的发送优先级又高于普通的 AMD PDU。

TM、UM 和 AM 3 种传输模式的特性总结见表 2-1。

表 2-1 NR TM、UM 和 AM 传输模式的特性

RLC 传输模式	RLC 头	数据缓存	分段/重组	ARQ 反馈
TM	否	仅 Tx	否	否
UM	是	Tx & Rx	是	否
AM	是	Tx & Rx	是	是

需要说明的是，RLC 传输模式的选择，实际上主要是由业务特性决定的。其中，TM 和 UM 模式对时延敏感、对错误不敏感，且无反馈消息，无须重传，通常用于实时业务。而 AM 模式对时延敏感、对错误敏感，且存在 ARQ 反馈要求，通常用于非实时业务或控制信令。

2.6.2　RLC 子层功能

通过上述讨论，不难总结出 RLC 子层的功能，具体包括：

（1）传输上层 PDU；

（2）编号（仅限 UM 和 AM 模式）；

（3）对 RLC SDU 的分割和重分割；

（4）重复检测（AM 模式）；

（5）对 RLC SDU 的重组（UM 和 AM 模式）；

（6）ARQ 纠错（AM 模式）。

2.6.3　NR 与 LTE RLC 子层对比

NR 和 LTE RLC 子层的主要区别在于，NR RLC 子层不保证 SDU 按序分发到上层。取消按序分发的限制有助于降低整体时延，后一数据分组无须再等待前一数据分组的重传确认。

对比图 2-26 和图 2-27 可知，NR 和 LTE RLC 子层的区别还在于，LTE RLC 子层支持级联（Concatenation）功能，而 NR 则将 RLC 子层的这部分功能下移到了 MAC 子层。究其原因主要是 NR 的上行处理时间相对于 LTE 显著降低。如果 RLC 子层继续支持级联，那么在接收到上行授权之前，由于未知调度传输块的大小，无法提前将多个 RLC SDU 串接为一个 RLC PDU。而如果

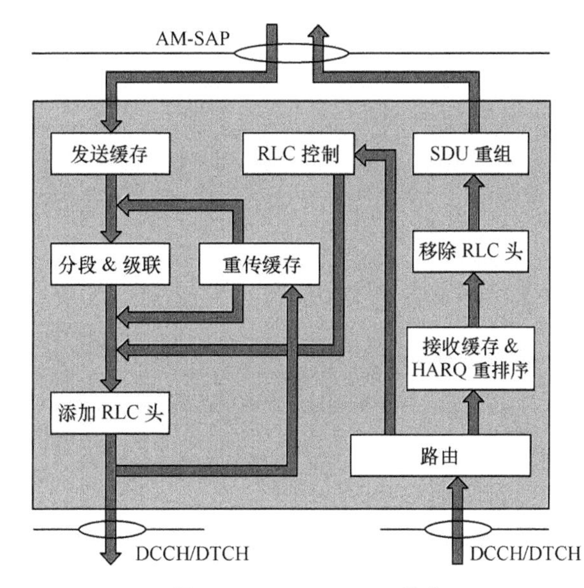

图 2-27　LTE RLC AM 模式

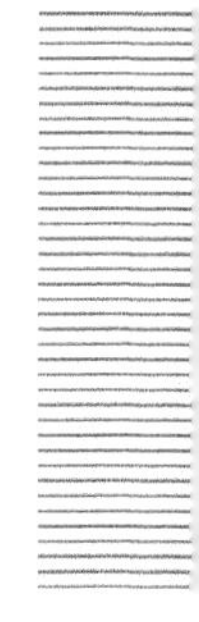

取消级联，则可以先于上行授权的接收，完成 RLC PDU 的封装。这种方式能减小对 NR 有效的上行处理时间的占用。此外，取消级联，RLC PDU 的格式也能够得到简化，RLC PDU 分段和 RLC PDU 重分段的数据分组格式将统一，既减小了开销，又降低了处理复杂度。

2.7 MAC 子层

MAC（Media Access Control）子层主要负责逻辑信道和传输信道的承接以及对无线资源的调度。

MAC 子层给上层提供的服务主要有如下几个。

• 数据传输，这里隐含了对上层数据的处理，如优先级处理、逻辑信道数据复用等。

• 无线资源分配与管理，包括调制与编码策略（MCS，Modulation and Coding Scheme）的选择、数据在物理层传输格式的选择，以及无线资源的使用管理等。

相应地，MAC 子层期待物理层为其提供的服务主要有如下几个。

• 数据传输，MAC 子层通过传输信道访问物理层的数据传输服务，而传输信道的特征通过传输格式进行定义，它指示物理层如何处理相应的传输信道，例如信道编码、交织、速率匹配等。

• HARQ 反馈。

• 调度请求（SR，Scheduling Request）信令。

• 测量，如信道质量 CQI、预编码矩阵 PMI 等。

2.7.1 MAC 子层功能

MAC 子层的功能具体包括：

（1）逻辑信道和传输信道之间的映射；

（2）复用和解复用；

（3）调度信息报告；

（4）HARQ 纠错；

（5）逻辑信道优先级处理。

其中，MAC 子层的复用功能是指将一个或多个 MAC SDU 复用到一个传输块（TB，Transport Block）上并传输给物理层的过程，解复用则是将 TB 分解为多个 MAC SDU 并传递给一个或多个逻辑信道的反向过程。

MAC 子层实体及功能如图 2-28 所示。

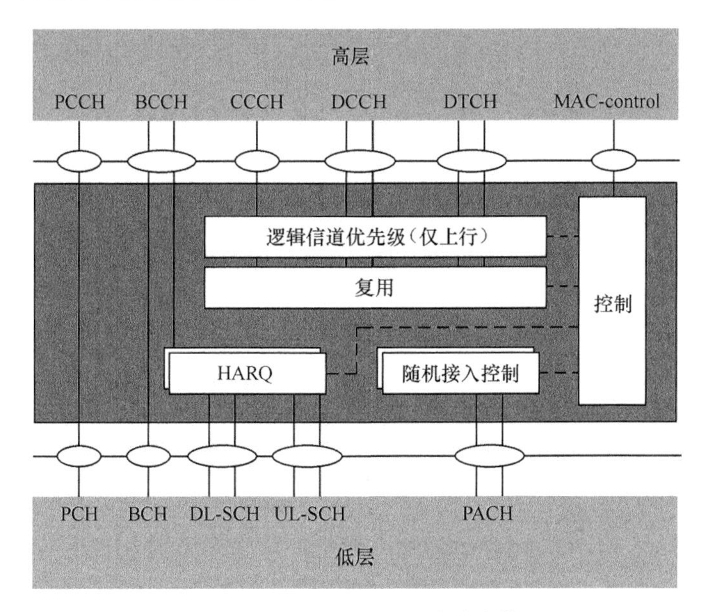

图 2-28　NR MAC 子层实体功能

当网络配置了双连接（DC，Dual Connectivity）时，主小区组（MCG，Master Cell Group）和辅小区组（SCG，Secondary Cell Group）的 MAC 子层实体如图 2-29 所示。

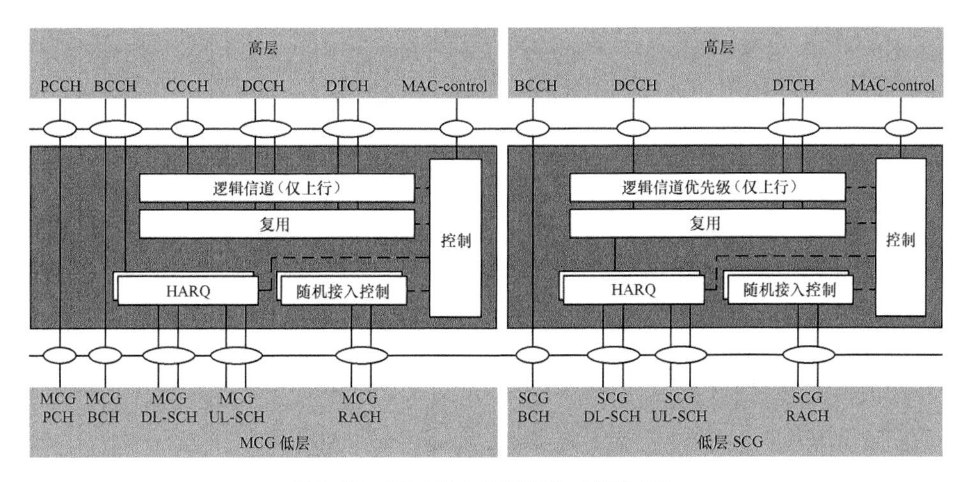

图 2-29　NR MAC 子层实体（双连接）

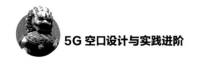

2.7.2 逻辑/传输信道及其映射

MAC 子层通过逻辑信道为 RLC 子层提供服务。逻辑信道主要根据承载的信息类型进行定义，因而不存在上下行的区分关系。逻辑信道一般分为两类，即控制信道和业务信道。

控制信道用于控制面信息的传输，包含以下逻辑信道。

- 广播控制信道（BCCH）：广播系统控制消息的下行信道，用于在 UE 接入网络前传输 UE 所需的控制和配置信息。
- 寻呼控制信道（PCCH）：转发寻呼消息和系统信息变更的下行信道，用于对网络未知其小区级位置的 UE 进行寻呼，一般需要同时在多个小区内进行发送。
- 公共控制信道（CCCH）：用于与随机接入相关控制信息的传输（RRC 连接建立前）。
- 专用控制信道（DCCH）：用于 UE 与网络间控制消息的传输（RRC 连接建立后），该信道对 UE 进行独立配置。

业务信道用于用户面信息的传输，包含以下逻辑信道：

- 专用业务信道（DTCH）：用于特定 UE 与网络间用户业务数据的传输。

相比 LTE 的逻辑信道，在 R15 中，NR 取消了多播控制信道（MCCH）和多播业务信道（MTCH）。原因主要在于，多播业务的优先级相对其他业务较低，未获得 3GPP 成员足够的支持，但不排除后续 NR 版本继续引入多播信道的可能性。

MAC 子层采用来自物理层的、以传输信道的形式表示的服务。传输信道主要是根据信息如何传输以及传输格式（TF，Transport Format）进行区分的。TF 包含了有关传输块（TB）的大小、调制方式和天线映射等信息。通过不同 TF 的选用，可以实现不同的 MAC 层传输数据速率。

传输信道一般根据上下行关系分为下行传输信道和上行传输信道。

下行传输信道具体包括以下几类。

- 广播信道（BCH）。用于传输部分 BCCH 系统消息，也即 MIB（Master Information Block）消息。该信道采用规范预定义的固定传输格式，一般在整个小区的覆盖区域内广播。
- 寻呼信道（PCH）。用于传输来自 PCCH 的寻呼消息。该信道支持不连续接收（DRX），允许 UE 只在网络预定义的时间间隔内唤醒以接收寻呼，从而达到节电的目的。PCH 也要求在整个小区的覆盖区域内进行广播。

• 下行链路共享信道（DL-SCH）。NR 下行链路数据传输所采用的主要传输信道。该信道支持 NR 的主要特征，包括链路自适应、带有软合并的 HARQ、波束赋形等。此外，DL-SCH 也被用于传输部分 BCCH 系统消息，也即 SIB（System Information Block）消息。

上行传输信道具体包括以下几类。

• 随机接入信道（RACH）。名义上归属传输信道，但实际并不携带传输块，只承载有限的控制信息，具有冲突碰撞的特征。

• 上行链路共享信道（UL-SCH）。NR 上行链路数据传输所采用的主要传输信道，是 DL-SCH 的对等体，具有相类似的特征。

MAC 子层的部分功能是不同逻辑信道的复用以及逻辑信道对应传输信道的映射，具体映射关系如图 2-30 所示。

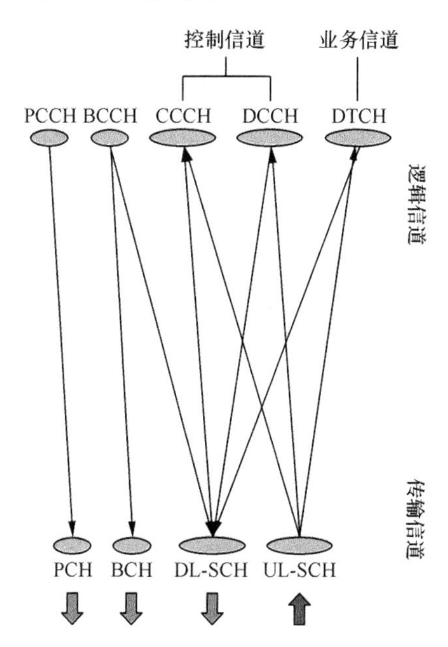

图 2-30 逻辑信道对应传输信道的映射

可见，PCCH 与 PCH 是一对一映射的关系。BCCH 上的 MIB 消息映射到 BCH，而 SIB 消息映射到 DL-SCH。CCCH、DCCH 和 DTCH 则对应映射到 UL/DL-SCH。

2.7.3 资源调度

NR MAC 子层的核心功能之一是无线资源调度。gNB MAC 子层的调度器（Scheduler）根据上下行信道的无线链路状态为 DL-SCH 和 UL-SCH 进行时频资源的动态分配。此外，调度器也决定了每条链路上可达的数据速率。因此，调度器在很大程度上决定了整体上下行链路的系统性能，尤其是对于高负荷网络。

NR 上下行链路的调度是独立进行的。如图 2-31 所示，下行链路调度器负责动态地控制 UE 进行发送，并为每个 UE 分配相应的 DL-SCH 上的资源块集合。下行链路的传输格式（TF）以及逻辑信道的复用，均是由 gNB 进行控制的。作为调度器控制数据速率的结果，RLC 子层的分割和 MAC 子层的复用也都将受到调度决策的影响。上行链路调度器负责控制 UE 在相应 UL-SCH 的时频资源上进行发送。需要指出的是，虽然 gNB 调度器为 UE 指定了传输格式，但是上行链路调度决策实际上是基于每个 UE 而非每个无线承载来实现的。因此，数据传输所采用的无线承载，还是由 UE 自行控制，这也意味着上行链路逻辑信道复用的功能处于 UE 的 MAC 子层。

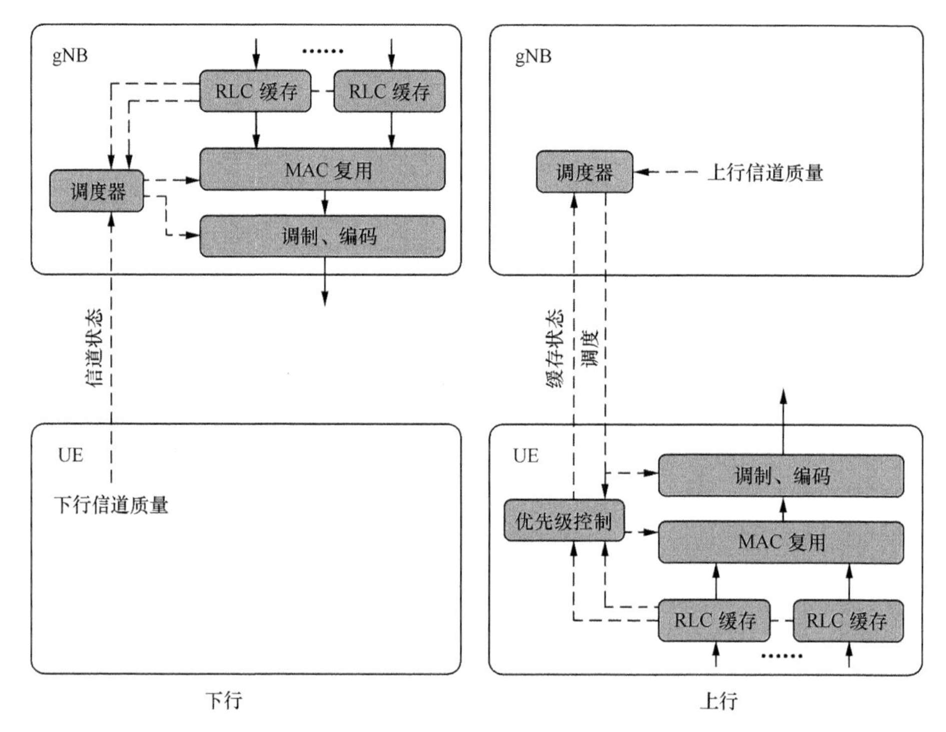

图 2-31　上下行链路传输格式 TF 的选择

尽管 R15 并未规定调度策略的具体实现，但调度器的最终目的无非是跟踪信道的时域和频域变化，使 UE 调度在具有良好信道状况的资源上进行传输。这种方式称为信道相关调度（Channel-dependent Scheduling）。

下行信道相关调度通常基于信道状态指示参考信号（CSI-RS）的测量。CSI 测量报告既可以反映时域和频域的瞬时信道质量，又可以在空分复用条件下提供决定相应天线处理所需的信息。上行信道相关调度通常基于探测参考信号（SRS）进行信道估计。SRS 发自每个 UE，gNB 通过 SRS 的测量为每个 UE 预测上行信道链路质量。对于参考信号的具体细节，留待后续讨论。

2.7.4 HARQ

HARQ 也是 NR MAC 子层的核心功能之一。与 LTE 类似，带有软合并功能（Soft Combining）的 HARQ 是 NR 有效对抗传输错误、提高系统可靠性的重要机制。需要特别说明的有两点，其一，实际的软合并是由物理层控制的；其二，HARQ 并非适用于所有的业务。例如，广播信道所携带的信息是多个用户所需的公共信息，通常并不依赖于 HARQ 来保证传输可靠性。因此，HARQ 只支持 DL-SCH 和 UL-SCH。

NR HARQ 协议上下行均支持最大 16 个并发的停等（Stop-and-Wait）进程，具体由高层 RRC 配置。如果高层未提供对应的配置参数，则下行缺省的 HARQ 进程数为 8，上行的最大进程数始终为 16。

基于传输块（TB）的接收，接收机尝试对 TB 进行解码并通过单一确认比特 ACK/NACK 告知发射机有关解码操作的结果，以指示解码成功或是否需要进行重传。显然，接收机必须知道接收到的 ACK/NACK 确认信息具体与哪个 HARQ 进程相对应。这可以通过确认信息定时与某一特定 HARQ 进程相关的方法，或者通过确认信息在 HARQ 码本中位置的方法（针对同一时间存在多个确认信息传输的情况）来实现。

与 LTE 不同，NR 上下行链路采用的都是异步 HARQ。在异步 HARQ 协议中，初始传输之后的任意时间内都有可能存在上行/下行链路重传，并且直接采用 HARQ 进程数来指示当前被关注的是哪一个特定进程。原则上，被调度的重传与初始传输的处理过程相类似。NR 上行链路不采用同步 HRAQ 而改用异步 HARQ 的原因，一方面是为了缩短等待时延；另一方面是为了更好地支持动态 TDD 技术的应用。由于在动态 TDD 下，不存在固定的上下行配置，因而继续采用同步 HARQ 将带来极大的操作复杂性。

注意，LTE 仅支持最大 5 个 HARQ 进程（FDD 模式下）或 15 个 HARQ 进程（TDD 模式下）。显然，NR 支持更大的进程数。这主要是为了迎合高频小站场景下的低处理时延需求。这里可能存在疑惑，直觉上可能会认为，更多的 HARQ 进程会引起更大的往返时延。实际上，并不是所有的进程数都会被应用。

16 个 HARQ 进程的设计只是限定了重传次数的上限，并且带来了更多的重传版本的选择。

此外，需要说明的是，MAC 子层 HARQ 机制与 RLC 子层重传机制的侧重有所不同。HARQ 机制可以提供快速重传，但由于反馈出错而产生的残留出错率通常是比较高的。而 RLC 重传机制可以保证无错的数据发送，但在重传速度方面的表现不如 HARQ。因而，HARQ 与 RLC 重传功能互为补充，可以实现较小往返时延与可靠数据传送的良好结合。

2.7.5 NR 与 LTE MAC 子层对比

NR 与 LTE MAC 子层的功能及处理流程大同小异。表 2-2 从提供给上层的服务、MAC 子层功能、期望物理层提供的服务 3 个方面，对比总结了二者的异同。

表 2-2 NR 与 LTE MAC 子层对比

	NR	LTE
提供给上层的服务	• 数据传输 • 无线资源分配	• 数据传输 • 无线资源分配
MAC 子层功能	• 逻辑信道和传输信道之间的映射 • MAC SDU 的复用 • MAC SDU 的解复用 • 调度信息报告 • HARQ 纠错 • 逻辑信道优先级	• 逻辑信道和传输信道之间的映射 • MAC SDU 的复用 • MAC SDU 的解复用 • 调度信息报告 • HARQ 纠错 • UE 之间的优先级处理 • 一个 MAC 实体的逻辑信道间的优先级处理 • 逻辑信道优先级 • 传输格式选择 • 副链路（Sidelink）无线资源选择
期待物理层提供的服务	• 数据传输服务 • HARQ 反馈的信令 • 调度请求的信令 • 测量［如信道质量指示（CQI)］	• 数据传输服务 • HARQ 反馈的信令 • 调度请求的信令 • 测量（如信道质量指示）

2.8 PHY 层

PHY 层也即物理层，位于空口协议栈的最底层，主要负责编码、物理层 HARQ 处理、调制、多天线处理以及信号在相应时频资源上的映射等。

2.8.1 PHY 层功能

PHY 层的功能主要包括以下几方面。

（1）CRC 检测和指示。通过循环冗余检验码的添加和检测实现检错功能。

（2）FEC 编码/解码。NR 实际采用 LDPC 码和 Polar 码进行信道编码，实现纠错功能。

（3）HARQ 软合并。在接收方解码失败的情况下，保存接收到的数据，并要求发送方重传数据，接收方将重传的数据和先前接收到的数据进行合并后再解码以获取一定的分集增益，进而减少重传次数和时延。

（4）速率匹配。通过信息比特和校验比特的选择，匹配实际分配到的物理时频资源。

（5）信道映射。实现传输信道到物理信道的映射。

（6）调制与解调。采用 BPSK/QPSK/16QAM/64QAM/256QAM 等调制方式提高信道的传输效率。

（7）频率和时间的同步。通过时频同步保证信息的正确收发。

（8）功率控制、测量和报告。

（9）MIMO 处理。通过空分复用、分集等成倍提高系统容量。

（10）射频处理。将基带处理信号转换为射频信号。

2.8.2 PHY 层信道映射

物理层也负责逻辑信道到物理信道的映射。物理信道对应于特定传输信道传输所用的时频资源集合，每个传输信道都被映射到对应的物理信道。物理层除了存在这一类具有对应传输信道映射关系的物理信道外，还存在另一类没有对应传输信道的物理信道，具体用于上下行链路控制信令的携带，如图 2-32 所示（图中的虚线代表不存在直接映射关系）。

NR 定义的物理信道类型根据上下行链路的不同，可以划分为下行物理信道和上行物理信道。

下行物理信道包括以下几种。

- 物理广播信道（PBCH）：承载部分系统信息（MIB）并在小区覆盖区域内进行广播。该信道是 UE 接入网络所必需的。
- 物理下行控制信道（PDCCH）：用于携带下行控制信息（DCI），以发送下行调度信息、上行调度信息、时隙格式指示和功率控制命令等。该信道是

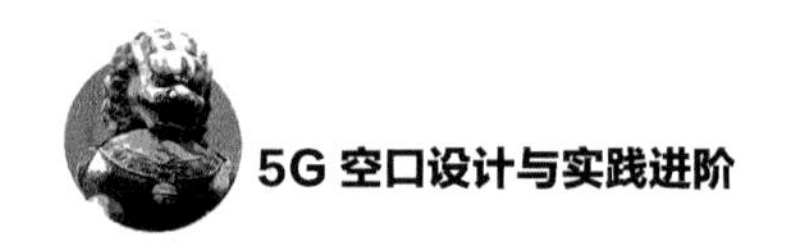

正确解码 PDSCH 以及在 PUSCH 调度资源进行传送所必需的。

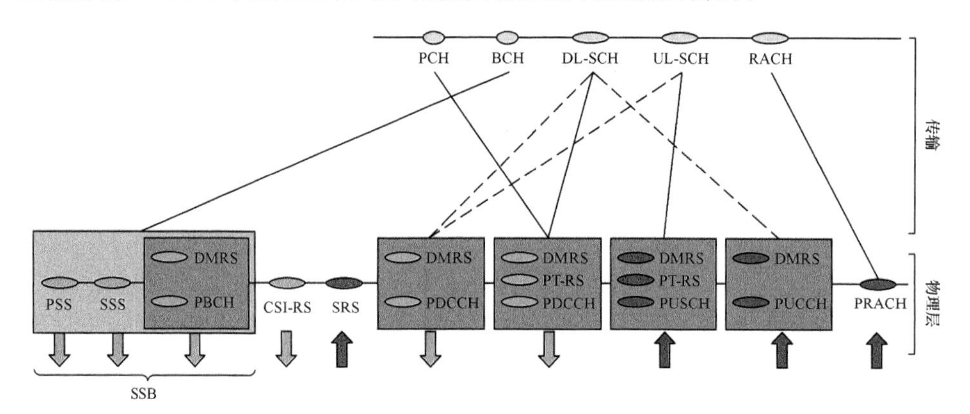

图 2-32　传输信道到物理信道的映射

• 物理下行共享信道（PDSCH）：主要用于部分系统消息（SIB）的传输、下行链路数据的传输以及寻呼消息的传输。

上行物理信道包括以下几种。

• 物理随机接入信道（PRACH）：用于发起随机接入。

• 物理上行控制信道（PUCCH）：用于携带上行控制信息（UCI），以发送 HARQ 反馈、CSI 反馈、调度请求指示等 L1/L2 控制命令。

• 物理上行共享信道（PUSCH）：主要用于上行链路数据的传输，是下行链路上 PDSCH 的对等信道。

我们注意到，在图 2-32 中，PDCCH 和 PUCCH 并无与之直接映射的传输信道。另外，物理信道还伴随着一系列参考信号（RS，Reference Signal），如 DMRS、PT-RS、CSI-RS 等。这些物理信号不携带从上层而来的任何信息，也不存在高层信道的映射关系，但对于系统功能完整性来说是必要的。

第3章
NR空口资源综述

NR对空口物理资源的划分包括3个维度，即时域、频域和空域。为了满足各种差异化应用场景的要求，NR在对“时—频—空”物理资源的管理上，除继承LTE的基础外，也进行了大量的革新，包括自适应的波形、更为灵活的帧结构、可配置的参数集、部分带宽等。

| 3.1 空口资源 |

NR 空口物理资源的主要描述维度与 LTE 基本相同，具体可划分为时域、频域和空域 3 个维度，如图 3-1 所示。

由于采用了与 LTE 相同的基于 OFDM 波形的传输方案，NR 沿用了大多数 LTE 对“时—频—空”资源的定义，如帧（Frame）、资源块（RB）和天线端口（Antenna Port）等。但注意到，除了帧和子帧的概念直接沿用外，NR 对其中绝大多数的资源的概念均进行了重新定义。此外，在频域资源上，NR 还新增了部分带宽（BWP）的概念。为了便于理解，读者可参照 LTE 对相关概念的定义与 NR 进行比对。

3.1.1 传输波形

需要强调的是，NR 波形方案的实现细节与 LTE 略有不同。具体来说，NR 下行沿用了带有循环前缀（CP）的 OFDM 波形，上行则支持 CP-OFDM 或 DFT-S-OFDM 波形。这与 LTE 上行仅支持 DFT-S-OFDM 波形有本质的不同，如图 3-2 所示。

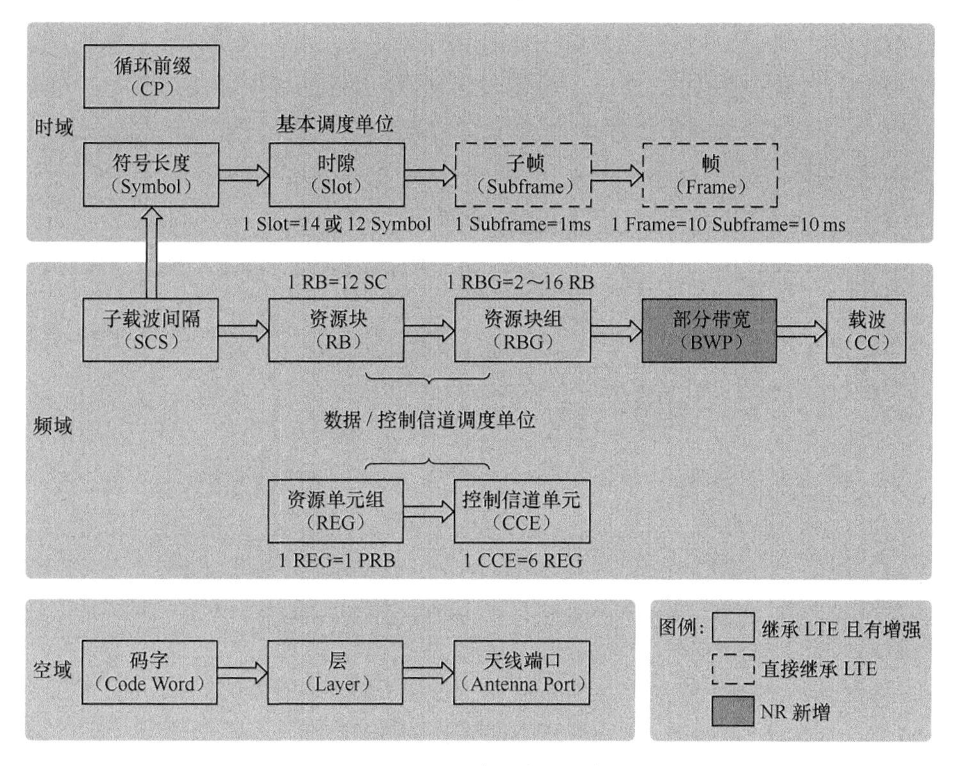

图 3-1　NR 空口资源一览

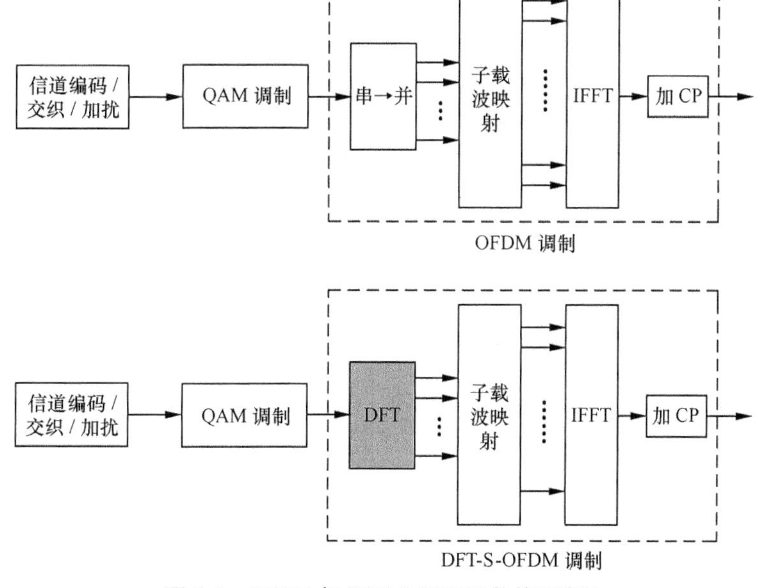

图 3-2　OFDM 与 DFT-S-OFDM 的处理流程

LTE 上行选择 DFT-S-OFDM 方案是出于降低 PAPR（峰均比）、提高终端功率放大器效率的考虑，如图 3-3 所示。基于同样的目的，NR 也将 DFT-S-OFDM 作为上行传输的补充方案，但选择了将 CP-OFDM 作为上行传输的主方案，其主要考虑如下。

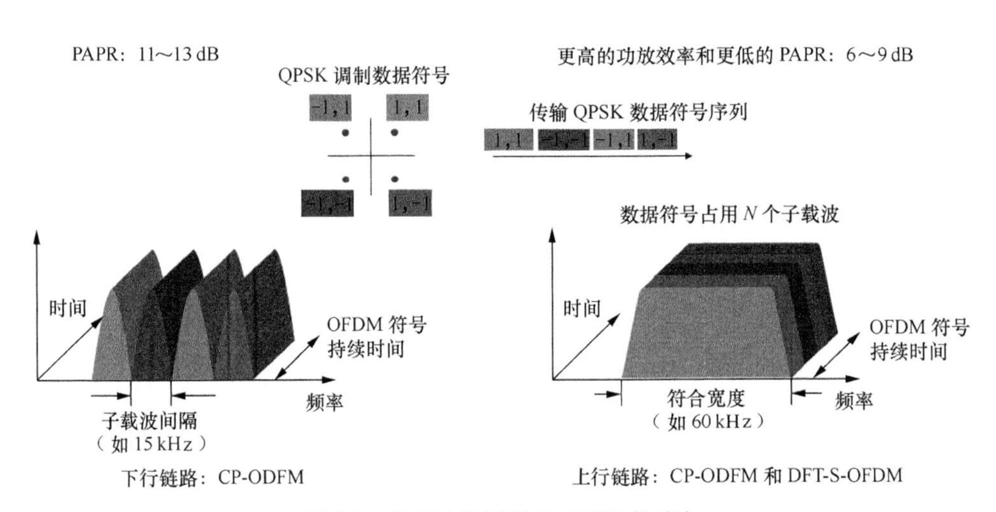

图 3-3　OFDM 与 DFT-S-OFDM 的对比

（1）CP-OFDM 相对 DFT-S-OFDM 具有更高的频谱效率，而这一基本特性有助于满足极端数据速率的需求。

（2）CP-OFDM 与 MIMO 结合的兼容性更好，且发射机和接收机的实现较为简单。而如果上行采用 DFT-S-OFDMA，为实现 UL-MIMO（上行空间复用），接收机的设计将更为复杂。因此，CP-OFDM 具有实现成本低的优势。实际上，根据 R15 协议，当采用 CP-OFDM 时，上行最大可支持 4 流 MIMO，而采用 DFT-S-OFDM 时，上行仅支持单流（无 MIMO 增益）。

（3）DFT-S-OFDM 对频率资源有约束，只能使用连续的频域资源，而 CP-OFDM 可以使用不连续的频域资源，其资源分配更为灵活，且频率分集增益较大。从支持频率组合多样性的角度考虑，CP-OFDM 是更优的方案。

（4）CP-OFDM 系统通过正确选择 SCS 和工作频率，可以在短于信道相干时间的时间间隔内完成设备间的传输，并实现高移动性和高数据速率应用，同时最大限度地减少时间选择性的影响。并且，基于信道估计和均衡技术，CP-OFDM 对频率选择性信道具有很高的弹性，如图 3-4 所示。而 DFT-S-OFDM 在对抗频率选择性信道影响方面的能力则偏弱。

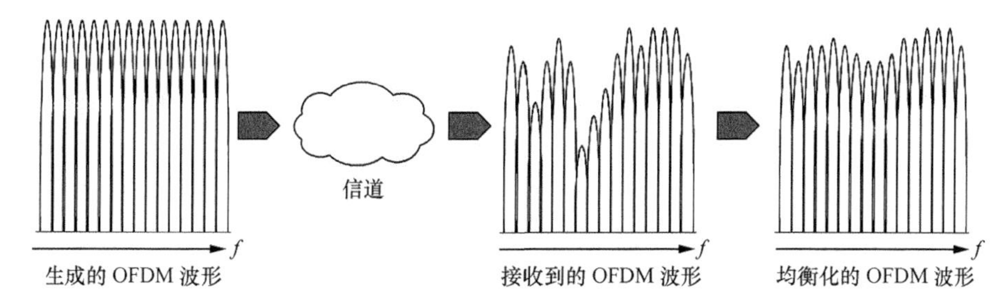

图 3-4　CP-OFDM 的频率选择性抑制

（5）采用 DL 和 UL 对称的波形可以简化整体设计，在 D2D 通信等重要场景下更有利于网络部署。如上下行均采用 CP-OFDM 方案，则 Sidelink（副链路）节点将无须增加一套 DFT-S-OFDM 接收机，可有效降低成本。

从上述的讨论可知，CP-OFDM 和 DFT-S-OFDM 实际上各有优劣，只是在 NR 场景下，CP-OFDM 的性能与 NR 现阶段需求的匹配度相对更高。图 3-5 进一步总结了在 NR 细分场景下对波形性能的需求。

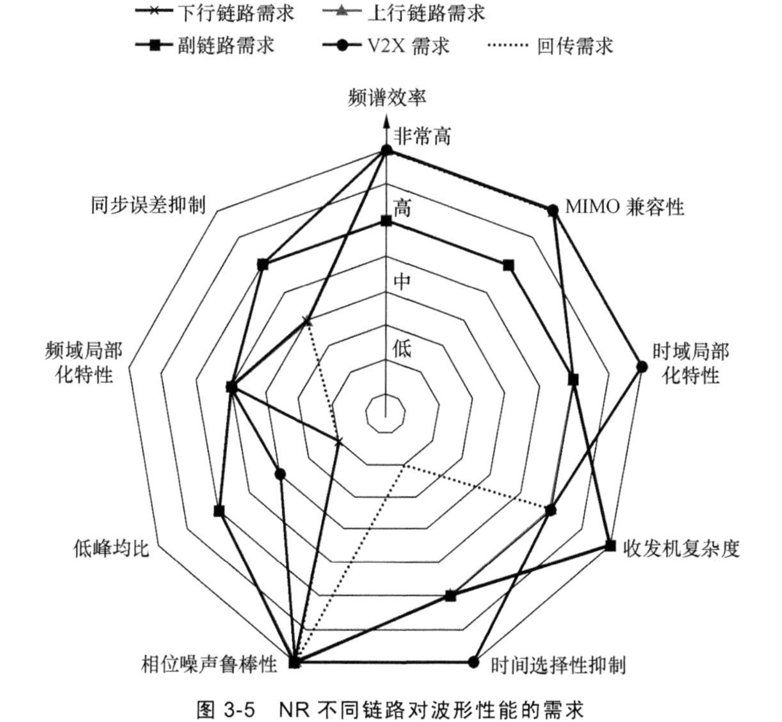

图 3-5　NR 不同链路对波形性能的需求

表 3-1 给出了 CP-OFDM 波形的性能评估。可见，正是由于 CP-OFDM 强大的性能优势，NR 才将其作为上、下行传输波形的首选。

表 3-1 CP-OFDM 性能评估

性能指标	能力评估
频谱效率	高
MIMO 兼容性	高
时域局部化	高
灵活性/可拓展性	高
信道频率选择性抑制	高
收发机基带复杂度	低
信道时间选择性抑制	中
相位噪声抑制	中
同步误差抑制	中
峰均比	高（可优化）
频域局部化	低（可优化）

需要特别指出的是，现阶段 NR 只定义了 52.6 GHz 之前频段的波形，并推荐上行以 CP-OFDM 波形为主，以 DFT-S-OFDM 波形为辅。后续如 NR 演进到支持 52.6 GHz 之上的更高频段，DFT-S-OFDM 凭借其较低的 PAPR、较高的相位噪声顽健性以及相对较低的频偏敏感度等优势，可能更有利于高频毫米波系统。

回到对空口物理资源的讨论。与 CP-OFDM 密切相关的基础参数集主要有子载波间隔（SCS）、循环前缀（CP）以及子载波的数目等。这些参数分别从频域和时域对 CP-OFDM 的资源复用方案进行了约束。此外，CP-OFDM 还常与 MIMO 结合，又引入了空域上资源的复用。

在具体讨论 NR 在时域、频域和空域上物理资源配置的细节前，先引入若干必要的定义和说明。

3.1.2 基本时间单位

为提供精确、一致的时间度量，NR 定义了最小时间单位 T_c，除非另有说明，否则 NR 时域中各个域的大小均表示为若干 T_c，T_c 由式（3-1）给出。

$$T_c = 1/(\Delta f_{max} \cdot N_f) \tag{3-1}$$

其中，$\Delta f_{max} = 480 \times 10^3\,\text{Hz}$，$N_f = 4096$。

此外，NR 也保留了另一个基本时间单位 T_s，具体由式（3-2）给出。

$$T_s = 1/(\Delta f_{ref} \cdot N_{f,ref}) \tag{3-2}$$

其中，$\Delta f_{ref} = 15 \times 10^3\,\text{Hz}$，$N_{f,ref} = 2048$。

常量κ表征了 T_c 与 T_s 之间的关系，即

$$\kappa = \frac{T_s}{T_c} = 64 \tag{3-3}$$

不难发现，T_s 的值与 LTE 的最小时间单位一致。因此，可以借助 LTE 中 T_s 的含义来加深对 NR 中 T_c 的理解。

在 LTE 中，最大系统带宽为 20 MHz，包含 1200 个子载波，且子载波间隔固定为 15 kHz（实际有效带宽为 18 MHz，余下 2 MHz 作为保护带以防止码间串扰）。这 1200 个子载波可视为连续的频域信号，可通过 IFFT 转变为时域信号。根据采样定理和 IFFT 的物理实现，IFFT 的采样点数 N 必须大于或等于最大子载波数量，且采样点数 N 必须是 2 的 n 次幂（n 为非负整数），因此有

$$N = 2^n \geqslant \max(N_{SC}^{BW}) \tag{3-4}$$

其中，N_{SC}^{BW} 为给定工作带宽下的最大子载波数，此处为 1200，代入式（3-4）可得 N=2048。此时，时域的采样周期为 1/(15000 Hz × 2048)=32.552 ns。也就是说，T_s 实际表示的是 LTE 系统的最小采样时间周期。

同理，T_c 即 NR 系统中的最小采样时间周期，$\Delta f_{max} = 480 \times 10^3$ Hz 意味着 NR 最大可支持 480 kHz 的子载波间隔（考虑了余量，实际在 R15 中并未使用），而 N_f=4096 则表明 NR 最大 FFT 大小为 4096，同时也意味着在给定工作带宽下 NR 的最大子载波数目将不超过 4096（实际在 R15 中限定为最大 3300 个子载波）。

3.1.3 NR 帧结构

如图 3-1 所示，NR 直接从 LTE 继承了无线帧和子帧的定义，也就是说，NR 的无线帧和子帧的分布及长度与 LTE 保持一致。一个无线帧的长度固定为 10 ms，每个无线帧由 10 个长度为 1 ms 的子帧构成，如图 3-6 所示。

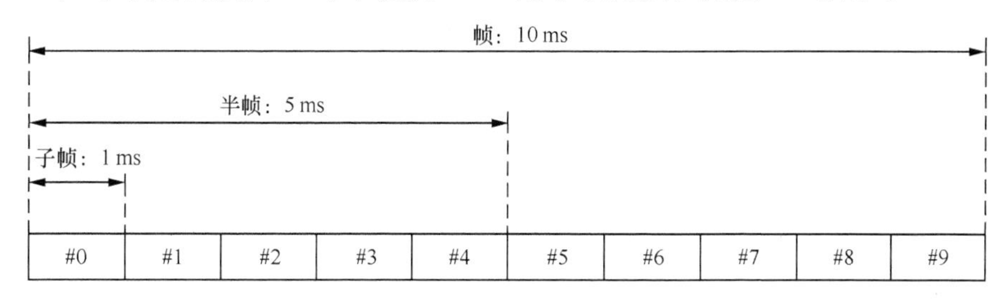

图 3-6　帧结构示意

NR 每帧分为两个相等大小的半帧，每个半帧包含 5 个子帧，即半帧 0 由子帧 0～4 组成，半帧 1 由子帧 5～9 组成。

需要特别说明的是，为了应对信号的传播延迟，NR 沿用了 TA（Timing Advance）的机制，要求来自 UE 的上行帧应在 UE 对应的下行帧开始前传输，具体的时间提前量为

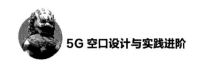

$$T_{TA}=(N_{TA}+N_{TA,offset})T_c \quad (3\text{-}5)$$

其中，$N_{TA,offset}$ 取决于对应的工作频段，如图 3-7 所示。

子帧的下一级时间单位是时隙。在 LTE 中，一个子帧固定由两个时隙组成，且每个时隙的长度固定为 0.5 ms。与之不同的是，NR 定义了灵活的子架构，时隙的个数和长度可根据 Numerology（参数配置集）灵活配置。

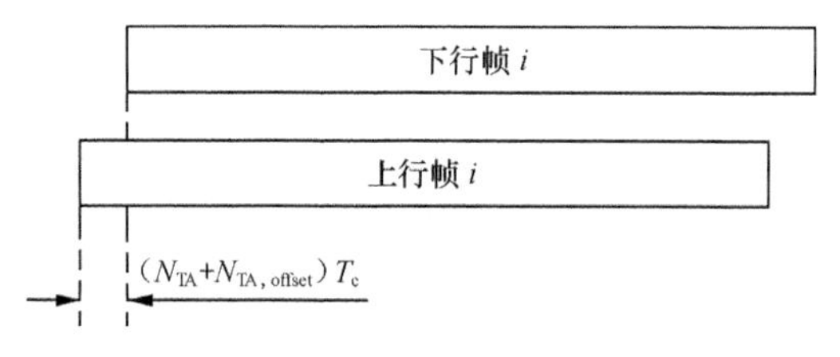

图 3-7 上下行时间关系

时隙由一组连续的 OFDM 符号构成。在 LTE 中，一个常规时隙包含 7 个符号，且符号长度固定。在 NR 中，一个常规时隙则包含 14 个符号，且符号的长度根据 Numerology 的不同也是可变的。

可见，对 NR 帧结构的进一步解析，离不开对 Numerology 的认识。但在此之前，需要先总结 NR 帧的通用结构，以便后续的讨论，如图 3-8 所示。

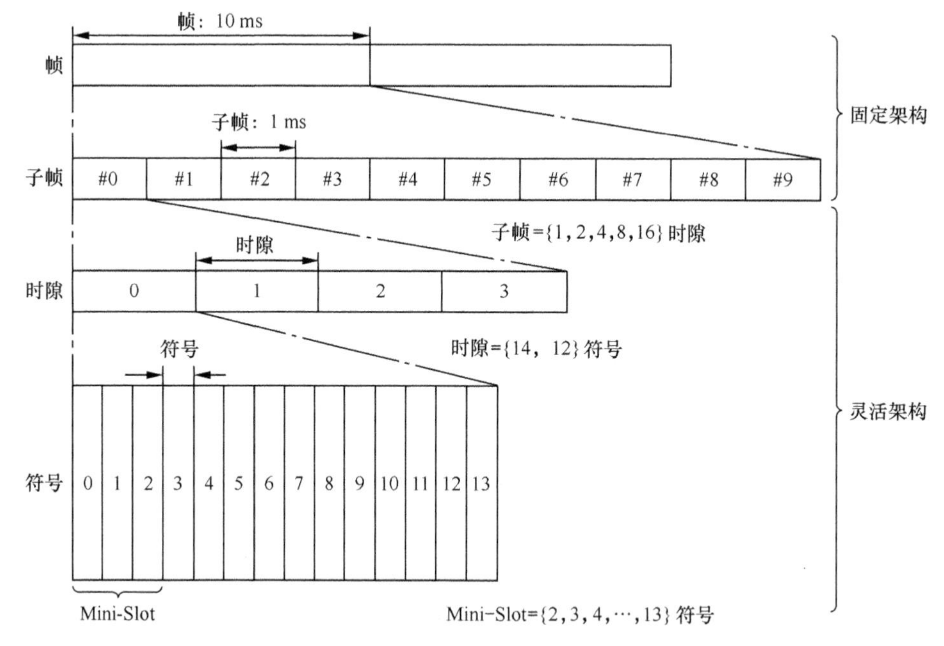

图 3-8 NR 帧通用结构

可以看到，NR 帧结构既继承了 LTE 帧和子帧配置的固定架构，又采用了能够根据 Numerology 进行灵活配置的时隙及符号的架构。前者的设定，允许 NR 更好地保持与 LTE 之间的共存，后者的设定，则使得 NR 具备适配不同场景需求的能力。

3.1.4 Numerology

为了支持多种多样的部署场景，适应从低于 1 GHz 到毫米波的频谱范围，NR 引入了灵活可变的 OFDM Numerology。Numerology 是 OFDM 系统的基础参数集合，包含子载波间隔、循环前缀、TTI 长度和系统带宽等。其中，与 LTE 的根本性不同是，LTE 采用单一的 15 kHz 的子载波间隔，而 NR 支持子载波间隔为 $15\times 2^{\mu}$ kHz 的配置，其中，μ为整数，见表 3-2。

表 3-2 NR Numerologies

μ	子载波间隔	循环前缀	每时隙符号数	每帧时隙数	每子帧时隙数
	$15\times 2^{\mu}$ kHz	CP	N_{symb}^{slot}	$N_{slot}^{frame,\mu}$	$N_{slot}^{subframe,\mu}$
0	15	常规	14	10	1
1	30	常规	14	20	2
2	60	常规	14	40	4
3	120	常规	14	80	8
4	240	常规	14	160	16
2	60	扩展	12	40	4

可见，根据μ参数的不同，NR 支持{15, 30, 60, 120, 240}kHz 多种子载波间隔，如图 3-9 所示。而子载波间隔的选择对应地影响每子帧的时隙数、OFDM 符号长度以及 CP 长度等。

由表 3-2 可知，在给定参数μ或子载波间隔（SCS）条件下，每子帧包含的时隙数为

$$N_{slot}^{subframe,\mu}=2^{\mu} \tag{3-6}$$

因此，NR 时隙的长度随μ或 SCS 的变大而变小，如图 3-10 所示。

同理，在给定μ或 SCS 时，对应每子帧包含的 OFDM 符号数为

$$N_{symb}^{subframe,\mu}=N_{slot}^{subframe,\mu}\cdot N_{symb}^{slot}=2^{\mu}\cdot 14 \tag{3-7}$$

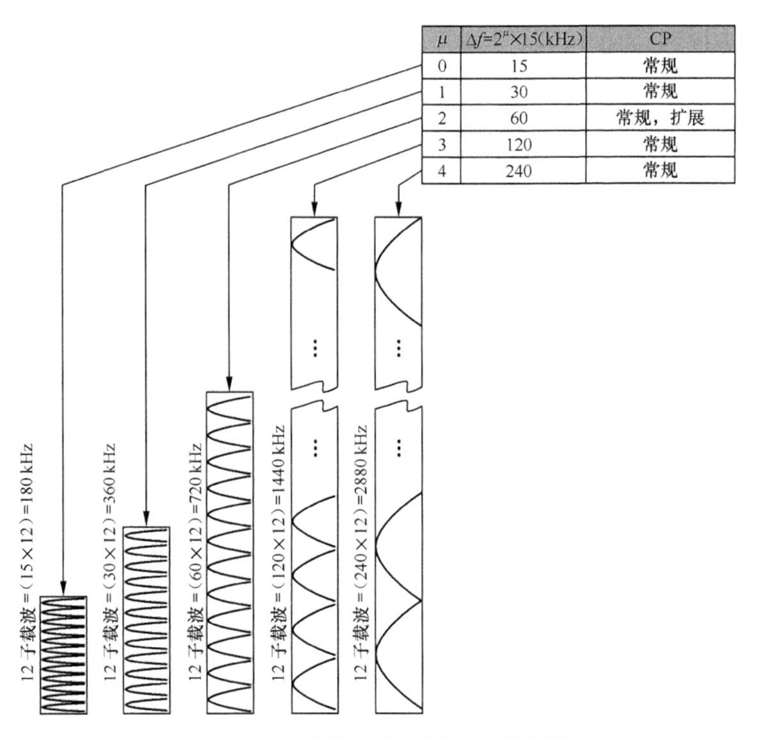

图 3-9 NR 支持多种子载波间隔的配置

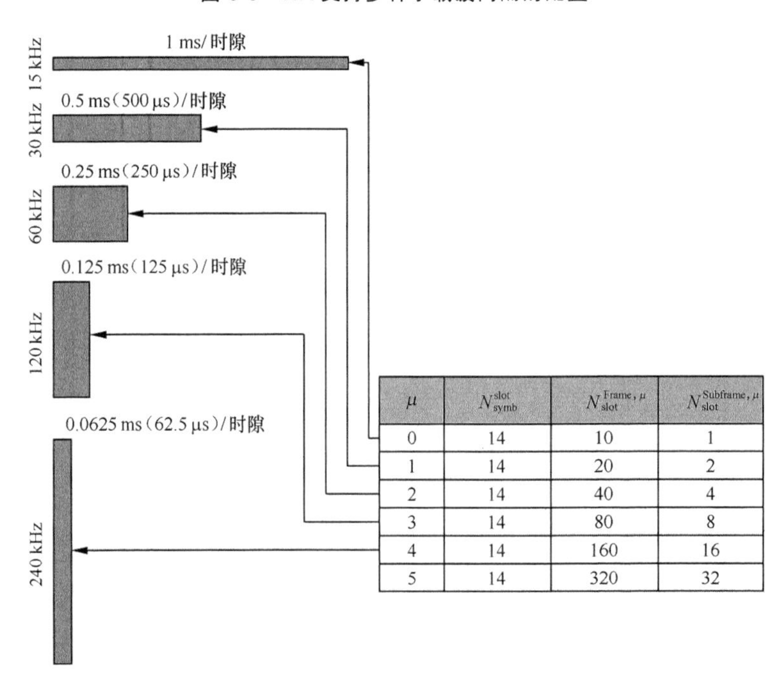

μ	N_{symb}^{slot}	$N_{slot}^{Frame,\mu}$	$N_{slot}^{Subframe,\mu}$
0	14	10	1
1	14	20	2
2	14	40	4
3	14	80	8
4	14	160	16
5	14	320	32

图 3-10 常规 CP 下 NR 的时隙长度

且对应每个 OFDM 符号的长度为

$$T_u = 1/(15 \cdot 10^3 \cdot 2^\mu) = 2048\kappa \cdot 2^{-\mu} \cdot T_c \quad (3\text{-}8)$$

NR 定义了不同子载波间隔 SCS 下的 CP 长度。CP 包括常规 CP（Normal CP）和扩展 CP（Extended CP）两种类型，其中，扩展 CP 仅在 SCS 为 60 kHz 时支持，其余 SCS 不支持。常规 CP 长度的计算如下。

$$N_{CP,l}^{\mu} = \begin{cases} 512\kappa \cdot 2^{-\mu}\ \textit{Extended cyclic prefix} \\ 144\kappa \cdot 2^{-\mu} + 16\kappa\ \textit{Normal cyclic prefix}, l = 0\text{或}l = 7 \cdot 2^{\mu} \\ 144\kappa \cdot 2^{-\mu}\ \textit{Normal cyclic prefix}, l \neq 0\text{且}l \neq 7 \cdot 2^{\mu} \end{cases} \quad (3\text{-}9)$$

$$T_{CP} = N_{CP} \cdot T_c \quad (3\text{-}10)$$

其中，l 是给定时隙中 OFDM 符号的位置。

当 l=0 或 $l=7 \cdot 2^\mu$时，对应所在位置的 OFDM 符号的 CP 长度要比其他位置 OFDM 符号的 CP 长度大 $16\kappa \cdot T_c$。这样的设计，能够保证每 0.5 ms 时间间隔内的 OFDM 符号数为整数。

结合式（3-8）、式（3-9）和式（3-10），可计算出不同 SCS 下，OFDM 符号及对应 CP 的具体长度，见表 3-3。

表 3-3 不同子载波间隔下 OFDM 符号及其 CP 的长度

参数 μ	子载波间隔 SCS（kHz）	CP 类型	符号长度 T_u（μs）	CP 长度：T_{CP}（μs）	
				l=0 或 $l=7 \cdot 2^\mu$	其他
0	15	常规	66.7	5.2	4.69
1	30	常规	33.3	2.86	2.34
2	60	常规	16.7	1.69	1.17
3	120	常规	8.33	1.11	0.59
4	240	常规	4.17	0.81	0.29
2	60	扩展	16.7	4.17	4.17

1. 引入 Numerology 的考量

Numerology 的设计体现了 NR 的灵活性和可拓展性。面对支撑众多用例的极端差异化需求以及大量连续或离散的工作频段需求，传统的单一参数设计显得顾此失彼。

以子载波间隔（SCS）为例，对于连续广覆盖场景，为了支持更大的小区半径，需要配置合适长度的 CP 以对抗多径时延扩展的影响。此时，选择较小的 SCS，符号长度将成反比增加，对应的 CP 长度也可以相同的 CP 开销比（CP

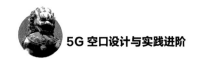

持续时间与 OFDM 符号持续时间的比值）增长。因此，较小的 SCS 更适用于连续广覆盖场景。

对于高移动性场景，多普勒频移是影响接收机解调性能的主要因素，为了对抗多普勒频移引发的 ICI，要求适当增大 SCS 以提升系统对频偏的顽健性，这一点在 1.2.3 节已讨论过，不再赘述。

对于热点高容量场景，考虑到高频资源的大带宽优势，更倾向于用高频部署网络。而随着载波频率的增加，系统相位噪声（Phase Noise）也会随之增加，如图 3-11 所示。频域中的相位噪声在时域中会引起信号抖动，进而导致接收机无法正常解调信号。当相位变化速率相对于 OFDM 符号持续时间较慢时，相位噪声可以被建模为常数并且可以通过估计来补偿。当相位变化率相对于 OFDM 符号持续时间更快时，相位噪声的估计变得困难，校正也变得困难。由于频率与相位相互影响，采用越大的 SCS，越有助于相位噪声的估计和补偿。

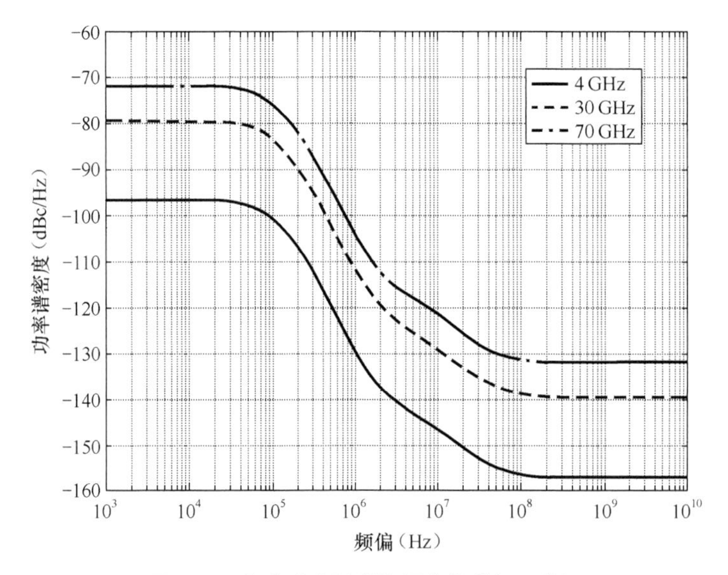

图 3-11　相位噪声随载波频率的增加而增加

对于时延敏感场景，使用较大的 SCS，对应的 OFDM 符号持续时间将缩短，这有利于快速的传输时间调度。

由上面的讨论可知，不同场景对参数配置的要求差异性很大，而通过 Numerology 的设计，能够适应同一部署下不同的参数配置，更好地适配多场景的需求。需要注意的是，并非所有的 NR 工作频带都支持全部的 Numerology。根据 R15 的规定，15/30/60 kHz SCS 适用于 FR1 频段，其信道带宽最高可达 100 MHz，60/120 kHz SCS 适用于 FR2 频段，相应的最大信道带宽可达

400 MHz，见表 3-4。

表 3-4 NR 频率范围及适用 SCS

频率范围	对应频段	可选子载波间隔
FR1	450～6000 MHz	15/30/60 kHz
FR2	24250～52600 MHz	60/120 kHz

2. 选择 15 kHz 基准的考量

Numerology 选定 15 kHz 作为基准，可以从技术角度和运营角度进行分析。从技术层面看，对于给定的频段，相位噪声和多普勒频移决定了最小子载波间隔（SCS）。采用较小的 SCS，会导致较高的相位噪声，从而影响误差矢量幅度（EVM），如图 3-12 所示。同时，较小的 SCS 也会对本地振荡器提出更高品质的要求，还会降低对抗多普勒频偏的性能。因此，SCS 的基准不宜过小，而 15 kHz 的 SCS 已在 LTE 中被证明具有良好的抵抗相位噪声和多普勒频移的顽健性，沿用 LTE 参数集作为 NR 的基准 Numerology 将是稳健的选择。从运营层面看，15 kHz 的基准有利于 NR 与 LTE 及 NB-IoT 共存。举例来说，对于已规模部署 NB-IoT 网络的运营商而言，由于 NB-IoT 是在既有 LTE 技术和架构上优化和实现的，且现网的 NB-IoT 设备均是以 10 年及以上的替换周期设计，以 LTE 参数集作为 NR 的基准 Numerology 就意味着，NB-IoT 所占用的频率资源可随时重耕至 NR。否则，一旦远期 NB-IoT 退网，运营商很可能无法使用其占用的小段带宽（200 kHz），造成频谱资源的浪费。综上，选取 15 kHz 作为基准，是技术因素与运营因素等的权衡结果。

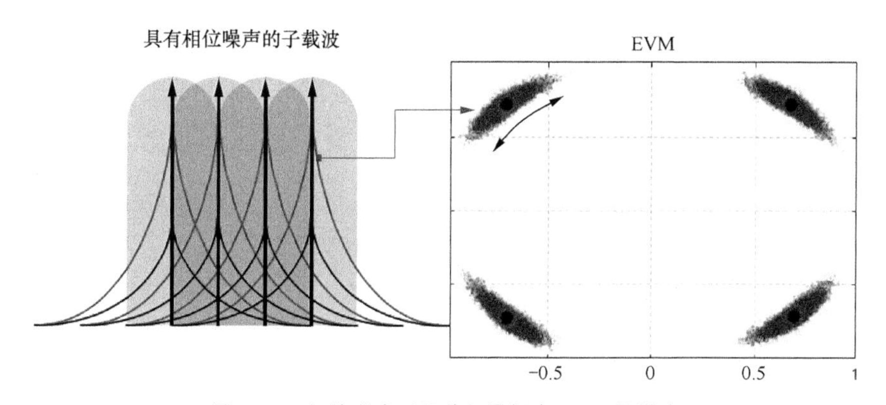

图 3-12 相位噪声对误差矢量幅度 EVM 的影响

相应地，子载波间隔（SCS）的拓展系数选定为 2^{μ}，也有深入的考虑。为

了保证不同 Numerology 间的共存性，较大的 SCS 必须能够被较小的 SCS 整除，也即有

$$\Delta f_2 = N \cdot \Delta f_1 \tag{3-11}$$

其中，N 为非负整数。这样做的好处是，不同 Numerology 间，不管 CP 开销如何，每 1 ms 处的符号边界总是对齐的。也就是说，采用较小扩展系数时的时隙长度总是采用较大扩展系数时的时隙长度的整数倍，而这有助于 TDD 网络中上下行传输周期的对齐，同样也有助于同一个载波上不同 Numerology 的混合使用。

对于 N 的颗粒度，主流的观点有 $N=m$ 和 $N=2^{\mu}$两种，其中，m 和μ均为非负整数。从相位噪声的角度来看，在给定载频时，随着子载波间隔的指数级增加，相位噪声的功率谱密度会线性下降。也即，当Δf加倍时，SNR（信号功率与相位噪声功率比）不是指数式增加而是线性增加。如图 3-13 所示，Δf=240 kHz 和 480 kHz 时，SNR 的差异很小；而当Δf=60 kHz 和 120 kHz 时，SNR 的差异就更小了。因此，从相位补偿的角度看，配置更细颗粒度的 SCS 没有必要，扩展系数取定 $N=2^{\mu}$即可。

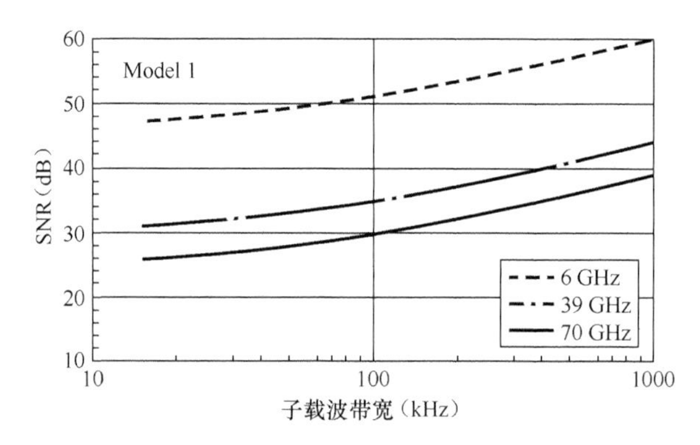

图 3-13　相位噪声功率谱密度与 SCS 的线性关系

综合上述讨论，不同 Numerology 的子载波间隔由基准子载波间隔 15 kHz 采用 $N=2^{\mu}$的比例扩展而成，但μ的取值上限是 4。也就是说，SCS 的上限为 240 kHz。其原因是，CP 的长度决定了 SCS 的最大值。如果 SCS 设置过大，OFDM 符号中的 CP 持续时间将过短，导致无法克服多径信道时延扩展的干扰。针对 Sub-6 GHz 和 mmWave 的实测发现，不同频段的时延扩展相近，几乎不受频率高低的影响，且视距（LOS）场景的时延扩展远小于非视距（NLOS）场景。时延扩展的最大均方根为 0.2 μs，根据 OFDM 的技术特点，当 SCS 为 240 kHz 时，CP 占 OFDM 符号长度约 7%的开销，具体为 0.2915 μs，其持续时间恰好

大于时延扩展。因此，在 R15 中，SCS 最大支持 240 kHz。

| 3.2 时域结构 |

在时域，NR 支持基于符号灵活定义的帧结构，以满足各种时延需求。在 LTE TDD 中，共定义了 7 种帧结构、9 种特殊子帧格式，见表 3-5 和表 3-6。可以看到，LTE TDD 帧以 5 ms 和 10 ms 为周期，且以准静态配置为主，在高层配置了某种帧结构后，网络在一段时间内均采用该帧结构。不同于 LTE TDD，NR 为满足更细颗粒度的调度需求，更多的是定义大量的时隙格式。并且 NR 从一开始设计就支持准静态配置和快速配置，支持更多周期配置，如 0.5 ms、0.625 ms、1 ms、1.25 ms、2 ms、2.5 ms、5 ms、10 ms。此外，时隙中的符号可以配置为上行、下行或灵活符号，其中灵活符号可以通过物理层信令配置为下行或上行符号，以灵活支持突发业务。

表 3-5 LTE TDD 帧结构

格式	上下行转换周期（ms）	上下行配比 DL：UL	子帧号									
			0	1	2	3	4	5	6	7	8	9
0	5	2：3	D	S	U	U	U	D	S	U	U	U
1	5	3：2	D	S	U	U	D	D	S	U	U	D
2	5	4：1	D	S	U	D	D	D	S	U	D	D
3	10	7：3	D	S	U	U	U	D	D	D	D	D
4	10	8：2	D	S	U	U	D	D	D	D	D	D
5	10	9：1	D	S	U	D	D	D	D	D	D	D
6	5	5：5	D	S	U	U	U	D	S	U	U	D

表 3-6 LTE TDD 特殊时隙配置

格式	常规 CP			扩展 CP		
	DwPTS	GP	UpPTS	DwPTS	GP	UpPTS
0	3	10	1	3	8	1
1	9	4	1	8	3	1
2	10	3	1	9	2	1
3	11	2	1	10	1	1
4	12	1	1	3	7	2

续表

格式	常规 CP			扩展 CP		
	DwPTS	GP	UpPTS	DwPTS	GP	UpPTS
5	3	9	2	8	2	2
6	9	3	2	9	1	2
7	10	2	2			
8	11	1	2			

3.2.1 自包含时隙/子帧

如图 3-14 所示，NR 中的时隙可配置为 3 种类型，其中 Type 1 为下行时隙，Type 2 为上行时隙，Type 3 为灵活时隙。Type 3 又称为自包含时隙（Self-contained Slot），具体可细分为 DL-dominant 时隙和 UL-dominant 时隙。DL-dominant 时隙中的上行传输符号可用于上行控制信息以及参考信号 SRS 的传输，同理，UL-dominant 时隙中的下行传输符号可用于下行控制信息的传输。

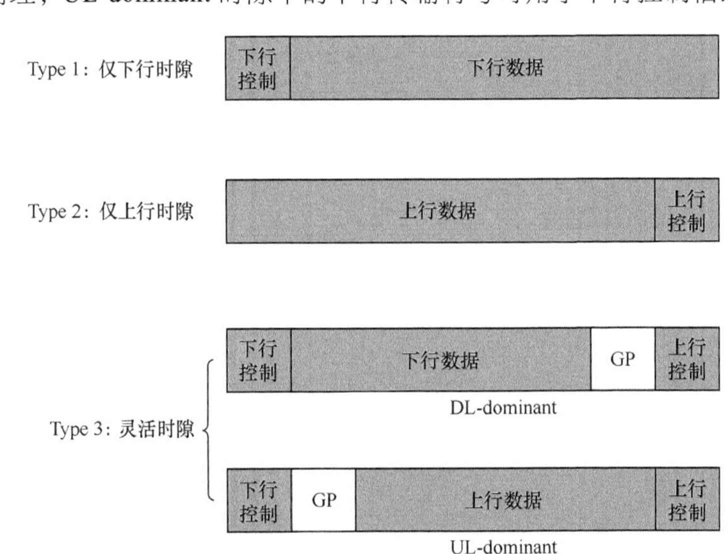

图 3-14　NR 时隙中的符号结构

需要特别说明的是，在通信系统中，自包含特性是指接收机解码一个基本数据单元时，无须借助其他基本数据单元，自身就能够完成解码。对应在 NR 中，其自包含特性使解码一个时隙或一个波束内的数据时，所有的辅助解码信息，例如参考信号 SRS 和 HARQ ACK 消息，均能够在本时隙或本波束内找到，而不需要依赖其他时隙或波束。而在 LTE 中，由于不具备自包含特性，基站或终端在解码某一时隙或波束的数据时，需要缓存其他时隙或波束的数据，这相应地要求 LTE 基站或终端增加额外的存储硬件配置，同时承担额外的非本时隙或波束的计算负荷。因此，可以说，NR 的自包含特性降低了对基站及终端的软硬件配置要求。

此外，NR 的自包含特性也能够实现更快的下行 HARQ 反馈和上行数据调度，以及更快的信道测量。例如，在某个 TDD 制式的 NR 帧中，如图 3-15 所示。针对一个长度为 14 个 OFDM 符号的自包含时隙，下行控制信息和参考信号 SRS 可以放在时隙的前部，当终端接收到下行数据时，已完成对下行控制信息和 RS 的解码，随即能够开始解码下行数据。根据下行数据的解码结果，终端能够在上下行切换的保护时间 GP 内，准备好 HARQ ACK 等上行控制信息。一旦切换到上行链路发送时间，可以随即发送上行控制信息。这样，基站和终端能够在一个时隙内完成数据的完整交互，降低 RTT 时延。此外，自包含特性也使 SRS 能够在更小的周期内发送，而无须像 LTE 一样等待下一子帧的最后一个符号。更小的 SRS 发送周期有助于快速跟踪信道的变化，提升 MIMO 性能。

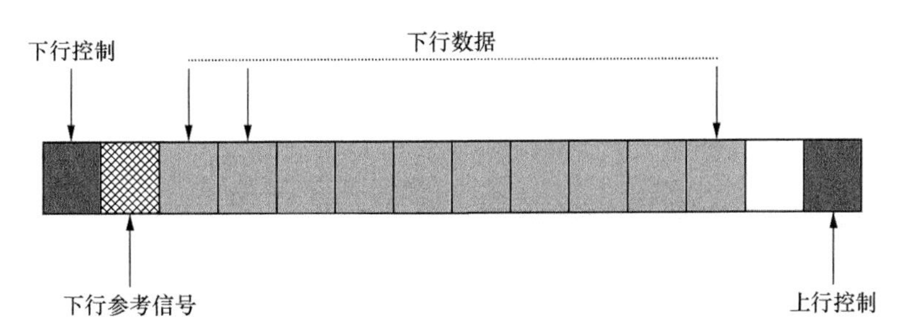

图 3-15 自包含时隙配置的示例

通过符号级的时隙配置，同一个子帧中也能同时包含 DL 信息、UL 信息和保护间隔（GP），即构成自包含子帧，如图 3-16（a）所示。但考虑到自包含子帧对终端硬件处理的延时要求很高，较低端的终端可能不具备相应的硬件能力，图 3-16（b）给出了较低要求的方案。这种方案中，HARQ 反馈有更多的时间余量，从而降低了对终端硬件处理能力的要求。并且，这种配置很容易通过信令指示终端进行支持。

需要注意的是，在自包含时隙/子帧的配置中，如果存在频繁的上下行切换，将带来较大的 GP 开销。

上下行时隙/子帧的实际配比由高层参数指定，可通过多层嵌套配置，也可

以独立配置，如图 3-17 所示。

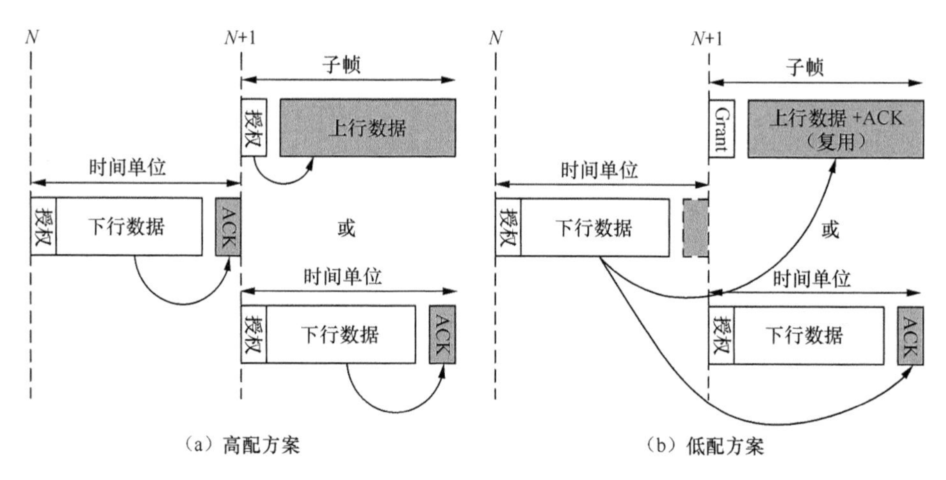

图 3-16　自包含子帧的设计方案

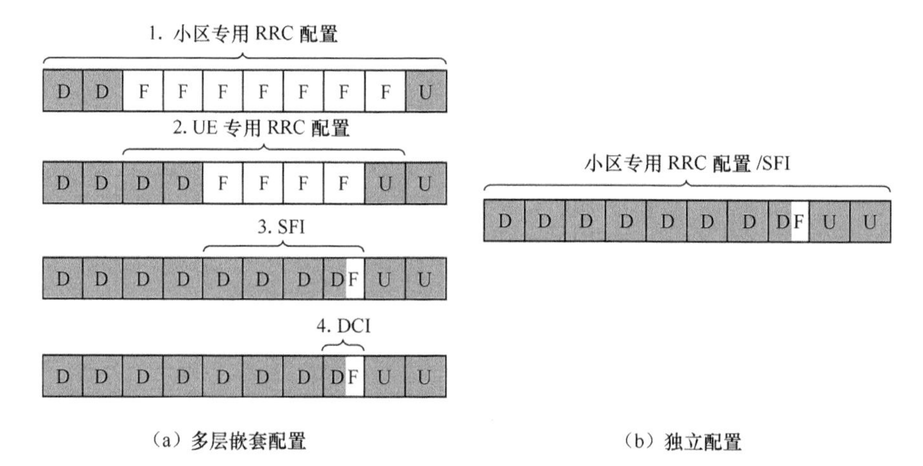

图 3-17　上下行时隙/子帧配置示意

3.2.2　灵活时隙符号配比

NR 预定义了 56 种时隙格式，见表 3-7。其中，Format 0 为全下行时隙，Format 1 为全上行时隙，Format 2～55 为灵活时隙，Format 56～255 作为预留。

表 3-7　常规 CP 下的时隙格式（TS 38.211 V15.1.0 之后的版本均不再保留此表）

格式	1 个时隙中的符号数量													
	0	1	2	3	4	5	6	7	8	9	10	11	12	13
0	D	D	D	D	D	D	D	D	D	D	D	D	D	D
1	U	U	U	U	U	U	U	U	U	U	U	U	U	U
2	X	X	X	X	X	X	X	X	X	X	X	X	X	X
3	D	D	D	D	D	D	D	D	D	D	D	D	D	X
4	D	D	D	D	D	D	D	D	D	D	D	D	X	X
5	D	D	D	D	D	D	D	D	D	D	D	X	X	X
6	D	D	D	D	D	D	D	D	D	D	X	X	X	X
7	D	D	D	D	D	D	D	D	D	X	X	X	X	X
8	X	X	X	X	X	X	X	X	X	X	X	X	X	U
9	X	X	X	X	X	X	X	X	X	X	X	X	U	U
10	X	U	U	U	U	U	U	U	U	U	U	U	U	U
11	X	X	U	U	U	U	U	U	U	U	U	U	U	U
12	X	X	X	U	U	U	U	U	U	U	U	U	U	U
13	X	X	X	X	U	U	U	U	U	U	U	U	U	U
14	X	X	X	X	X	U	U	U	U	U	U	U	U	U
15	X	X	X	X	X	X	U	U	U	U	U	U	U	U
16	D	X	X	X	X	X	X	X	X	X	X	X	X	X
17	D	D	X	X	X	X	X	X	X	X	X	X	X	X
18	D	D	D	X	X	X	X	X	X	X	X	X	X	X
19	D	X	X	X	X	X	X	X	X	X	X	X	X	U
20	D	D	X	X	X	X	X	X	X	X	X	X	X	U
21	D	D	D	X	X	X	X	X	X	X	X	X	X	U
22	D	X	X	X	X	X	X	X	X	X	X	X	U	U
23	D	D	X	X	X	X	X	X	X	X	X	X	U	U
24	D	D	D	X	X	X	X	X	X	X	X	X	U	U
25	D	X	X	X	X	X	X	X	X	X	X	U	U	U

续表

格式	1个时隙中的符号数量													
	0	1	2	3	4	5	6	7	8	9	10	11	12	13
26	D	D	X	X	X	X	X	X	X	X	X	U	U	U
27	D	D	D	X	X	X	X	X	X	X	X	U	U	U
28	D	D	D	D	D	D	D	D	D	D	D	D	X	U
29	D	D	D	D	D	D	D	D	D	D	D	X	X	U
30	D	D	D	D	D	D	D	D	D	D	X	X	X	U
31	D	D	D	D	D	D	D	D	D	D	D	X	U	U
32	D	D	D	D	D	D	D	D	D	D	X	X	U	U
33	D	D	D	D	D	D	D	D	D	X	X	X	U	U
34	D	X	U	U	U	U	U	U	U	U	U	U	U	U
35	D	D	X	U	U	U	U	U	U	U	U	U	U	U
36	D	D	D	X	U	U	U	U	U	U	U	U	U	U
37	D	X	X	U	U	U	U	U	U	U	U	U	U	U
38	D	D	X	X	U	U	U	U	U	U	U	U	U	U
39	D	D	D	X	X	U	U	U	U	U	U	U	U	U
40	D	X	X	X	U	U	U	U	U	U	U	U	U	U
41	D	D	X	X	X	U	U	U	U	U	U	U	U	U
42	D	D	D	X	X	X	U	U	U	U	U	U	U	U
43	D	D	D	D	D	D	D	D	D	X	X	X	X	U
44	D	D	D	D	D	D	X	X	X	X	X	X	U	U
45	D	D	D	D	D	D	X	X	U	U	U	U	U	U
46	D	D	D	D	D	X	U	D	D	D	D	D	X	U
47	D	D	X	U	U	U	U	D	D	X	U	U	U	U
48	D	X	U	U	U	U	U	D	X	U	U	U	U	U
49	D	D	D	D	X	X	U	D	D	D	D	X	X	U
50	D	D	X	X	U	U	U	D	D	X	X	U	U	U
51	D	X	X	U	U	U	U	D	X	X	U	U	U	U
52	D	X	X	X	X	X	U	D	X	X	X	X	X	U

续表

格式	1 个时隙中的符号数量													
	0	1	2	3	4	5	6	7	8	9	10	11	12	13
53	D	D	X	X	X	X	U	D	D	X	X	X	X	U
54	X	X	X	X	X	X	X	D	D	D	D	D	D	D
55	D	D	X	X	X	U	U	U	D	D	D	D	D	D
56～254	保留													
255	UE 基于参数 *TDD-UL-DL-ConfigurationCommon* 或 *TDD-UL-DL-ConfigDedicated* 配置时隙格式，否则基于 DCI 信令配置时隙格式													

通过不同时隙格式的选择或不同时隙格式的聚合，NR 可以动态适配当前场景下的业务需求。图 3-18 列举了 4 类不同场景下时隙格式的选择或聚合。Format 28 和 Format 34 分别可以适配下行业务高负荷场景和上行业务高负荷场景，Format 0 和 Format 28 的聚合可以适配下行业务高负荷且对重传时延不敏感场景，同理，Format 34 和 Format 1 的聚合则能够更好地适配上行业务需求。

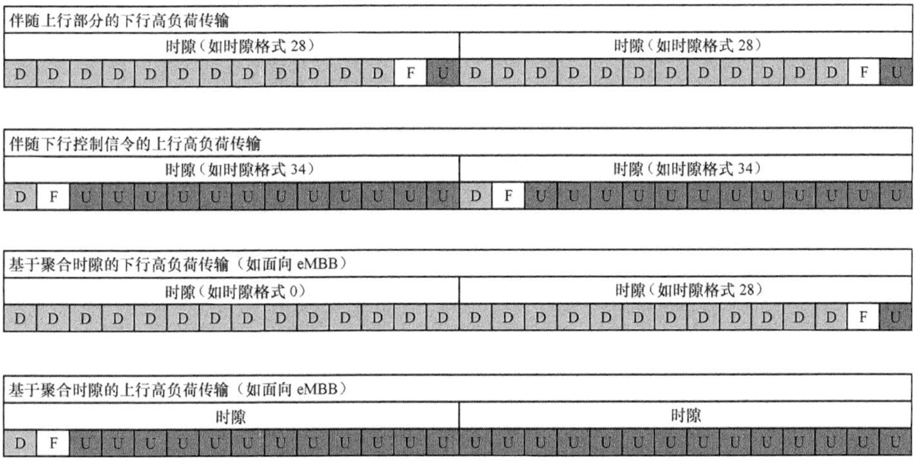

伴随上行部分的下行高负荷传输

时隙（如时隙格式 28）	时隙（如时隙格式 28）
D D D D D D D D D D D D F U	D D D D D D D D D D D D F U

伴随下行控制信令的上行高负荷传输

时隙（如时隙格式 34）	时隙（如时隙格式 34）
D F U U U U U U U U U U U U	D F U U U U U U U U U U U U

基于聚合时隙的下行高负荷传输（如面向 eMBB）

时隙（如时隙格式 0）	时隙（如时隙格式 28）
D D D D D D D D D D D D D D	D D D D D D D D D D D D F U

基于聚合时隙的上行高负荷传输（如面向 eMBB）

时隙	时隙
D F U U U U U U U U U U U U	U U U U U U U U U U U U U U

图 3-18　不同场景下时隙格式的选择或聚合

3.2.3　Mini-Slot

对于时延敏感的业务场景，通过增大子载波间隔（SCS）可减小时隙长度，缩短调度周期。但这种机制下，系统调度周期与时隙周期紧耦合，并不是效率最高的方式。为了实现进一步的动态调度，NR 使用了 Mini-Slot（微时隙）的机制来支持突发性异步传输。

Mini-Slot 的起始位置是可变的，且持续时间比典型的 14 个符号的时隙更短。Mini-Slot 是最小的调度单元，原则上最短可以持续 1 个 OFDM 符号，实际上 R15 限定 Mini-Slot 可以持续 2 个、4 个或 7 个 OFDM 符号。

Mini-Slot 这种数据传输时间间隔与时隙边界松耦合的特性，使 NR 不拘泥于在每个时隙起始之处传输数据。当突发业务数据到达时，NR 能够改变数据传输队列的顺序，将 Mini-Slot 插入已经存在的发送给某个终端的常规时隙传输数据的前面，而无须等待下一个时隙开始的边界。Mini-Slot 机制借此可以获得极低的时延，如图 3-19 所示。因此，Mini-Slot 机制能够很好地适配 uRLLC 与 eMBB 业务共存的场景。

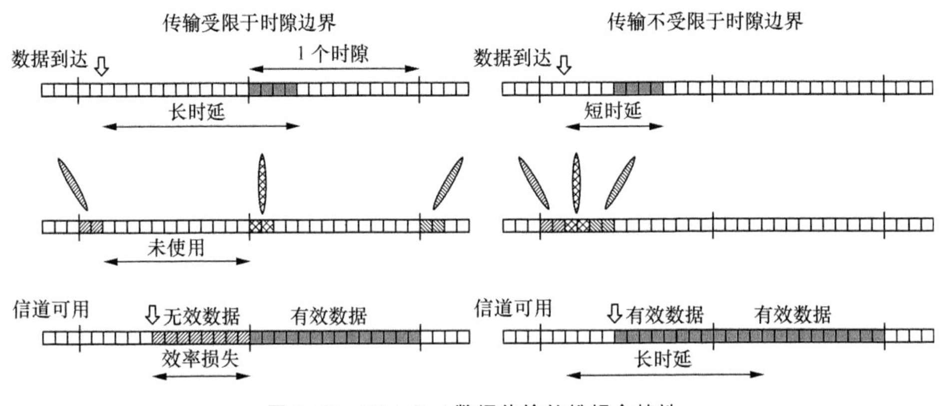

图 3-19 Mini-Slot 数据传输的松耦合特性

对于热点高容量场景，尤其是使用毫米波作为载频的场景，由于毫米波的单载波带宽很大，存在着用几个 OFDM 符号即可承载较小的数据有效负荷，而无须用到 1 个时隙中全部 14 个 OFDM 符号的情况。在这种情况下，使用 Mini-Slot 机制显然可以提高资源的利用率。

对于广覆盖场景，尤其是使用模拟波束赋形技术的场景，由于传输到多个终端设备的不同波束无法在频域实现复用，只能在时域复用，因此，Mini-Slot 特别适合与模拟波束赋形技术组合使用。

此外，尽管 R15 暂未标准化 NR 非授权频谱的使用，仍需说明的是，Mini-Slot 机制也非常适合非授权频谱传输的场景。在非授权频段，发射机在发送数据前，需要先确定当前无线信道是否被其他传输占用，即基于 LBT（Listen-Before-Talk）策略。一旦发现无线信道未占用，需要马上开始数据传输，否则，如果等待下一时隙开始，很可能无线信道又被其他传输数据占用了。

综合上述讨论，Mini-Slot 对于实现低时延传输尤为重要，对于提高数据的传输效率以及匹配模拟波束赋形技术需求的作用次之，对于适配非授权频谱传输需求则再次之。

3.3 频域结构

在频域，为满足多样带宽需求，NR 支持灵活可扩展的 Numerology。这相应也决定了 NR 在频域资源上的物理量度是可变的。

3.3.1 频率资源单位

对于每一个天线端口 p，一个 OFDM 符号上的一个子载波（由μ配置）所对应的一个元素，称为资源粒子（RE，Resource Element），可由索引对（k, l）$_{p,\mu}$ 唯一地标识，其中，k 是频域索引，l 是时域符号索引。资源粒子是 NR 最小的物理单元。

频域上连续的 12 个子载波，称为资源块（RB，Resource Block）。RE 与 RB 的示意如图 3-20 所示。需要特别注意的是，在 NR 中，RB 是频域上的一维概念，而 LTE 中的 RB 是时域上 7 个符号、频域上 12 个连续子载波的二维时频概念。出现这一变化，是由于 NR 在时域上的传输间隔是灵活可变的，而 LTE 中传输间隔固定占满一个时隙周期。

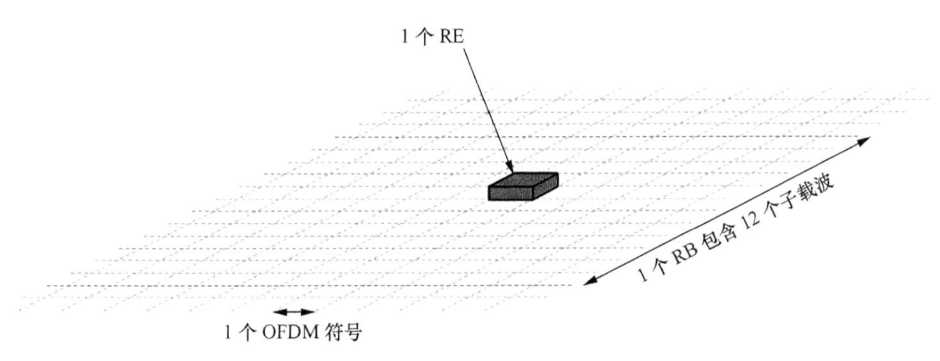

图 3-20　资源粒子（RE）与资源块（RB）示意

此外，LTE 中的 RB 在频域上固定为 180 kHz，而 NR 中的 RB 在频域上的量度随着 Numerology 的改变而可变。图 3-21 展示了不同μ参数配置下，RB 在频域上的示意。可以注意到，受不同μ参数配置影响的 RB，在起始边界总是对齐的。

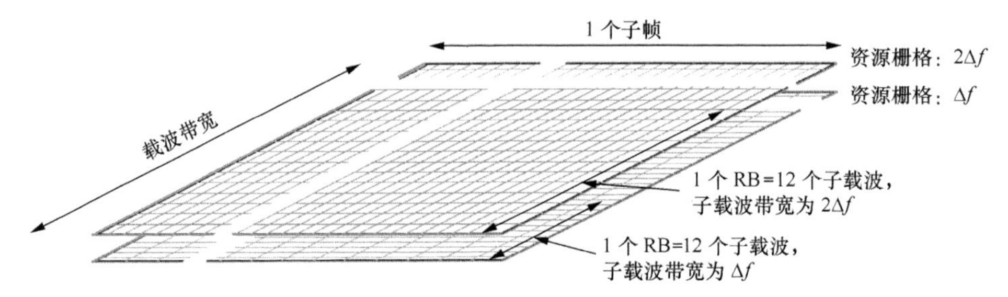

图 3-21　不同μ参数配置下的 RB 示意

图 3-21 同时也展示了资源栅格（RG，Resource Grid）的概念。对于每个载波和 Numerology，资源栅格定义为 $N_{\text{grid},x}^{\text{size},\mu}N_{\text{SC}}^{\text{RB}}$ 个子载波和 $N_{\text{symb}}^{\text{subframe},\mu}$ 个 OFDM 符号的时频资源。也就是说，对于给定的天线端口 p 及子载波间隔配置μ，一个资源栅格包含频域上的整个载波带宽及时域上的一个子帧。

从终端的视角看，由于 NR 采用 Numerology 配置集，终端必须通过索引和指示来获知 RB 的位置。因此，NR 引入了 Point A、公共资源块（CRB，Common Resource Block）和物理资源块（PRB，Physical Resource Block）的定义。

Point A 是一个公共参考点，对于给定信道带宽，其位置固定，与子载波间隔配置μ无关。

CRB 表示一个给定的信道带宽中包含的所有 RB。CRB 在子载波间隔配置为μ的频域上从 0 开始编号。子载波间隔配置μ下的 CRB 0 上的子载波 0 与 Point A 重合。因此，Point A 可以起锚点作用，用于指示 RB 的起始位置。

对于子载波间隔配置μ，频域上的公共资源块号 n_{CRB}^{μ} 与资源粒子（k,l）的关系为

$$n_{\text{CRB}}^{\mu}=\left\lfloor\frac{k}{N_{\text{SC}}^{\text{RB}}}\right\rfloor \tag{3-12}$$

其中，k 是相对于子载波间隔配置μ下的 CRB 0 的子载波 0 定义的，即 k 相对于 Point A 取值。

PRB 表示一个给定的部分带宽（BWP，Band Width Part）包含的所有 RB。PRB 由 0 开始编号，直到 $N_{\text{BWP},i}^{\text{size}}-1$，其中，$i$ 是 BWP 数。PRB 0 的起始点与 BWP 的起始点对齐。在 BWP_i 内，PRB 与 CRB 的关系为

$$n_{\text{CRB}}=n_{\text{PRB}}+N_{\text{BWP},i}^{\text{start}} \tag{3-13}$$

其中，$N_{\mathrm{BWP},i}^{\mathrm{start}}$ 是 BWP 相对于 CRB 0 的起始资源块。

图 3-22 示出了 PRB 与 CRB 的相对关系，可以简单地理解为，CRB 号是 RG 内的索引，PRB 号是 BWP 内的索引。

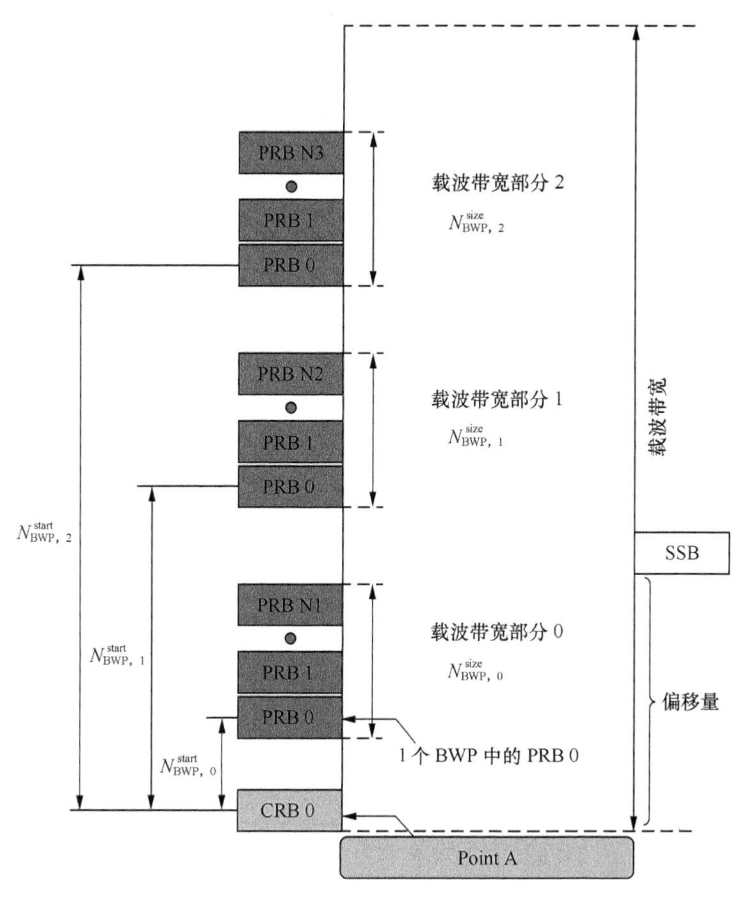

图 3-22　PRB 与 CRB 的相对关系

3.3.2　频谱利用

NR 单载波最大支持 275 个 RB，即 3300 个子载波。这相应也约束了不同 Numerology 下 NR 的最大工作带宽。例如，在 15/30/60/120 kHz 的子载波间隔下，NR 的最大工作带宽分别为 50/100/200/400 MHz。

NR 须通过合理设置保护带宽来降低误差矢量幅度、抑制相邻频道泄漏，如图 3-23 所示。保护带宽 W_{Guard} 由式（3-14）给出。

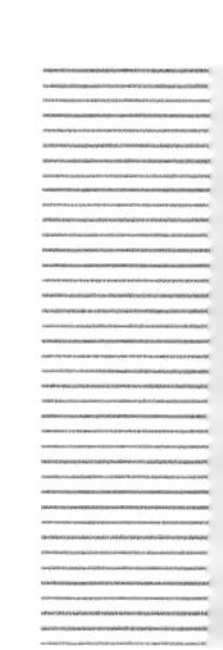

$$W_{\text{Guard}}=\frac{BW_{\text{channel}}-N_{\text{RB}}\cdot 12\cdot\Delta f-\Delta f}{2} \tag{3-14}$$

式（3-14）中，BW_{channel}为信道带宽，N_{RB}为最大 RB 数，Δf为子载波间隔。

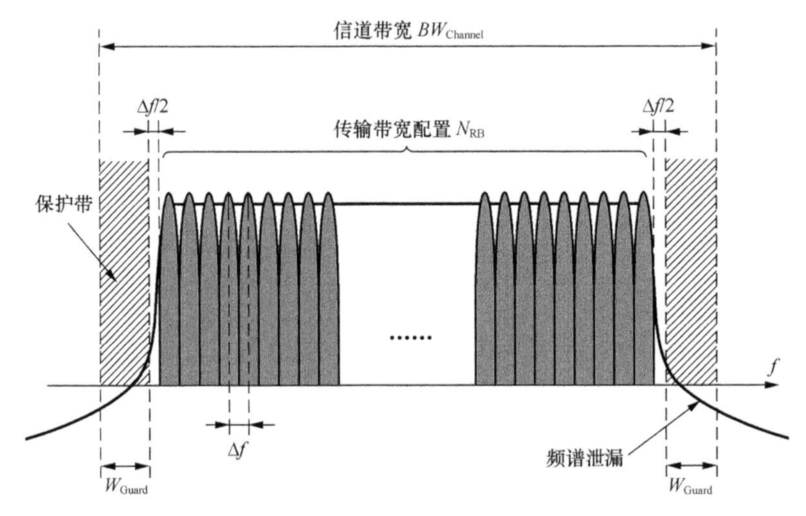

图 3-23　NR 信道带宽及保护带宽的配置

此外，为了保证合理的频谱利用率，NR 单载波最小需要包含 11 个 RB。在不同 Numerology 下，NR 支持的系统带宽配置及可用 RB 数见表 3-8。

表 3-8　不同 Numerology 下 NR 支持的系统带宽配置及可用 RB 数

频率范围	可选工作带宽集合（MHz）	子载波间隔（kHz）	支持的带宽范围（MHz）	支持的 RB 数范围（N_{RB}）
FR1	{5,10,15,20,25,30,40,50,60,70,80,90,100}	15	5～50	25～270
		30	5～100	11～273
		60	10～100	11～135
FR2	{50,100,200,400}	60	50～200	66～264
		120	50～400	32～264

由表 3-8 可以测算，在除了 $N_{\text{RB}}\leqslant 25$ 以外的大多数情况下，NR 的频谱利用率均高达 90%以上，最高可达到 98.28%。以 BW_{channel}=100 MHz，且 SCS=30 kHz 为例，其频谱利用率η的计算公式为

$$\eta=\frac{N_{\text{RB}}\cdot 12\cdot\Delta f}{BW_{\text{channel}}}\cdot 100\% \tag{3-15}$$

代入可得η=98.28%，此时 NR 的频谱利用率最高。而当 $N_{\text{RB}}\leqslant 25$，以

$BW_{channel}$=5 MHz，且 SCS=30 kHz 为例，此时其频谱利用率仅为 79.2%。也正因此，NR 单载波支持的最小 RB 数不宜更小。表 3-9 和表 3-10 分别给出了 FR1 和 FR2 下，不同 SCS 及不同传输带宽配置下对应系统所支持的 RB 数。

表 3-9　FR1 最大传输带宽及 RB 数配置

SCS（kHz）	5 MHz	10 MHz	15 MHz	20 MHz	25 MHz	30 MHz	40 MHz	50 MHz	60 MHz	80 MHz	90 MHz	100 MHz
	N_{RB}	N_{RB}	N_{RB}	N_{RB}	N_{RB}	N_{RB}	N_{RB}	N_{RB}	N_{RB}	N_{RB}	N_{RB}	N_{RB}
15	25	52	79	106	133	160	216	270				
30	11	24	38	51	65	78	106	133	162	217	245	273
60		11	18	24	31	38	51	65	79	107	121	135

表 3-10　FR2 最大传输带宽及 RB 数配置

SCS（kHz）	50 MHz	100 MHz	200 MHz	400 MHz
	N_{RB}	N_{RB}	N_{RB}	N_{RB}
60	66	132	264	
120	32	66	132	264

表 3-11 和表 3-12 则给出了 FR1 和 FR2 下，不同 SCS 及不同传输带宽配置下对应系统所需的最小保护带宽。

表 3-11　FR1 最小保护带宽配置（kHz）

SCS（kHz）	5 MHz	10 MHz	15 MHz	20 MHz	25 MHz	30 MHz	40 MHz	50 MHz	60 MHz	80 MHz	90 MHz	100 MHz
15	242.5	312.5	382.5	452.5	522.5	592.5	552.5	692.5				
30	505	665	645	805	785	945	905	1045	825	925	885	845
60		1010	990	1330	1310	1290	1610	1570	1530	1450	1410	1370

表 3-12　FR2 最小保护带宽配置（kHz）

SCS（kHz）	50 MHz	100 MHz	200 MHz	400 MHz
60	1210	2450	4930	
120	1900	2420	4900	9860

需要明确的是，如果选择用于 SS/PBCH 的 Numerology，此时，系统要求的最小 RB 数是 20。这是由于 SS/PBCH 在频域上占用了 240 个子载波，折合 20 个 RB。

此外，如果在同一信道带宽中复用多种 Numerology，载波每一侧的最小保护带宽应由其邻近的 Numerology 确定，如图 3-24 所示。也就是说，载波两侧的保护带宽可以是非对称的。

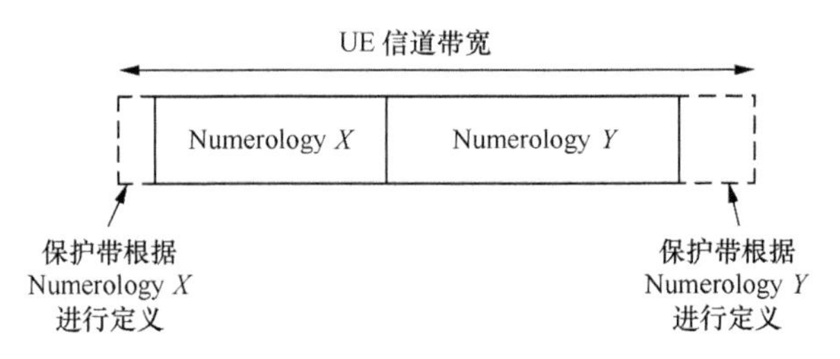

图 3-24　保护带宽根据邻近 Numerology 配置

唯一例外的是，对于 FR1，如果 UE 信道带宽大于 50 MHz，则 SCS 为 15 kHz 的 Numerology 邻近的保护带宽应与 SCS 为 30 kHz 的 Numerology 所定义的保护带宽保持一致；对于 FR2，如果 UE 信道带宽大于 200 MHz，则 SCS 为 60 kHz 的 Numerology 邻近的保护带宽应与 SCS 为 120 kHz 的 Numerology 所定义的保护带宽保持一致。

综合上述讨论，相对 LTE，NR 避免了载波之间出现宽保护带宽，整体提升了频谱利用率。这有助于减少信道开销，并允许比 LTE 聚合载波更快的负载平衡。图 3-25 对 5 个连续的 20 MHz LTE 聚合载波与单个 100 MHz NR 载波进行了对比。显然，相对于 LTE 90%的频率利用率，NR 的利用率最高可提升至 98%左右。

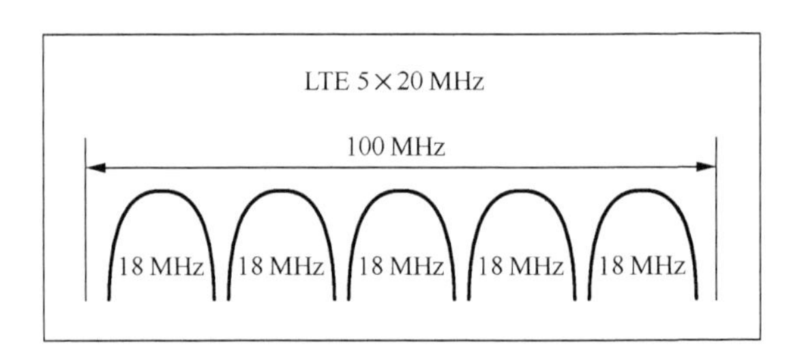

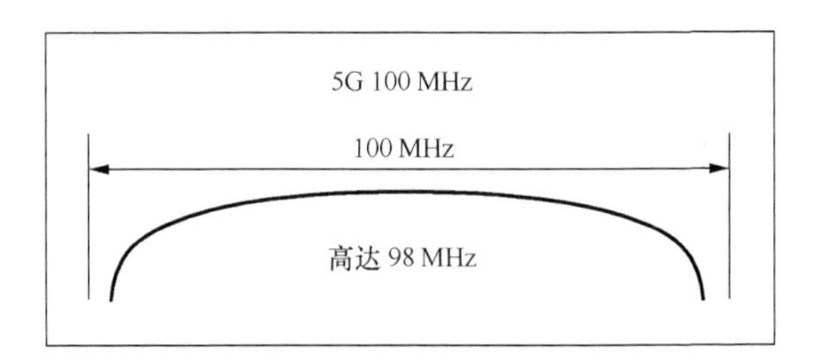

图 3-25　LTE 与 NR 频谱利用率的比较

3.3.3　部分带宽

部分带宽（BWP）是在给定载波和给定 Numerology 条件下的一组连续的 PRB。由于 NR 支持小至 5 MHz、大至 400 MHz 的工作带宽，如果要求所有 UE 均支持最大的 400 MHz 带宽，无疑会对 UE 的性能提出较高要求，也不利于降低 UE 的成本。同时，由于一个 UE 不可能同时占满整个 400 MHz 带宽，且高带宽意味着高采样率，而高采样率意味着更高功耗，如果 UE 全部按照支持 400 MHz 的带宽进行设计，无疑是对性能的极大浪费。因此，NR 引入了带宽自适应（Bandwidth Adaptation）技术，针对性地解决上述问题。带宽自适应意味着，UE 在低业务周期可以使用适度的带宽监测控制信道，而只在必要时才启用大的接收带宽以应对高业务负荷。

在 LTE 中，UE 的带宽与系统带宽保持一致，在解码 MIB 信息配置带宽后便保持不变。而在 NR 中，不同的 UE 可以配置不同的 BWP，也就是说，UE 的带宽可以动态变化。如图 3-26 所示，在 T_0 时段，UE 业务负荷较大且对时延要求不敏感，系统为 UE 配置大带宽 BWP_1（BW 为 40 MHz，SCS 为 15 kHz）；在 T_1 时段，由于业务负荷趋降，UE 由 BWP_1 切换至小带宽 BWP_2（BW 为 10 MHz，SCS 为 15 kHz），在满足基本通信需求的前提下，可达到减低功耗的目的；在 T_2 时段，UE 可能突发时延敏感业务，或者发现 BWP_1 所在频段内资源紧缺，于是切换到新的 BWP_3（BW 为 20 MHz，SCS 为 60 kHz）上；同理，在 T_3 和 T_4 等其他不同时段，UE 均根据实时业务需求，在不同 BWP 之间切换。

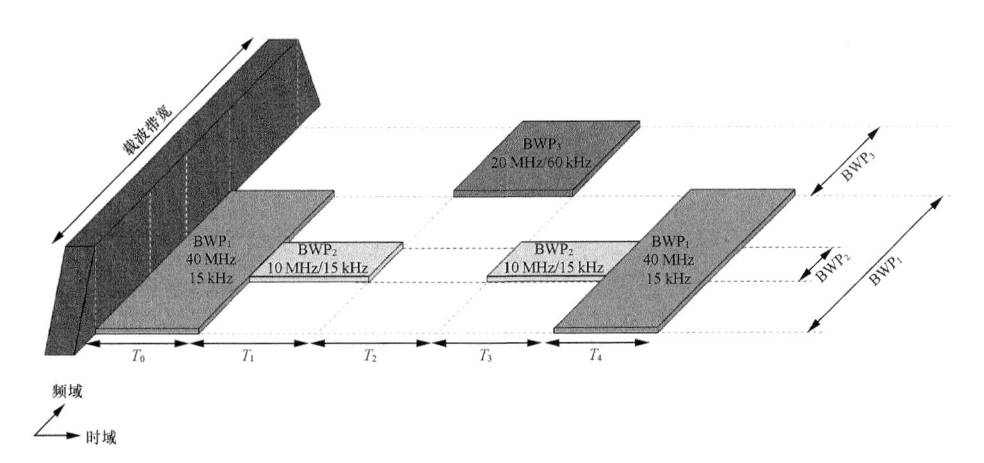

图 3-26　NR 终端带宽自适应

以下简要总结一下 BWP 的优势。

• 支持低带宽能力 UE 在大系统带宽小区中工作，有利于低成本终端的开发以及保持终端的多样性。如图 3-27 所示，UE_1 为窄带终端，仅可使用一个 NR 载波的部分带宽；UE_2 为宽带终端，可使用整个 NR 系统带宽；UE_3 是具有载波聚合能力的终端，可使用部分或全系统带宽，但带宽使用的灵活度较低；UE_4 是具有带宽自适应能力的终端，可以仅检测和使用比其射频能力小的带宽，可支持灵活可变的带宽配置。可见，由于 NR 终端带宽自适应特性的设计，不同性能及成本的终端均可以在网络中并存。

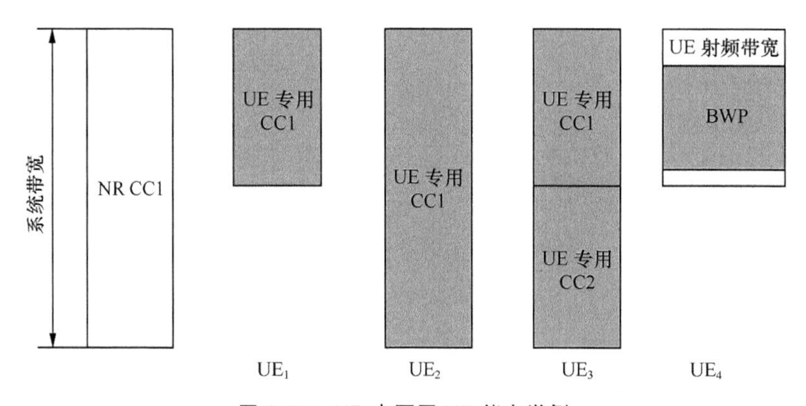

图 3-27 NR 中不同 UE 能力举例

• 可通过不同带宽大小的 BWP 之间的转换和自适应来降低 UE 功耗。

• 可通过切换 BWP 来变换 Numerology，以优化对无线资源的利用，并更好地适配业务需求。

• 载波中可以预留频段以支持尚未定义的传输格式，这一特性有利于支持未来市场推出的设备和应用，具备前向兼容性。

BWP 在 NR 多种场景中的应用举例如图 3-28 所示。

虽然 BWP 为 NR 带来诸多良好的特性，但也使 NR 系统的设计更为复杂。举例来说，在 LTE 中，为了避免因本振泄漏导致的在 DC 子载波处产生的强干扰，考虑到 LTE 终端均支持全系统带宽且中心频点一致，在下行方向，可以简单地将 DC 子载波置零，即 DC 子载波不用于数据传输。而对于 NR，由于不同 UE 可配置不同的 BWP，其中心频点可能存在于载波的不同位置，如果沿用 LTE 对下行 DC 子载波进行特殊处理的方式，系统设计的复杂度将极大增加。综合权衡后，NR 采用了将 DC 子载波也用于数据传输的方式，如图 3-29 所示。但 NR 也由此必须接受在 DC 子载波上传输的数据质量较差的代价。

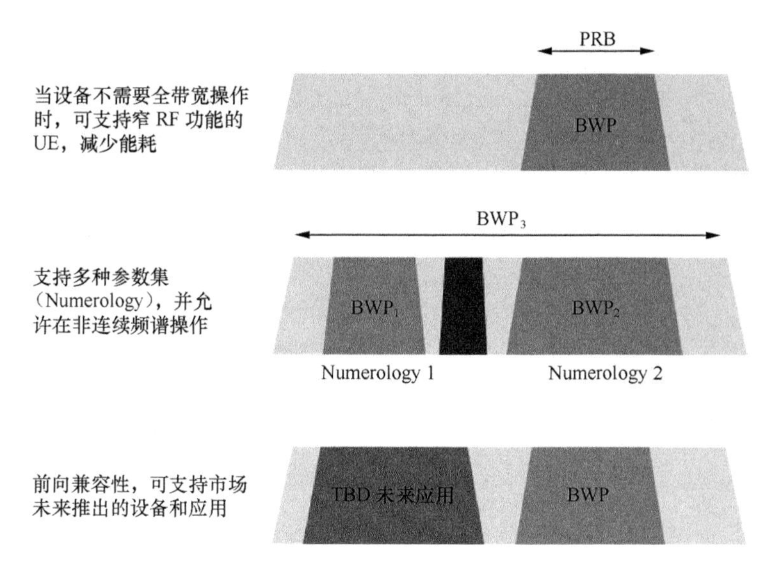

图 3-28 BWP在不同场景中的应用

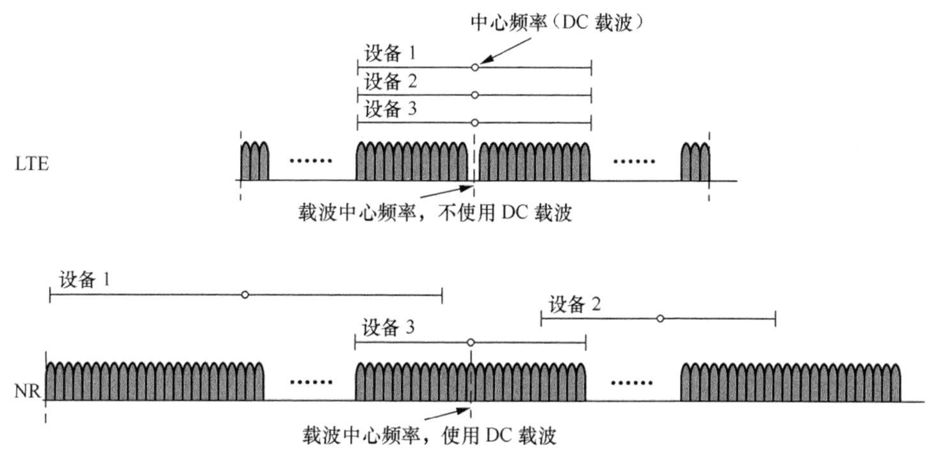

图 3-29 LTE和NR对DC子载波的处理

BWP具体可以分为Initial BWP和Dedicated BWP两类，其中，Initial BWP是UE在初始接入阶段使用的BWP，主要用于发起随机接入等。Dedicated BWP是UE在RRC连接态时配置的BWP，主要用于数据业务传输。根据R15，一个UE可以通过RRC信令分别在上、下行链路各自独立配置最多4个Dedicated BWP，如果UE配置了SUL，则在SUL链路上可以额外配置最多4个Dedicated BWP。需要特别指出的是，对于NR TDD系统，DL BWP和UL BWP是成对的，其中心频点保持一致，但带宽和子载波间隔的配置可以不同。

UE 在 RRC 连接态时，某一时刻有且只能激活一个 Dedicated BWP，称为 Active BWP。当其 *BWPinactivitytimer* 超时，UE 所工作的 Dedicated BWP，称为 Default BWP。图 3-30 示出了 BWP 的分类及切换流程的示意。更多关于 BWP 配置的细节，后续再进行介绍。

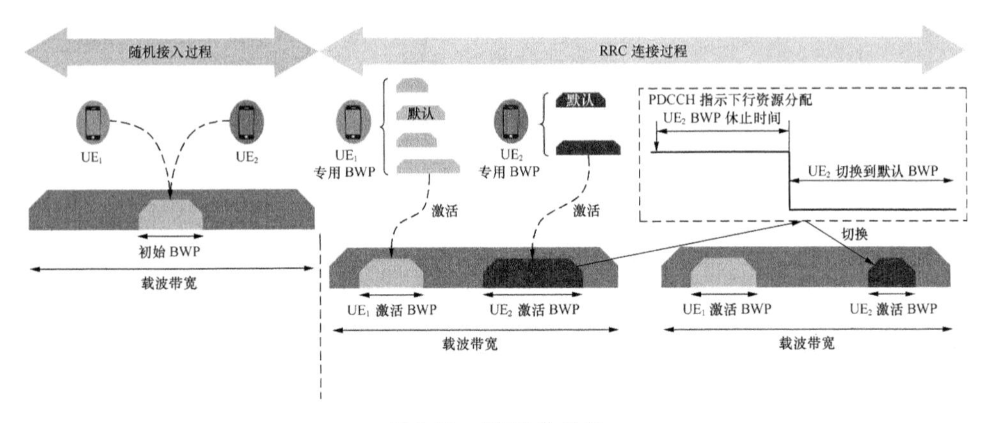

图 3-30 BWP 的分类

3.3.4 载波聚合

与 LTE 和 LTE-A 类似，为了满足更大带宽和更高速率，NR 支持载波聚合（CA，Carrier Aggregation）的特性。在 R15 中，NR 最大支持 16 个成员载波（Component Carrier）的聚合。NR 的单载波最大带宽为 400 MHz，这意味着 NR 最大可以聚合 16×400 MHz=6.4 GHz 的频谱，远远超过单个运营商实际分配到的频率资源。

按照频谱的连续性，NR 载波聚合可以分为连续载波聚合与非连续载波聚合，如图 3-31 所示。

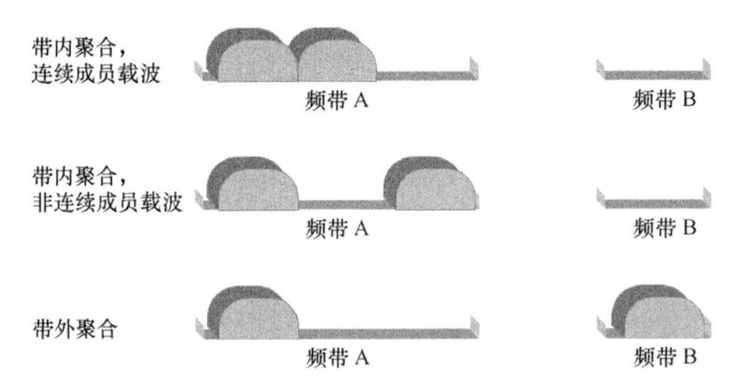

图 3-31 连续载波聚合和非连续载波聚合

按照系统支持业务的对称关系，NR 载波聚合可以分为对称载波聚合和非对称载波聚合。非对称载波聚合意味着 NR 上行和下行方向聚合的成员载波数量不必一致，如图 3-32 所示。通常情况下，图 3-32（a）的非对称载波聚合方式更为常见。这是由于实际中的下行负载通常高于上行负载。此外，受制于 UE 的能力，在上行方向同时激活多个成员载波的复杂度通常远高于下行方向。

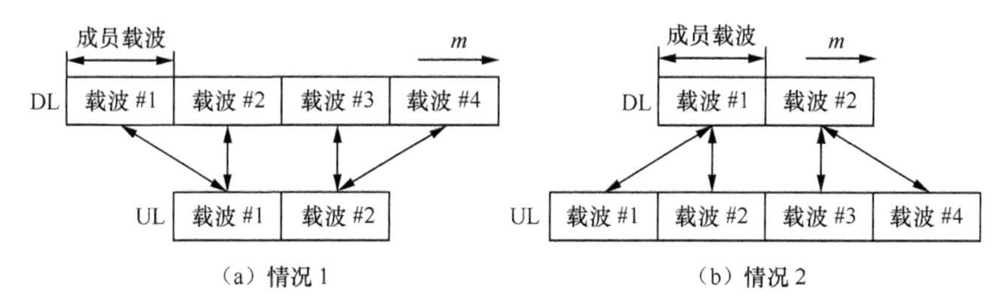

图 3-32 非对称载波聚合

在多载波聚合的情况下，NR 支持单载波调度和跨载波调度的方式。图 3-33（a）所示为单载波调度模式，控制信道与对应的数据传输分配在相同的成员载波上，每个控制信道中含有相同成员载波上数据传输的控制信息。控制开销与被调度到的带宽成比例，可以节省一些不必要的开销，并且可以很好地利用 LTE 现有的控制格式，不需要对原有的格式进行大的改动，对系统的后向兼容有重要的意义。图 3-33（b）为跨载波调度模式，控制信道横跨聚合后的全部带宽。对于干扰严重的场景，可以选择一个可靠的成员载波来传输控制信令。但这一方案需要用户监控整个带宽上的控制信道，由此带来了更大的开销和功耗，同时也提高了系统设计的复杂性。

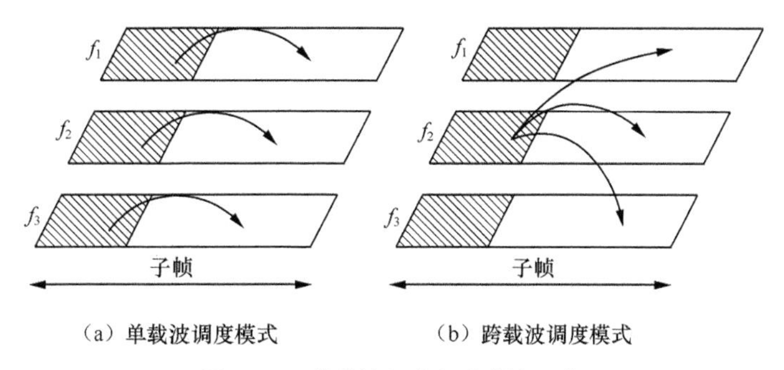

图 3-33 单载波调度和跨载波调度

由上面的讨论可知，NR 载波聚合的诸多特性与 LTE-A 相同或相似。需要重点说明的是，BWP 与 CA 这组近似概念的区别。

BWP 和 CA 两种机制在 NR 中并存，两者均与 UE 的能力密切相关。可以说，BWP 的设计是为了“下兼容”，满足低带宽能力 UE 在大系统带宽小区中工作的需求，而 CA 的设计则是“上兼容”，满足高带宽能力 UE 获取更高的单用户峰值速率。从更深层次的 RF 视角看，对于 CA，支持某一成员载波的聚合，则要求 UE 具备相应的 RF 特性（如带外泄漏等），而对于 BWP，则无额外的 RF 特性要求。此外，二者在 MAC 层的实现也有所不同。

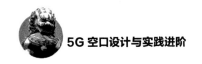

| 3.4 空域结构 |

在 NR 物理层中，来自上层的业务流进行信道编码后的数据，称之为码字（Code Word）。不同的码字可以区分不同的数据流，其目的是通过 MIMO 发送多路数据，实现空分复用。由于码字数量与发射天线数量不一致，需要通过层映射和预编码将码字流映射到不同的发射天线上。层映射首先按照一定的规则将码字流重新映射到多个层（新的数据流），预编码再将数据映射到不同的天线端口上，再在各个天线端口上进行资源映射，生成 OFDM 符号并发射。

3.4.1 天线端口

上文提及的天线端口是一个逻辑概念，与实际的物理天线通道不存在定义上的一一对应关系。天线端口与物理信道或信号有着严格的对应关系，且同一天线端口传输的不同信号所经历的信道环境是一致的。也就是说，天线端口是从接收机的角度定义的，其本质是辅助接收机进行解调。天线端口是物理信道或信号的一种基于空口环境的标识，相同的天线端口信道环境变化一样，接收机可以据此进行信道估计，从而对传输信号进行解调。

在 NR 中，天线端口与物理信道或信号的对应关系见表 3-13。

表 3-13 NR 天线端口

天线端口	上行	下行
0-series	DMRS	
1000-series	SRS PUSCH	PDSCH
2000-series	PUCCH	PDCCH
3000-series		CSI-RS
4000-series	PRACH	SS/PBCH

需要强调的是，虽然在协议中未约束天线端口与物理天线通道的映射关系，但在对天线端口进行逻辑划分时，必须要有对应的物理通道划分作为基础能力支持。如果天线端口数与天线通道数相等，则天线端口可以一一对应到天线通道上；如果天线通道数大于天线端口数，则需要进行天线端口虚拟化（Port Virtualization），将一个天线端口映射到多个天线通道上。图3-34给出了将2天线端口映射到4通道天线上的两种示例。其中一种方式是将1个天线端口映射到同极化的4个天线通道上，另一种方式是将1个天线端口映射到邻近的2对交叉极化通道上。

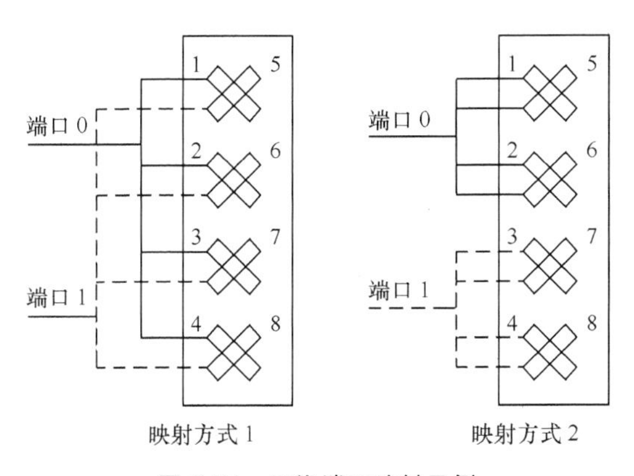

图3-34 天线端口映射示例

3.4.2 准共址

若在一个天线端口上传输的某一符号的信道的大尺度特性，可以从另一个天线端口上传输的某一符号的信道推知，则这两个天线端口被称为是准共址（QCL，Quasi Co-Located）的。大尺度特性通常包括平均时延扩展、多普勒扩展、多普勒频移、平均信道增益、路径损耗和空间Rx参数等。

准共址的概念在LTE中已经出现，但为了更好地支持波束赋形，NR将准共址的概念拓展到空域。如果两个参考信号是空间准共址的，则意味着它们是由同一地理位置的同一波束发送的。

通常情况下，PDSCH和PDCCH等信道与特定的参考信号，如CSI-RS、SS/PBCH等，在空间上是准共址的。因而终端可以基于特定参考信号的测量来决定最佳的接收PDSCH/PDCCH的波束方向。

第4章
NR 信道管理综述

信道是不同类型的信息按照不同的传输格式、用不同的物理资源承载的信息通道。NR 在信道管理方面尽可能沿用 LTE 中一些较好的设计准则和方案，但同时也引入了不少新的设计以满足新需求。本章重点讨论 NR 的信道管理机制，详细介绍上下行信道管理的细节以及波束管理的过程。

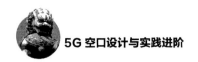

| 4.1 NR 信道结构 |

NR 空口由物理层（L1）、数据链路层（L2）和网络层（L3）组成。不同协议层之间的信息处理通过业务接入点（SAP，Service Access Point）完成。SAP 是指下一层为其上层提供服务的标准接口，也即信道。

NR 定义了 3 类信道：逻辑信道、传输信道和物理信道，如图 4-1 所示。NR 信道类型的划分、信道所处协议栈的位置、信道所能为高层提供的服务与 LTE 大体一致。

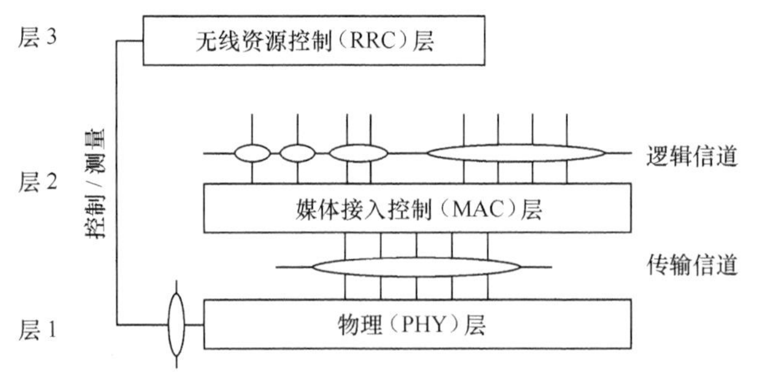

图 4-1　NR 信道结构

从协议栈的角度看，逻辑信道存在于 MAC 层和 RLC 层之间。逻辑信道根据传输数据的类型来定义每个逻辑信道类型，可分为控制信道和业务信道两种类型。控制信道用于控制平面信息的传送，具体包括 BCCH、PCCH、CCCH 和 DCCH。业务信道用于用户平面信息的传送，包括 DTCH。相比 LTE，NR 取消了 MCCH 和 MTCH，见表 4-1。

表 4-1 NR 和 LTE 逻辑信道对比

<table>
<tr><th>逻辑信道类型</th><th>NR 逻辑信道</th><th>LTE 逻辑信道</th><th>方向</th></tr>
<tr><td rowspan="5">控制信道</td><td colspan="2">广播控制信道（BCCH，Broadcast Control Channel）</td><td>下行</td></tr>
<tr><td colspan="2">寻呼控制信道（PCCH，Paging Control Channel）</td><td>下行</td></tr>
<tr><td colspan="2">公共控制信道（CCCH，Common Control Channel）</td><td>上行/下行</td></tr>
<tr><td colspan="2">专用控制信道（DCCH，Dedicated Control Channel）</td><td>上行/下行</td></tr>
<tr><td></td><td>多播控制信道（MCCH，Multicast Control Channel）</td><td>下行</td></tr>
<tr><td rowspan="2">业务信道</td><td colspan="2">专用业务信道（DTCH，Dedicated Traffic Channel）</td><td>上行/下行</td></tr>
<tr><td></td><td>多播业务信道（MTCH，Multicast Traffic Channel）</td><td>下行</td></tr>
</table>

传输信道则存在于 MAC 层和 PHY 层之间。传输信道是根据空口数据传输的方式和特性进行定义的，如调制编码方式、交织方式、冗余校验方式和空间复用方式等。传输信道可以提供 MAC 层和高层的传输业务信息，根据上、下行方向的不同，可分为下行传输信道和上行传输信道。其中，下行传输信道可进一步分为 BCH、DL-SCH 和 PCH；上行传输信道可进一步分为 UL-SCH 和 RACH。相比 LTE，NR 取消了 MCH，见表 4-2。

表 4-2 NR 和 LTE 传输信道对比

<table>
<tr><th>传输信道类型</th><th>NR 传输信道</th><th>LTE 传输信道</th></tr>
<tr><td rowspan="4">下行传输信道</td><td colspan="2">广播信道（BCH，Broadcast Channel）</td></tr>
<tr><td colspan="2">寻呼信道（PCH，Paging Channel）</td></tr>
<tr><td colspan="2">下行共享信道（DL-SCH，Downlink Shared Channel）</td></tr>
<tr><td></td><td>多播信道（MCH，Multicast Channel）</td></tr>
<tr><td rowspan="2">上行传输信道</td><td colspan="2">随机接入信道（RACH，Random Access Channel）</td></tr>
<tr><td colspan="2">上行共享信道（UL-SCH，Uplink Shared Channel）</td></tr>
</table>

物理信道是高层信息在无线环境中的实际承载，主要负责编码、调制、HARQ 处理、多天线处理以及从信号到合适物理时频资源的映射。基于映射关系，高层的一个传输信道可以由 PHY 层的一个或几个物理信道提供服务。同理，物理信道可根据上、下行方向的不同进行划分。其中，下行物理信道包括 PBCH、PDCCH 和 PDSCH，上行物理信道包括 PUCCH、PUSCH 和 PRACH。

4.1.1 NR 物理信道

物理层的设计是 NR 系统设计最为核心的部分。相应地，NR 物理信道及其管理机制的设计是物理层正常运转的关键。从 R15 已冻结的规范来看，NR 物理信道的设计在引入新设计以满足新需求的同时，也尽可能沿用了 LTE 中一些较好的设计准则和方案。

相比 LTE 的物理信道，NR 直接取消了 PCFICH、PHICH 和 PMCH，物理信道的设计更为精简，见表 4-3。

表 4-3　NR 和 LTE 物理信道对比

<table>
<tr><th>物理信道类型</th><th>NR 物理信道</th><th>LTE 物理信道</th></tr>
<tr><td rowspan="6">下行物理信道</td><td colspan="2">物理广播信道（PBCH，Physical Broadcast Channel）</td></tr>
<tr><td colspan="2">物理下行控制信道（PDCCH，Physical Downlink Control Channel）</td></tr>
<tr><td colspan="2">物理下行共享信道（PDSCH，Physical Downlink Shared Channel）</td></tr>
<tr><td></td><td>物理控制格式指示信道（PCFICH，Physical Control Format Indicator Channel）</td></tr>
<tr><td></td><td>物理 HARQ 指示信道（PHICH，Physical Hybrid ARQ Indicator Channel）</td></tr>
<tr><td></td><td>物理多播信道（PMCH，Physical Multicast Channel）</td></tr>
<tr><td rowspan="3">上行物理信道</td><td colspan="2">物理随机接入信道（PRACH，Physical Random Access Channel）</td></tr>
<tr><td colspan="2">物理上行控制信道（PUCCH，Physical Uplink Control Channel）</td></tr>
<tr><td colspan="2">物理上行共享信道（PUSCH，Physical Uplink Shared Channel）</td></tr>
</table>

NR 取消 PMCH，主要是由于多播业务的优先级相对其他业务较低，未获得 3GPP 成员足够的支持。并且 PMCH 的取消并不影响其他物理信道的运转。而 PCFICH 和 PHICH 的取消则值得重点讨论。

在 LTE 中，PCFICH 用于发送控制格式指示（CFI，Control Format Indicator）消息。控制格式是指在每个子帧内可用于物理控制信道的 OFDM 符号数，也即控制域的时域范围。UE 只有在正确解码 CFI 之后，才能判断出应该在哪里接收 PHICH、PDCCH 和 PDSCH。因此，PCFICH 直接关系着 PDCCH 和 PDSCH 的解码成功率。PHICH 则用于发送特定 UE 上行传输的 HARQ 反馈信息（ACK/NACK），直接影响了信息传输的可靠性。此外，如果系统配置了扩展 PHICH，UE 会认为 CFI 的值等于 PHICH-duration，此时 UE 无须解调 PCFICH，默认 PDCCH 占用的 OFDM 符号数为 3。也就是说，PHICH 通过限制 CFI 取值范围的下限，进而影响了对 PDCCH 的解调。综上，PCFICH 和 PHICH 在 LTE 的物理信道管理机制中占有重要的地位。

但上述 LTE 中 PCFICH 和 PHICH 的机制设计也存在占用系统开销和灵活性不足的问题。以 PCFICH 为例，CFI 只携带 2 bit 信息，但由于 CFI 的正确接收是正确解码 PDCCH 的前提，必须使用可靠性较高的调制编码来发送 PCFICH（实际占用 16 个调制符号），由此带来了较大的系统开销。此外，由于 PCFICH 的频域位置与小区 PCI 相关，为了保证相邻小区 PCFICH 信道之间的干扰尽可能小，还需要进行合理的 PCI 规划。这在一定程度上限制了系统的灵活性。更为重要的一点，这种通过 PCFICH 指示 PDCCH 占用资源的方式，仅时域资源是可配置的，而频域资源是固定的（占用小区全带宽），其灵活性不足以满足 UE 能力的多样化需求。出于以上原因，NR 取消了 PCFICH 和 PHICH 信道，PDCCH 的时频资源的位置信息改由高层 RRC 信令进行指示。

需要说明的是，尽管 NR 的下行物理信道仅保留了 PBCH、PDCCH 和 PDSCH，表面看似简化了，但实际上为了保证调度的灵活性，NR 增加了 UE 级别的配置，使物理信道的内部管理机制变得更为复杂。

4.1.2　NR 物理信号

gNB 和 UE 在接收和检测无线信号时均使用相干解调。相干解调利用的是无线信号所携带的振幅和相位信息，为获取最佳接收性能，通常需要对传播信道做出准确的估计。较为普遍且易于实现的信道估计方法是利用不携带任何数据的已知信号序列来获取信道信息，该信号通常称为参考信号（Reference Signal）或导频信号（Pilot Signal）。

由于参考信号是 NR 物理层进行相干解调和链路自适应的关键所在，NR 在上下行链路均定义了多种不同用途的参考信号。其中，下行参考信号的主要作用包括信号状态信息的测量、数据解调、波束训练、时频参数跟踪、相位噪声补偿等。NR 下行参考信号包括以下几种。

- 解调参考信号（DMRS，Demodulation Reference Signal），用于下行数据的解调、时频同步等。
- 信道状态信息参考信号（CSI-RS，Channel State Information Reference Signal），用于下行信道测量、波束管理、无线资源管理相关测量和无线链路检测相关测量（RRM/RLM 测量），以及精细化时频跟踪等。
- 相位噪声跟踪参考信号（PT-RS，Phase Tracking Reference Signal），用于下行相位噪声跟踪和补偿。

上行参考信号的主要作用包括上行信道测量、数据解调等。NR 上行参考信号具体包括以下 3 种

- 解调参考信号（DMRS，Demodulation Reference Signal），用于上行数据解调、时频同步等。
- 探测参考信号（SRS，Sounding Reference Signal），用于上行信道测量、时频同步、波束管理等。
- 相位噪声跟踪参考信号（PT-RS，Phase Tracking Reference Signal），用于上行相位噪声跟踪和补偿。

我们注意到，在参考信号的设计上，NR 与 LTE 的主要不同是 NR 不再使用小区级参考信号（CRS，Cell-specific RS），只依赖于用户级参考信号（URS，UE-specific RS）进行信道估计。

在 LTE 的早期版本（如 R8）中，CRS 是测量信道状态信息的唯一参考信号。因此，无论实际用户的业务是多少，网络均需持续发送 CRS 信号。可以说，CRS 是一种“永久在线”（always-on）信号。由于 CRS 面向全小区发送，其发送密度及相应的信道开销较大。严格地说，除 MBSFN 子帧的数据域以外，在 LTE 下行的所有子帧中的所有 RB 均包含有 CRS，且 CRS 序列的各个符号呈栅格状分布在各个 RB 中，如图 4-2 所示。

重新审视一下这种“永久在线”的参考信号的发送机制。其一，在网络节点轻负载的前提下，持续发送参考信号会导致无效的网络能耗，而随着网络节点的超密集部署，无效能耗将会激增，也就是说，“永久在线”信号的发送，直接影响了整体网络能耗的上限。其二，“永久在线”信号可能会对其他小区造成干扰，进而降低整体网络的吞吐率。因此，NR 参考信号的设计目标之一就是最小化“永久在线”信号的传输，并在尽量减少开销的同时提供足够的能力跟踪信道变化。实际上，NR 最终采用了用户级的 DMRS 取代了小区级 CRS，并且 DMRS 仅在有数据传输时才发送，这样能够有效降低网络的能耗和干扰。

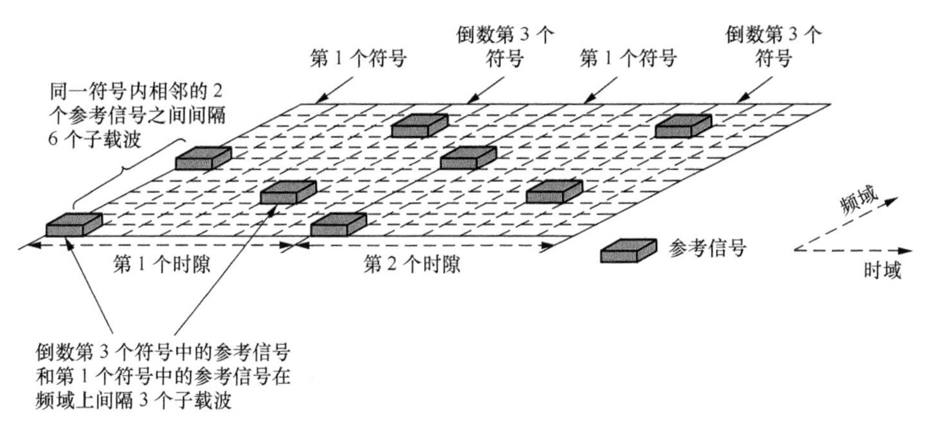

使用 1 个小区特定参考信号时，1 个 RB 对内的结构（正常的循环前缀）

图 4-2　LTE 中 CRS 的栅格状分布

NR 与 LTE 参考信号的另一个主要区别是，NR 引入了 PT-RS。由于发射机的相位噪声随着工作频率的增加而增加，而相位噪声的增加会使得接收机难以解调 OFDM 信号，因此，在 NR 高频下，PT-RS 起着至关重要的作用。PT-RS 可以最小化晶体振荡器相位噪声对系统性能的影响。

与 LTE 类似，NR 还存在一种用于使 UE 获取时频同步以及小区 PCI 的物理信号，称为同步信号（SS，Synchronization Signal）。由于同步信号携带的是 UE 进行小区搜索所必需的重要信息，网络必须周期性地广播同步信号。因此，同步信号成为 NR 中唯一的“永久在线”信号。

同步信号在下行链路发送，可进一步细分为以下两类。

• 主同步信号（PSS，Primary Synchronization Signal）：用于完成 OFDM 符号边界同步、粗频率同步以及获取物理小区标识 2，也即 $N_{ID}^{(2)}$；

• 辅同步信号（SSS，Secondary Synchronization Signal）：用于获取小区标识 1，即 $N_{ID}^{(1)}$，并进一步计算出物理小区标识 PCI。同时，也可以作为 PBCH 的解调参考信号，提高 PBCH 的解调性能。此外，由于 NR 不支持小区级参考信号 CRS，SSS 还可用于 RRM/RLM 测量。

主同步信号 PSS 和辅同步信号 SSS 共同承载同步信息。其中，同步信号序列的生成与 PCI 相关。在 NR 中，共有 1008 个唯一的物理小区 ID，具体由式（4-1）确定。

$$N_{ID}^{cell} = 3N_{ID}^{(1)} + N_{ID}^{(2)} \tag{4-1}$$

其中，$N_{ID}^{(1)} \in \{0,1,\cdots,335\}$，$N_{ID}^{(2)} \in \{0,1,2\}$。

UE 通过搜索 PSS/SSS，分别可以获得 $N_{ID}^{(2)}$ 和 $N_{ID}^{(1)}$，进一步可确定当前接入的小区 PCI。

与 LTE 中 PSS 使用 ZC 序列不同，由于相对于 m 序列而言，ZC 序列的相关函数存在较大的旁瓣，为免影响检测性能，NR 中的 PSS 使用长度为 127 的 m 序列，即

$$d_{PSS}(n) = 1 - 2x(m) \tag{4-2}$$

$$m = (n + 43N_{ID}^{(2)}) \bmod 127 \tag{4-3}$$

其中，$0 \leqslant n < 127$。基础 m 序列 $x(i)$由式（4-4）产生。

$$x(i+7) = \left(x(i+4) + x(i)\right) \bmod 2 \tag{4-4}$$

初始值为$[x(6)x(5)x(4)x(3)x(2)x(1)x(0)]$=[1 1 1 0 1 1 0]。

需要说明的是，由于 PSS 的检测是 NR 小区搜索过程中复杂度最高的检测过程，为避免因使用多个主同步信号序列而导致小区搜索复杂度增加，NR 在综合权衡复杂度与检测性能后，确定了 PSS 只使用 3 个同步信号序列，即 $N_{ID}^{(2)} \in \{0,1,2\}$。$N_{ID}^{(2)}$ 的取值范围与 LTE 中的一致。

SSS 则使用长度为 127 的 gold 序列，其生成多项式如下。

$$d_{SSS}(n) = [1 - 2x_0\left((n+m_0) \bmod 127\right)][1 - 1 - 2x_1\left((n+m_1) \bmod 127\right)] \tag{4-5}$$

$$m_0 = 15\left\lfloor \frac{N_{ID}^{(1)}}{112} \right\rfloor + 5N_{ID}^{(2)} \tag{4-6}$$

$$m_1 = N_{ID}^{(1)} \bmod 112 \tag{4-7}$$

其中，$0 \leqslant n < 127$。我们注意到，多项式 m_0 与 $N_{ID}^{(2)}$ 有关，这是为了降低小区 ID 检测错误的概率。

基础 m 序列 $x_0(i)$和 $x_1(i)$分别由以下多项式产生。

$$x_0(i+7) = \left(x_0(i+4) + x_0(i)\right) \bmod 2 \tag{4-8}$$

$$x_1(i+7) = \left(x_1(i+4) + x_1(i)\right) \bmod 2 \tag{4-9}$$

初始值为$[x_0(6)x_0(5)x_0(4)x_0(3)x_0(2)x_0(1)x_0(0)]$=[0 0 0 0 0 0 1]及$[x_1(6)x_1(5)x_1(4)x_1(3)x_1(2)x_1(1)x_1(0)]$=[0 0 0 0 0 0 1]。

由于 $N_{ID}^{(1)} \in \{0,1,\cdots,335\}$，因此，NR 系统的小区 PCI 共有 1008 个取值。相比 LTE，NR 小区 PCI 的配置灵活度更高。

图 4-3 总结了 NR 上下行链路对应的物理信道和物理信号。

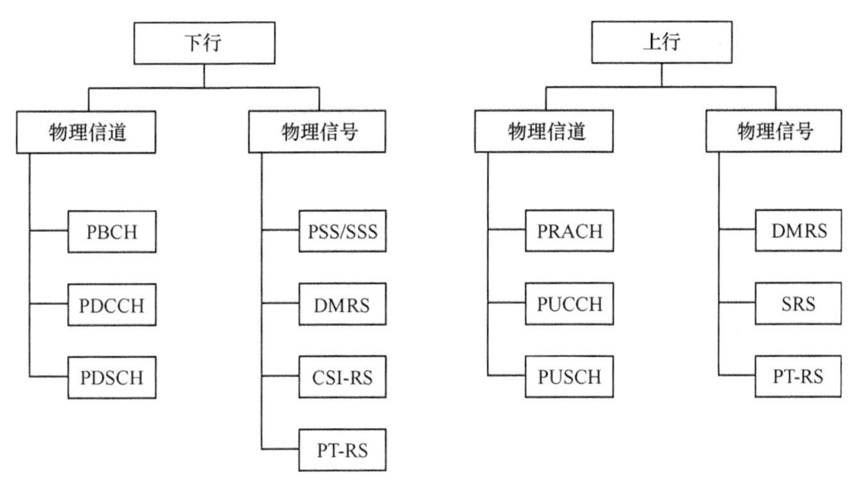

图 4-3　NR 物理信道和物理信号

4.2　下行信道管理

NR 物理层是 NR 系统有别于其他移动通信系统的最主要之处。本节主要介绍 NR 的下行信道管理机制，具体如下。

- 下行物理信道承载的信息内容。除 PDCCH 外，PBCH 和 PDSCH 均携带来自高层协议层的下行链路数据。这种现象是由其与对应的高层信道的关系决定的，即信道映射。
- 下行物理信道结构。为了能准确地解调下行链路数据，需要约定一定的信道结构，使接收端能够知道数据传输的起始和结束位置，并区分出不同信道上复用的信息内容。
- 下行信道处理过程。在 gNB 向 UE 的下行数据传输过程中，MAC 层交付给物理层的数据，即传输块（TB，Transport Block），要经过一系列调制编码等信道处理过程转换为适合在无线链路上发送的信号，再由射频和天线器件转换为电磁波发送出去。图 4-4 给出了 NR 下行物理信道的一般性处理流程。
- 下行信道导频和控制信令。为了对下行链路信号的信息承载部分进行相干解调，UE 需要基于导频/参考信号进行信道估计。此外，数据在空口上的传输，也需要相应的控制信令来指示信号的发送和接收方式。

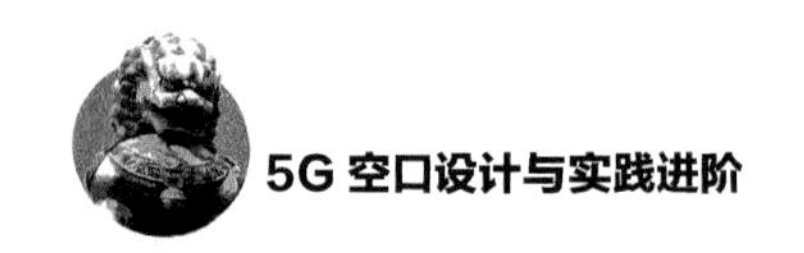

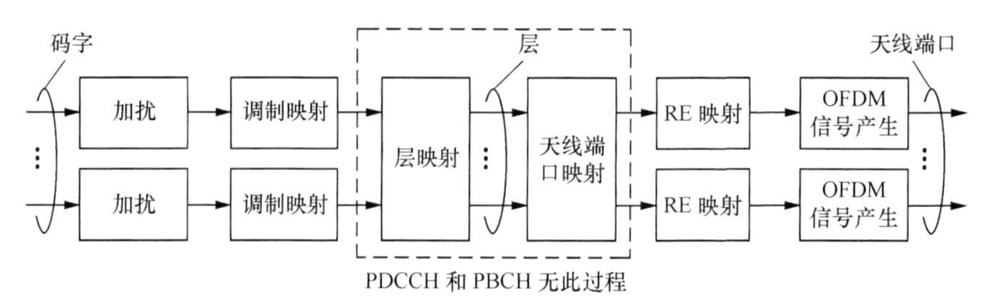

图 4-4　NR 下行物理信道的一般性处理流程

4.2.1　下行信道映射

信道映射是指逻辑信道、传输信道和物理信道之间的对应关系，这种对应关系包括底层信道对高层信道的服务支撑关系以及高层信道对底层信道的控制命令关系。

NR 下行信道的映射关系如图 4-5 所示。

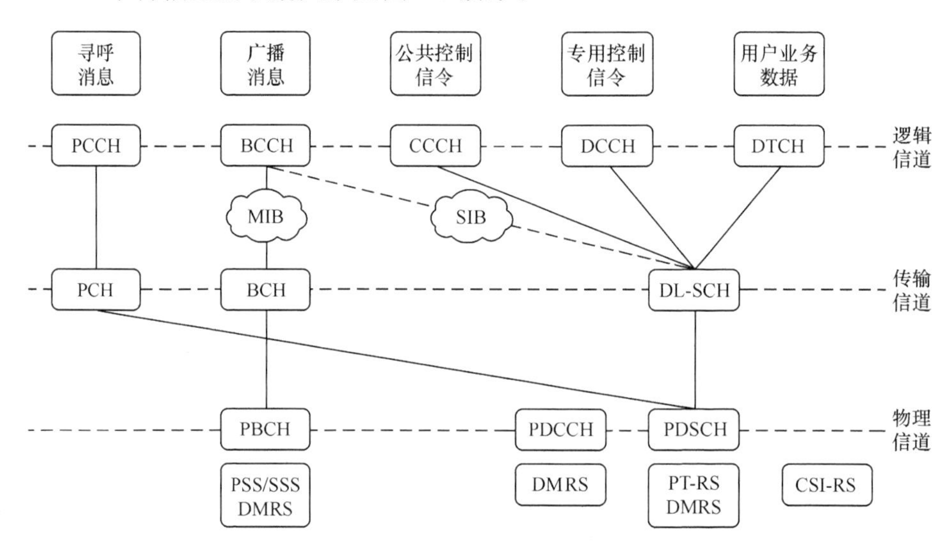

图 4-5　NR 下行信道的映射关系

下行链路数据一般可分为 5 类，分别是寻呼消息、广播消息、公共控制信令、专用控制信令和用户业务数据。

寻呼消息主要包括由核心网触发的用于通知特定 UE 接收寻呼请求的消息、由 gNB 触发的用于通知系统信息更新的消息，以及广播地震和台风预警系统消息（ETWS）或广播商用移动告警系统消息（CMAS）等通知信息。其处理流程为：PCCH 逻辑信道→PCH 传输信道→PDSCH 物理信道。

广播消息主要包括系统配置消息（如系统帧号、公共子载波间隔等）、小区接入相关信息等。一般按照用途和使用频率划分为主信息块（MIB，Master Information Block）消息和其他系统信息块（SIB，System Information Block）消息。MIB 消息的处理流程为：BCCH 逻辑信道→BCH 传输信道→PBCH 物理信道。其他 SIB 消息的处理流程为：BCCH 逻辑信道→DL-SCH 传输信道→PDSCH 物理信道。

公共控制信令主要是指用于与随机接入相关的控制信息，一般发生在 RRC 连接建立之前。其处理流程为：CCCH 逻辑信道→DL-SCH 传输信道→PDSCH 物理信道。

专用控制信令主要是指针对 UE 进行独立配置的用于 UE 与网络间的控制消息，一般发生在 RRC 连接建立之后。其处理流程为：DCCH 逻辑信道→DL-SCH 传输信道→PDSCH 物理信道。

用户业务数据为特定 UE 与网络间的用户面信息，其处理流程为：DTCH 逻辑信道→DL-SCH 传输信道→PDSCH 物理信道。

可以看到，NR 下行信道映射存在以下特点。

- 高层信道一定需要底层信道的服务支撑，但底层信道不一定与高层信道存在对应关系，如 PDCCH。
- BCCH 是逻辑信道中唯一与传输信道存在一对多关系的信道。
- PDSCH 承载的高层信道信息种类最为繁杂，既包含控制信息，又包含用户信息。
- 由于 NR 取消了小区级参考信号（CRS），PBCH、PDCCH 和 PDSCH 均需要携带 DMRS 进行信道估计。

4.2.2 PBCH 信道

PBCH 信道是小区内所有 UE 接收广播消息的公共信道，主要用于承载主信息块（MIB）消息及其他重要的系统信息。在 NR 中，主同步信号（PSS）、辅同步信号（SSS）和 PBCH 是作为一个整体出现的，统称为 SSB（SS/PBCH Block）。

1. MIB 消息

MIB 消息主要承载系统帧号、公共子载波间隔等有限个在 UE 接入 gNB 时的必备参数。UE 只有在准确解码 MIB 消息后，才能利用 MIB 中的参数进一步解码 PDSCH 中的数据，包括 SIB 消息等。

MIB 消息携带的内容见表 4-4，具体如下所述。

- 系统帧号（SFN，System Frame Number）：6 bit 字符串信息，指示系统

帧号 SFN 的前 6 位最高有效位（MSB）。在 NR 中，系统帧号 SFN 由 0～1023 依序递增编号，需要 10 bit 表示。因此，PBCH 在处理 MIB 消息时，还会额外附加 4 bit 信息来指示 SFN 的后 4 位最低有效位（LSB）。这样设计是由于 MIB 消息是以 80 ms 的周期重复发送，在时域上可能存在于不同的帧上，因此，SFN 不可能完全由 MIB 消息指示。

- 公共子载波间隔（Subcarrier Spacing Common）：6 bit 枚举信息，指示用于传送 SIB1 消息的 PDSCH 及 PDCCH 的子载波间隔。当载频低于 6 GHz 时，可选用的 SCS 为{15, 30}kHz；当载频高于 6 GHz 时，可选 SCS 为{60, 120}kHz。
- SSB 子载波偏置（SSB-Subcarrier Offset）：4 bit 整型信息，指示 SSB 与 CRB 之间的频率偏置，可取 0～15 的整数值。
- Type A DMRS 位置（DMRS-Type A-Position）：2 bit 枚举信息，指示第一个下行 DMRS 的时域位置。
- SIB1 配置信息（pdcch-Config SIB1）：8 bit 整型信息，指示 PDCCH/SIB 带宽、CORESET、公共搜索空间和必要的 PDCCH 参数。
- 小区禁止（Cell Barred）：1 bit 枚举信息，指示小区是否禁止接入。设置小区禁止功能，主要应用于 NSA 场景，通过禁止 UE 接入 NR 载波，促使其优先接入对应的 LTE 载波。
- 同频重选（Intra Freq Reselection）：1 bit 枚举信息，指示是否允许 UE 进行同频重选。如果侦测到当前小区禁止接入且不允许同频重选，UE 将在其他载频上重新触发小区搜索过程。
- 备用（Spare）：1 bit 字符串信息，保留使用。

表 4-4　MIB 携带消息内容

信息	信息类型	比特数
系统帧号（System Frame Number）	比特串 BIT STRING(SIZE(6))	6
公共子载波间隔（Subcarrier Spacing Common）	枚举 ENUMERATED{scs15 或 60，scs30 或 120}	1
SSB 子载波偏置（SSB-Subcarrier Offset）	整型 INTEGER(0…15)	4
TypeA DMRS 位置（DMRS-Type A-Position）	枚举 ENUMERATED{pos2, pos3}	1
SIB1 配置信息（pdcch-Config SIB1）	整型 INTEGER(0…255)	8
小区禁止（Cell Barred）	枚举 ENUMERATED{barred, not Barred}	1
同频重选（Intra Freq Reselection）	枚举 ENUMERATED{allowed, not allowed}	1
备用（Spare）	比特串 BIT STRING(SIZE(1))	1

容易计算得出，MIB 最大共携带 23 bit 信息。此外，BCCH-BCH 映射时还产生 1 bit 的 *BCCH-BCH-MessageType* 指示信息。因此，BCCH-BCH 信息块共携带 24 bit 信息。

2. PBCH 处理过程

BCCH-BCH 信息块 $\{\bar{a}_0,\bar{a}_1,\bar{a}_2,\bar{a}_3,\cdots,\bar{a}_{\bar{A}-1}\}$（24 bit）到达 PBCH 后，PBCH 将额外附加 8 bit 的负载信息 $\{\bar{a}_{\bar{A}},\bar{a}_{\bar{A}+1},\bar{a}_{\bar{A}+2},\bar{a}_{\bar{A}+3},\cdots,\bar{a}_{\bar{A}+7}\}$，用于时域相关处理。其中，$\{\bar{a}_{\bar{A}},\bar{a}_{\bar{A}+1},\bar{a}_{\bar{A}+2},\bar{a}_{\bar{A}+3}\}$ 即为前述的 SFN 的后 4 位最低有效位。$\bar{a}_{\bar{A}+4}$ 为半帧指示比特，用于指示当前 SSB 在时域上是位于前半帧还是后半帧。$\{\bar{a}_{\bar{A}+5},\bar{a}_{\bar{A}+6},\bar{a}_{\bar{A}+7}\}$ 为 SSB 时域索引，通过 SSB 时域索引和半帧指示比特的解调，可以获取小区的帧边界，得到完整的下行同步。

经 PBCH 负载信息添加后，此时的信息块为 32 bit。经扰码，并添加 24 bit 长度的 CRC 后，为 56 bit。再经 Polar 编码和速率匹配后，为 864 bit。再经 QPSK 调制为 432 Symbol 后，进行资源映射和天线输出。PBCH 的信道处理模型如图 4-6 所示。

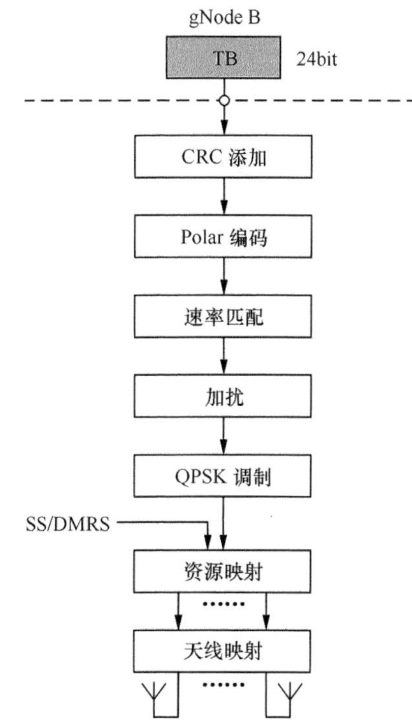

图 4-6 PBCH 信道处理模型

3. SSB 资源映射

在 NR 中，每个 SSB 在时域上由 4 个 OFDM 符号组成，以 0～3 递增的顺序进行编号；在频域上由 240 个连续的子载波组成，编号为 0～239，如图 4-7 所示。SSB 内的频域索引和时域索引分别用 k 和 l 表示。

其中，PSS 在时域上位于第 0 个 OFDM 符号，在频域上占据 127 个子载波（56～182），其余子载波均置零，用作保护带。SSS 在时域上位于第 2 个 OFDM 符号，在频域上也同样占据 56～182 号共 127 个子载波。SSS 两侧分别有 8 个和 9 个子载波置零以作为保护带。PBCH 在时域上位于第 1 个和第 3 个 OFDM 符号，在频域上与 DMRS 交错，共同占据 0～239 之间的 240 个子载波。此外，PBCH 还占据了第 2 个 OFDM 符号上，SSS 两侧的 96 个子载波（分别位于 0～47 号子载波，以及 192～239 号子载波），见表 4-5。

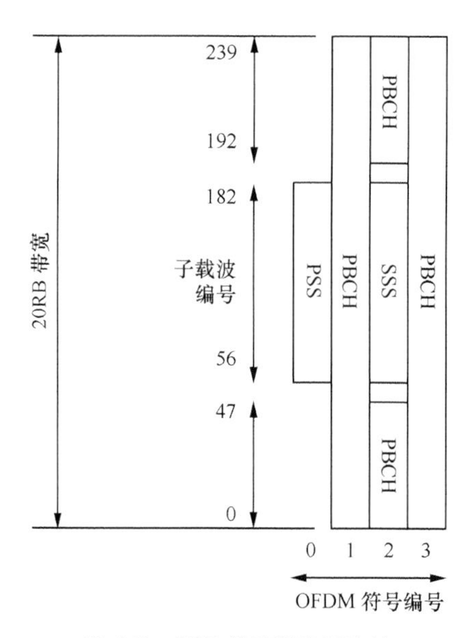

图 4-7　SSB 的时频资源映射

表 4-5　SSB 上 PSS、SSS、PBCH 及其 DMRS 的资源映射

信道/信号	OFDM 符号索引 l	子载波索引 k
PSS	0	56, 57,⋯, 182
SSS	2	56, 57,⋯, 182
Setto 0	0	0, 1,⋯, 55, 183, 184,⋯, 239
	2	48, 49,⋯, 55, 183, 184,⋯, 191
PBCH	1, 3	0, 1,⋯, 239
	2	0, 1,⋯, 47, 192, 193,⋯, 239
PBCH 的 DMRS	1, 3	0+v, 4+v, 8+v,⋯, 236+v
	2	0+v, 4+v, 8+v,⋯, 44+v 192+v, 196+v,⋯, 236+v

由表 4-5 可知，PBCH 与其伴随的 DMRS 之间采用频率复用的方式。表中 v 的取值为

$$v = N_{\mathrm{ID}}^{\mathrm{cell}} \bmod 4 \tag{4-10}$$

也就是说，在 SSB 中，PBCH 所出现的符号上，每隔 4 个子载波存在 1 个 DMRS 信号，而 DMRS 的起始位置取决于小区 PCI 模 4 的结果 v。PBCH 及 DMRS 之间的映射关系如图 4-8 所示。

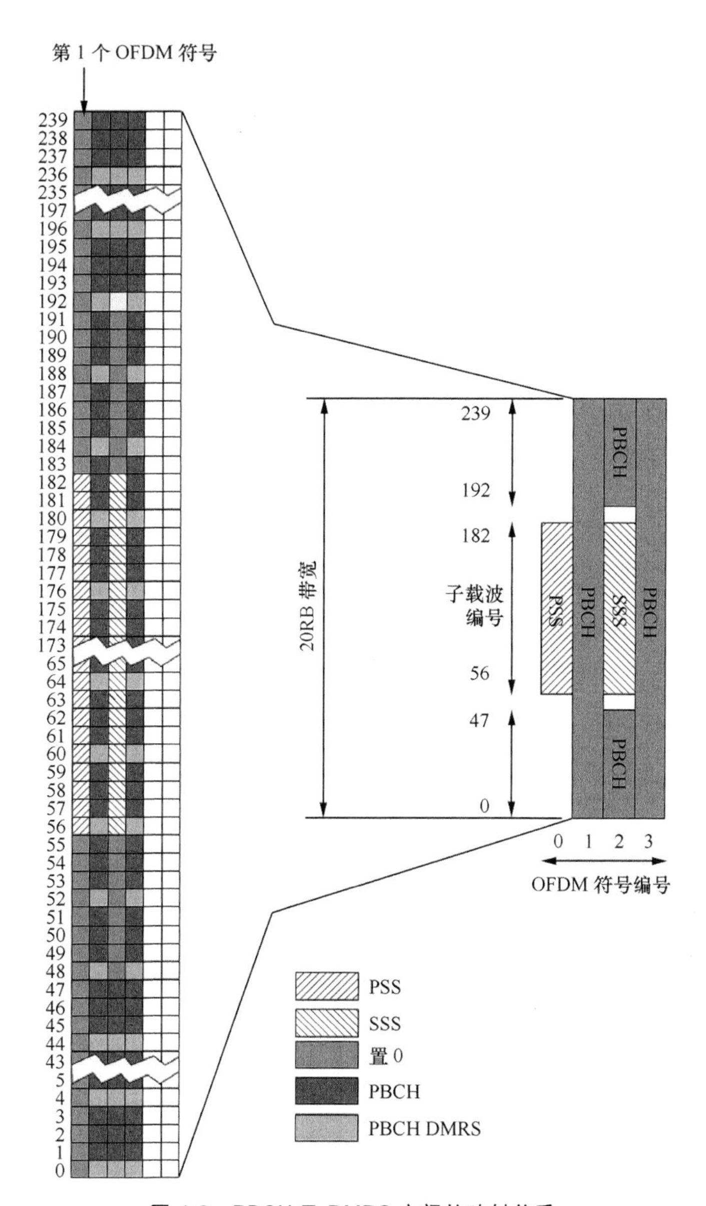

图 4-8　PBCH 及 DMRS 之间的映射关系

4．SSB 频域特性

在 NR 中，SSB 占用天线端口 Port4000，Numerology 配置仅支持$\mu \in \{0, 1, 3, 4\}$，即子载波间隔仅支持 15/30/120/240 kHz。在频域上，SSB 可以灵活配置在当前载波的任意一个位置，而无须像 LTE 一样配置在载波的中心频点处。

需要注意的是，在 NR 系统中，SSB 的 RB 边界并不一定与载波的 RB 边界对齐，可能会偏移 k_{SSB} 个子载波，如图 4-9 所示。k_{SSB} 由 MIB 消息中的 *ssb-SubcarrierOffset* 字段指示。当系统工作在 FR1 频段，且 SSB 采用 15 kHz 或 30 kHz 的 SCS 配置时，$k_{SSB}\in\{0, 1, 2, \cdots, 23\}$，共需要 5 bit 信息进行指示，此时采用 MIB 消息 *ssb-SubcarrierOffset* 字段的 4 bit 表示 k_{SSB} 的低 4 位，用 PBCH 额外编码的 $\bar{a}_{\bar{A}+5}$ 表示 k_{SSB} 的高 1 位（$\bar{a}_{\bar{A}+5}$、$\bar{a}_{\bar{A}+6}$、$\bar{a}_{\bar{A}+7}$ 原本用于表示 SSB 时域索引，此处之所以可以将 $\bar{a}_{\bar{A}+5}$ 用于指示 k_{SSB}，是因为在相同配置条件下，NR 通过巧妙的设计，恰好无须使用 $\bar{a}_{\bar{A}+5}$ 比特位，后面具体说明）。而当系统工作在 FR2 频段，且 SSB 采用 120 kHz 的 SCS 配置时，$k_{SSB}\in\{0, 1, 2, \cdots, 11\}$，恰好可以使用 *ssb-SubcarrierOffset* 字段的 4 bit 完整地表示 k_{SSB}。

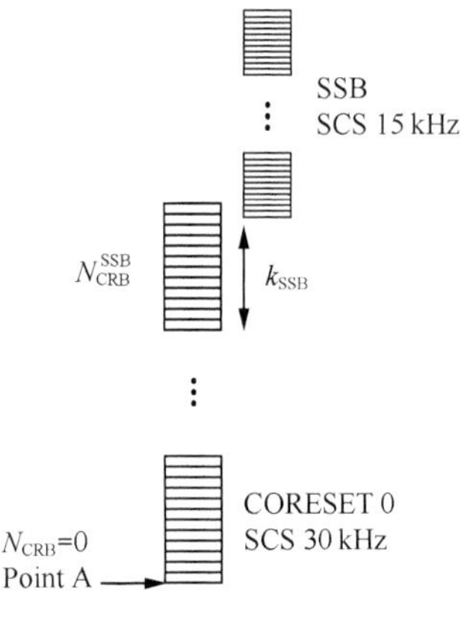

图 4-9　SSB 子载波偏移示意

此外，k_{SSB} 在高低频时的取值差异，主要原因是当系统工作在 FR1 频段时，SSB 对应的 SCS 可能小于初始接入带宽的 SCS，此时需要在 2 个 SSB 的 RB 范围内指示子载波偏移，即 $k_{SSB}\in\{0, 1, 2, \cdots, 23\}$。而当系统工作在 FR2 频段时，SSB 对应的 SCS 无论如何不会小于初始接入带宽的 SCS，此时仅需在 1 个 SSB 的 RB 范围内指示子载波偏移，即 $k_{SSB}\in\{0, 1, 2, \cdots, 11\}$。

5. SSB 时域特性

在时域上，SSB 在一个 5 ms 的半帧内可以发送多次。因此，NR 定义了同步广播块集合（SS Burst Set）的概念，用于表示一定时间周期内多个 SSB 的集合。在同一个 SS Burst 周期（5 ms 半帧）内，每个 SSB 对应一个波束方向，如图 4-10 所示。并且，同一个同步广播块集合内的各个 SSB 的波束方向覆盖了整个小区。

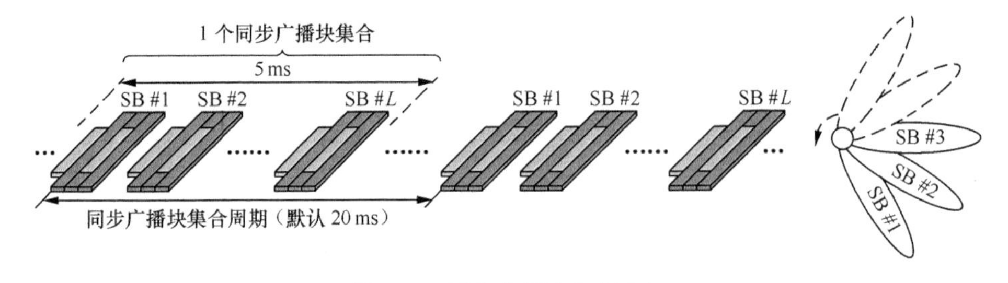

图 4-10　同步广播块集合示意

NR 定义了不同频率范围、不同 Numerology 下，SSB 在时域上的分布样式，分为 Case A/B/C/D/E 共 5 种。这些分布样式与当前系统的子载波间隔及工作频带有关。

Case A 适用于 SCS=15 kHz，此时 SSB 占据的 OFDM 符号位置为{2, 8}+14·n。当载频 F_c≤3 GHz 时，n=0, 1，即在 5 ms 的 SS Burst 周期内，SSB 占用 2 个时隙上的第{2, 8, 16, 22}个符号，最大发送次数为 L_{max}=4。当载频 3 GHz<F_c≤6 GHz 时，n=0, 1, 2, 3，此时 SSB 占用 4 个时隙，对应符号位置为{2, 8, 16, 22, 30, 36, 44, 50}，L_{max}=8，如图 4-11 所示。

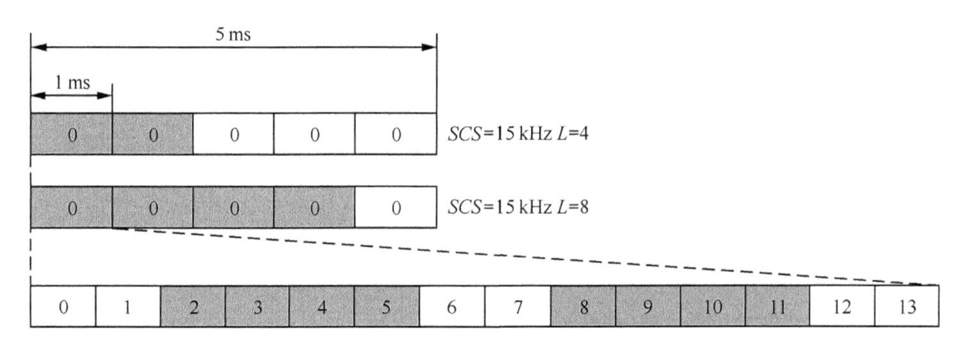

图 4-11　Case A 时域映射

我们注意到，SSB 在时域上并不是连续映射到各个 OFDM 符号上的。这样设计可以满足时隙的自包含特性。在该时隙内，前 2 个 OFDM 符号，也即符号#0 和符号#1，可以用于传输下行控制信道信息。相应地，后 2 个符号，也即符号#12 和符号#13，可以用于传输上行控制信道信息（包括上下行信号的保护时间）。而 SSB 不映射到符号#6 和符号#7 上，则是为了保证与 30 kHz 子载波的共存。例如，当 SSB 和控制/数据信道分别采用 15 kHz 和 30 kHz 的 SCS 配置时，符号#6 对应的 2 个 30 kHz 的 OFDM 符号可以用于承载上行控制信道信息或保护时间（GT），而符号#7 对应的 2 个 30 kHz 的 OFDM 符号则可以用于下行控制。通过这种设计，可以在 SSB 与控制/数据信道采用不同 SCS 的条件下，最大程度降低 SSB 的传输对数据传输的影响。

Case B 适用于 SCS=30 kHz 的情况，SSB 占据{4, 8, 16, 20}+28·n 对应位置上的符号。当 F_c≤3 GHz 时，n=0，即 SSB 占用 2 个时隙，对应符号索引为{4, 8, 16, 20}，L_{max}=4。当 3 GHz<F_c≤6 GHz 时，n=0, 1，此时 SSB 占用 4 个时隙，对应符号索引为{4, 8, 16, 20, 32, 36, 44, 48}，L_{max}=8，如图 4-12 所示。

我们注意到，在奇、偶时隙内，SSB 所映射的 OFDM 符号有所不同。在偶数时隙（时隙#0）内，SSB 占用符号#4～符号#11；而在奇数时隙（时隙#1）内，SSB 占用符号#2～符号#9，二者所占用的 OFDM 符号并不是对称的。这里，其目的同样是为了保证 30 kHz 子载波的 SSB 与 15 kHz 子载波的控制/数据信道的共存。

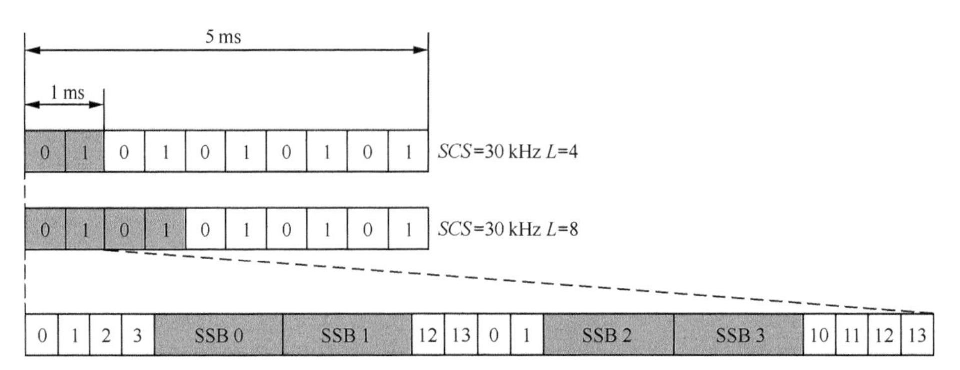

图 4-12　Case B 时域映射

Case C 同样适用于 SCS=30 kHz，但符号索引为{2, 8}+14·n，与 Case A 相同。当 $F_c^{FDD}\leqslant 3$ GHz（使用成对频谱）或 $F_c^{TDD}\leqslant 2.4$ GHz（非成对频谱）时，n=0, 1，即 SSB 占用 2 个时隙，对应符号索引为{2, 8, 16, 22}，L_{max}=4。而当 3 GHz < $F_c^{FDD}\leqslant 6$ GHz 或 2.4 GHz < $F_c^{TDD}\leqslant 6$ GHz 时，n=0, 1, 2, 3，此时 SSB 占用 4 个时隙，对应符号索引为{2, 8, 16, 22, 30, 36, 44, 50}，L_{max}=8，如图 4-13 所示。

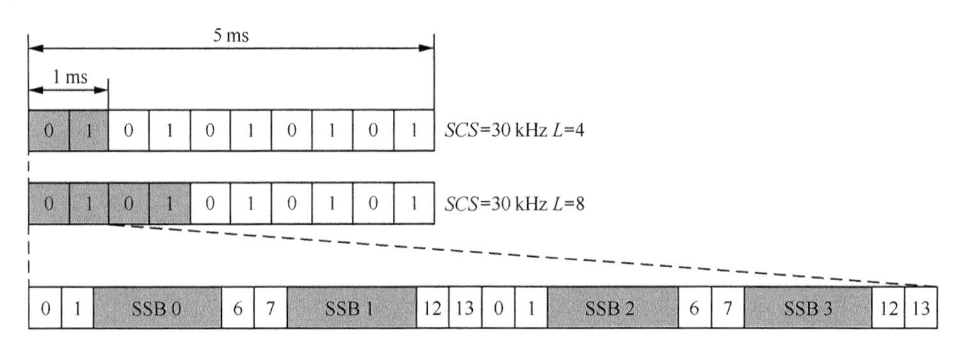

图 4-13　Case C 时域映射

我们注意到，在 Case C 配置下，在奇、偶时隙内，SSB 所映射的 OFDM 符号位置是相同的。这里，每个时隙内的符号#6 和符号#7 不映射 SSB，主要是为了与 60 kHz 子载波的控制/数据信道共存，以最大程度地降低 SSB 传输对数据传输的影响。

Case D 适用于 SCS=120 kHz，SSB 占用的符号索引为{4, 8, 16, 20}+28·n。当 F_c>6 GHz 时，n=0, 1, 2, 3, 5, 6, 7, 8, 10, 11, 12, 13, 15, 16, 17, 18，此时在 5 ms

的 SS burst 周期内，共有 4 组 SSB 信息块，每组占用连续 8 个时隙（每个时隙分配 2 个 SSB，共分配 16 个 SSB），中间间隔 2 个时隙，如图 4-14 所示。因此，L_{max}=64。

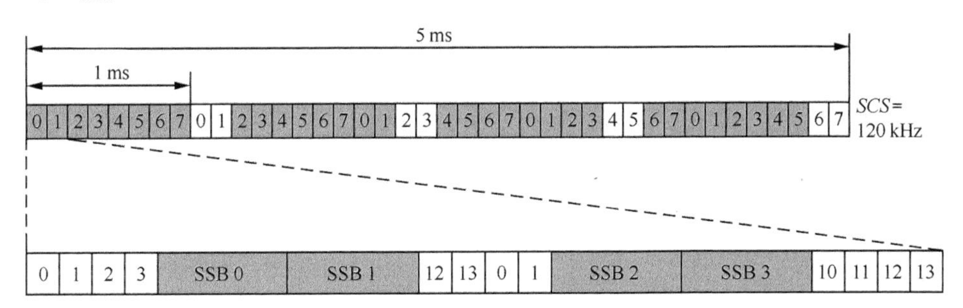

图 4-14　Case D 时域映射

由于当 F_c>6 GHz 时，控制/数据信道可用的 SCS 配置为 60/120 kHz，因此，采用 Case D 配置 SSB 时，只需要考虑与 60 kHz 子载波的控制/数据信道的共存。所以，在 Case D 配置条件下，在奇、偶时隙内，SSB 所映射的 OFDM 符号位置不同，其设计原则与 Case B 是相同的。

Case E 适用于 SCS=240 kHz 的情况，此时 SSB 占据的符号索引对应为{8, 12, 16, 20, 32, 36, 40, 44}+56·n。当 F_c>6 GHz 时，n=0, 1, 2, 3, 5, 6, 7, 8，此时在 5 ms 的 SS burst 周期内，共有 2 组 SSB 信息块，每组占用连续 16 个时隙（共分配 32 个 SSB），中间间隔 4 个时隙，如图 4-15 所示。故 L_{max}=64。

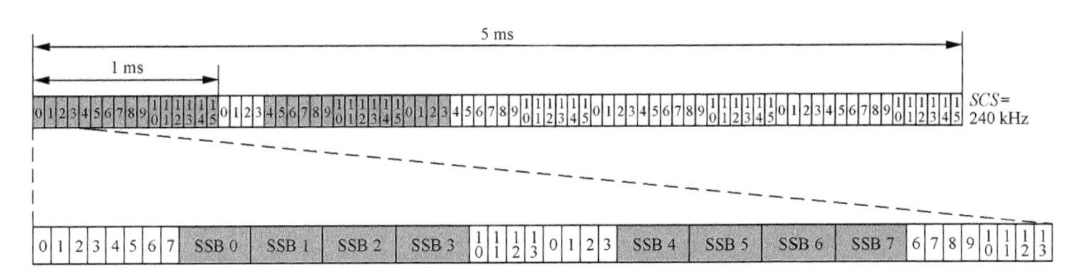

图 4-15　Case E 时域映射

很容易发现，Case D/E 发送 SSB 的时隙并不连续，这与 Case A/B/C 存在差异。实际上，这样设计 Case D/E，主要是考虑到与 SCS 为 60 kHz 配置下的 NR 数据共存，避免 DL/UL 数据传输与 SSB 冲突。

需要特别说明的是，一个 SS Burst 周期内，gNB 实际使用的 SSB 的数量可以小于或等于对应 Case A/B/C/D/E 配置条件下的 L_{max} 的值，具体可以通过 SIB1 或 UE 专用的 RRC 信令进行指示。

这里遗留的问题是，当 $L_{\max}$=64 时，系统如何指示当前的 SSB 时域索引。前文提到，PBCH 附加了$\{\bar{a}_{\bar{A}+5}, \bar{a}_{\bar{A}+6}, \bar{a}_{\bar{A}+7}\}$这 3 个额外编码的比特位信息用于指示 SSB 时域索引。而当 $L_{\max}$=64 时，至少需要 6 bit 才能完整表示 SSB 时域索引。对此，NR 的处理是，当 $L_{\max}$=64 时，使用$\{\bar{a}_{\bar{A}+5}, \bar{a}_{\bar{A}+6}, \bar{a}_{\bar{A}+7}\}$表示 SSB 时域索引的前 3 位最高有效位，而利用 PBCH 信道的 DMRS 隐式地表示 SSB 时域索引的后 3 位最低有效位。而当 $L_{\max}$=4 或 $L_{\max}$=8 时，SSB 时域索引完全通过 PBCH 的 DMRS 指示。

6. PBCH DMRS

PBCH 的 DMRS 序列定义为

$$r(m)=\frac{1}{\sqrt{2}}\left(1-2\cdot c(2m)\right)+\mathrm{j}\frac{1}{\sqrt{2}}\left(1-2\cdot c(2m+1)\right) \tag{4-11}$$

其中，序列初始化公式为

$$c_{\text{init}}=2^{11}(\bar{i}_{\text{SSB}}+1)(\lfloor N_{\text{ID}}^{\text{cell}}/4\rfloor+1)+2^{6}(\bar{i}_{\text{SSB}}+1)+(N_{\text{ID}}^{\text{cell}} \bmod 4) \tag{4-12}$$

当 $L_{\max}$=4 时，$\bar{i}_{\text{SSB}}=i_{\text{SSB}}+4n_{\text{hf}}$。其中，$n_{\text{hf}}$ 为半帧标志，当 PBCH 在当前帧的前半帧传输时，$n_{\text{hf}}=0$；当 PBCH 在当前帧的后半帧传输时，$n_{\text{hf}}=1$。i_{SSB} 是 SSB 时域索引的 2 bit。当 $L_{\max}$=8 或 $L_{\max}$=64 时，$\bar{i}_{\text{SSB}}=i_{\text{SSB}}$，此时 i_{SSB} 为 3 bit 的 SSB 时域索引。

UE 在解调 PBCH 信道时，采用 8 种 DMRS 初始化序列进行盲检。盲检成功后，即得到当前 SSB 的时域索引，进而可获得时域的完整信息。

4.2.3 PDCCH 信道

PDCCH 信道主要发送下行调度信息、上行调度信息、时隙格式指示（SFI，Slot Format Indicator）和功率控制命令等。

1. PDCCH 处理过程

PDCCH 用于传送下行控制信息（DCI，Downlink Control Information）。对 PDCCH 负载信息，也即 DCI，首先添加 24 bit 的 CRC 校验码。CRC 使用无线网络临时标识（RNTI，Radio Network Tempory Identity）进行扰码，以便 UE 在接收到若干候选 PDCCH 后，能够通过生成一个经相同 RNTI 扰码的 CRC 并与接收到的 CRC 进行校验，借此确定哪些 PDCCH 是自己需要接收的，哪些是发送给其他 UE 的。这样设计能够减少 PDCCH 上传输信息的比特数。

NR 中定义了多种不同的 RNTI，用于标识不同的 UE 信息。不同 RNTI 的定义和用途见表 4-6。

表 4-6　NR 中 RNTI 的定义及用途

RNTI	用途	传输信道	逻辑信道
P-RNTI	寻呼消息和系统消息变更通知	PCH	PCCH
SI-RNTI	系统消息广播	DL-SCH	BCCH
RA-RNTI	随机接入响应	DL-SCH	
Temporary C-RNTI	竞争解决(用于当前无有效 C-RNTI 时)	DL-SCH	CCCH
Temporary C-RNTI	Msg3 消息传输	UL-SCH	CCCH、DCCH、DTCH
C-RNTI	动态调度单播传输	UL-SCH	DCCH、DTCH
C-RNTI	动态调度单播传输	DL-SCH	CCCH、DCCH、DTCH
C-RNTI	PDCCH order 触发的随机接入		
CS-RNTI	配置调度单播传输（用于激活、重激活和重传）	DL-SCH、UL-SCH	DCCH、DTCH
CS-RNTI	配置调度单播传输（用于去激活）		
TPC-PUCCH-RNTI	PUCCH 功率控制		
TPC-PUSCH-RNTI	PUSCH 功率控制		
TPC-SRS-RNTI	SRS 触发及功率控制		
INT-RNTI	下行 Pre-emption 资源占用指示		
SFI-RNTI	给定小区的时隙格式指示		
SP-CSI-RNTI	PUSCH 上半持续 CSI 报告的激活		

表 4-7 给出了各类 RNTI 的取值范围。

表 4-7　各类 RNTI 的取值范围

取值（十六进制）	RNTI
0000	
0001～FFEF	RA-RNTI、Temporary C-RNTI、C-RNTI、CS-RNTI、TPC-PUCCH-RNTI、TPC-PUSCH-RNTI、TPC-SRS-RNTI、INT-RNTI、SFI-RNTI、SP-CSI-RNTI
FFF0～FFFD	保留
FFFE	P-RNTI
FFFF	SI-RNTI

每个 PDCCH 携带的 DCI 经 CRC 校验后，进行 Polar 编码和速率匹配。在 NR 中，下行方向 Polar 码最大可以支持 512 bit 信息的处理。经编码和速率匹配后的比特序列还需经过扰码、QPSK 编码，最后与对应的 DMRS 一起进行资源映射和天线映射，如图 4-16 所示。

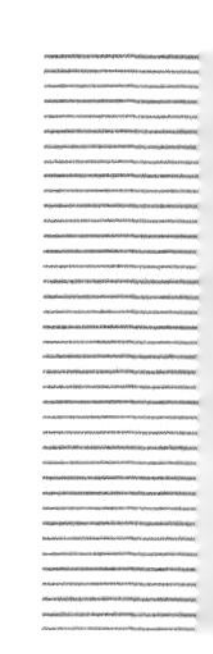

2. DCI 消息

PDCCH 承载的 DCI 包括如下 3 类信息。

• 下行调度。下行调度包括 PDSCH 的资源指示、编码调制方式和 HARQ 进程等信息，以及 PUCCH 的功率控制命令。下行调度包含 Format 1_0 和 Format 1_1 等格式。

• 上行授权。上行授权包含 PUSCH 的资源指示、编码调制方式等信息，以及 PUSCH 的功率控制命令。上行授权包含 Format 0_0 和 Format 0_1 等格式。

• 其他命令。其他命令包含时隙格式指示、资源预占信息指示以及对上行授权中 PUSCH/PUCCH 功率控制命令的补充。其他命令包含 Format 2_0、Format 2_1、Format 2_2 和 Format 2_3 等格式。

NR 中定义的 PDCCH DCI 的格式及内容见表 4-8。

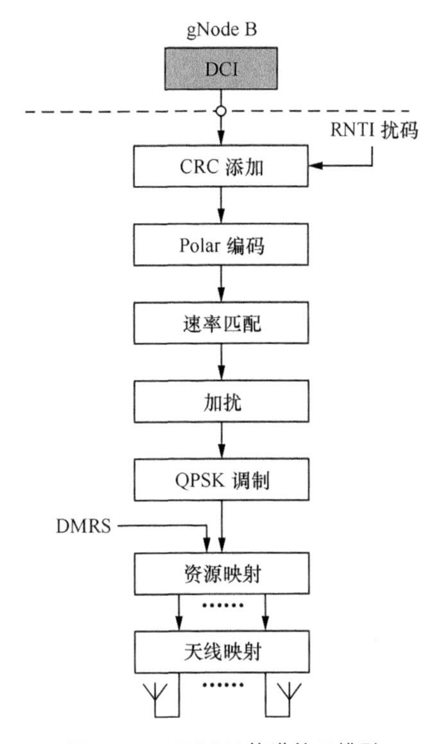

图 4-16　PDCCH 信道处理模型

表 4-8　PDCCH DCI 格式

类别	DCI 格式	内容
用于指示 PUSCH 调度的 DCI 格式	Format 0_0	指示 PUSCH 调度，备用 DCI，在波形变换、RRC 重配置等场景时使用
	Format 0_1	指示 PUSCH 调度
用于指示 PDSCH 调度的 DCI 格式	Format 1_0	指示 PDSCH 调度，备用 DCI，在公共消息调度（如寻呼、RMSI 调度）、状态转换（如 BWP 切换）时使用
	Format 1_1	指示 PDSCH 调度
用于其他用途的 DCI 格式	Format 2_0	指示 SFI（Slot Format Indicator）
	Format 2_1	指示哪些 PRB 和 OFDM 符号不能映射数据
	Format 2_2	指示 PUSCH 和 PUCCH 的功率控制命令字
	Format 2_3	指示 SRS 的功率控制命令字

（1）DCI Format 1_0 和 1_1。

DCI Format 1_0 和 1_1 用于 NR 下行调度分配。其中，Format 1_0 为备用格式（Fallback Format），仅支持部分 NR 特性，且由于其信息域是不可配置的，因而 DCI 的长度是固定的。Format 1_1 则支持全 NR 特性，具体的 DCI 长度取决于系统配置。

定义备用格式的目的在于降低控制信令开销，在小数据分组传输的场景下，Format 1_0 提供了较高的调度灵活性。此外，备用格式 Format 1_0 也适用于 RRC 重配置、网络尚不清楚 UE 配置信息的场景，如传输错误等。

DCI Format 1_1 携带的信息见表 4-9，具体如下。

- DCI 格式标识（Identifier for DCI Format）：1 bit，用于标识当前 DCI 是用于下行分配还是上行授权。当用于下行分配时，该比特位置 1；当用于上行分配时，则置 0。Format 1_1 用于下行，故置 1。
- 载波指示（Carrier Indicator）：0 或 3 bit，用于配置了跨载波调度的场景下，指示当前 DCI 信息关联的成员载波。
- BWP 指示（Bandwidth Part Indicator）：0～2 bit，用于指示高层配置的下行 BWP 数。
- 频域资源分配（Frequency Domain Resource Assignment）：指示一个成员载波上用于 PDSCH 的 RB，具体比特数取决于系统带宽和资源分配类型（Type 0、Type 1 或两者动态切换）。
- 时域资源分配（Time Domain Resource Assignment）：0、1、2、3 或 4 bit，具体比特数由高层配置，用于指示时域资源的分配。
- VRB-PRB 映射（VRB-to-PRB Mapping）：0 或 1 bit，当资源分配类型为 Type 0 或者高层未配置交织 VRB-PRB 映射时，0 bit；其他情况下占用 1 bit。
- PRB bundling 指示（PRB Bundling Size Indicator）：静态配置时，占用 0 bit；动态配置时，占用 1 bit 指示。
- 速率匹配指示（Rate Matching Indicator）：0～2 bit，取决于高层配置。
- 零功率 CSI-RS 触发（ZP CSI-RS Trigger）：0～2 bit，取决于高层配置。
- 调制编码方案（Modulation and Coding Scheme）：5 bit，用于通知 UE 当前采用的调制方式、码率、传输块大小等信息。
- 新数据指示（New Data Indicator）：1 bit，用于指示初始传输时是否清空软缓存。
- 冗余版本（Redundancy Version）：2 bit，用于指示当前传输采用的冗余版本。
- HARQ 进程号（HARQ Process Number）：4 bit，通知 UE 用于软合并的

HARQ 进程。

• 下行分配索引（Downlink Assignment Index）：0、2 或 4 bit，与服务小区数及动态 HARQ 码本的配置有关。

• HARQ 反馈定时指示(PDSCH-to-HARQ_feedback Timing Indicator)：0～3 bit，用于指示何时传输 HARQ 的 ACK/NACK 信息。

• 码块组传输信息（CBG Transmission Information）：0、2、4、6 或 8 bit，用于指示重传的码块组。

• 码块组清空信息（CBG Flushing out Information）：0 或 1 bit，用于指示是否清空软缓存。

• PUCCH 功率控制命令（TPC Command for Scheduled PUCCH）：2 bit，用于调整 PUCCH 发送功率。

• PUCCH 资源指示（PUCCH Resource Indicator）：3 bit，用于从配置资源集中选择 PUCCH 传输资源。

• 天线端口数（Antenna Port）：4～6 bit，指示用于数据传输的天线端口。

• 传输配置指示（Transmission Configuration Indication）：0 或 3 bit，用于指示下行传输天线端口的准共址关系。

• SRS 请求（SRS Request）：2 或 3 bit，用于探测参考信号（SRS）的发送请求。当 UE 未配置 SUL 链路时，用 2 bit 指示；如 UE 配置了 SUL 链路，则用 3 bit 指示。

• DMRS 序列初始化（DMRS Sequence Initialization）：1 bit，用于选择两组预配置的 DMRS 序列初始值中的一组。

表 4-9　DCI Format 1_1

信息分类	信息项	比特数
格式相关	DCI 格式标识	1
资源信息相关	载波指示	0,3
	BWP 指示	0,1,2
	频域资源分配	可变
	时域资源分配	0,1,2,3,4
	VRB-PRB 映射	0,1
	PRB bundling 指示	0,1
	速率匹配指示	0,1,2
	零功率 CSI-RS 触发	0,1,2

续表

信息分类	信息项	比特数
传输块相关	TB1 调制编码方案	5
	TB1 新数据指示	1
	TB1 冗余版本	2
	TB2 调制编码方案	5
	TB2 新数据指示	1
	TB2 冗余版本	2
HARQ 相关	HARQ 进程号	4
	下行分配索引	0,2,4
	HARQ 反馈定时指示	0,1,2,3
	码块组传输信息	0,2,4,6,8
	码块组清空信息	0,1
PUCCH 相关	PUCCH 功控命令	2
	PUCCH 资源指示	3
多天线相关	天线端口数	4,5,6
	传输配置指示	0,3
	SRS 请求	2,3
	DMRS 序列初始化	1

Format 1_0 携带的信息与 CRC 的扰码 RNTI 有关。Format 1_0 可用的扰码包括 C-RNTI、RA-RNTI、TC-RNTI、SI-RNTI 和 P-RNTI 等，具体选择何种 RNTI，取决于 DCI 消息的目的。

（2）DCI Format 0_0 和 0_1。

DCI Format 0_0 和 0_1 用于上行调度授权。其中，Format 1_0 为 fallback 格式，Format 0_1 为 non-fallback 格式。Format 0_1 上行 DCI 的长度与 Format 1_1 的下行 DCI 长度保持一致。如果两者的实际信息比特数存在差异，则对较小者进行填充。保持上下行 non-fallback 格式的 DCI 长度对齐，有助于减小盲检的次数。

DCI Format 0_1 携带的信息见表 4-10，部分信息项及用途与 Format 1_1 相同，此处只列举与之不同的信息项。

• 上行/辅助上行指示（UL/SUL Indicator）：0 或 1 bit，用于指示当前调度授权对应 UL 还是 SUL。当未配置 SUL 时为 0 bit；当配置 SUL 时为 1 bit。

- 跳频标识（Frequency Hopping Flag）：0 或 1 bit，当资源分配类型为 Type 0 或者高层未配置跳频参数时，占用 0 bit；当资源分配类型为 Type 1 时，占用 1 bit。
- 1st 下行分配索引（1st Downlink Assignment Index）：1 或 2 bit，当采用半静态 HARQ-ACK 码本时，占用 1 bit；当采用动态 HARQ-ACK 码本时，占用 2 bit。
- 2nd 下行分配索引（2nd Downlink Assignment Index）：0 或 2 bit，当采用动态 HARQ-ACK 码本时为 2 bit；其他情况下为 0 bit。
- PUSCH 功率控制命令（TPC Command for Scheduled PUSCH）：2 bit，用于指示调整 PUSCH 发送功率。
- β 偏移指示（Beta_Offset Indicator）：0 或 2 bit，用于控制 PUSCH 上 UCI 使用的资源数量。
- UL-SCH 指示（UL-SCH Indicator）：1 bit，当 UL-SCH 不在当前 PUSCH 上传输时，置 0；当 UL-SCH 在当前 PUSCH 传输时，置 1。
- SRS 资源指示（SRS Resource Indicator）：用于指示 PUSCH 传输的天线端口和上行波束，具体比特数取决于高层参数配置。
- 预编码信息及层数（Precoding Information and Number of Layers）：0～6 bit，用于指示预编码矩阵，以及基于码本传输的层数。
- CSI 请求（CSI Request）：0～6 bit，用于 CSI 测量报告的发送请求。
- PT-RS-DMRS 组合（PT-RS-DMRS Association）：0 或 2 bit，用于指示 PT-RS 和 DMRS 的组合。

表 4-10　DCI Format 0_1

信息分类	信息项	比特数
格式相关	DCI 格式标识	1
资源信息相关	载波指示	0,3
	上行/辅助上行指示	0,1
	BWP 指示	0,1,2
	频域资源分配	可变
	时域资源分配	0,1,2,3,4
	跳频标志	0,1
传输块相关	调制编码方案	5
	新数据指示	1
	冗余版本	2

续表

信息分类	信息项	比特数
HARQ 相关	HARQ 进程号	4
	1st 下行分配索引	1,2
	2nd 下行分配索引	0,2
	码块组传输信息	0,2,4,6,8
功率控制相关	PUSCH 功控命令	2
	β 偏移指示	0,2
	UL-SCH 指示	1
多天线相关	SRS 资源指示	可变
	预编码信息及层数	0,1,2,3,4,5,6
	天线端口	2,3,4,5
	SRS 请求	2,3
	CSI 请求	0,1,2,3,4,5,6
	PT-RS-DMRS 组合	0,2
	DMRS 序列初始化	0,1

Format 0_0 携带的信息与 CRC 的扰码 C-RNTI、TC-RNTI 等的配置有关。

（3）DCI Format 2_0。

DCI Format 2_0 用于通知 UE 时隙格式消息（SFI，Slot Format Information），其 CRC 校验码通过 SFI-RNTI 进行扰码。

采用 Format 2_0 的 DCI 长度由高层配置，最大可达 128 bit。Format 2_0 携带的内容见表 4-11。

表 4-11　DCI Format 2_0

信息项	比特数
时隙格式指示（Slot Format Indicator）	可变

注：Slot Format Indicator 1,Slot Format Indicator 2,…,Slot Format Indicator N

为了辅助盲检，网络会为 UE 配置最大两个携带 SFI 的候选 PDCCH。

（4）DCIFormat 2_1。

DCI Format 2_1 用于通知 UE 已被预占且不能用于传输的 PRB 和 OFDM 符号，其 CRC 校验码采用 INT-RNTI 进行扰码。

采用 Format 2_1 的 DCI 长度由高层配置，最大可达 126 bit。Format 2_0

携带的内容见表 4-12，其中每个 Pre-emption 指示为 14 bit。

表 4-12　DCI Format 2_1

信息项	比特数
Pre-emption 指示（Pre-emption Indicator）	可变

注：Pre-emption Indicator 1,Pre-emption Indicator 2,…, Pre-emption Indicator N。

（5）DCI Format 2_2。

DCI Format 2_2 用于发送 PUCCH 和 PUSCH 的上行功率控制命令，其 CRC 校验码采用 TPC-PUCCH-RNTI 或 TPC-PUSCH-RNTI 进行扰码。

采用 Format 2_2 的 DCI 长度由高层配置，其携带的内容见表 4-13。

表 4-13　DCI Format 2_2

信息项	比特数
块编号（Block Number）	可变

注：Block Number 1,Block Number 2,…, Block Number N。

其中，每个块包含两个字段，见表 4-14。

表 4-14　Format 2_2 块格式

信息子项	比特数
闭环指示（Closed Loop Indicator）	0,1
功率控制命令（TPC）	2

DCI Format 2_2 的长度要求与 Format 1_0 保持一致，以降低盲检的复杂度。如果 Format 2_2 的实际信息比特数小于 Format 1_0，则对 Format 2_2 进行 0 比特填充。

（6）DCI Format 2_3。

DCI Format 2_2 用于上行 SRS 的功率控制命令，此外还伴随着 SRS 请求的发送。其 CRC 校验码采用 TPC-SRS-RNTI 进行扰码。

采用 Format 2_3 的 DCI 所携带内容的格式与 Format 2_2 相同，见表 4-15。

表 4-15　DCI Format 2_3

信息子项	比特数
闭环指示（Closed Loop Indicator）	0,1
功率控制命令（TPC）	2

但每个块的信息子项有所区别，见表 4-16。

表 4-16　Format 2_3 Block 格式

信息子项	比特数
SRS 请求（SRS Request）	0,2
功率控制命令（TPC）	2

同理，DCI Format 2_3 的长度也要求与 Format 1_0 保持一致，否则填充 0 比特。

3. CCE 与聚合等级

PDCCH 的逻辑组成单元是 CCE（Control Channel Element），1 个 CCE 为 6 个 REG（Resource Element Group），1 个 REG 在频域上为 12 个连续子载波，在时域上为 1 个 OFDM 符号，如图 4-17 所示。

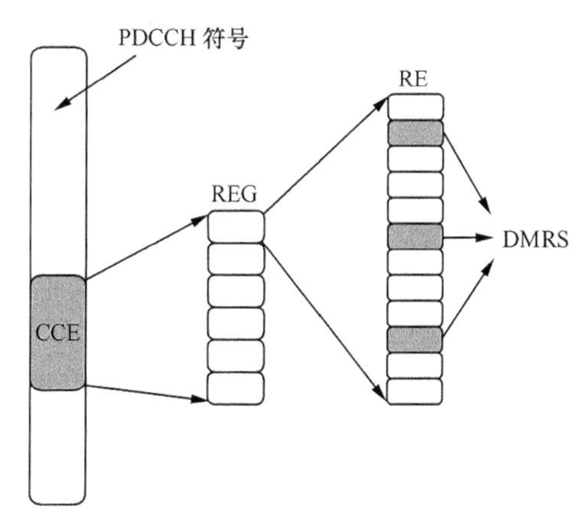

图 4-17　CCE 和 REG 示意

一个 PDCCH 由 n 个连续的 CCE 组成，其中，n 为聚合等级（Aggregation Level），$n\in\{1, 2, 4, 8, 16\}$，见表 4-17。

表 4-17　PDCCH 聚合等级

聚合等级	CCE 个数	REG 个数
1	1	6
2	2	12
4	4	24
8	8	48
16	16	96

在 NR 中，去除 DMRS 开销后，一个 CCE 剩有 54 个 RE 可用于 PDCCH 传输，可携带 108 bit 信息（采用 QPSK 调制）。也就是说，一个 CCE 基本可满足不同格式 DCI 的传输要求。而实际上 NR 制定了若干更高阶的聚合等级，这是为了确保不同信道环境下用户能够正确解调 PDCCH 信息。例如，在进行公共控制消息传输的场景下，可能存在部分用户处于小区边缘且无线信道质量较差，此时，可以将 DCI 消息进行复制，并采用较高的聚合等级，即占用更多的 CCE 资源进行传输，借此保证边缘用户对 PDCCH 的正确解调。

NR 可以基于 CQI 选取合适的 PDCCH 聚合等级，同时还可以根据 PDCCH 的 BLER 进行动态调整。当 PDCCH BLER 超过目标值时，上调聚合等级，以提升 PDCCH 覆盖性能；当 PDCCH BLER 低于目标值时，降低聚合等级，以减小 PDCCH 资源开销。

4. CORESET

在 LTE 中，PDCCH 信道对应的物理资源在频域上固定为全带宽，在时域上可占用每个子帧起始的第 1/2/3 个 OFDM 符号（系统带宽为 1.4 MHz 时可占用 4 个符号），符号的个数可以由 PCFICH 指示。因此，UE 只需要获知 PDCCH 占用的符号数，即能够确定 PDCCH 的搜索空间。

而在 NR 中，由于系统带宽较大，如果 PDCCH 仍占据全带宽，不仅引起资源的浪费，还将导致 UE 盲检的复杂度增大。此外，为了增加系统的灵活性，NR 还要求 PDCCH 在时域上的起始位置可配置。这就是说，UE 必须同时确定 PDCCH 在频域和时域上的位置，才能正确解调 PDCCH。

因此，NR 取消了 PCFICH 信道，并引入了 CORESET（Control Resource SET）的概念。CORESET 对应 PDCCH 物理资源的时频配置，类似于 LTE 中控制区域（Control Region）的概念，如图 4-18 所示。

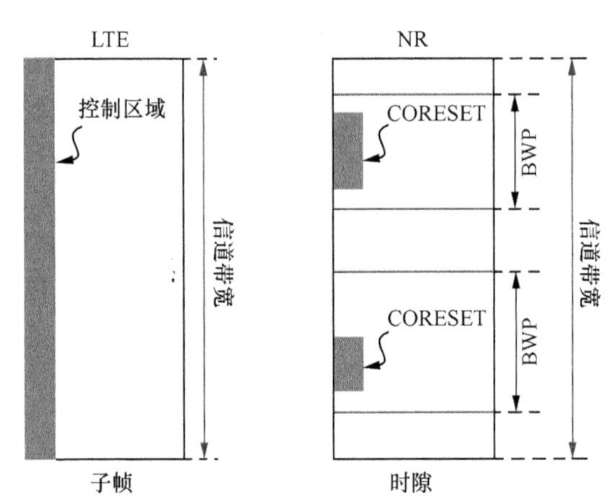

图 4-18　NR CORESET 与 LTE 控制区域的对比

CORESET 在频域上包含 $N_{RB}^{CORESET}$ 个 RB，最小粒度可以配置为 6 个 RB，在时域上占用 $N_{symb}^{CORESET}$ 个 OFDM 符号，其中，$N_{symb}^{CORESET} \in \{1,2,3\}$。$N_{RB}^{CORESET}$ 和 $N_{symb}^{CORESET}$ 的值均由高层参数给定，当且仅当高层参数 *DL-DMRS-typeA-pos*=3 时，$N_{symb}^{CORESET}$ 才可

以配置为 3。

CORESET 中的 REG 编号按照时域优先的顺序进行递增编号，第一个 OFDM 符号占用最低频率资源的 RB 为 REG 0，以此类推。这种先时域后频域的交替映射规则，能够使所有 REG 在整个 PDCCH 时频资源上均匀分布。随后，L 个 REG 首先组成一个 REG Bundle，再通过 REG Bundle 完成 CCE 到 REG 的映射。

REG Bundle$i$ 定义为一组 REG$\{iL, iL+1, iL+L-1\}$，其中，L 为 REG Bundle 的大小，$i=0,1,\cdots,N_{\text{REG}}^{\text{CORESET}}/L-1$，且 CORESET 中 REG 的数目为 $N_{\text{REG}}^{\text{CORESET}}=N_{\text{RB}}^{\text{CORESET}}N_{\text{symb}}^{\text{CORESET}}$。

CCEj 定义为一组 REG Bundle$\{f(6j/L), f(6j/L+1), \cdots, f(6j/L+6/L-1)\}$，其中，$f(\cdot)$是交织器。

CCE 到 REG 映射可以采用交织或非交织的方式，具体由高层信令中的相关参数进行配置。

对于非交织 CCE 到 REG 映射，L=6 且 $f(j)=j$。图 4-19 给出了频域为 6 个 RB、时域为 2 个 OFDM 符号的 CORESET 对应的非交织 CCE 到 REG 映射示例。

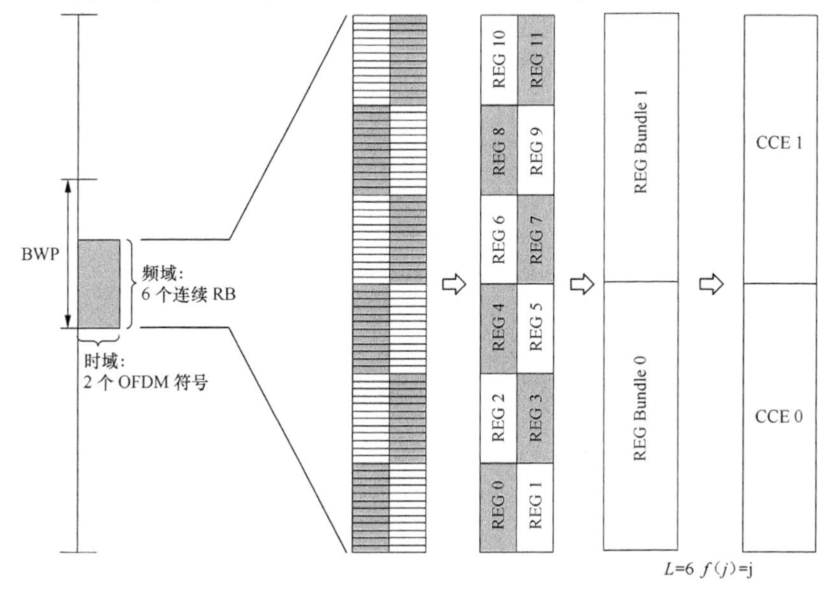

REG	0	1	2	3	4	5	6	7	8	9	10	11
	iL	iL+1	iL+2	iL+3	iL+4	iL+L−1	iL	iL+1	iL+2	iL+3	iL+4	iL+L−1
	0×6	0×6+1	0×6+2	0×6+3	0×6+4	0×6+5	1×6	1×6+1	1×6+2	1×6+3	1×6+4	1×6+5
REG Bundle	0（i=0）						1（i=1）					
	f（0）=0						f（1）=1					
CCE	0						1					

图 4-19　非交织 CCE 到 REG 映射示例

对于交织 CCE-to-REG 映射，当 $N_{\text{symb}}^{\text{CORESET}}=1$ 时，$L\in\{2,6\}$；当 $N_{\text{symb}}^{\text{CORESET}}\in\{2,3\}$ 时，其中，L 由高层参数配置。交织器定义为

$$f(j)=(rC+c+n_{\text{shift}})\bmod(N_{\text{REG}}^{\text{CORESET}}/L) \qquad (4\text{-}13)$$

其中，$j=cR+r$，R 为交织行数，由高层参数给定，且 $R\in\{2,3,6\}$。此外，$r=0,1,\cdots,R-1$，$c=0,1,\cdots,C-1$，且 $C=\lfloor N_{\text{REG}}^{\text{CORESET}}/(LR)\rfloor$。$n_{\text{shift}}$ 是交织时的偏移索引，如果高层进行了对应参数的配置，则 $n_{\text{shift}}\in\{0,1,\cdots,274\}$，否则 $n_{\text{shift}}=N_{\text{ID}}^{\text{cell}}$。

图 4-20 给出了频域为 6 个 RB、时域为 2 个 OFDM 符号且给定参数为 L=2、R=2 及 $n_{\text{shift}}=1$ 的 CORESET 对应的交织 CCE 到 REG 映射示例。

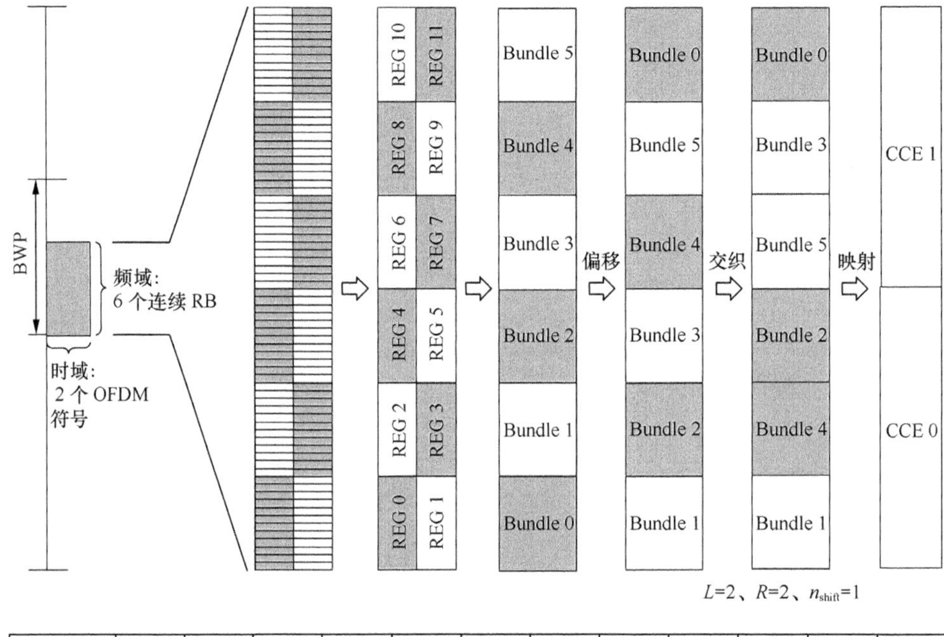

REG	0	1	2	3	4	5	6	7	8	9	10	11
	iL	iL+1	iL	iL+1	iL	iL+1	iL	iL+1	iL	iL+1	iL	iL+1
	0×2	0×2+1	1×2	1×2+1	2×2	2×2+1	3×2	3×2+1	4×2	4×2+1	5×2	5×2+1
REG Bundle	0（i=0）		1（i=1）		2（i=2）		3（i=3）		4（i=4）		5（i=5）	

	f(0)=1	f(1)=4	f(2)=2	f(3)=5	f(4)=3	f(5)=0
CCE	0(j=0)			1(j=0)		

图 4-20　交织 CCE 到 REG 映射示例

实际上，交织 CCE 到 REG 映射可以简单地理解为行列交织，即逐行写入，

逐列读出，这种理解方式更为直观，如图 4-21 所示。

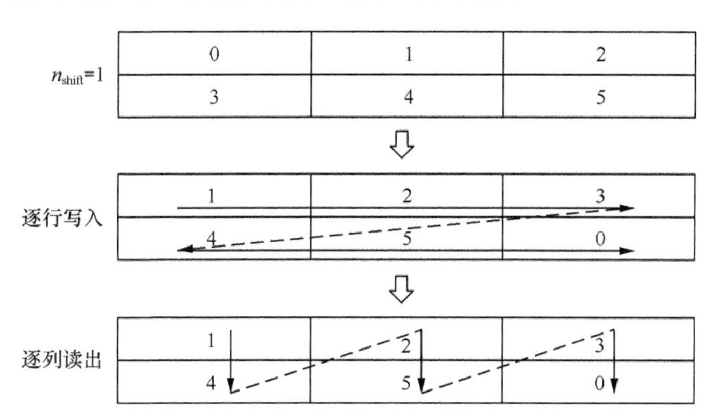

图 4-21 CCE 到 REG 行列交织映射

每个 NR 小区最多可以配置 12 个 CORESET（0～11），其中，CORESET 0 相对特殊，为 Type0-PDCCH CSS 专用（后文解释）。

5. 搜索空间

NR 支持多个针对每个用户的 PDCCH，即 PDCCH 候选集，因此，UE 需要尽可能地监测所有可能的 PDCCH 位置和 DCI 格式。由于 PDCCH 在处理 DCI 信息的过程中，通过将 24 bit 的 CRC 校验码与 RNTI 加扰的方式，将该 DCI 发送的目标用户进行了隐式标识，因而 UE 可以根据当前状态下的期望信息，利用相应的 X-RNTI 与 CCE 中的信息进行 CRC 校验。例如，在发起随机接入后，UE 期待获得 *RACH Response* 信息，则用 RA-RNTI 进行 CRC 校验，如校验成功，则该信息即为 UE 当前所需的，据此可以进一步获知相应的 DCI 格式，并解码出 DCI 携带的信息内容。上述过程称为 PDCCH 盲检。

UE 执行 PDCCH 盲检时，需要遍历所有可能的 CCE 组合并进行多次译码尝试。对于小系统带宽，这种方式的计算量尚可以接受，但是对于大系统带宽，由于大量可能的 PDCCH 位置的存在，其计算量无疑会为 UE 带来较大的负担，且盲检效率低。因此，NR 限制了待监测的 PDCCH 候选集的可能位置，通过牺牲一定的资源分配灵活性的方式获取性能上的提升。

PDCCH 候选集根据搜索空间（Search Space）进行定义。搜索空间指示哪些下行资源块可能承载 PDCCH，也就是说，每个搜索空间都对应一个 CORESET。UE 通过盲检搜索空间尝试解码出 PDCCH 中的 DCI。

搜索空间可以分为公共搜索空间（CSS，Common Search Space）和 UE 专用搜索空间（USS，UE-specific Search Space）。其中，USS 的配置是为某个单独的 UE，而 CSS 则通知所有 UE。NR 中定义的 PDCCH 搜索空间见表 4-18。

表 4-18 NR PDCCH 搜索空间

类型	搜索空间	RNTI	用例
Type0-PDCCH	公共	主小区 SI-RNTI	SIB 消息解码
Type0A-PDCCH	公共	主小区 SI-RNTI	SIB 消息解码
Type1-PDCCH	公共	主小区 RA-RNTI、TC-RNTI	Msg2、Msg4 消息解码
Type2-PDCCH	公共	主小区 P-RNTI	寻呼消息解码
Type3-PDCCH	公共	INT-RNTI、SFI-RNTI、TPC-PUSCH-RNTI、TPC-PUCCH-RNTI 或 TPC-SRS-RNTI、C-RNTI、MCS-C-RNTI 或 CS-RNTI	
	UE 专用	C-RNTI、MCS-C-RNTI 或 CS-RNTI	用户专用 PDSCH 解码

- Type0-PDCCH CSS。由 MIB 中的 *pdcch-configSIB1* 参数配置（SA，独立部署），或者由 PDCCHConfigCommon 中的 *searchSpaceSIB1* 参数配置（NSA，非独立部署），其 CRC 校验码的扰码为 SI-RNTI。如果 UE 未配置 *searchSpaceSIB1* 参数，则按照 MIB 规定的方式判定 Type0-PDCCH CSS。该 CSS 的搜索空间索引为 0，使用 CORESET 0。
- Type0A-PDCCH CSS。由 PDCCHConfigCommon 中的 *searchSpace-OSI* 参数配置，对应 CRC 检验码的扰码为 SI-RNTI。如果未进行配置，则使用 CORESET 0,对应 CCE 聚合等级以及 PDCCH 候选集个数与 Type0-PDCCH CSS 相同。
- Type1-PDCCH CSS。由 PDCCHConfigCommon 中的 *ra-SearchSpace* 参数配置，CRC 检验码的扰码为 RA-RNTI 或 TC-RNTI，对应的 CORESET 通过高层参数 *ra-ControlResourceSet* 配置。如果未配置，则沿用 Type0-PDCCH CSS 的 CORESET。
- Type2-PDCCH CSS。由 PDCCHConfigCommon 中的 *pagingSearch Space* 参数配置，CRC 检验码的扰码为 P-RNTI；如果未进行配置，则使用 CORESET 0，对应 CCE 聚合等级以及 PDCCH 候选集个数与 Type0-PDCCH CSS 相同。
- Type3-PDCCH CSS。由 PDCCHConfig（Dedicated）中的 *SearchSpaceType=Common* 参数配置，CRC 的扰码为 INT-RNTI、SFI-RNTI、TPC-PUSCH-RNTI、TPC-PUCCH-RNTI，或 TPC-SRS-RNTI 和 C-RNTI、MCS-C-RNTI 或 CS-RNTI。

各类搜索空间对应的高层 RRC 信令相关参数总结见表 4-19。

表 4-19　各类 SS 对应的高层 RRC 信令相关参数

类型	信令参数
Type0-PDCCH	*pdcch-ConfigSIB1 in MasterInformationBlock* *searchSpaceSIB1 in PDCCH-ConfigCommon* *searchSpaceZero in PDCCH-ConfigCommon*
Type0A-PDCCH	*searchSpaceOtherSystemInformation in PDCCHConfigCommon*
Type1-PDCCH	*ra-SearchSpace in PDCCH-ConfigCommon*
Type2-PDCCH	*pagingSearchSpace in PDCCH-ConfigCommon*
Type3-PDCCH	*SearchSpace in PDCCH-Config with searchSpaceType = common*
UE Specific	*SearchSpace in PDCCH-Config with searchSpaceType = ue-Specific*

UE 进行 PDCCH 盲检时，首先要确定搜索空间内的 PDCCH 候选集。

在一个 PDCCH 搜索空间 s 内，关联 CORESETp，PDCCH 候选集的位置由式（4-14）给出。

$$L \cdot \left\{ \left(Y_{p,n_{s,f}^{\mu}} + \left\lfloor \frac{m_{s,n_{\mathrm{CI}}} \cdot N_{\mathrm{CCE},p}}{L \cdot M_{s,\max}^{(L)}} \right\rfloor + n_{\mathrm{CI}} \right) \bmod \left\lfloor N_{\mathrm{CCE},p} / L \right\rfloor \right\} + i \qquad (4\text{-}14)$$

L 为聚合等级配置，对应 UE 专用搜索空间，$L \in \{1, 2, 4, 8, 16\}$；对应公共搜索空间，L 由高层参数配置，如未配置，则默认采用表 4-20 的定义。

表 4-20　Type0-PDCCH CSS 中 CCE 聚合等级与 PDCCH 候选集的对应关系

CCE 聚合等级	PDCCH 候选集个数
4	4
8	2
16	1

$Y_{p,n_{s,f}^{\mu}}$ 为 PDCCH 候选集在搜索空间内的起始位置。对任意 CSS，$Y_{p,n_{s,f}^{\mu}}$ 固定为 0；对应 USS，$Y_{p,n_{s,f}^{\mu}}$ 通过散列函数的伪随机作用错开起始位置。

$m_{s,n_{\mathrm{CI}}} = 0, \cdots, M_{s,n_{\mathrm{CI}}}^{(L)} - 1$，其中，$M_{s,n_{\mathrm{CI}}}^{(L)}$ 是 UE 被配置为监测 n_{CI} 对应的服务小区，且聚合等级为 L 的搜索空间 s 内的 PDCCH 候选集的个数。

$N_{\mathrm{CCE},p}$ 为 CORESETp 内的 CCE 个数，CCE 编号为 0～（$N_{\mathrm{CCE},p}-1$）。

n_{CI} 为载波指示。如果 UE 配置有监测 PDCCH 的服务小区的载波指示域，则 n_{CI} 是载波指示域的值，否则 $n_{\mathrm{CI}}=0$（包括对任意 CSS）。

此外，$i=0, \cdots, L-1$。

根据式（4-14），UE 可以确定 PDCCH 候选集的位置。但为了避免 UE 盲检次数过多，NR 定义了针对不同 SCS 条件下，一个时隙内的最大盲检次数，见表 4-21。

表 4-21 不同 SCS 下的一个时隙的最大 PDCCH 盲检次数

μ	SCS（kHz）	每服务小区每时隙的最大监测 PDCCH 候选集 $M_{\text{PDCCH}}^{\text{nax,slot},\mu}$
0	15	44
1	30	36
2	60	22
3	120	20

此外，UE 处理 CCE 的能力也存在限制。R15 规定，如果不同的 PDCCH 候选集对应重叠（Overlapped）的 CCE，则 UE 能够处理的 CCE 个数不受其能力限制。而对于非重叠（Non-Overlapped）的 CCE，NR 也定义了针对不同 SCS 条件下，一个时隙内能够处理的最大 CCE 个数，见表 4-22。

表 4-22 不同 SCS 下的一个时隙内 UE 可处理的最大 CCE 个数

μ	SCS（kHz）	每服务小区每时隙的最大非重叠 CCE 个数 $C_{\text{PDCCH}}^{\text{nax,slot},\mu}$
0	15	56
1	30	56
2	60	48
3	120	32

当一个时隙内同时存在多个 CSS 和多个 USS 时，为了保证 PDCCH 候选集的盲检次数以及非重叠 CCE 的个数不超过 UE 的处理能力，R15 规定，一个时隙内 UE 盲检 CSS 内 PDCCH 候选集的个数为

$$M_{\text{PDCCH}}^{\text{CSS}} = \sum_{i=0}^{I_{\text{css}}-1} \sum_{L} M_{P_{\text{CSS}}(i),S_{\text{CSS}}(i)}^{(L),\text{monitor}} \tag{4-15}$$

其中，i 为时隙内的 CSS 索引，$S_{\text{CSS}}(i)$为对应索引为 i 的 CSS，$P_{\text{CSS}}(i)$为对应索引为 i 的 CORESET。一个时隙内 UE 盲检 USS 内 PDCCH 候选集的个数为

$$M_{\text{PDCCH}}^{\text{USS}} = M_{\text{PDCCH}}^{\text{max,slot},\mu} - M_{\text{PDCCH}}^{\text{CSS}} \tag{4-16}$$

也就是说，在一个时隙内，UE 优先盲检 CSS，再根据剩余 PDCCH 候选集的个数对 USS 进行盲检。

6. PDCCH DMRS

PDCCH 的 DMRS 序列定义为

$$r_l(m) = \frac{1}{\sqrt{2}}\left[1-2\cdot c(2m)\right] + \text{j}\frac{1}{\sqrt{2}}\left[1-2\cdot c(2m+1)\right] \tag{4-17}$$

其中，序列初始化公式为

$$c_{\text{init}} = \left[2^{17}(14n_{s,f}^{\mu} + l + 1)(2N_{\text{ID}} + 1) + 2N_{\text{ID}}\right] \bmod 2^{31} \tag{4-18}$$

在式（4-18）中，l 为时隙内的 OFDM 符号编号，$n_{s,f}^{\mu}$ 为帧内的时隙编号。当 RRC 高层配置了参数 *pdcch-DMRS-ScramblingID* 时，$N_{\text{ID}} \in \{0,1,\cdots,65535\}$，具体取值由参数决定。而当高层 RRC 参数未配置时，$N_{\text{ID}} = N_{\text{ID}}^{\text{cell}}$。

PDCCH 的 DMRS 映射到 RE 资源 $(k,l)_{p,\mu}$ 上时，取决于

$$a_{k,l}^{(p,\mu)} = \beta_{\text{DMRS}}^{\text{PDCCH}} \cdot r_l(3n + k') \tag{4-19}$$

$$k = nN_{\text{SC}}^{\text{RB}} + 4k' + 1 \tag{4-20}$$

其中，$k' = 0,1,2$，$n = 0,1\cdots$。k 为参考点，一般对应 CRB 的子载波 0。l 为时隙内的 OFDM 符号编号。

根据式（4-19）可知，用于映射 PDCCH 的 DMRS 的 RE 均匀分布在 REG 内，且位于 REG 内编号为 1/5/9 的子载波上，如图 4-22 所示。

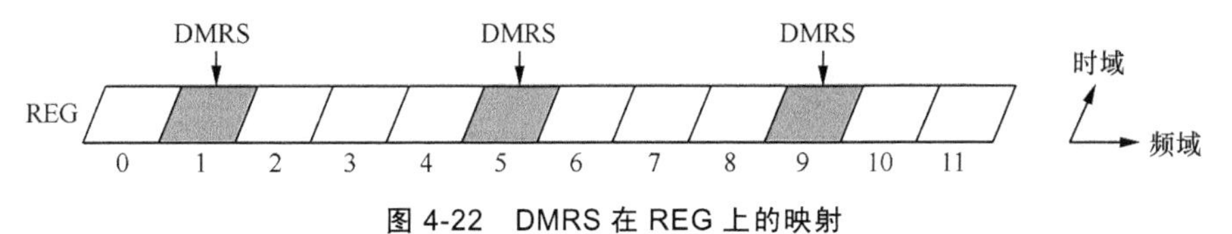

图 4-22　DMRS 在 REG 上的映射

在实际使用中，PDCCH 的 DMRS 支持两种映射方式，即窄带映射和宽带映射，如图 4-23 所示。当 RRC 高层参数 *precoderGranularty* 配置为 *sameAsREG-bundle* 时，采用窄带映射，此时，DMRS 只映射在构成 PDCCH 的 REG 上，并且预编码粒度为 *REG-bundle*。而当 RRC 的高层参数 *precoderGranularty* 配置为 *allContiguousRBs* 时，采用宽带映射，此时 DMRS 映射在包含 PDCCH 的连续 RB 上。也就是说，DMRS 既映射在构成 PDCCH 的 REG 上，又映射在未映射 PDCCH 的 REG 上。因此，宽带映射的预编码粒度为包含 PDCCH 的连续 RB。

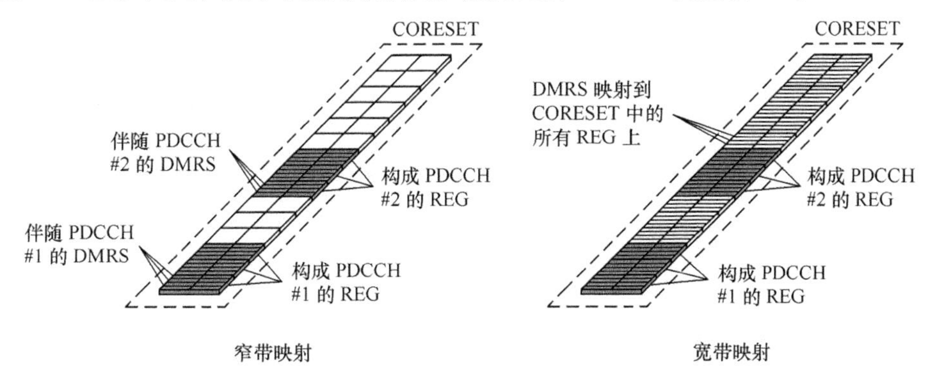

图 4-23　PDCCH DMRS 映射方式

此处，引入宽带映射主要是为了利用 PDCCH 及其相邻的 RB 内的 DMRS 进行时域和频域的联合信道估计，从而改善信道估计的精度，提高估计质量。

4.2.4 PDSCH 信道

从信道映射关系看，PDSCH 信道主要为 PCH 和 DL-SCH 提供服务支撑。因此，PDSCH 主要用于传输 MAC 层递交的用户面数据，以及部分控制面数据，如 SIB 消息和寻呼消息等。PDSCH 实际所占用的时频资源由 PDCCH 信道进行指示。

1. PDSCH 信道处理过程

MAC 层的每一个传输块（TB，Transport Block）按照一定的传输时间间隔（TTI，Transmission Time Interval）在物理层进行发送。传输块的大小，即 TBS，取决于 MAC 层调度器。传输信道根据物理信道是否使用空分复用决定在一个 TTI 中发送几个 TB。在使用空分复用时，NR 下行链路最大支持两个 TB 同时发送。对于每个 TB，PDSCH 信道要为其包含的每个信息比特进行 CRC 添加、码块分割、信道编码、速率匹配/HARQ、码块级联、加扰、调制、层映射、天线端口映射（MIMO 预编码处理）、资源映射等一系列处理。PDSCH 的整个信道处理过程如图 4-24 所示。

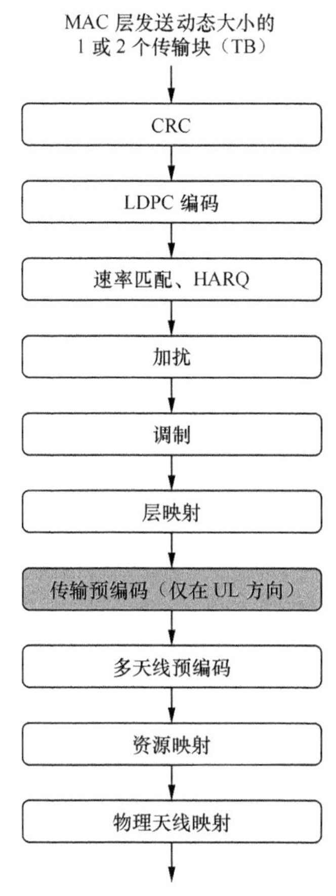

图 4-24　PDSCH 的整个信道处理过程

（1）CRC 添加。

在接收到从 MAC 层发送的动态大小的传输块（TB）后，首先要在每个 TB 之后附着一个指定长度的 CRC。添加 CRC 的目的是允许接收端对被解码的 TB 进行差错检测，并对相应错误进行指示，以便触发 HARQ 请求重传的流程。

CRC 的长度与当前的传输块大小（TBS，Transport Block Size）有关。假定 $TBS=A$，如果 $TBS>3824$ bit，则计算并添加一个长度 $L=24$ bit 的 CRC 并将其附着在对应的 TB 之后；否则，则为对应的 TB 计算并添加一个长度为 $L=16$ bit 的 CRC。

将待传输的长度为 A 的 TB 表示为 $a_0, a_1, a_2, \cdots, a_{A-1}$，长度为 L 的 CRC 序列表示为 $p_0, p_1, p_2, \cdots, p_{L-1}$，则经过 CRC 添加的操作后，可得到新的传输块 $b_0, b_1, b_2, \cdots, b_{B-1}$，其长度 $B=A+L$，如图 4-25 所示。

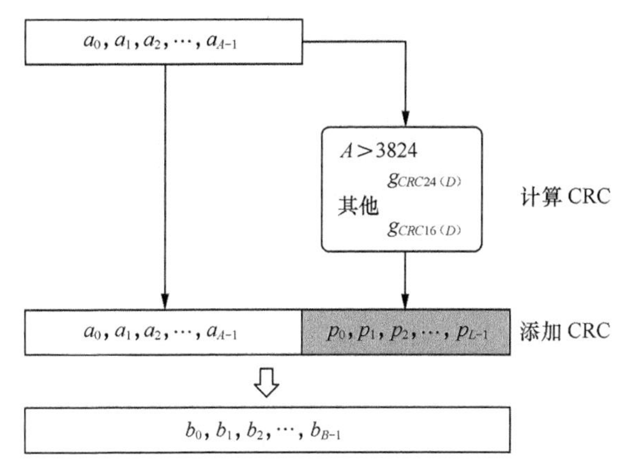

图 4-25　TB 级 CRC 添加

（2）基图选择。

在 NR 中，PDSCH 采用 LDPC 码作为信道编码方式。为了更好地支持 IR-HARQ，以及适用各种 TB 大小和不同的码率，LDPC 码在编码时需要可调节的设计。因此，NR 定义了两种 LDPC 基图，即 LDPC base graph 1 和 LDPC base graph 2。其中，base graph 1 适用于长码块、高码率，base graph 2 适用于短码块、低码率。

LDPC 基图的选择条件如式（4-21）所示。

$$\begin{array}{ll} A \leqslant 292 & \text{LDPC base graph 2} \\ A \leqslant 3824 \text{且} R \leqslant 0.67 & \text{LDPC base graph 2} \\ R \leqslant 0.25 & \text{LDPC base graph 2} \\ \text{其他} & \text{LDPC base graph 1} \end{array} \tag{4-21}$$

图 4-26 给出了更为形象的 LDPC 基图选择的示意图。

（3）码块分割。

LDPC 编码器只支持有限数量的码块长度。对应不同的基图，其支持的最大码块长度 K_{cb} 由式（4-22）给定。一旦传输块 $b_0, b_1, b_2, \cdots, b_{B-1}$ 的长度 B 超过 LDPC 编码器所支持的最大码块的大小，则在进行信道编码前，需要对该传输块进行分割。

$$\begin{array}{ll} K_{cb} = 8448 & \text{LDPC base graph 1} \\ K_{cb} = 3840 & \text{LDPC base graph 2} \end{array} \tag{4-22}$$

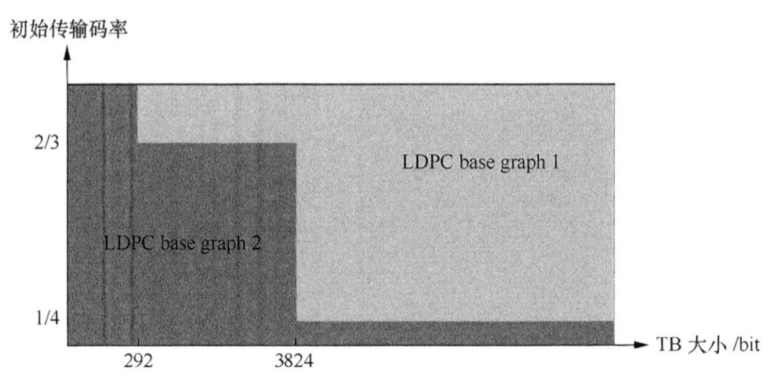

图 4-26　LDPC 基图选择示意

码块分割后，需要为每个码块计算并添加一个额外的 L=24 bit 的 CRC。分割后的码块个数 C 取决于待编码传输块的长度 B，由式（4-23）得出。

$$\begin{aligned} &B \leqslant K_{cb} C = 1 \\ &B > K_{cb} C = \lceil B/(K_{cb} - L) \rceil \end{aligned} \tag{4-23}$$

为了保证分割后每个码块的大小与编码器支持的最大码块长度匹配，必须在第一个码块的头部插入填充比特。码块分割的处理流程如图 4-27 所示。

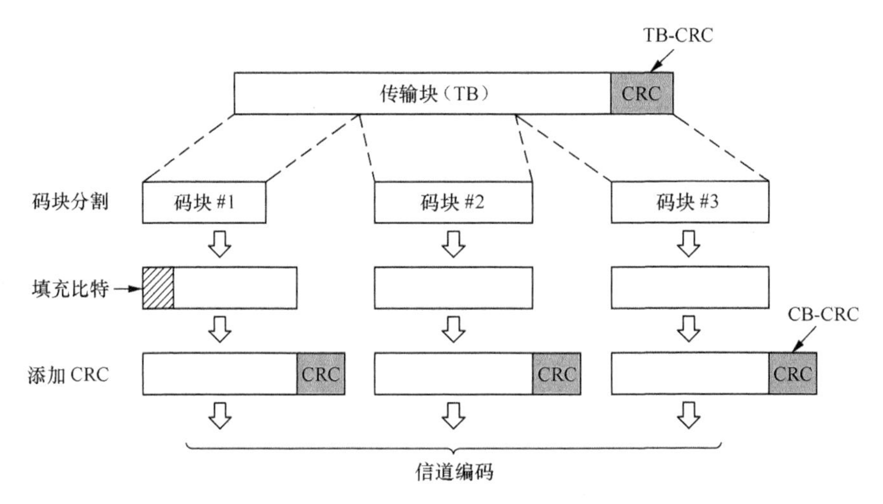

图 4-27　码块分割

此处，为码块添加 CRC 的操作有助于对正确解码的码块尽早进行检测，并使对该码块的相关迭代解码尽早结束。这有利于降低对终端处理能力的要求，同时也有利于减小功耗。需要说明的是，如果无须进行码块分割，也即仅有单一码块的情况下，无须额外附带新的 CRC。

可能存在质疑的是，在码块分割的前提下，在第一步为传输块（TB）添加 CRC 的操作似乎是多余的，因为码块 CRC 可以间接提供完整传输块是否正确的相关信息。实际上，从资源开销的角度看，由于码块分割只针对大的传输块，因此，作为附带的传输块 CRC 所带来的额外开销并不明显。从检错能力的角度看，传输块 CRC 也增加了额外的检错能力，并降低了在解码的传输块中未检出错误的风险。

（4）信道编码。

根据前述 LDPC 基图的选择，采用对应的 LDPC 编码规则进行信道编码。需要说明的是，LTE 的信道编码采用的是 Turbo 码，而 NR 则选择了 LDPC 码。LDPC 码是一种分组码，其校验矩阵只含有很少量的非零元素。LDPC 码校验矩阵的稀疏性保证了其译码复杂度和最小码距都只随码长呈现线性增加。因此，在高编码率时，LDPC 码相对 Turbo 码有着更优的表现。

LDPC 的编码过程即有效信息比特（Systematic Bit）向量 $\boldsymbol{c}$ 经过和校验矩阵 $\boldsymbol{H}$ 运算后得到新的矩阵的过程。其中，校验矩阵 $\boldsymbol{H}$ 是根据信息比特长度、码率以及基图的选择并根据一定规则生成的。

将待编码信息比特表示为 $c_0, c_1, c_2, \cdots, c_{K-1}$，则向量 $\boldsymbol{c}$ 表示为

$$\boldsymbol{c}=[c_0, c_1, c_2, \cdots, c_{K-1}]^{\mathrm{T}} \tag{4-24}$$

校验比特（Parity Bit）向量 $\boldsymbol{w}$ 表示为

$$\boldsymbol{w}=[w_0, w_1, w_2, \cdots, w_{N+2z_C-K-1},]^{\mathrm{T}} \tag{4-25}$$

向量 $\boldsymbol{c}$、向量 $\boldsymbol{w}$ 和校验矩阵 $\boldsymbol{H}$ 满足以下关系

$$\boldsymbol{H}\times\begin{bmatrix}\boldsymbol{c}\\ \boldsymbol{w}\end{bmatrix}=0 \tag{4-26}$$

完成上述 LDPC 编码过程后，得到比特序列 $d_0, d_1, d_2, \cdots, d_{N-1}$，进入速率匹配的处理流程。

（5）速率匹配。

速率匹配（Rate Matching）是指信道编码后的比特流速率应与信道传输速率相一致。由于在不同时间间隔内，传输信道的数据量大小是动态变化的，而所配置的物理信道的时频资源则保持固定不变，因此，需要对输入比特序列进行调整从而使其符合物理信道的承载能力。

根据信道编码后的输出比特序列与物理信道承载能力的关系，可以采用打孔或重复的操作来实现速率匹配。当输出比特序列超过物理信道承载的能力时，对该序列的某些比特位进行打孔，反之则对该序列的某些比特位进行重复。比

特位的打孔和重复会造成相应位上误码性能的降低和提高。在比特打孔时，这些位上的比特信息将丢失，接收端在进行解速率匹配处理时，用约定的 0 或 1 填充被打孔的比特位。

速率匹配流程包括比特选择（Bit Selection）和比特交织（Bit Interleaving）的子流程。

经打孔或重复操作后的编码比特按照信息比特在前，校验比特在后的顺序写入环形缓存器，如图 4-28 所示。环形缓存器将基于冗余版本（RV，Redundancy Version）进行比特选择，并解析出连续的比特流。

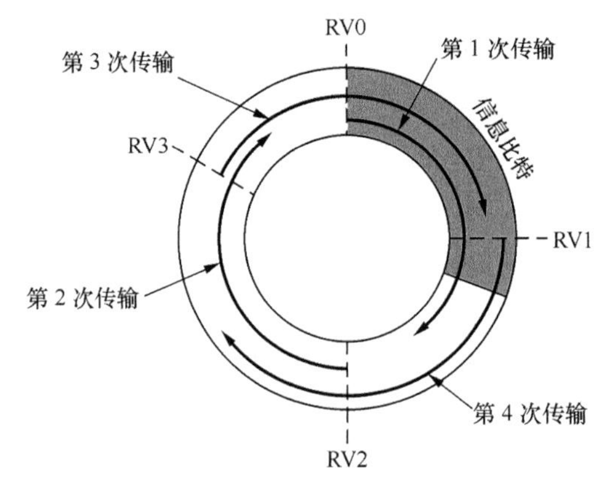

图 4-28　环形缓存器及 RV 示意

冗余版本的选择与 IR-HARQ 有关。可以注意到，不同的冗余版本对应环形缓存器的不同起始位置，因此，选择不同的冗余版本意味着，代表同一信息流的不同编码比特集合将被传送。举例来说，当第一次传输时，可能会选择 RV0 以传送更多的信息比特。如接收端本次译码失败并通知发送端进行重传，此时可能会选择 RV2 以传送更多的校验比特。如仍继续出错，则通知发送端进行二次重传，此时可能会选择 RV3 重传部分信息比特和新的校验比特，接收端会在接收到新的重传比特后，将其与上一次缓存的比特进行软合并，再进行译码。如仍未正确译码，则继续触发重传机制，可能选择 RV1 进行发送，以此类推。可见，重传次数越多，接收端软合并后的码率越低，但译码正确的可能性也就越大。直到接收端正确译码后，通知发送端进行新的数据传输。

需要说明的是，写入环形缓存器的比特序列长度 N_{cb} 要取决于接收端的缓存能力。如果发送端 N_{cb} 过长且使用较低码率发送，接收端执行软合并操作，将需要更多的缓存空间来存储译码前的信息，有可能超过其缓存范围。因此，需要采用有限缓存速率匹配（LBRM，Limited Buffer Rate Matching）的策略，选择合适的码率进行发送。

完成上述比特选择流程后，还需要进行比特交织的处理。交织的目的是对比特序列中的比特位进行重新排列，以使差错随机化，避免出现连续深衰落。

比特交织采用简单的行列交织器进行。环形缓存器输出的编码比特逐行写入交织器，并逐列读出，如图 4-29 所示。其中，交织行数取决于调制阶数 Q_m。

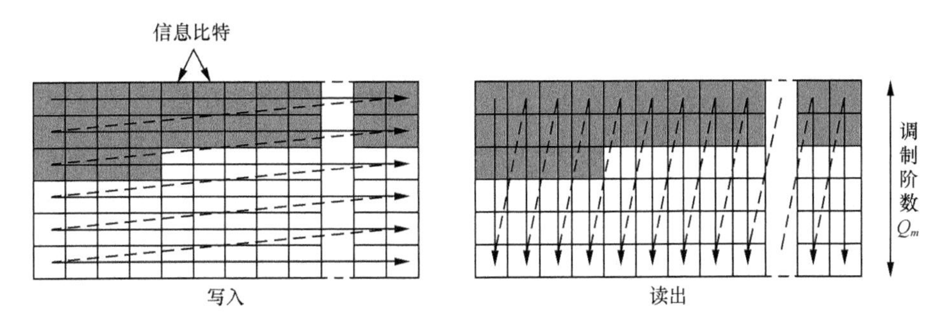

图 4-29　比特交织（以 64QAM 为例）

（6）码块级联。

前面对传输码块已进行过分割处理，这一步需要将经过分割、信道编码、速率匹配一系列处理后的码块依次级联起来，形成连续的比特流，称为码字（Code Word），如图 4-30 所示。

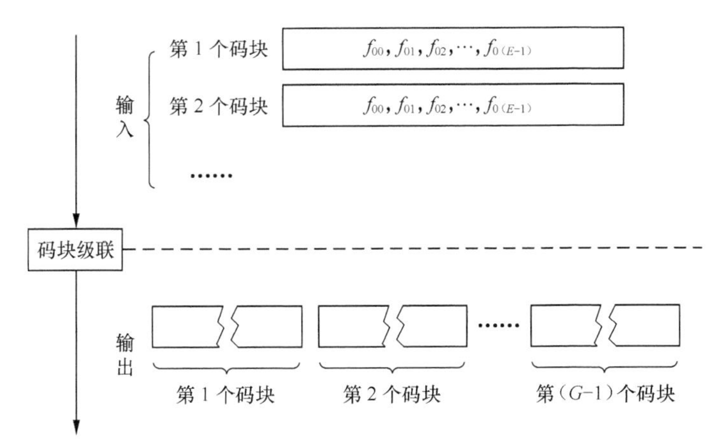

图 4-30　码块级联

（7）加扰。

加扰，即将前述流程产生的码字与一个比特级扰码序列相乘（异或操作）。

比特级加扰的目的在于，通过对相邻小区采用不同的扰码序列，使干扰随机化，从而保证接收端能够完全利用信道编码所提供的处理增益。否则，接收端将可能同时对期望信号和干扰信号进行等效匹配，导致干扰得不到有效抑制。如图 4-31 所示，gNB 1 和 gNB 2 为相邻小区，分别使用扰码 1 和扰码 2 进行小区特定加扰。UE 接入 gNB 1，此时 gNB 1 下行数据为期望数据，gNB 2 下行数据为干扰数据。UE 接收到两个基站信号后，用扰码 1 与接收到的数据进行运算，即能还原出 gNB 1 的发送数据。而 gNB 2 由于采用扰码 2 进行加扰，且扰码 1 和扰码 2 正交，因此运算后干扰数据被“抵消”，从而避免了小区间干扰。

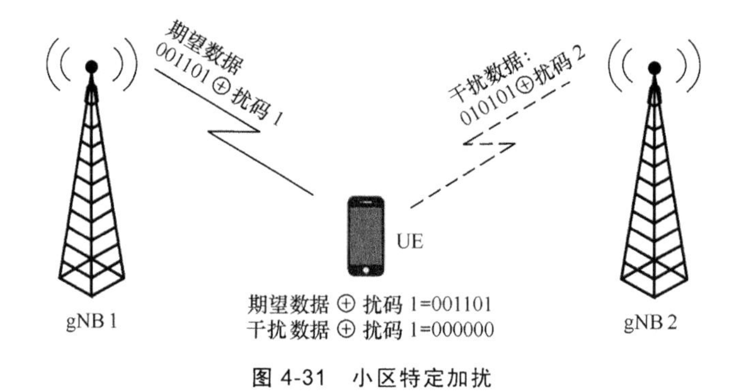

图 4-31 小区特定加扰

扰码序列由两个长度为 31 的 m 序列生成，具体公式如下。

$$x_1(n+31)=\left(x_1(n+3)+x_1(n)\right)\bmod 2 \tag{4-27}$$

$$x_2(n+31)=\left(x_2(n+3)+x_2(n+2)+x_2(n+1)+x_2(n)\right)\bmod 2 \tag{4-28}$$

扰码初始因子与 C-RNTI（小区无线网临时标识）相关联，具体为

$$c_{\text{init}}=n_{\text{RNTI}}\cdot 2^{15}+q\cdot 2^{14}+n_{\text{ID}} \tag{4-29}$$

其中，当高层配置了 *Data-scrambling-identity* 参数时，$n_{\text{ID}}\in\{0,1,\cdots,1\,023\}$，否则 $n_{\text{ID}}=N_{\text{ID}}^{\text{cell}}$。进而可得到扰码序列：

$$c(n)=\left(x_1(n+N_c)+x_2(n+N_c)\right)\bmod 2 \tag{4-30}$$

其中，N_c=1600。

（8）调制。

数据调制，即将经过加扰的码字（二进制序列）转化为复值调制符号块的过程，如图 4-32 所示。

NR 下行链路支持的调制方式见表 4-23，具体包括 QPSK、16QAM、64QAM 和 256QAM，每个调制符号分别对应 2/4/6/8 bit。

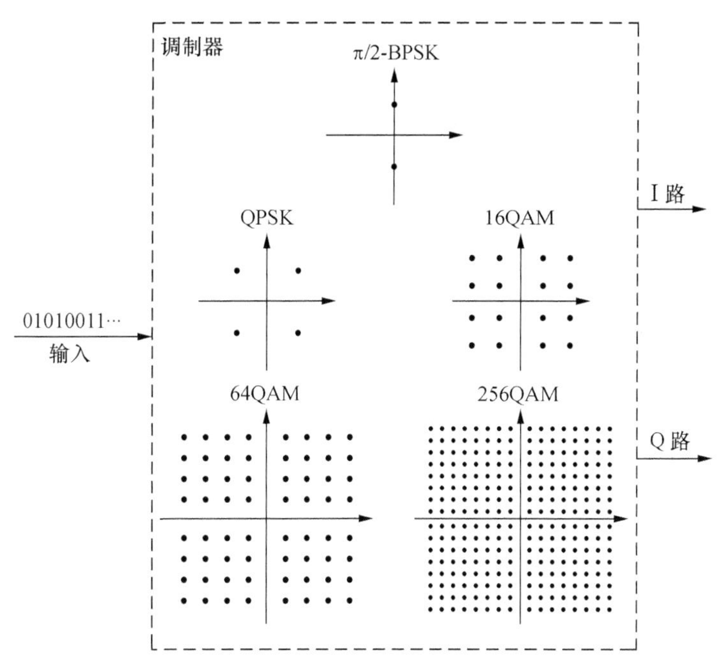

图 4-32 数据调制

表 4-23 下行链路调制方式

调制方式	调制阶数 Q_m
QPSK	2
16QAM	4
64QAM	6
256QAM	8

（9）层映射。

层映射是将调制后的串行码字 $d^{(q)}(0),\cdots,d^{(q)}(M_{\text{symb}}^{(q)}-1)$ 转化为多层并行数据［见式（4-31）］的过程。

$$\boldsymbol{x}(i)=\begin{bmatrix} x^{(0)}(0) & x^{(0)}(1) & \cdots & x^{(0)}(M_{\text{symb}}^{\text{layer}}-1) \\ x^{(1)}(0) & x^{(1)}(1) & \cdots & x^{(1)}(M_{\text{symb}}^{\text{layer}}-1) \\ \vdots & \vdots & \ddots & \vdots \\ x^{(\nu-1)}(0) & x^{(\nu-1)}(1) & \cdots & x^{(\nu-1)}(M_{\text{symb}}^{\text{layer}}-1) \end{bmatrix} \tag{4-31}$$

也可表示为

$$\boldsymbol{x}(i)=[x^{(0)}(i)\cdots x^{(\nu-1)}(i)]^{\text{T}}, i=0,1,\cdots,M_{\text{symb}}^{\text{layer}}-1 \tag{4-32}$$

在一个 TTI 中，下行链路最大可支持 2 个 TB 的同时处理，对应 2 个码字。每个码字最大可以映射为 4 层，如图 4-33 所示。

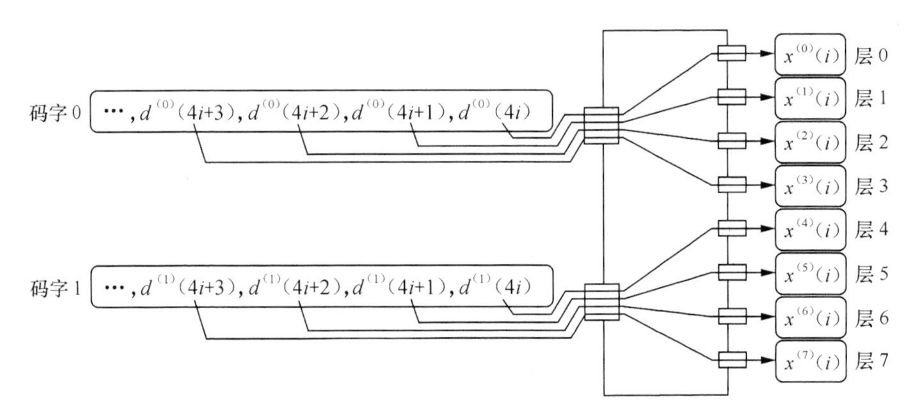

图 4-33　层映射过程

根据码字数量以及待映射层数的不同，具体的映射关系见表 4-24。

表 4-24　层映射关系

层数	码字数量	码字—层映射关系（$i=0,1,\cdots,M_{\text{symb}}^{\text{layer}}-1$）	
1	1	$x^{(0)}(i)=d^{(0)}(i)$	$M_{\text{symb}}^{\text{layer}}=M_{\text{symb}}^{(0)}$
2	1	$x^{(0)}(i)=d^{(0)}(2i)$ $x^{(1)}(i)=d^{(0)}(2i+1)$	$M_{\text{symb}}^{\text{layer}}=M_{\text{symb}}^{(0)}/2$
3	1	$x^{(0)}(i)=d^{(0)}(3i)$ $x^{(1)}(i)=d^{(0)}(3i+1)$ $x^{(2)}(i)=d^{(0)}(3i+2)$	$M_{\text{symb}}^{\text{layer}}=M_{\text{symb}}^{(0)}/3$
4	1	$x^{(0)}(i)=d^{(0)}(4i)$ $x^{(1)}(i)=d^{(0)}(4i+1)$ $x^{(2)}(i)=d^{(0)}(4i+2)$ $x^{(3)}(i)=d^{(0)}(4i+3)$	$M_{\text{symb}}^{\text{layer}}=M_{\text{symb}}^{(0)}/4$
5	2	$x^{(0)}(i)=d^{(0)}(2i)$ $x^{(1)}(i)=d^{(0)}(2i+1)$ $x^{(2)}(i)=d^{(1)}(3i)$ $x^{(3)}(i)=d^{(1)}(3i+1)$ $x^{(4)}(i)=d^{(1)}(3i+2)$	$M_{\text{symb}}^{\text{layer}}=M_{\text{symb}}^{(0)}/2=M_{\text{symb}}^{(1)}/3$

续表

层数	码字数量	码字—层映射关系（$i=0,1,\cdots,M_{\text{symb}}^{\text{layer}}-1$）	
6	2	$x^{(0)}(i)=d^{(0)}(3i)$ $x^{(1)}(i)=d^{(0)}(3i+1)$ $x^{(2)}(i)=d^{(0)}(3i+2)$ $x^{(3)}(i)=d^{(1)}(3i)$ $x^{(4)}(i)=d^{(1)}(3i+1)$ $x^{(5)}(i)=d^{(1)}(3i+2)$	$M_{\text{symb}}^{\text{layer}}=M_{\text{symb}}^{(0)}/3=M_{\text{symb}}^{(1)}/3$
7	2	$x^{(0)}(i)=d^{(0)}(3i)$ $x^{(1)}(i)=d^{(0)}(3i+1)$ $x^{(2)}(i)=d^{(0)}(3i+2)$ $x^{(3)}(i)=d^{(1)}(4i)$ $x^{(4)}(i)=d^{(1)}(4i+1)$ $x^{(5)}(i)=d^{(1)}(4i+2)$ $x^{(6)}(i)=d^{(1)}(4i+3)$	$M_{\text{symb}}^{\text{layer}}=M_{\text{symb}}^{(0)}/3=M_{\text{symb}}^{(1)}/4$
8	2	$x^{(0)}(i)=d^{(0)}(4i)$ $x^{(1)}(i)=d^{(0)}(4i+1)$ $x^{(2)}(i)=d^{(0)}(4i+2)$ $x^{(3)}(i)=d^{(0)}(4i+3)$ $x^{(4)}(i)=d^{(1)}(4i)$ $x^{(5)}(i)=d^{(1)}(4i+1)$ $x^{(6)}(i)=d^{(1)}(4i+2)$ $x^{(7)}(i)=d^{(1)}(4i+3)$	$M_{\text{symb}}^{\text{layer}}=M_{\text{symb}}^{(0)}/4=M_{\text{symb}}^{(1)}/4$

注意，当采用双码字传输时，码字到层采用对等映射。即两个码字的层数尽可能对等。当层数为偶数时，码字 0 和码字 1 映射的层数相同；当层数为奇数时，码字 0 比码字 1 的层数少 1 层。

（10）天线端口映射。

天线端口映射是根据预编码矩阵［见式（4-33）］，将多层并行数据 $\boldsymbol{x}(i)=[x^{(0)}(i)\cdots x^{(\nu-1)}(i)]^{\mathrm{T}}$ 映射到不同天线端口的过程。

当未配置 CSI-RS 时，数据层与 DMRS 端口采用相同的空域预处理方式，而层到 DMRS 端口采用的是一对一直接映射的方式。因此，数据层到天线端口的映射为

$$\begin{bmatrix} y^{(p_0)}(i) \\ \vdots \\ y^{(p_{\nu-1})}(i) \end{bmatrix} = \begin{bmatrix} x^{(0)}(i) \\ \vdots \\ x^{(\nu-1)}(i) \end{bmatrix} \tag{4-33}$$

其中，p 为天线端口号，v 为数据层编号，且 $i=0,1,\cdots,M_{\text{symb}}^{ap}-1$， $M_{\text{symb}}^{ap}=M_{\text{symb}}^{\text{layer}}$。

当配置了 CSI-RS 时，数据层优先映射到 CSI-RS 端口上，即

$$\begin{bmatrix} y^{(3000)}(i) \\ \vdots \\ y^{(3000+P-1)}(i) \end{bmatrix} = W(i) \begin{bmatrix} x^{(0)}(i) \\ \vdots \\ x^{(v-1)}(i) \end{bmatrix} \tag{4-34}$$

其中，CSI-RS 配置在天线端口 3000-series，$P\in\{1, 2, 4, 8, 12, 16, 24, 32\}$。预编码矩阵取决于 CSI-RS 报告中的 *reportQuantity* 字段。

（11）资源映射。

资源映射是指将各个天线端口待发送的符号映射到 MAC 调度器为传输所分配的资源块集合（RBG）中的 RE 上。对于每个天线端口上的复值符号 $y^{(p)}(0),\cdots,y^{(p)}(M_{\text{symb}}^{ap}-1)$，首先映射到 VRB 上，如图 4-34 所示，再通过 VRB 到 PRB 的映射，分配到实际用于传输的物理资源上。

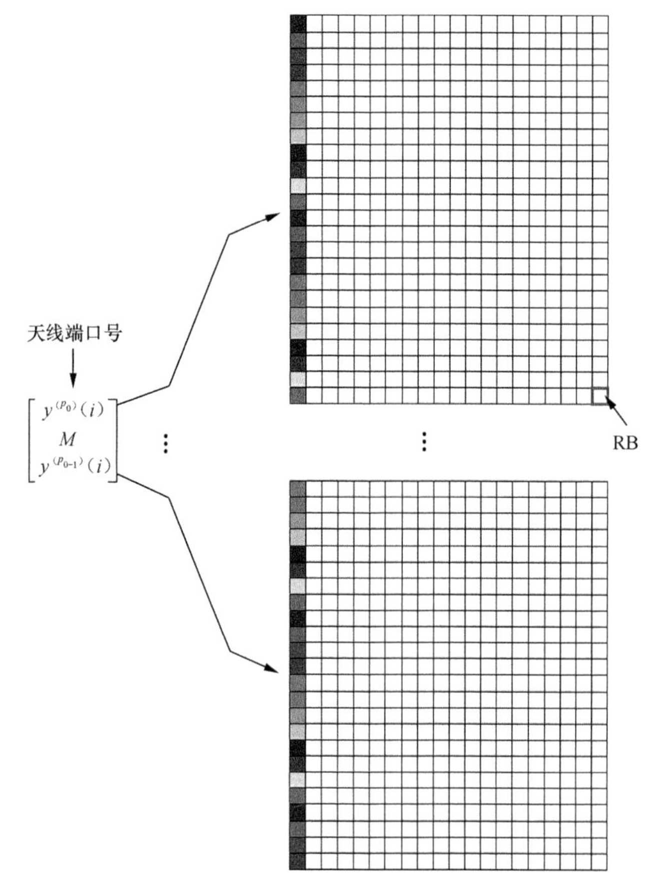

图 4-34　天线端口到 VRB 映射

需要注意的是，当前 MAC 调度器分配的时频资源位置上可能包含各类开销，这部分开销所占用的 RE 是不能用于数据传输的，具体包括：

- 分配给解调参考信号 DMRS 的 RE，DMRS 包括当前 PDSCH 信道对应的 DMRS，以及用于其他协同调度的 UE 对应的 DMRS；
- 分配给其他类型参考信号的 RE，如 CSI-RS 和 PT-RS；
- 分配给 L1/L2 控制信令的 RE；
- 分配给同步信号 PSS 和 SSS，以及 SIB 消息的 RE；
- 下行预留资源对应的 RE。

UE 在进行解调前，需要通过解读高层信令和 DCI 消息获知上述资源占用情况，再进行相应的 PDSCH 信道解调。

DMRS、CSI-RS 等占用的开销均较容易理解，但为什么要预留下行资源，则值得进一步讨论。实际上，NR 引入下行预留资源主要是为了保证前向兼容性，以及进一步增强 NR 与 LTE 的共存。例如，在 NR 和 LTE 重叠下行传输时，可以通过让 NR 将某段时频资源配置为预留资源的方式，来避开 LTE 的关键信号，如 CRS、CSI-RS 等。

回到对资源映射的讨论。在进行 VRB 映射时，按照先占用频域子载波后占用时域 OFDM 符号的顺序将调制符号映射到 VRB 上。也就是说，待发送数据首先分配到 RBG 中第一个 OFDM 符号的低频 RE 上，由低频到高频优先占满频域，再以同样的方式分配到第二个 OFDM 符号对应的 RE 上，以此类推。在高数据速率要求时，这种先频域后时域的映射方式有利于降低系统时延。例如，从接收机的角度看，接收机可以在接收后一个 OFDM 符号的同时进行前一个 OFDM 符号的解码，从而提高了处理效率。反之，对发射机也是一样，发射机可以在传输前一个 OFDM 符号的同时进行后一个 OFDM 符号的编组。

随后要进行 VRB 到 PRB 的映射。需要说明的是，之所以不采用天线端口数据到 PRB 映射一步到位的方式，而先行进行 VRB 映射，主要是为了适应多种场景的需求。例如，在高速移动场景下，通常难以通过跟踪实时信道状况来获得信道相关调度所需的足够的准确性。因此，一种可行的方案是控制无线信道的频率选择性，通过将下行链路的传输分布到频域内以获得频率分集增益。因此，要引入 VRB 映射实现分布式的 RB 分配。

VRB 到 PRB 的映射支持非交织映射和交织映射两种方式，分别如图 4-35 和图 4-36 所示。

2. SIB 消息

由于 PBCH 携带的 MIB 消息所包含的内容非常有限，UE 据此还不足以驻留小区和进一步发起随机接入。因此，UE 还需获取其余“必备”的系统信息，即 RMSI（Remaining Minimum System Information）。

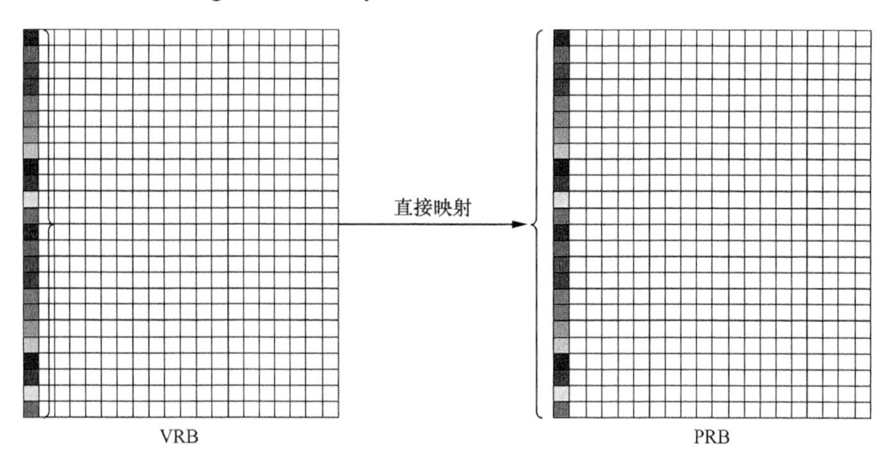

图 4-35 非交织映射

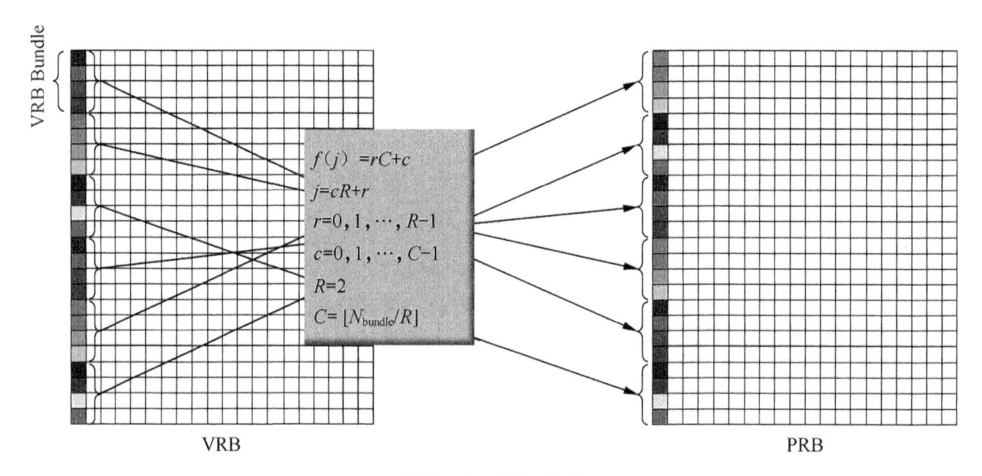

图 4-36 交织映射

NR 将其余系统信息按照用途和使用频率分为多个系统消息块（SIB，System Information Block），具体由 PDSCH 进行承载。根据 R15，NR 中的 SIB 消息类型可以分为以下几类。

- SIB1：包含小区选择的相关信息，供 UE 在选择小区时判断是否应该接入该小区；同时也包含了其他 SIB 的调度信息，供 UE 获取其他 SIB 时使用。
- SIB2：包含通用的小区重选信息以及本小区的同频小区重选参数，UE 根据这些信息进行同频、异频或异系统小区重选。
- SIB3：包含 NR 系统同频邻区信息和重选参数，供 UE 进行同频小区重选。

• SIB4：包含 NR 系统异频频点信息、异频邻区信息和重选参数，供 UE 进行异频小区重选。

• SIB5：包含 LTE 频点信息、LTE 邻区信息和重选参数，供 UE 重选至 LTE 小区。

• SIB6：广播地震和台风预警系统（ETWS，Earthquake and Tsunami Warning Service）通知的主信息。

• SIB7：广播地震和台风预警系统 ETWS 通知的辅信息。

• SIB8：广播商用移动告警系统（CMAS，Commercial Mobile Alert System）的通知信息。

• SIB9：提供 GPS 相关信息和世界统一时间（UTC，Coordinated Universal Time），供 UE 获取 UTC、GPS 和本地时间。

以上 SIB 消息基本可以归为三大类，即小区自身信息 SIB1、小区重选信息 SIB2/3/4/5、系统特殊应用信息 SIB6/7/8。

由于 SIB 在 PDSCH 上是动态调度的，UE 需要在每个有 SIB 发送的 TTI 上接收由 SI-RNTI 加扰的 PDCCH。对于发送周期较大的 SIB，在每个 TTI 上检测对应的 PDCCH 显然极为烦琐。为了降低 UE 盲检的次数，同时维持一定的 SIB 消息调度灵活性，NR 沿用了 LTE 中的设计，通过 SIB1 中的调度信息来指示其他 SIB 的调度。因此，如果 UE 无法正确解码出 SIB1，就无法解码其他类型的 SIB。因此可以说，SIB1 是所有 SIB 消息中相对最为重要的。

SIB1 可以理解为 NR 的 RMSI，其携带的信息如图 4-37 所示。对 SIB1 主要参数的说明见表 4-25。

```
-- ASN1START
-- TAG-SIB1-START

SIB1 ::=        SEQUENCE {
    cellSelectionInfo                   SEQUENCE {
        q-RxLevMin                          Q-RxLevMin,
        q-RxLevMinOffset                    INTEGER (1..8)                                  OPTIONAL,   -- Need S
        q-RxLevMinSUL                       Q-RxLevMin                                      OPTIONAL,   -- Need R
        q-QualMin                           Q-QualMin                                       OPTIONAL,   -- Need S
        q-QualMinOffset                     INTEGER (1..8)                                  OPTIONAL    -- Need S
    }                                                                                       OPTIONAL,   -- Cond Standalone
    cellAccessRelatedInfo               CellAccessRelatedInfo,
    connEstFailureControl               ConnEstFailureControl                               OPTIONAL,   -- Need R
    si-SchedulingInfo                   SI-SchedulingInfo                                   OPTIONAL,   -- Need R
    servingCellConfigCommon             ServingCellConfigCommonSIB                          OPTIONAL,   -- Need R
    ims-EmergencySupport                ENUMERATED {true}                                   OPTIONAL,   -- Need R
    eCallOverIMS-Support                ENUMERATED {true}                                   OPTIONAL,   -- Cond Absent
    ue-TimersAndConstants               UE-TimersAndConstants                               OPTIONAL,   -- Need R

    uac-BarringInfo                     SEQUENCE {
        uac-BarringForCommon                UAC-BarringPerCatList                           OPTIONAL,   -- Need S
        uac-BarringPerPLMN-List             UAC-BarringPerPLMN-List                         OPTIONAL,   -- Need S
        uac-BarringInfoSetList              UAC-BarringInfoSetList,
        uac-AccessCategory1-SelectionAssistanceInfo CHOICE {
            plmnCommon                          UAC-AccessCategory1-SelectionAssistanceInfo,
            individualPLMNList                  SEQUENCE (SIZE (2..maxPLMN)) OF UAC-AccessCategory1-SelectionAssistanceInfo
        }                                                                                   OPTIONAL    -- Need S
    }                                                                                       OPTIONAL,   -- Need R

    useFullResumeID                     ENUMERATED {true}                                   OPTIONAL,   -- Need N

    lateNonCriticalExtension            OCTET STRING                                        OPTIONAL,
    nonCriticalExtension                SEQUENCE{}                                          OPTIONAL
}

UAC-AccessCategory1-SelectionAssistanceInfo ::= ENUMERATED {a, b, c}

-- TAG-SIB1-STOP
-- ASN1STOP
```

图 4-37　SIB1 消息

表 4-25　SIB1 主要参数说明

参数/字段	说明	配置要求
cellSelectionInfo	小区选择相关信息	可选
cellAccessRelatedInfo	小区接入相关信息，包含 PLMN、小区保留等关键信息	必选
connEstFailureControl	连接建立失败相关控制信息	可选
si-SchedulingInfo	SI 调度信息，指示 SI 窗配置、SIB 类型、资源请求等	可选
servingCellConfigCommon	服务小区公共配置信息，包含 DL/UL/SUL 频域资源配置、时间提前量（TA）、SSB 位置及周期、TDD 上下行配比、SSB 功率配置等重要参数	可选
ims-EmergencySupport	指示在小区限制服务模式下是否支持紧急呼叫	可选
eCallOverIMS-Support	指示是否支持基于 IMS 的增强语音	可选
ue-TimersAndConstants	UE 定时器和计数器	可选
uac-BarringInfo	接入限制信息	可选
useFullResumeID	指示使用何种 I-RNTI 及何种 RRC 恢复请求信息	可选

由于小区接入相关信息是 UE 成功驻留小区的先决条件，在 SIB1 可配置的各个参数中，*cellAccessRelatedInfo* 为必选字段，其余均可按需配置。

SIB2～SIB9 消息的发送均由 SIB1 中的 *si-SchedulingInfo* 字段指定。该字段给出了一个 SI 消息（包含一个或多个 SIB 类型）的周期 T、SI 窗（可能发送 SIB 的时机）的大小 w 以及 SI 消息的序号 n。通过这三者，UE 可以确定 SI 消息的发送时序，并在对应 SI 窗内尝试接收 SIB 消息。

3. 时域资源分配

对于 LTE，在不考虑 CA 跨载波调度的前提下，每一子帧中的 PDCCH 所承载的 DCI 消息指示的即为当前子帧中 PDSCH 的调度信息。并且，LTE 的最小调度粒度为 1 个 RB 对，TTI 为 1 ms。这意味着，当 LTE 获得 PDSCH 在当前子帧中的起始符号位置后，分配给每一 UE 的资源都只有频域上的区分，而时域上都是整个 TTI 满调度的。因此，LTE PDSCH 没有时域资源分配的概念。而对于 NR，由于 Numerology 的引入，随着 SCS 的指数级增大，在时域上对 UE 的处理时延也要求指数级别下降。此外，为了适应不同业务的需求，NR 每次调度分配的 PDSCH 资源可以动态变化，且时域分配粒度细化到了符号级别。基于这些原因，NR PDCCH 需要对 PDSCH 进行时域的调度指示。这部分信息具体由 DCI Format 1_0 或 1_1 中的 *Time domain resource assignment* 字段指示。

NR PDSCH 信道的时域资源映射类型（Mapping Type）支持 Type A 和 Type B 两种类型。Type A 和 Type B 分别定义了 PDSCH 时隙内起始符号 S 和 PDSCH

符号资源分配的长度 L，见表 4-26。

表 4-26　PDSCH 时域资源映射类型

PDSCH 映射类型	常规 CP			拓展 CP		
	S	L	$S+L$	S	L	$S+L$
Type A	{0,1,2,3}①	{3,…,14}	{3,…,14}	{0,1,2,3}①	{3,…,12}	{3,…,12}
Type B	{0,…,12}	{2,4,7}	{2,…,14}	{0,…,10}	{2,4,6}	{2,…,12}

注①：$S=3$ 仅适用于 *DMRS-TypeA-Position* = 3 的情况。

在常规 CP 的前提下，对于 Type A，在一个时隙内，PDSCH 占用的符号位置从{0,1,2,3}开始，符号长度为{3,…,14}个符号，要求不能超过当前时隙边界，即，$0<L\leqslant 14-S$。并且，当且仅当高层参数 *DMRS-TypeA-Position* = 3 时，S 才能配置为 3。而对于 Type B，在一个时隙内，PDSCH 占用的符号位置从{0,…,12}开始，符号长度限定为{2,4,7}个符号，同理，也要求不能超过时隙边界。

在扩展 CP 的情况下，由于一个时隙只有 12 个符号，起始符号 S 和分配的长度 L 略有不同。

不难发现，相对于 Type B，Type A 分配的时域符号较多，因此，更适用于大带宽传输的场景。典型的应用场景是，时隙内的符号 0～2 分配给 PDCCH，符号 3～13 分配给 PDSCH，此时的调度为时隙级别。因此，Type A 也可称为基于时隙的调度。相对于 Type A，Type B 的起始符号位置可以灵活配置，但分配的符号数量较少，因而比较适用于低时延传输的场景。Type B 的符号长度限定为{2,4,7}个符号，这实际上与 Mini-Slot 的长度是一致的。因此，Type B 也可称为基于 Mini-Slot 的调度。

需要注意的是，同一个时隙内可以同时调度 Type A 和 Type B 两种类型的资源，如图 4-38 所示。

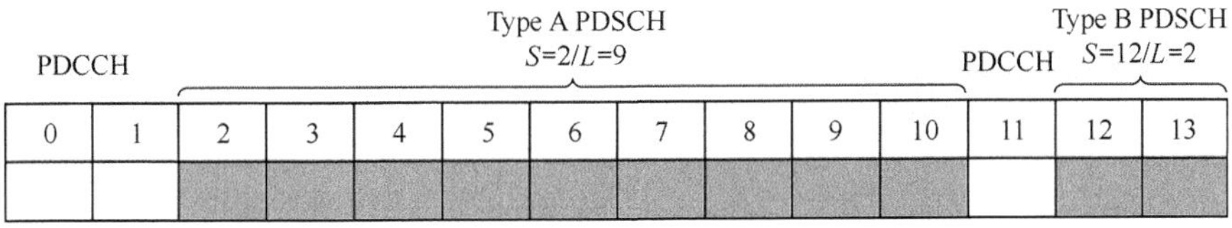

PDCCH　Type A PDSCH S=2/L=9　PDCCH　Type B PDSCH S=12/L=2

0	1	2	3	4	5	6	7	8	9	10	11	12	13

图 4-38　同一时隙基于 Type A 和 Type B 的调度

前面讲到，对 PDSCH 的时域配置由 DCI Format 1_0 或 1_1 中的 *Time domain resource assignment* 字段指示。但实际上，该字段指示的是 RRC 配置参数中 *PDSCH-TimeDomainResourceAllocationList* 的位置。

在 RRC 高层信令中，*PDSCH-TimeDomainResourceAllocationList* 参数用于指示 PDSCH 的时域资源分配。该参数包含最多 16 个 PDSCH 时域资源分配的列表。列表中的某一行指定某个对应 PDSCH 的时域配置。因此，DCI Format 1_0 或 1_1 中的 *Time domain resource assignment* 字段的 4 bit 信息实际上指示的是对应的行数，如图 4-39 所示。

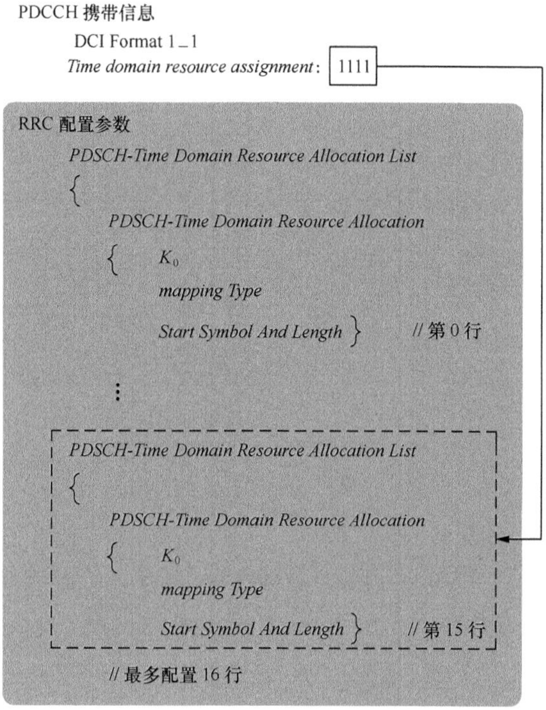

PDCCH 携带信息
DCI Format 1_1
Time domain resource assignment: 1111

RRC 配置参数
PDSCH-Time Domain Resource Allocation List
{
PDSCH-Time Domain Resource Allocation
{ K_0
mapping Type
Start Symbol And Length } // 第 0 行
⋮
PDSCH-Time Domain Resource Allocation List
{
PDSCH-Time Domain Resource Allocation
{ K_0
mapping Type
Start Symbol And Length } // 第 15 行
// 最多配置 16 行

图 4-39 PDSCH 时域资源分配指示

PDSCH-TimeDomainResourceAllocation 的参数包括时隙偏移间隔 K_0、资源映射类型 *mappingType* 以及起始符号和长度值 *startSymbolAndLength*（SLIV 值）。

K_0 为对应 PDSCH 子载波间隔的时隙偏移值。*mappingType* 指示对应时域资源分配类型采用 Type A 还是 Type B。SLIV 值用于标识起始符号 S 和符号资源长度 L。当$(L-1)\leqslant 7$ 时，SLIV 取值为 $14\cdot(L-1)+S$，否则 SLIV 取值为 $14\cdot(14-L+1)+(14-1-S)$。

假设时隙 n 为 PDCCH 上发送 DCI 的时隙，则对应 PDSCH 所在时隙为 $\left\lfloor n\cdot\frac{2^{\mu_{\text{PDSCH}}}}{2^{\mu_{\text{PDCCH}}}}\right\rfloor+K_0$。其中，$\mu_{\text{PDSCH}}$ 和 μ_{PDCCH} 分别为 PDSCH 和 PDCCH 对应所采用的参数μ。图 4-40 给出了不同 SCS 下 PDSCH 的时隙偏移示例。

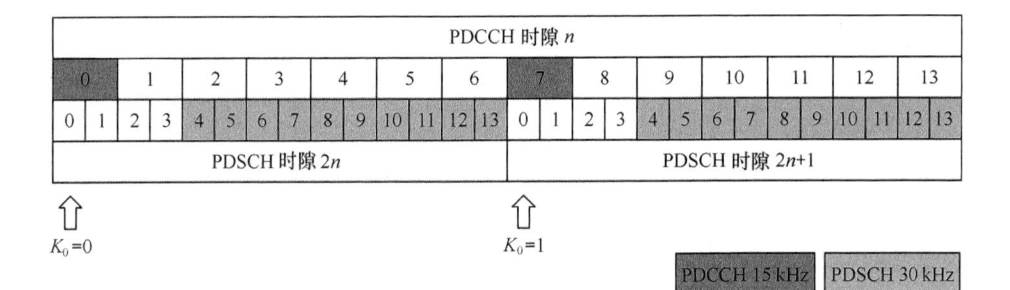

图 4-40　不同 SCS 下 PDSCH 的时隙偏移示例

当 UE 处于初始接入或未配置 *PDSCH-TimeDomainResourceAllocation* 参数的情况时，使用默认的 PDSCH 时域资源分配表，包括 Default A、Default B 和 Default C。PDSCH 承载的内容不同时，所使用的默认时域资源分配表也不同，具体见表 4-27。

表 4-27　PDSCH 时域资源分配

RNTI	PDCCH 搜索空间	SSB 和 CORESET 复用模式	参数 *pdsch-ConfigCommon* 是否包含 *pdsch-TimeDomainAllocationList*	参数 *pdsch-Config* 是否包含 *pdsch-TimeDomainAllocationList*	PDSCH 时域资源分配
SI-RNTI	Type0 公共	1			Default A（常规 CP）
		2			Default B
		3			Default C
SI-RNTI	Type0 A 公共	1	否		Default A
		2	否		Default B
		3	否		Default C
		1,2,3	是		由参数 *pdsch-ConfigCommon* 中的 *pdsch-TimeDomainAllocationList* 进行配置
RA-RNTI、TC-RNTI	Type1 公共	1,2,3	否		Default A
		1,2,3	是		由参数 *pdsch-ConfigCommon* 中的 *pdsch-TimeDomainAllocationList* 进行配置
P-RNTI	Type2 公共	1	否		Default A
		2	否		Default B
		3	否		Default C

续表

RNTI	PDCCH 搜索空间	SSB 和 CORESET 复用模式	参数 *pdsch-ConfigCommon* 是否包含 *pdsch-TimeDomainAllocationList*	参数 *pdsch-Config* 是否包含 *pdsch-TimeDomainAllocationList*	PDSCH 时域资源分配
P-RNTI	Type2 公共	1,2,3	是		由参数 *pdsch-ConfigCommon* 中的 *pdsch-TimeDomainAllocationList* 进行配置
C-RNTI、MCS-C-RNTI、CS-RNTI	任意包含 CORESET 0 的公共搜索空间	1,2,3	否		DefaultA
		1,2,3	是		由参数 *pdsch-ConfigCommon* 中的 *pdsch-TimeDomainAllocationList* 进行配置
C-RNTI、MCS-C-RNTI、CS-RNTI	任意不包含 CORESET 0 的公共搜索空间 UE 专用搜索空间	1,2,3	否	否	Default A
		1,2,3	是	否	由参数 *pdsch-ConfigCommon* 中的 *pdsch-TimeDomainAllocationList* 进行配置
		1,2,3	否/是	是	由参数 *pdsch-Config* 中的 *pdsch-TimeDomainAllocationList* 进行配置

表 4-27 中涉及的 SSB 和 CORESET 复用模式，留待讲述小区搜索过程时进一步介绍。对于 Default A、Default B 和 Default C 具体的时域资源分配，详见表 4-28～表 4-31。

表 4-28　常规 CP 下默认 PDSCH 时域分配类型 A

行索引	*DMRS-TypeA-Position*	PDSCH 映射类型	K_0	S	L
1	2	Type A	0	2	12
	3	Type A	0	3	11
2	2	Type A	0	2	10
	3	Type A	0	3	9
3	2	Type A	0	2	9
	3	Type A	0	3	8
4	2	Type A	0	2	7
	3	Type A	0	3	6
5	2	Type A	0	2	5

续表

行索引	*DMRS-TypeA-Position*	PDSCH 映射类型	K_0	S	L
5	3	Type A	0	3	4
6	2	Type B	0	9	4
	3	Type B	0	10	4
7	2	Type B	0	4	4
	3	Type B	0	6	4
8	2,3	Type B	0	5	7
9	2,3	Type B	0	5	2
10	2,3	Type B	0	9	2
11	2,3	Type B	0	12	2
12	2,3	Type A	0	1	13
13	2,3	Type A	0	1	6
14	2,3	Type A	0	2	4
15	2,3	Type B	0	4	7
16	2,3	Type B	0	8	4

表 4-29 扩展 CP 下默认 PDSCH 时域分配类型 A

行索引	*DMRS-TypeA-Position*	PDSCH 映射类型	K_0	S	L
1	2	Type A	0	2	6
	3	Type A	0	3	5
2	2	Type A	0	2	10
	3	Type A	0	3	9
3	2	Type A	0	2	9
	3	Type A	0	3	8
4	2	Type A	0	2	7
	3	Type A	0	3	6
5	2	Type A	0	2	5
	3	Type A	0	3	4
6	2	Type B	0	6	4
	3	Type B	0	8	2
7	2	Type B	0	4	4
	3	Type B	0	6	4
8	2,3	Type B	0	5	6
9	2,3	Type B	0	5	2

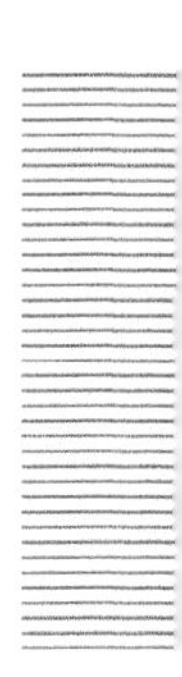

续表

行索引	*DMRS-TypeA-Position*	PDSCH 映射类型	K_0	S	L
10	2,3	Type B	0	9	2
11	2,3	Type B	0	10	2
12	2,3	Type A	0	1	11
13	2,3	Type A	0	1	6
14	2,3	Type A	0	2	4
15	2,3	Type B	0	4	6
16	2,3	Type B	0	8	4

表 4-30　默认 PDSCH 时域分配类型 B

行索引	*DMRS-TypeA-Position*	PDSCH 映射类型	K_0	S	L
1	2,3	Type B	0	2	2
2	2,3	Type B	0	4	2
3	2,3	Type B	0	6	2
4	2,3	Type B	0	8	2
5	2,3	Type B	0	10	2
6	2,3	Type B	1	2	2
7	2,3	Type B	1	4	2
8	2,3	Type B	0	2	4
9	2,3	Type B	0	4	4
10	2,3	Type B	0	6	4
11	2,3	Type B	0	8	4
12①	2,3	Type B	0	10	4
13①	2,3	Type B	0	2	7
14①	2	Type A	0	2	12
	3	Type A	0	3	11
15	2,3	Type B	1	2	4
16	保留				

注①：如果 PDSCH 由 PDCCH Type0 公共搜索空间中的 SI-RNTI 调度，则 UE 假定该 PDSCH 资源未分配。

表 4-31　默认 PDSCH 时域分配类型 C

行索引	*DMRS-TypeA-Position*	PDSCH 映射类型	K_0	S	L
1①	2,3	Type B	0	2	2
2	2,3	Type B	0	4	2
3	2,3	Type B	0	6	2
4	2,3	Type B	0	8	2
5	2,3	Type B	0	10	2
6	保留				
7	保留				
8	2,3	Type B	0	2	4
9	2,3	Type B	0	4	4
10	2,3	Type B	0	6	4
11	2,3	Type B	0	8	4
12	2,3	Type B	0	10	4
13①	2,3	Type B	0	2	7
14①	2	Type A	0	2	12
	3	Type A	0	3	11
15①	2,3	Type A	0	0	6
16①	2,3	Type A	0	2	6

注①：如果 PDSCH 由 PDCCH Type0 公共搜索空间中的 PDSCH SI-RNTI 调度，则 UE 假定该 PDSCH 资源未分配。

4. **频域资源分配**

PDSCH 信道频域资源分配支持 Type0 和 Type1 两种类型，即基于 Bitmap 的分配和基于 RIV 的分配，见表 4-32。

表 4-32　PDSCH 频域资源分配类型

NR PDSCH 资源分配类型	分配方式
Type0	Bitmap
Type1	RIV

假定 NR 采用与 BWP 内 RB 数量相同的比特映射方式，这将允许 UE 在传输过程中调度 BWP 上的任意 RB 组合。这种方式的资源分配灵活性最高，但在较大的 BWP 条件下，对比特映射的开销需求也急剧增大，同时还可能影响下

行覆盖的性能。因此，NR 定义了 Type 0 和 Type 1 两种不同的频域资源分配类型，以便通过较少的比特开销来提供足够的分配灵活性。

Type 0 是通过 RBG 的 Bitmap 指示来实现频域资源的非连续分配。RBG 是频域上一组连续 VRB 的组合。RBG 的大小 P 由高层参数 *rbg-Size* 和 BWP 带宽共同决定，见表 4-33。

表 4-33　不同 BWP 带宽下 RBG 的配置

BWP 大小（RB）	RBG 大小（RB）	
	配置 1	配置 2
1～36	2	4
37～72	4	8
73～144	8	16
145～275	16	16

可见，Type0 对频域资源调度的粒度为 RBG，最小为 2 个 RB，最大为 16 个 RB，具体与高层参数配置及实际 BWP 带宽有关。也就是说，相对比特映射的方式，Type0 通过指示频域内 RBG 的方式而非指示独立的 RB，实现了比特开销的减小，但这是以降低频域资源的调度精度为代价的。

使用 Type0 分配时，Bitmap 由低频到高频进行指示，也就是说 Bitmap 的最高位指示 REG 0。在 BWP_i 中，RBG 的总数为

$$N_{\text{RBG}} = \left\lceil (N_{\text{BWP},i}^{\text{size}} + (N_{\text{BWP},i}^{\text{start}} \bmod P)) / P \right\rceil \tag{4-35}$$

其中，RBG 0 的大小为

$$RBG_0^{\text{size}} = P - N_{\text{BWP},i}^{\text{start}} \bmod P \tag{4-36}$$

最后一个 RBG 的大小为 P 或

$$RBG_{\text{last}}^{\text{size}} = (N_{\text{BWP},i}^{\text{start}} - N_{\text{BWP},i}^{\text{size}}) \bmod P \tag{4-37}$$

也就是说，由于 BWP_i 的长度不一定能够被 P 整除，因而第一个和最后一个 RBG 的长度可能小于 P。

图 4-41 给出了 $N_{\text{BWP}}^{\text{size}} = 25$ 且为 Type0 配置 1 的资源分配示例。

Type1 基于 RIV 进行频域资源分配，也就是通过指示 RB 资源分配的起始位置和长度来实现资源调度。因此，Type1 只支持频域资源的连续分配。

Type1 涉及的分配参数包括起始的 VRB RB_{start} 和分配的连续 RB 长度 L_{RB}。其中，$1 \leqslant L_{\text{RB}} \leqslant N_{\text{BWP}}^{\text{size}} - RB_{\text{start}}$。$RIV$ 的值与 BWP 带宽相关，当 $(L_{\text{RB}} - 1) \leqslant \left\lfloor N_{\text{BWP}}^{\text{size}} / 2 \right\rfloor$ 时，

RIV 取值为 $N_{\mathrm{BWP}}^{\mathrm{size}}(L_{\mathrm{RB}}-1)+RB_{\mathrm{start}}$ ；否则，RIV 取值为 $N_{\mathrm{BWP}}^{\mathrm{size}}(N_{\mathrm{BWP}}^{\mathrm{size}}-L_{\mathrm{RB}}+1)+(N_{\mathrm{BWP}}^{\mathrm{size}}-1-RB_{\mathrm{start}})$ 。

Bitmap=1001110100010
$\because N_{\mathrm{BWP}}^{\mathrm{size}}$=25，配置为 1
$\therefore$ RBG=2 RB

RBG

RB	0 1	2 3	4 5	6 7	8 9	10 11	12 13	14 15	16 17	18 19	20 21	22 23	24
RBG	RBG0	RBG1	RBG2	RBG3	RBG4	RBG5	RBG6	RBG7	RBG8	RBG9	RBG10	RBG11	RBG12
Bitmap	1	0	0	1	1	1	0	1	0	0	0	1	0

BWP=25 RB

图 4-41　Type0 资源分配示例

当 L_{RB} 配置为 1 时，Type1 的调度精度为 1 个 RB。可见，与 Type0 相比，Type1 的频域资源调度精度更高，最小粒度可达 RB 级别。但 Type1 也存在只能分配连续 RB 资源的缺点，从而影响了分配的灵活性。

当 UE 获取到 RIV 值后，需要计算出对应的 RB_{start} 和 L_{RB}。

由于 $1\leqslant L_{\mathrm{RB}}\leqslant N_{\mathrm{BWP}}^{\mathrm{size}}-RB_{\mathrm{start}}$ ，因此，$RB_{\mathrm{start}}+L_{\mathrm{RB}}\leqslant N_{\mathrm{BWP}}^{\mathrm{size}}$ 。

当 $(L_{\mathrm{RB}}-1)\leqslant\lfloor N_{\mathrm{BWP}}^{\mathrm{size}}/2\rfloor$ 时，有

$$\lfloor RIV/N_{\mathrm{BWP}}^{\mathrm{size}}\rfloor+RIV \bmod N_{\mathrm{BWP}}^{\mathrm{size}}=RB_{\mathrm{start}}+L_{\mathrm{RB}}-1<N_{\mathrm{BWP}}^{\mathrm{size}} \tag{4-38}$$

当 $(L_{\mathrm{RB}}-1)>\lfloor N_{\mathrm{BWP}}^{\mathrm{size}}/2\rfloor$ 时，有

$$\lfloor RIV/N_{\mathrm{BWP}}^{\mathrm{size}}\rfloor+RIV \bmod N_{\mathrm{BWP}}^{\mathrm{size}}=2N_{\mathrm{BWP}}^{\mathrm{size}}-(RB_{\mathrm{start}}+L_{\mathrm{RB}})\geqslant N_{\mathrm{BWP}}^{\mathrm{size}} \tag{4-39}$$

因此，UE 收到 RIV 值后，只需计算出 $\lfloor RIV/N_{\mathrm{BWP}}^{\mathrm{size}}\rfloor+RIV \bmod N_{\mathrm{BWP}}^{\mathrm{size}}$ 的值 x，并与 $N_{\mathrm{BWP}}^{\mathrm{size}}$ 比较，即可推导出

当 $x<N_{\mathrm{BWP}}^{\mathrm{size}}$ ，即 $(L_{\mathrm{RB}}-1)\leqslant\lfloor N_{\mathrm{BWP}}^{\mathrm{size}}/2\rfloor$，此时

$$RB_{\mathrm{start}}=RIV \bmod N_{\mathrm{BWP}}^{\mathrm{size}}, L_{\mathrm{RB}}=\lfloor RIV/N_{\mathrm{BWP}}^{\mathrm{size}}\rfloor+1 \tag{4-40}$$

当 $x\geqslant N_{\mathrm{BWP}}^{\mathrm{size}}$ ，即 $(L_{\mathrm{RB}}-1)>\lfloor N_{\mathrm{BWP}}^{\mathrm{size}}/2\rfloor$，此时

$$RB_{\mathrm{start}}=N_{\mathrm{BWP}}^{\mathrm{size}}-RIV \bmod N_{\mathrm{BWP}}^{\mathrm{size}}-1, L_{\mathrm{RB}}=N_{\mathrm{BWP}}^{\mathrm{size}}-\lfloor RIV/N_{\mathrm{BWP}}^{\mathrm{size}}\rfloor+1+1 \tag{4-41}$$

即可得出 RB_{start} 和 L_{RB} 的最终结果。

图 4-42 为 Type1 的资源分配示例以及 UE 根据 RIV 值计算 RB_{start} 和 L_{RB} 的过程演示。

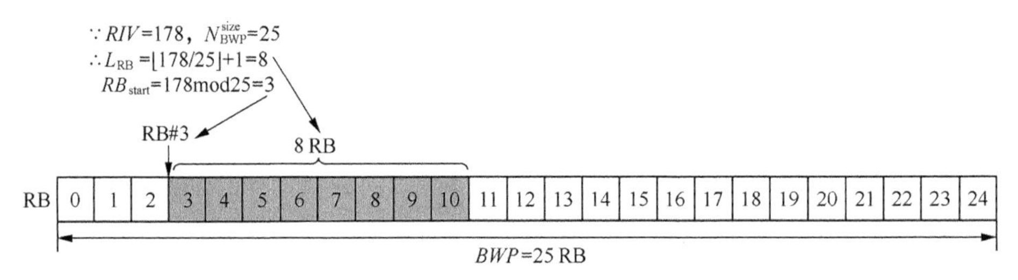

图 4-42　Type1 资源分配示例

需要特别指出的是，当使用 DCI Format 1_0 调度 PDSCH 资源时，仅支持基于 Type1 的资源分配；当使用 DCI Format 1_1 调度 PDSCH 资源时，根据高层参数的配置，可选 Type0 或 Type1。

由于 Type0 和 Type1 分配的是 VRB 资源，因此，还需要进行 VRB 到 PRB 映射。当使用 Type0 资源分配时，仅支持非交织映射，此时 VRB_n 一一对应于 PRB_n。当使用 Type1 资源分配时，由 DCI Format 1_0 或 1_1 中的字段 *VRB-to-PRB mapping* 指示采用非交织映射或交织映射，见表 4-34。

表 4-34　VRB 到 PRB 映射

比特映射索引	VRB 到 PRB 映射
0	非交织
1	交织

VRB-PRB 交织映射时，在 BWP_i 内进行 RB Bundle 的分割，交织 Bundle 的大小 L_i 由高层信令配置。如未配置，则默认为 2 个 RB。交织 Bundle 的个数为

$$N_{bundle} = \left\lceil (N_{BWP,i}^{size} + (N_{BWP,i}^{start} \bmod L_i)) / L_i \right\rceil \tag{4-42}$$

VRB $j \in \{0,1,\cdots,N_{bundle}-2\}$ 映射到 PRB $f(j)$。其中，交织器 $f(\cdot)$的定义与 PDCCH 相同，但交织行数固定为 2。图 4-43 给出了 VRB 到 PRB 交织映射的示例。

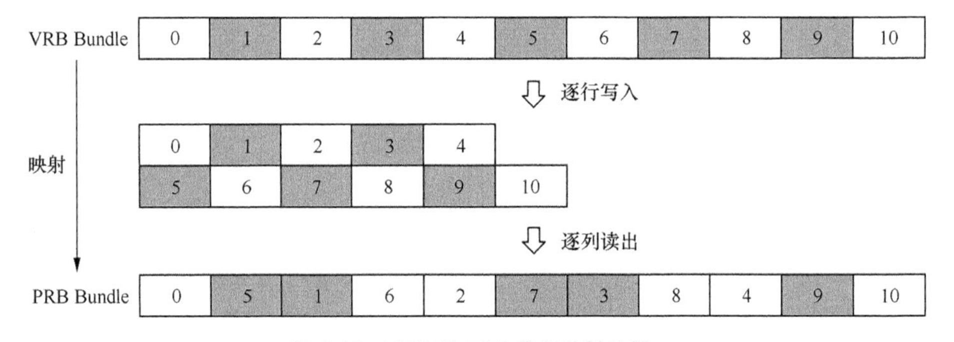

图 4-43　VRB 到 PRB 交织映射示例

5．PDSCH DMRS

PDSCH 的 DMRS 序列定义为

$$r(n)=\frac{1}{\sqrt{2}}\left(1-2\cdot c(2n)\right)+\mathrm{j}\frac{1}{\sqrt{2}}\left(1-2\cdot c(2n+1)\right) \quad (4\text{-}43)$$

其中，序列初始化公式为

$$c_{\text{init}}=\left(2^{17}(N_{\text{symb}}^{\text{slot}}n_{s,f}^{\mu}+l+1)(2N_{\text{ID}}^{n_{\text{SCID}}}+1)+2N_{\text{ID}}^{n_{\text{SCID}}}+n_{\text{SCID}}\right)\bmod 2^{31} \quad (4\text{-}44)$$

在式（4-44）中，l 为时隙内的 OFDM 符号编号，$n_{s,f}^{\mu}$ 为帧内的时隙编号。n_{SCID} 由 DCI Format 1_1 中的 DMRS 序列初始化字段指示，且 $n_{\text{SCID}}\in\{0,1\}$。如未进行指示，则默认 $n_{\text{SCID}}=0$。当高层配置参数 *scramblingID0* 和 *scramblingID1* 时，$N_{\text{ID}}^{0},N_{\text{ID}}^{1}\in\{0,1,\cdots,65535\}$，否则，$N_{\text{ID}}^{n_{\text{SCID}}}=N_{\text{ID}}^{\text{cell}}$。

PDSCH DMRS 的时频资源映射相对灵活。为了获取更低的解调和译码时延，NR 支持在每个 TTI 内，将 DMRS 导频的时域位置更靠近调度传输的起始点。例如，在基于时隙（Slot）的调度传输中，使 DMRS 的位置紧邻 PDCCH 区域之后，在第 3 或第 4 个符号开始传输。又如，在基于非时隙（Mini-Slot）的调度传输中，使 DMRS 从调度区域的第 1 个符号开始传输。这种前置 DMRS（Front-loaded DMRS）的设计，有助于接收机快速估计信道。而一旦完成信道估计，接收机可以快速进行相干解调而无须先进行数据缓存。前置 DMRS 在传输时隙内，位于相应的 PDSCH 符号之前，且占用 1～2 个符号。通常来说，在低移动性的场景下，前置 DMRS 能够以较低的开销获得满足解调所需的信道估计性能，且对于降低时延有利。但前置 DMRS 的配置不利于快速跟踪信道环境的变化，因而在高移动性的场景下，需要在时域上配置更多的 DMRS 以满足对信道时变性的估计精度要求，此时可采用前置 DMRS 与附加 DMRS（Additional DMRS）相结合的 DMRS 结构。附加 DMRS 在传输时隙内，位于相应 PDSCH 符号的中间，同样占用 1～2 个符号。

前置 DMRS 和附加 DMRS 在时隙内的位置分布示意如图 4-44 所示。

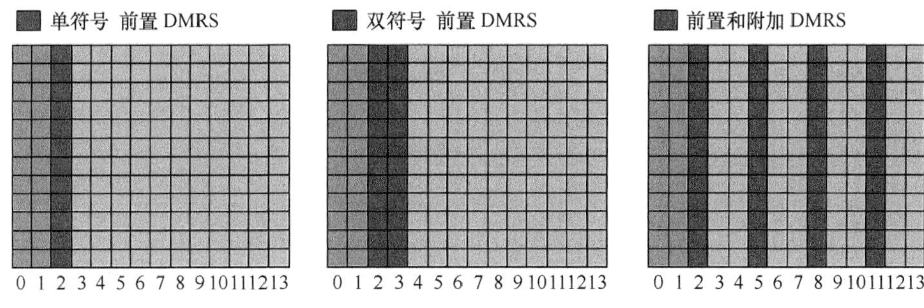

图 4-44　PDSCH DMRS 的时域示意

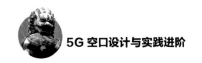

根据 DMRS 第一个符号的起始位置，可以将 DMRS 的时域映射结构分为两类，即 Type A 和 Type B。

- Type A。基于时隙调度，第一个 DMRS 符号位于时隙内的符号 2 或符号 3 上，具体由 MIB 消息指示，默认为符号 2。设计 DMRS 起始位置位于符号 2 或符号 3 的目的是使 DMRS 的第一跳（Occasion）紧邻于位于时隙起始边界的 CORESET。
- Type B。基于非时隙调度，第一个 DMRS 符号位于调度资源块的起始 OFDM 符号上，而无须考虑时隙的起始边界。其设计动机是为了满足时延敏感业务的传输，系统无须等待下一个时隙边界即可发起数据传输。

在 Type A 和 Type B 的不同配置条件下，前置 DMRS 和附加 DMRS 可以采用多种组合。但关于附加 DMRS 的位置，主要有以下几个设计原则。其一，尽可能具有均匀的时域分布，以满足信道估计时域内插的需求。其二，不同调度传输周期下，DMRS 符号的位置尽可能相同，这样可以减少 UE 信道估计器需要考虑的情况。其三，尽量避开调度区域的最后一个符号，以免因 DMRS 位置过于靠后而增加检测和译码的时延。

表 4-35 和表 4-36 分别给出了单符号 DMRS 和双符号 DMRS 在时域上可能出现的位置组合。

表 4-35　单符号配置下 DMRS 符号的时域位置组合

传输周期符号数	DMRS 符号位置							
	Type A 附加 DMRS 位置				Type B 附加 DMRS 位置			
	0	1	2	3	0	1	2	3
2					l_0	l_0		
3	l_0	l_0	l_0	l_0				
4	l_0	l_0	l_0	l_0	l_0	l_0		
5	l_0	l_0	l_0	l_0				
6	l_0	l_0	l_0	l_0	l_0	l_0, 4		
7	l_0	l_0	l_0	l_0	l_0	l_0, 4		
8	l_0	l_0, 7	l_0, 7	l_0, 7				
9	l_0	l_0, 7	l_0, 7	l_0, 7				
10	l_0	l_0, 9	l_0, 6, 9	l_0, 6, 9				
11	l_0	l_0, 9	l_0, 6, 9	l_0, 6, 9				
12	l_0	l_0, 9	l_0, 6, 9	l_0, 5, 8, 11				
13	l_0	l_0, l_1	l_0, 7, 11	l_0, 5, 8, 11				
14	l_0	l_0, l_1	l_0, 7, 11	l_0, 5, 8, 11				

表 4-36 双符号配置下 DMRS 符号的时域位置组合

传输周期符号数	DMRS 符号位置					
	Type A 附加 DMRS 位置			Type B 附加 DMRS 位置		
	0	1	2	0	1	2
<4						
4	l_0	l_0				
5	l_0	l_0				
6	l_0	l_0		l_0	l_0	
7	l_0	l_0		l_0	l_0	
8	l_0	l_0				
9	l_0	l_0				
10	l_0	l_0, 8				
11	l_0	l_0, 8				
12	l_0	l_0, 8				
13	l_0	l_0, 10				
14	l_0	l_0, 10				

可见，当采用 Type A 方式时，在单符号配置条件下，前置 DMRS 和附加 DMRS 可以有多种组合，最多可以配置 3 组附加 DMRS；而在双符号配置条件下，最多只能配置 1 组附加 DMRS，具体通过高层信令指示进行配置。而当采用 Type B 方式时，由于 PDSCH 传输周期为 2/4/7 个符号，前置 DMRS 和附加 DMRS 的组合限定较多。

此外，PDSCH DMRS 支持两种配置类型，即 Type1 和 Type2。注意，这里容易引起概念的混淆。需要明确的是，Type A 和 Type B 是从时域映射的角度进行区分的，二者的不同在于 DMRS 符号的起始位置，前者的起始符号是相对于时隙边界进行映射，而后者的起始符号是相对于传输起始位置进行映射。Type1 和 Type2 则是从频域和空域结构的角度进行区分的。

Type1 在频域上呈梳状（Comb）分布，采用正交覆盖码（OCC，Orthogonal Cover Code）以支持多天线端口映射，如图 4-45 所示，具体的天线端口复用和配置方式如下。

- 单 OFDM 符号时，共两组 FDM 的梳状资源，其中每组梳状资源内部可通过 OCC 码分复用的方式支持 2 端口映射。因此，Type1 最多可支持 4 个端口映射，具体对应天线端口 1000～1003；
- 双 OFDM 符号时，共 4 个 CDM 组，每个 CDM 组中的 DMRS 端口通过时域和频域 OCC 进行区分，最多支持 8 个端口映射，具体对应天线端口 1000～1007。

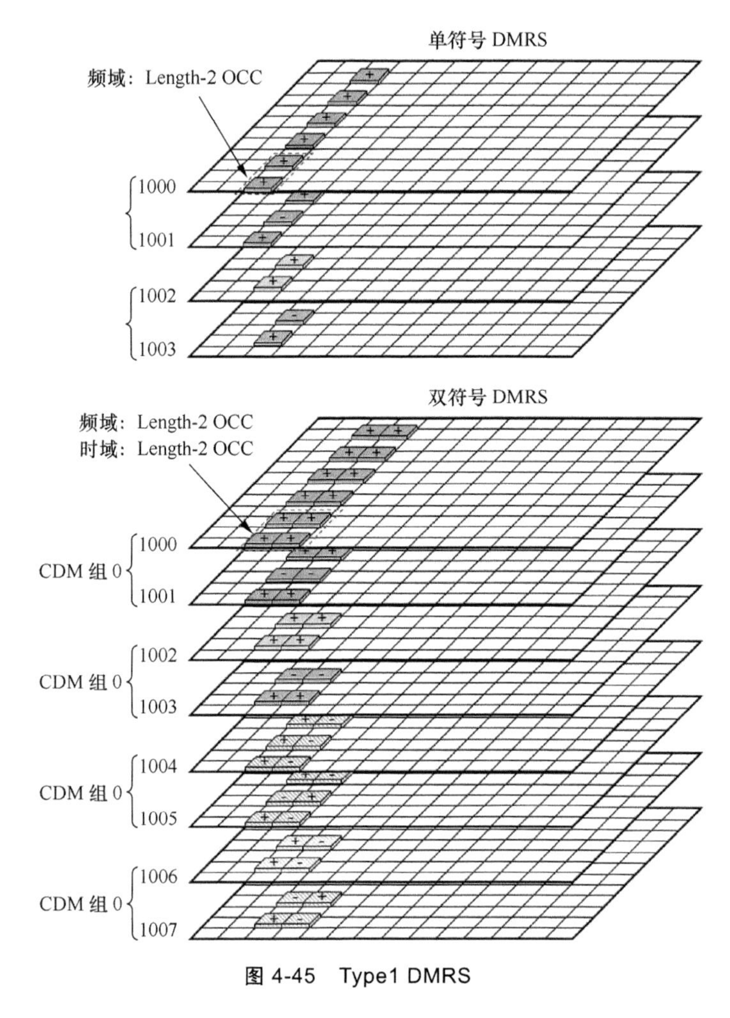

图 4-45　Type1 DMRS

Type2 采用 FDM 加 OCC 的结构，如图 4-46 所示。相比 Type1 DMRS，Type2 降低了 DMRS 的频域密度，以支持更多的天线端口复用。Type2 天线端口复用和配置方式如下。

- 单 OFDM 符号时，共 3 组梳状资源，每组资源由相邻的两个 RE 构成，组内通过频域 OCC 的方式支持 2 端口复用，组间采用 FDM 的方式，最多可支持 6 个端口映射，具体对应天线端口 1000～1005；
- 双 OFDM 符号时，共 6 组梳状资源，同理，每个 CDM 组中的 DMRS 端口通过时域和频域 OCC 的方式进行区分，最多可支持 12 个端口映射，具体对应天线端口 1000～1011。

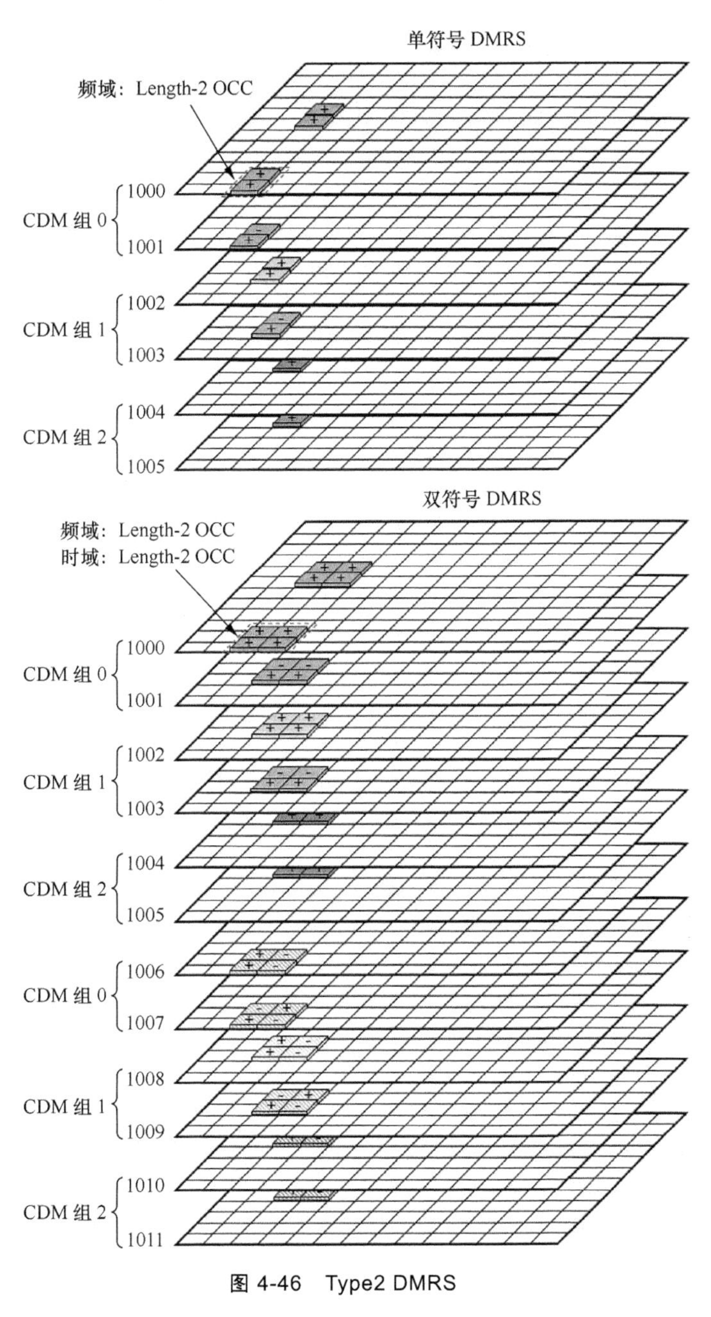

图 4-46　Type2 DMRS

对于 UE 获取高层配置参数前或 DCI Format 1_0 调度的情况，采用默认的 DMRS 配置。即采用 Type1 单符号前置 DMRS，映射到天线端口 1000，而附加

DMRS 映射到天线端口 1002 上，且实际的 DMRS 时域位置取决于 PDSCH 调度周期对应的符号长度。

对于 DCI Format 1_1 调度的情况，则由 DCI 中的 *Antennaport* 字段指示不同码字（单码字或双码字）、不同 DMRS 配置方式（Type1 或 Type2）、不同前置 DMRS 符号长度等条件下对应的 DMRS 端口分配规则。

6. PDSCH PT–RS

PT-RS 用于跟踪 gNB 和 UE 本地振荡器引入的相位噪声。相位噪声的增加会破坏 OFDM 系统中各个子载波之间的正交性，从而引起共相位误差（CPE，Common Phase Error），导致调制星座图中星座点的散射。NR 通过在多个 OFDM 符号中连续发送 PT-RS 来对 CPE 进行补偿，以保证相位估计精度。在 LTE 中，由于系统工作在低频下，较少出现有严重相位噪声的情况，因而 LTE 中未设计相位跟踪信号。而 NR 工作在全频谱带宽，随着载波频率的增加，系统相位噪声较为严重。因此，NR 中设计了 PT-RS 以最小化相位噪声对系统性能的影响。

PT-RS 可以视为 DMRS 的拓展，二者具有 QCL 关系。当且仅当系统需要配置 PT-RS，PT-RS 才会与 DMRS 以组合的方式出现。PT-RS 具有频域稀疏、时域密集的特点，这是由于相位噪声引起的 CPE 在整个工作频带上具有相同的频率特性，而在时间上具有随机的相位特性。

PT-RS 的时频资源映射与当前信道所采用的波形有关。PDSCH 采用基于 CP-OFDM 波形的 PT-RS。

基于 CP-OFDM 波形的 PT-RS 在频域上均匀分布，即在每个 PRB 或者若干个 PRB 中选择一个子载波用于 PT-RS 映射。也就是说，PT-RS 的频域密度与调度带宽相关，根据带宽的不同，每 $K_{\text{PT-RS}}$ 个 PRB 配置一个 PT-RS，具体见表 4-37。由于 PT-RS 配置在 BWP 内与 UE 数据同时传输，PT-RS 既可以用于相位估计又可以用于数据解调。对于多层传输的场景，如果所有数据层流经相同的相位噪声源，则 PT-RS 可以在任意层上进行传输。这意味着，PT-RS 可以关联到任一 DMRS 端口上。实际上，为了保证 PT-RS 的传输性能，需要将其映射到信道质量相对最优的数据层上进行传输。NR 规定，如果 UE 调度单码字，则 PT-RS 端口关联到最低索引值的 DMRS 端口；如果 UE 调度双码字，则 PT-RS 端口关联到最高 MCS 的码字所对应的最低索引值的 DMRS 端口；如果两个码字 MCS 相同，则 PT-RS 端口关联到码字 0 对应的最低索引值的 DMRS 端口。但是，同样在多层传输的场景下，如果存在多个独立的相位噪声源，则需要为每个相位噪声源都配置一个 PT-RS 端口进行相位估计。这种情况一般出现在 CoMP 的场景。

表 4-37　PT-RS 频域密度与调度带宽的关系

调度带宽	频域密度 K_{PT-RS}
$N_{RB}<N_{RB0}$	
$N_{RB0}\leqslant N_{RB}<N_{RB1}$	2
$N_{RB1}\leqslant N_{RB}$	4

基于 CP-OFDM 波形的 PT-RS 在时域上的密度取决于链路传输质量，在链路信道条件较好时，可以使用较少的 PT-RS 完成信道估计，反之则需要配置较多的 PT-RS 符号。因此，PT-RS 的时域密度与 MCS 等级相关，具体为每 L_{PT-RS} 个 OFDM 符号配置一个 PT-RS，详见表 4-38。

表 4-38　PT-RS 时域密度与 MCS 等级的关系

调度 MCS 等级	时域密度 L_{PT-RS}
$I_{MCS}<ptrs\text{-}MCS_1$	
$ptrs\text{-}MCS_1\leqslant I_{MCS}<ptrs\text{-}MCS_2$	4
$ptrs\text{-}MCS_2\leqslant I_{MCS}<ptrs\text{-}MCS_3$	2
$ptrs\text{-}MCS_3\leqslant I_{MCS}<ptrs\text{-}MCS_4$	1

需要说明的是，由于 PT-RS 与 DMRS 之间进行时分复用，因此，一旦配置了附加 DMRS，PT-RS 的时域映射将可能受到影响。举例来说，当系统配置了两组附加 DMRS，且 PT-RS 的时域密度为每两个 OFDM 符号出现一次时，附加 DMRS 和 PT-RS 的时域位置应如图 4-47（a）所示。但由于附加 DMRS 也可以用于相位跟踪，因此，在附加 DMRS 两侧的 PT-RS 作用有限。为降低导频开销，PT-RS 的时域映射以每个 DMRS 符号为基准重新以每 L_{PT-RS} 个 OFDM 符号一个 PT-RS 的密度进行映射，如图 4-47（b）所示。

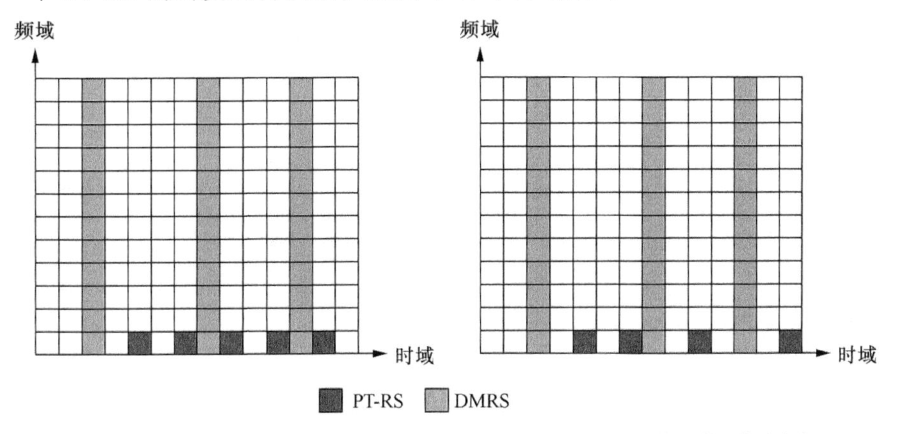

图 4-47　配置两组附加 DMRS 时 PT-RS 时域映射的变化

4.2.5 CSI-RS

NR 中的 CSI-RS 有别于只有数据传输时才发送的 DMRS。DMRS 主要用于相干解调，而 CSI-RS 主要用于调度和链路自适应。NR 支持灵活可配置的 CSI-RS，以提供更为有效的获取信道状态信息的可能性，同时支持更多的天线端口（每个 CSI-RS 最大可配置 32 个端口）。

根据功率配置的不同，NR CSI-RS 可分为两种类型，即 NZP CSI-RS（非零功率 CSI-RS）和 ZP CSI-RS（零功率 CSI-RS）。其中，NZP CSI-RS 主要用于以下几个方面。

- 获取信道状态信息：通过 CSI-RS 的测量反馈，实现调度、链路自适应以及和 MIMO 相关的设置。
- 波束管理：基于 CSI-RS 实现对 gNB 侧和 UE 侧波束的赋形权值的获取，以支持波束管理过程，具体包括收发波束同时扫描、发送波束扫描和接收波束扫描的过程。
- 精确时频跟踪：通过设置 TRS（Tracking Reference Signal）实现对信道环境的高精度时频跟踪。TRS 是一种采用特殊配置的 CSI-RS。
- 移动性管理：通过对当前小区和邻区的 CSI-RS 信号的跟踪和获取，完成 UE 移动性管理相关的测量需求。

ZP CSI-RS 主要用于速率匹配：通过零功率 CSI-RS 的配置，实现数据信道 RE 级别的速率匹配功能。

1．CSI-RS 资源映射

单天线端口的 CSI-RS 在频域为一个 RB、时域为一个时隙的时频资源上占用一个 RE 资源。原则上，CSI-RS 可以映射在该时频资源的任一 RE 上。但实际上，CSI-RS 的资源映射存在若干限制。CSI-RS 在映射时必须避开以下类型的 RE 资源以避免引起干扰。

- 任意 CORESET 所映射的 RE 资源。
- 伴随 PDSCH 传输的 DMRS 信号所映射的 RE 资源。
- SSB 所映射的 RE 资源。

多天线端口的 CSI-RS 占用时域和频域上相邻的多个 RE 资源，并按照 CDM 码分组进行复用。CDM 组内采用频域码分复用或者频域—时域码分复用的方式，具体有以下 4 种复用方式，如图 4-48 所示。

- noCDM：不使用码分复用。
- FD-CDM2：频域 2 组码分复用。

- CDM4-FD2-TD2：频域 2 组加时域 2 组码分复用。
- CDM8-FD2-TD4：频域 2 组加时域 4 组码分复用。

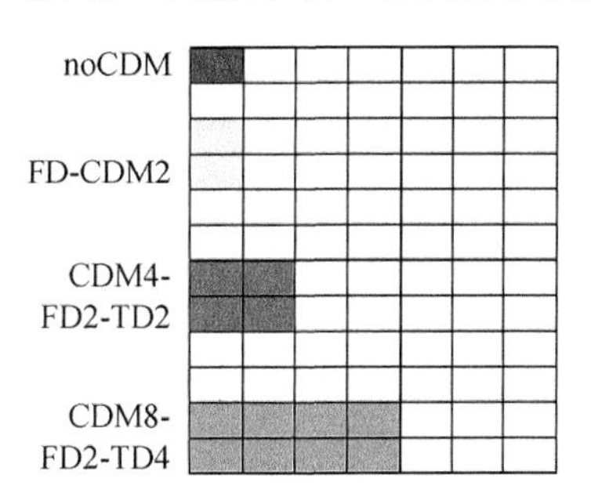

图 4-48 CDM 组复用示意

上述 4 种复用方式对应的 CDM 组大小分别为 1/2/4/8，即有 $L\in\{1, 2, 4, 8\}$。根据天线端口的数量 N，可以计算出 CDM 组的个数，即 N/L。需要注意的是，多天线端口 CSI-RS 的 RE 映射遵循码域—频域—时域的优先级。例如，在图 4-49 所示的 8 端口 CSI-RS 映射示例中，天线端口 Pos 0～Pos 3 映射在同一 OFDM 符号上，而端口 Pos 4～Pos 7 映射在另一 OFDM 符号上。

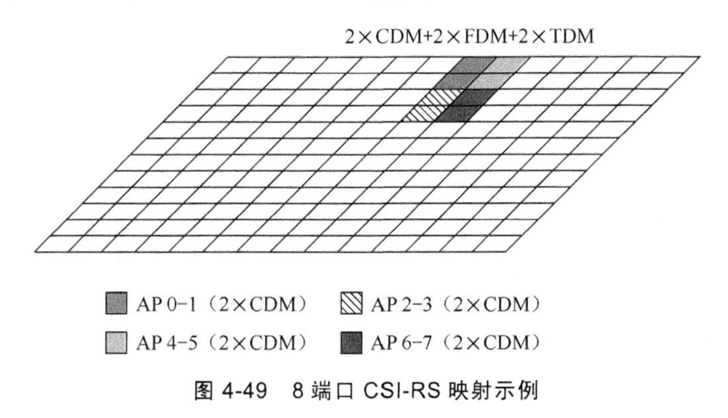

图 4-49 8 端口 CSI-RS 映射示例

2. CSI-RS 频域密度

在频域上，高层信令通过 Bitmap 的方式指示 CSI-RS 在一个符号上的子载波占用情况，且所有 CSI-RS 符号上的子载波占用情况相同。CSI-RS 支持频域密度 $D\in\{1/2, 1, 3\}$的配置。当 CSI-RS 密度为 1/2 时，每两个 RB 资源上配置一个 CSI-RS（可以位于奇数 RB 或偶数 RB 上，具体由高层信令指示）。需要注意的是，如果 CSI-RS 映射为 4/8/12 端口，则不支持密度为 1/2 的配置方式。当 CSI-RS 密度为 3 时，即 CSI-RS 占用每个 RB 上的 3 个子载波。这种情况一般用于高精度时频跟踪，也就是用于 TRS 的发送。CSI-RS 密度为 1 的配置最为常用。图 4-50 给出了单端口 CSI-RS 下频域密度分别为 1 和 3 的配置示例。

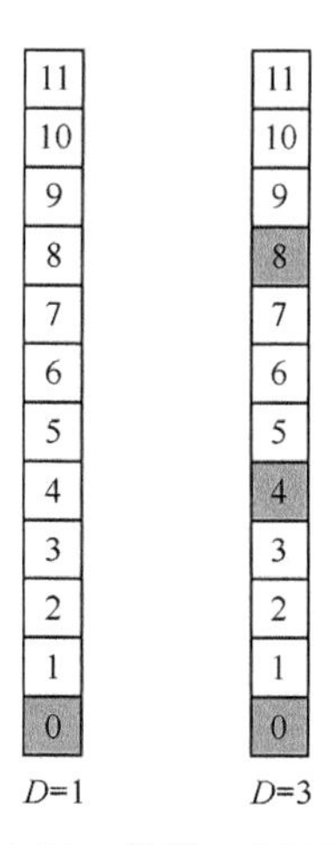

图 4-50 单端口 CSI-RS 频域映射示例

3. CSI–RS 时域配置

NR 支持 CSI-RS 的周期性发送、半持续发送和非周期性发送。

对于周期性 CSI-RS，可以配置为每 N 个时隙发送一次，其中 N 的最小取值为 4，最大取值为 640。在一个 CSI-RS 周期中，CSI-RS 的时域位置取决于 CSI-RS 时隙偏移的设置。CSI-RS 的发送时隙应满足

$$(N_{\text{slot}}^{\text{frame},\mu} + n_f + n_{s,f}^{\mu} - T_{\text{offset}}) \bmod T_{\text{CSI-RS}} = 0 \qquad (4\text{-}45)$$

其中，$T_{\text{CSI-RS}}$ 为 CSI-RS 配置周期（Period），T_{offset} 为时隙偏移（Offset）。图 4-51 给出了 CSI-RS 周期及时隙偏移的配置示例。

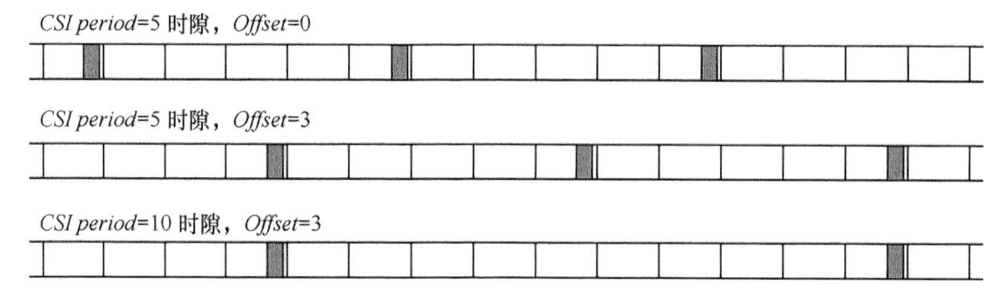

图 4-51 CSI-RS 周期及时隙偏移的配置示例

对于半持续 CSI-RS，实际的 CSI-RS 发送时隙既要满足式（4-45），又要取决于 MAC CE（MAC 控制单元）的调度。当 MAC CE 激活 CSI-RS 传输，CSI-RS 会按照配置的周期进行发送，直到 MAC CE 将其去激活

非周期性 CSI-RS 则由 DCI 进行触发，其时频结构与周期性 CSI-RS 类似。这类 CSI-RS 主要适用于系统中的非周期性事件。例如，当系统激活辅载波时，假设 CSI-RS（实际为 TRS）周期为 80 ms，那么 UE 最多需等待 80 ms 才能接收 TRS，而无法获取精确的时频跟踪，这可能会为 UE 的解调带来严重影响。

4. CSI–RS 天线映射

CSI-RS 端口通常不是直接映射到物理天线上，因此，CSI-RS 探测的并不是实际的物理无线信道。如图 4-52 所示，M 端口 CSI-RS 经由空间滤波器 F 映射到 N（$M<N$）通道物理天线上。当 UE 基于 CSI-RS 进行信道测量时，空间滤波器 F 和 N 物理天线均是非透明的。对于 UE 而言，只存在与 M 端口 CSI-RS

对应的 M 个信道。

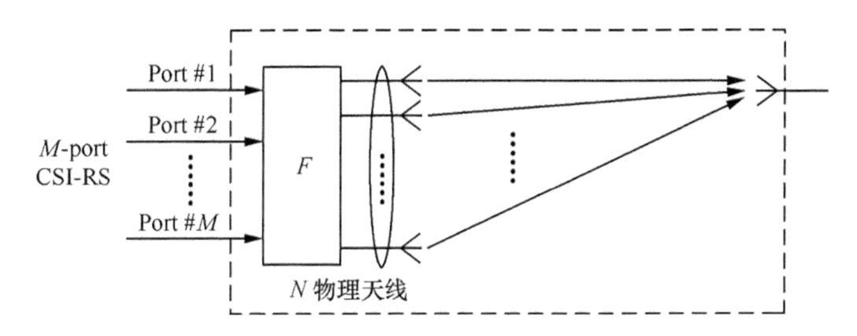

图 4-52　M 端口 CSI-RS 与 N 通道物理天线的映射

当不同的 CSI-RS 经由不同的空间滤波器 F 映射到相同的物理天线上时（如图 4-53 所示），UE 会将其视为发自不同端口的 CSI-RS，并经历不同的信道。因此，如果两个信号是发自同一端口的，则意味着它们是经由同一空间滤波器 F 并映射到相同物理天线上的。

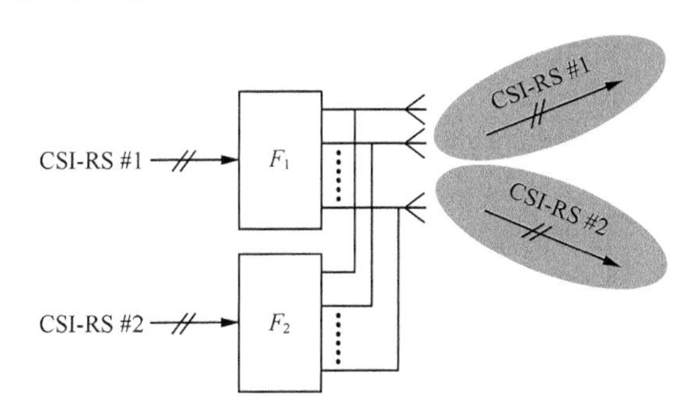

图 4-53　应用不同空间滤波器的不同 CSI-RS

5. TRS

TRS 是一组周期性非零功率 CSI-RS 的资源集。TRS 通常配置为占用 2 个连续时隙的 4 组单端口、频域密度为 3 的 CSI-RS，如图 4-54 所示。为了更好地跟踪和补偿信道的时变和频偏，TRS 对应在一个时隙上的两组 CSI-RS 通常错开 4 个符号，每组 CSI-RS 内部错开 4 个子载波。

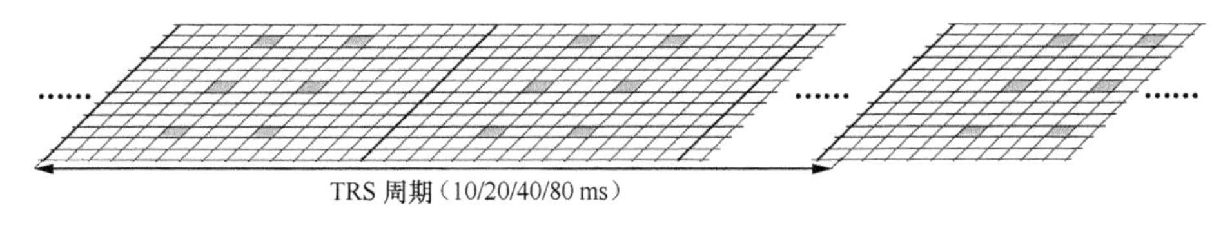

图 4-54　TRS 时频结构

TRS 的另一种可选结构为只占用一个时隙，并且该时隙上只配置 2 组频域

密度为 3 的 CSI-RS。

根据 R15，TRS 的周期可以配置为 10/20/40/80 ms。

6. ZP CSI-RS

NR 配置 ZP CSI-RS 的目的是进行 PDSCH 速率匹配，也就是说，PDSCH 不能使用 ZP CSI-RS 所占用的 RE［也称为速率匹配 RE（RMRE）］进行发送。在 RMRE 上，gNB 实际并不发送 CSI-RS，其发射功率为 0。

为了灵活地支持对不同类型 RMRE 的速率匹配功能，ZP CSI-RS 相应地支持周期性、半持续和非周期性配置，具体由高层信令指示。在 PDSCH 中，最多可以配置 32 个 ZP CSI-RS 资源集，每个资源集最大可包含 16 个 ZP CSI-RS 资源。

7. CSI-IM

CSI-IM 配置用于干扰测量（IM，Interference Measurements）。对于 CSI-IM 资源，gNB 不发送任何信号，因此，也可以将 CSI-IM 视为 ZP CSI-RS。CSI-IM 同样支持周期性、半持续和非周期性配置，其可选的时频资源结构如图 4-55 所示。

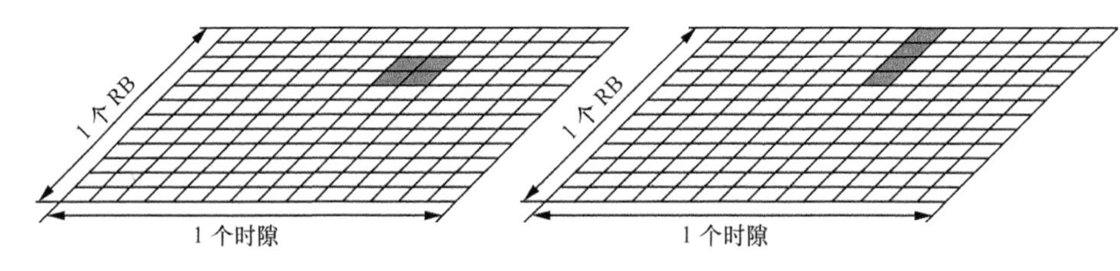

图 4-55 CSI-IM 时频结构

在 CSI-IM 资源上，UE 可以测量来自邻区的干扰或底噪。当系统采用 MU-MIMO 时，CSI-IM 的配置也能支持当前 UE 对其他 UE 的 NZP CSI-RS 进行干扰测量。

| 4.3 上行信道管理 |

参照 NR 下行信道管理机制的介绍，本节聚焦 NR 上行信道承载的信息、信道结构、信道处理过程以及导频和控制信令等内容。

4.3.1 上行信道映射

NR 上行信道的映射关系如图 4-56 所示。

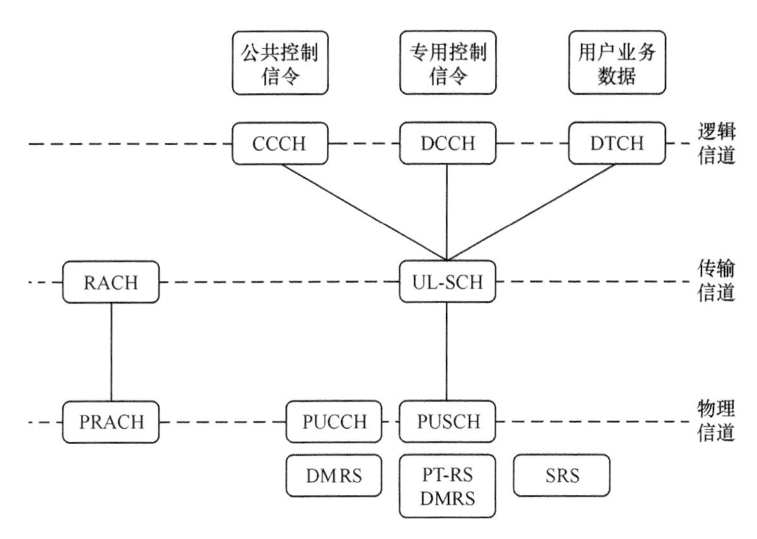

图 4-56　NR 上行信道映射关系

上行链路数据一般可分为 3 类，分别是公共控制信令、专用控制信令和用户业务数据。其中，公共控制信令的处理流程为：CCCH 逻辑信道→UL-SCH 传输信道→PUSCH 物理信道。专用控制信令的处理流程为：DCCH 逻辑信道→UL-SCH 传输信道→PUSCH 物理信道。用户业务数据的处理流程为：DTCH 逻辑信道→UL-SCH 传输信道→PUSCH 物理信道。与下行信道 PDSCH 类似，PUSCH 实际承载的信息也包含控制信息和用户信息。

相对特殊的是，上行链路中的 RACH 信道产生及终止于 MAC 层，并无与之映射的逻辑信道。

与下行链路相似，PUCCH 和 PUSCH 均需要携带 DMRS 进行信道估计。此外，上行链路通过 SRS 或 SRS 资源组的发送实现信道质量的测量。

4.3.2 PRACH 信道

PRACH 信道用于承载随机接入前导信息，其主要作用是获得上行定时同步，并为 UE 分配一个唯一标识 C-RNTI。

1. PRACH 处理过程

PRACH 信道由 CP、Preamble 码和 GT 组成，如图 4-57 所示。

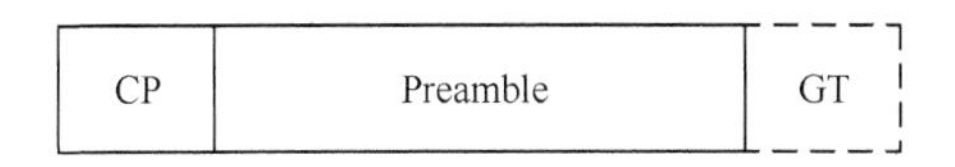

图 4-57　PRACH 信道格式

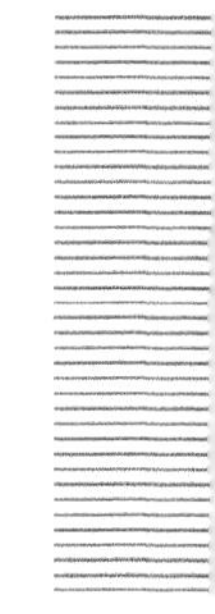

与 LTE 相同，NR PRACH 的 Preamble 码由 ZC（Zadoff-Chu）序列的循环移位产生。ZC 序列具有恒包络特性（序列的幅值恒定）、低峰均比特性以及理想的自相关特性。同时，如果循环移位的偏置值设置合理，则基于相同 ZC 根序列循环移位产生的不同 Preamble 码之间的互相关性为零。利用这种理想的互相关性，采用源于相同 ZC 根序列的 Preamble 码构成的多个随机接入请求之间不存在小区间干扰。

一个随机接入突发（RO，RACH Occasion）包含 64 个 Preamble 码。Preamble 码的生成过程如图 4-58 所示。

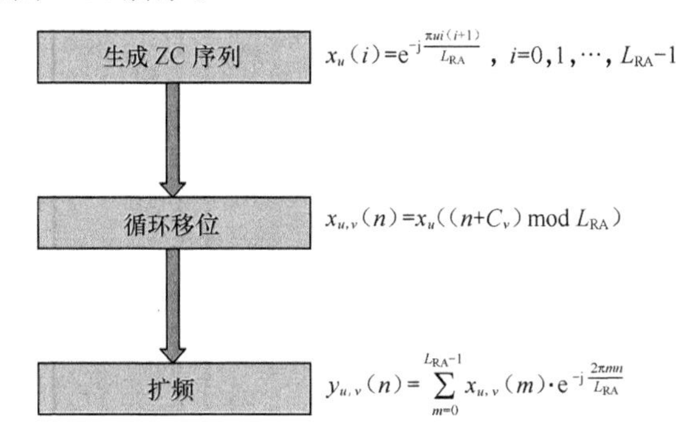

图 4-58　Preamble 码的生成过程

ZC 序列的生成由式（4-46）定义。

$$x_u(i)=e^{-j\frac{\pi ui(i+1)}{L_{RA}}}, i=0,1,\cdots,L_{RA}-1 \tag{4-46}$$

其中，L_{RA} 为 ZC 序列的长度，$L_{RA}\in\{139, 839\}$。u 为 ZC 根序列的序列号，其取值根据高层参数指示并查询表 4-39 或表 4-40 获得。

表 4-39　根序列号 u 与逻辑索引 i 的映射关系（L_{RA}=839）

i	按 i 升序排列的根序列号 u																			
0～19	129	710	140	699	120	719	210	629	168	671	84	755	105	734	93	746	70	769	60	779
20～39	2	837	1	838	56	783	112	727	148	691	80	759	42	797	40	799	35	804	73	766
40～59	146	693	31	808	28	811	30	809	27	812	29	810	24	815	48	791	68	771	74	765
60～79	178	661	136	703	86	753	78	761	43	796	39	800	20	819	21	818	95	744	202	637
80～99	190	649	181	658	137	702	125	714	151	688	217	622	128	711	142	697	122	717	203	636
100～119	118	721	110	729	89	750	103	736	61	778	55	784	15	824	14	825	12	827	23	816
120～139	34	805	37	802	46	793	207	632	179	660	145	694	130	709	223	616	228	611	227	612
140～159	132	707	133	706	143	696	135	704	161	678	201	638	173	666	106	733	83	756	91	748
160～179	66	773	53	786	10	829	9	830	7	832	8	831	16	823	47	792	64	775	57	782
180～199	104	735	101	738	108	731	208	631	184	655	197	642	191	648	121	718	141	698	149	690

续表

i	按 i 升序排列的根序列号 u																			
200～219	216	623	218	621	152	687	144	695	134	705	138	701	199	640	162	677	176	663	119	720
220～239	158	681	164	675	174	665	171	668	170	669	87	752	169	670	88	751	107	732	81	758
240～259	82	757	100	739	98	741	71	768	59	780	65	774	50	789	49	790	26	813	17	822
260～279	13	826	6	833	5	834	33	806	51	788	75	764	99	740	96	743	97	742	166	673
280～299	172	667	175	664	187	652	163	676	185	654	200	639	114	725	189	650	115	724	194	645
300～319	195	644	192	647	182	657	157	682	156	683	211	628	154	685	123	716	139	700	212	627
320～339	153	686	213	626	215	624	150	689	225	614	224	615	221	618	220	619	127	712	147	692
340～359	124	715	193	646	205	634	206	633	116	723	160	679	186	653	167	672	79	760	85	754
360～379	77	762	92	747	58	781	62	777	69	770	54	785	36	803	32	807	25	814	18	821
380～399	11	828	4	835	3	836	19	820	22	817	41	798	38	801	44	795	52	787	45	794
400～419	63	776	67	772	72	767	76	763	94	745	102	737	90	749	109	730	165	674	111	728
420～439	209	630	204	635	117	722	188	651	159	680	198	641	113	726	183	656	180	659	177	662
440～459	196	643	155	684	214	625	126	713	131	708	219	620	222	617	226	613	230	609	232	607
460～479	262	577	252	587	418	421	416	423	413	426	411	428	376	463	395	444	283	556	285	554
480～499	379	460	390	449	363	476	384	455	388	451	386	453	361	478	387	452	360	479	310	529
500～519	354	485	328	511	315	524	337	502	349	490	335	504	324	515	323	516	320	519	334	505
520～539	359	480	295	544	385	454	292	547	291	548	381	458	399	440	380	459	397	442	369	470
540～559	377	462	410	429	407	432	281	558	414	425	247	592	277	562	271	568	272	567	264	575
560～579	259	580	237	602	239	600	244	595	243	596	275	564	278	561	250	589	246	593	417	422
580～599	248	591	394	445	393	446	370	469	365	474	300	539	299	540	364	475	362	477	298	541
600～619	312	527	313	526	314	525	353	486	352	487	343	496	327	512	350	489	326	513	319	520
620～639	332	507	333	506	348	491	347	492	322	517	330	509	338	501	341	498	340	499	342	497
640～659	301	538	366	473	401	438	371	468	408	431	375	464	249	590	269	570	238	601	234	605
660～679	257	582	273	566	255	584	254	585	245	594	251	588	412	427	372	467	282	557	403	436
680～699	396	443	392	447	391	448	382	457	389	450	294	545	297	542	311	528	344	495	345	494
700～719	318	521	331	508	325	514	321	518	346	493	339	500	351	488	306	533	289	550	400	439
720～739	378	461	374	465	415	424	270	569	241	598	231	608	260	579	268	571	276	563	409	430
740～759	398	441	290	549	304	535	308	531	358	481	316	523	293	546	288	551	284	555	368	471
760～779	253	586	256	583	263	576	242	597	274	565	402	437	383	456	357	482	329	510	317	522
780～799	307	532	286	553	287	552	266	573	261	578	236	603	303	536	356	483	355	484	405	434
800～819	404	435	406	433	235	604	267	572	302	537	309	530	265	574	233	606	367	472	296	543
820～837	336	503	305	534	373	466	280	559	279	560	419	420	240	599	258	581	229	610		

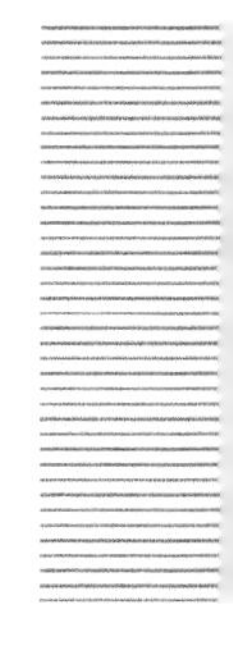

表 4-40　根序列号 u 与逻辑索引 i 的映射关系（L_{RA}=139）

i	按 i 升序排列的根序列号 u																			
0～19	1	138	2	137	3	136	4	135	5	134	6	133	7	132	8	131	9	130	10	129
20～39	11	128	12	127	13	126	14	125	15	124	16	123	17	122	18	121	19	120	20	119
40～59	21	118	22	117	23	116	24	115	25	114	26	113	27	112	28	111	29	110	30	109
60～79	31	108	32	107	33	106	34	105	35	104	36	103	37	102	38	101	39	100	40	99
80～99	41	98	42	97	43	96	44	95	45	94	46	93	47	92	48	91	49	90	50	89
100～119	51	88	52	87	53	86	54	85	55	84	56	83	57	82	58	81	59	80	60	79
120～137	61	78	62	77	63	76	64	75	65	74	66	73	67	72	68	71	69	70		
137～837	N/A																			

ZC 根序列经循环移位后，生成多个前导序列，即

$$x_{u,v}(n)=x_u\left((n+C_v)\bmod L_{\mathrm{RA}}\right) \tag{4-47}$$

其中，C_v 为 Preamble 码 v 对应的循环移位。循环移位的产生可以分为 3 种情形，即无循环移位限制（Unrestricted Set）、基于循环移位限制集 A（Restricted Set Type A）、基于循环移位限制集 B（Restricted Set Type B），式（4-48）为其定义。

$$C_v=\begin{cases} vN_{\mathrm{CS}} & v=0,1,\cdots,\lfloor L_{\mathrm{RA}}/N_{\mathrm{CS}}\rfloor-1, N_{\mathrm{CS}}\neq 0 \quad \text{非限制集} \\ 0 & N_{\mathrm{CS}}=0 \quad \text{非限制集} \\ d_{\mathrm{start}}\lfloor v/n_{\mathrm{shift}}^{\mathrm{RA}}\rfloor+(v \bmod n_{\mathrm{shift}}^{\mathrm{RA}})N_{\mathrm{CS}} & v=0,1,\cdots,w-1 \quad \text{限制集Type A或Type B} \\ \bar{\bar{d}}_{\mathrm{start}}+(v-w)N_{\mathrm{CS}} & v=w,\cdots,w+\bar{\bar{n}}_{\mathrm{shift}}^{\mathrm{RA}}-1 \quad \text{限制集Type B} \\ \bar{\bar{\bar{d}}}_{\mathrm{start}}+(v-w-\bar{\bar{n}}_{\mathrm{shift}}^{\mathrm{RA}})N_{\mathrm{CS}} & v=w+\bar{\bar{n}}_{\mathrm{shift}}^{\mathrm{RA}},\cdots,w+\bar{\bar{n}}_{\mathrm{shift}}^{\mathrm{RA}}+\bar{\bar{\bar{n}}}_{\mathrm{shift}}^{\mathrm{RA}}-1 \quad \text{限制集Type B} \end{cases} \tag{4-48}$$

$$w=n_{\mathrm{shift}}^{\mathrm{RA}}n_{\mathrm{group}}^{\mathrm{RA}}+\bar{n}_{\mathrm{shift}}^{\mathrm{RA}}$$

其中，N_{CS} 为循环移位步长，其取值由高层参数 *zeroCorrelationZoneConfig* 指示，具体的映射关系见表 4-41～表 4-43。v 为一条根序列通过循环移位产生的 Preamble 码的序号。

表 4-41　Δf^{RA}=1.25 kHz 时不同限制集下 N_{CS} 的取值

zeroCorrelationZoneConfig	N_{CS} 取值		
	非限制集	限制集 A	限制集 B
0	0	15	15
1	13	18	18
2	15	22	22

续表

zeroCorrelationZoneConfig	N_{CS} 取值		
	非限制集	限制集 A	限制集 B
3	18	26	26
4	22	32	32
5	26	38	38
6	32	46	46
7	38	55	55
8	46	68	68
9	59	82	82
10	76	100	100
11	93	128	118
12	119	158	137
13	167	202	
14	279	237	
15	419		

表 4-42　Δf^{RA}=5 kHz 时不同限制集下 N_{CS} 的取值

zeroCorrelationZoneConfig	N_{CS} 取值		
	非限制集	限制集 A	限制集 B
0	0	36	36
1	13	57	57
2	26	72	60
3	33	81	63
4	38	89	65
5	41	94	68
6	49	103	71
7	55	112	77
8	64	121	81
9	76	132	85
10	93	137	97
11	119	152	109
12	139	173	122
13	209	195	137
14	279	216	
15	419	237	

表 4-43　$\Delta f^{RA}=15\cdot 2^{\mu}$ kHz 时 N_{CS} 的取值（$\mu\in\{0, 1, 2, 3\}$）

zeroCorrelationZoneConfig	非限制集下 N_{CS} 取值
0	0
1	2
2	4
3	6
4	8
5	10
6	12
7	13
8	15
9	17
10	19
11	23
12	27
13	34
14	46
15	69

对于一个根序列 u（逻辑索引为 i），经循环移位后生成的 Preamble 码的个数为$\lfloor L_{RA}/N_{CS}\rfloor$。如果生成的 Preamble 码的数量小于 64，则自动选择根序列 μ'（逻辑索引为 i+1）继续通过循环移位产生前导码，直到 Preamble 码的数量达到 64 为止。特殊的情况是，当 N_{CS} 配置为 0 时，直接根据根序列索引递增的方式生成 64 个 Preamble 码。

式（4-48）中定义的循环移位限制集主要用于高速场景下，防止由于多普勒频偏造成序列相关峰的能量泄漏对 RACH 接收性能产生影响，从而保证 RACH 的接收质量。如图 4-59 所示，在 UE 高速移动场景下，循环移位窗 $v=i+2$ 内主相关峰的能量泄漏到了 $v=i$ 和 $v=i+k$ 两个循环移位窗内，形成了伪相关峰，进而导致对应的循环移位窗不能正常产生 Preamble 码。因此，NR 通过循环移位限制集 A 和限制集 B 来规避该问题。

循环移位限制集 A 和限制集 B 分别用于高速（120 km/h 及以下）和超高速（120 km/h 以上）的场景。而在 UE 静止或低速运动的场景下，由于可以忽略多普勒的影响，因而无循环移位限制。

生成 64 个 Preamble 码后，在频域表示为

$$y_{u,v}(n)=\sum_{m=0}^{L_{RA}-1}x_{u,v}(m)\cdot e^{-j\frac{2\pi mn}{L_{RA}}} \tag{4-49}$$

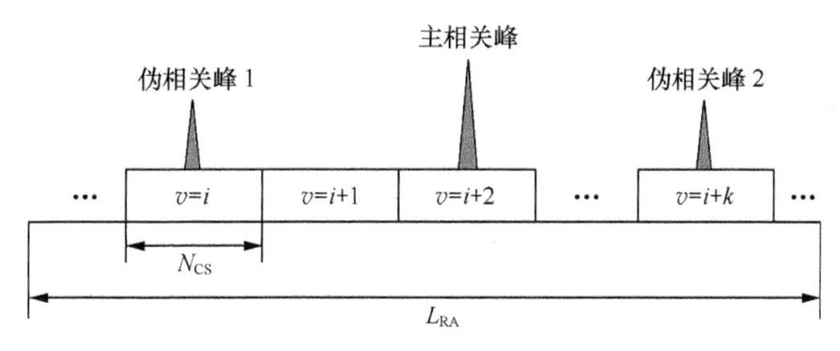

图 4-59　循环移位限制示意

2. PRACH 格式

为了适应多样性场景的需求，NR 定义了两大类 PRACH 格式，分别是长序列 L_{RA}=839 和短序列 L_{RA}=139。

长序列支持 4 种格式，即 PRACH Format 0/1/2/3，见表 4-44。长序列仅支持 FR1 频段，可适用于 PRACH 非限制集和限制集。其 PRACH 子载波间隔直接与格式对应（$SCS\in\{1.25, 5\}$ kHz），而无须另外配置。

表 4-44　PRACH 格式（长序列）

格式	L_{RA}	Δf^{RA}（kHz）	N_u	N_{CP}^{RA}	支持的限制集
0	839	1.25	24576κ	3168κ	Type A、Type B
1	839	1.25	2×24576κ	21024κ	Type A、Type B
2	839	1.25	4×24576κ	4688κ	Type A、Type B
3	839	5	4×6144κ	3168κ	Type A、Type B

NRP RACH Format 0 和 Format 1 沿用了 LTE 的时域设计，Format 2 和 Format 3 是 NR 新引入的。在不考虑功率限制的前提下，每种格式所支持的最大覆盖距离可基于 CP 长度和 GT 长度计算得出。由于 CP 主要用于克服多径时延引起的符号间干扰以及子载波正交性破坏的问题，因此，必须保证 CP 的长度大于各径的多径时延与定时误差之和，才能保证接收机积分区间内各个子载波在各径下的整数波形。由此可知，小区最大覆盖半径 d 不超过 d_1，d_1 由式（4-50）给出。

$$d_1=(T_{CP}-T_{pathprofile})\cdot c/2 \tag{4-50}$$

其中，$T_{pathprofile}$ 为多径时延，是一个统计变量，与具体的电波传播环境密切相

关，一般通过仿真得出。c 为光速。此外，GT 的长度也限制了小区的最大覆盖半径。由于上行链路的传播时延不得超过保护时间（GT），因此，小区可支持的接入半径 d 不超过 d_2，d_2 由式（4-51）给出。

$$d_2 = T_{\mathrm{GT}} \cdot c / 2 \tag{4-51}$$

综上，d 应取 d_1 和 d_2 的最小值，即

$$d = \min(d_1, d_2) \tag{4-52}$$

长序列的 4 类 PRACH 格式如图 4-60 所示。其中，Format 0 的长度为 1 ms，支持的小区最大半径约为 14 km，主要用于普通覆盖或 LTE 重耕场景。Format 1 的长度为 3 ms，支持的最大覆盖半径约为 100 km，可用于超远距离覆盖的场景。在 Format 2 中，通过重复发送 4 次前导序列的方式累积更多能量，以对抗较大的穿透损耗，因此，适用于室内等需要增强覆盖的场景，其支持的最大小区半径约为 22 km。Format 3 采用 5 kHz 的子载波间隔，通过增大子载波间隔的方式对抗多普勒频偏，适用于高速移动的场景，支持的小区最大覆盖半径约为 14 km。

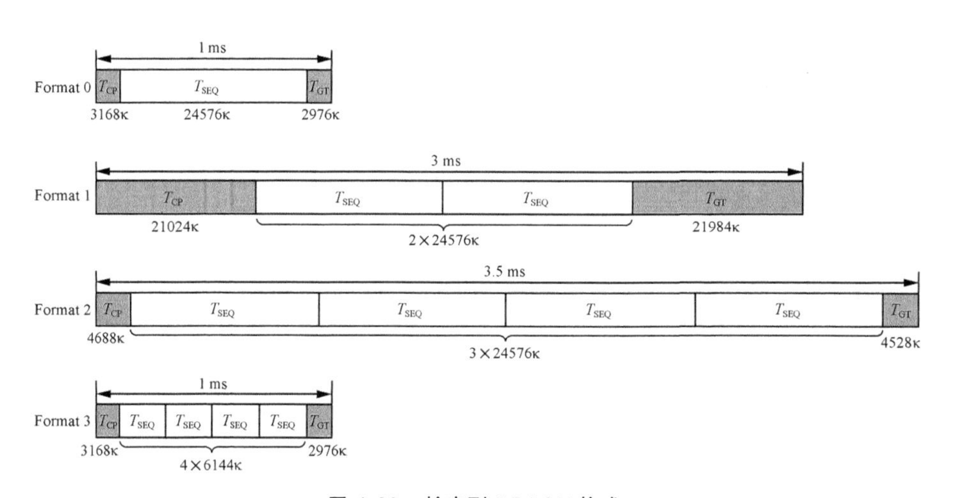

图 4-60　长序列 PRACH 格式

短序列同时支持 FR1 和 FR2 频段，但仅适用于非限制集。这是由于短序列格式支持较大的子载波间隔，能够更好地适应高速场景，因而不需要使用循环移位限制。当系统处于 FR1 频带时，PRACH 子载波间隔可选 15 kHz 或 30 kHz；当系统使用 FR2 频带时，可选用 60 kHz 或 120 kHz 的 PRACH 子载波间隔。

短序列 PRACH 格式共有 9 种，每种格式的参数配置见表 4-45。

表 4-45　PRACH 格式（短序列）

格式	L_{RA}	Δf^{RA}（kHz）	N_u	N_{CP}^{RA}	支持的限制集
A1	139	$15\times2^{\mu}$	$2\times2048\kappa\times2^{-\mu}$	$288\kappa\times2^{-\mu}$	
A2	139	$15\times2^{\mu}$	$4\times2048\kappa\times2^{-\mu}$	$576\kappa\times2^{-\mu}$	
A3	139	$15\times2^{\mu}$	$6\times2048\kappa\times2^{-\mu}$	$864\kappa\times2^{-\mu}$	
B1	139	$15\times2^{\mu}$	$2\times2048\kappa\times2^{-\mu}$	$216\kappa\times2^{-\mu}$	
B2	139	$15\times2^{\mu}$	$4\times2048\kappa\times2^{-\mu}$	$360\kappa\times2^{-\mu}$	
B3	139	$15\times2^{\mu}$	$6\times2048\kappa\times2^{-\mu}$	$504\kappa\times2^{-\mu}$	
B4	139	$15\times2^{\mu}$	$12\times2048\kappa\times2^{-\mu}$	$936\kappa\times2^{-\mu}$	
C0	139	$15\times2^{\mu}$	$2048\kappa\times2^{-\mu}$	$1240\kappa\times2^{-\mu}$	
C2	139	$15\times2^{\mu}$	$4\times2048\kappa\times2^{-\mu}$	$2048\kappa\times2^{-\mu}$	

Format A1/A2/A3 的时长分别对应 2/4/6 个 OFDM 符号。由于未定义 GT，这 3 种格式仅适用于覆盖距离较近、UE 位置相对集中或静态分布的场景。Format B1/B2/B3 与 Format A1/A2/A3 的区别在于带有 GT，但总时长仍然分别对应 2/4/6 个 OFDM 符号。由于 Format B1/B2/B3 对应的 CP 长度比 Format A1/A2/A3 对应的 CP 长度短，因而，Format B1/B2/B3 支持的小区覆盖半径相对更小。此外，还定义了 Format B4，对应 12 个 OFDM 符号。Format C0/C2 的时长分别对应 2/6 个 OFDM 符号，由于其 GT 相对其他短序列格式更长，因而适用于覆盖距离较远的场景，通常用于室外视距传播场景。

根据式（4-50）～式（4-52），可计算出不同短序列格式的最大覆盖半径，见表 4-46。

表 4-46　短序列 PRACH 覆盖距离估算

格式	覆盖距离估算
A1	$938\times2^{-\mu}$ m
A2	$2109\times2^{-\mu}$ m
A3	$3516\times2^{-\mu}$ m
B1	$469\times2^{-\mu}$ m
B2	$1055\times2^{-\mu}$ m
B3	$1758\times2^{-\mu}$ m
B4	$3867\times2^{-\mu}$ m
C0	$5300\times2^{-\mu}$ m
C2	$9200\times2^{-\mu}$ m

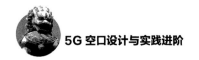

图 4-61 给出了子载波间隔为 30 kHz 时，9 种短序列 PRACH 的格式。

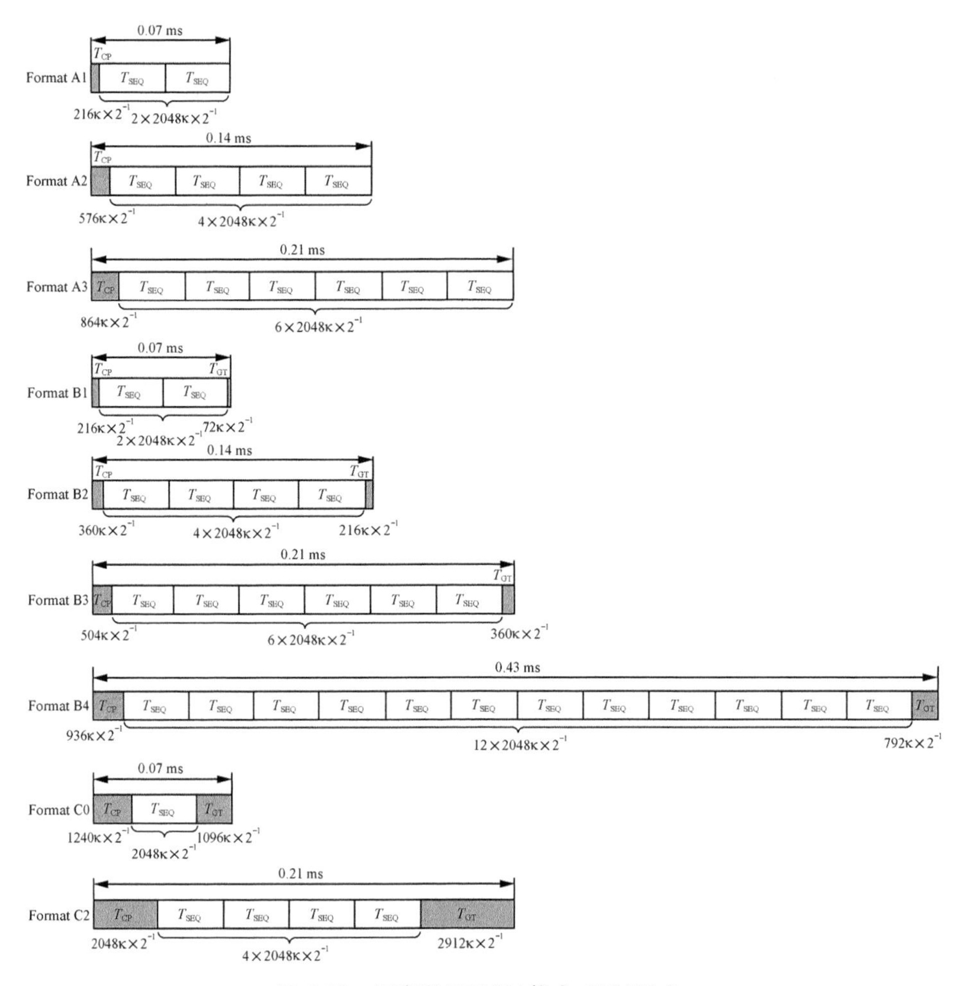

图 4-61 短序列 PRACH 格式（30 kHz）

3. **时域资源分配**

由于不同格式 PRACH 的时域长度是确定的，因此，只需要确定 PRACH 在子帧中的起始位置，即可以确定 PRACH 的时域资源。

PRACH 在子帧中的起始符号位置由式（4-53）计算得出，即

$$l = l_0 + n_t^{\mathrm{RA}} N_{\mathrm{dur}}^{\mathrm{RA}} + 14 n_{\mathrm{slot}}^{\mathrm{RA}} \tag{4-53}$$

其中，l_0 为起始符号位置，可根据 PRACH 配置表得到。n_t^{RA} 为一个 PRACH 时隙内的 PRACH 发送时刻，取值为 0～$N_t^{\mathrm{RA,slot}}-1$。当 L_{RA}=139 时，$N_t^{\mathrm{RA,slot}}$ 可以根据 PRACH 配置表得到；当 L_{RA}=839 时，则 $N_t^{\mathrm{RA,slot}}$ 固定为 1。$N_{\mathrm{dur}}^{\mathrm{RA}}$ 为 PRACH

持续周期，也是根据 PRACH 配置表得到的。n_{slot}^{RA} 与子载波间隔的配置有关。当 $\Delta f_{RA}\in\{1.25,5,15,60\}$ kHz 时，$n_{slot}^{RA}=0$；当 $\Delta f_{RA}\in\{30,120\}$ kHz 时，n_{slot}^{RA} 根据配置表获取，如配置为 1，则 $n_{slot}^{RA}=1$，否则 $n_{slot}^{RA}\in\{0,1\}$。

NR 根据工作频段（FR1/FR2）和双工方式（FDD/SUL/TDD）的不同，定义了 3 类 PRACH 配置表。由于表格内容过长，此处不详细介绍。表 4-47 摘录了 FR1 非对称频谱下 PRACH 配置的部分内容。

表 4-47　FR1 非对称频谱下的 PRACH 配置（部分）

PRACH 配置索引	前导码格式	n_{SFN} mod $x=y$		子帧号	起始符号位置	一个子帧中的 PRACH 时隙数	一个 PRACH 时隙内的 RO 数 $N_t^{RA,slot}$	PRACH 持续周期 N_{dur}^{RA}
		x	y					
103	A2	1	0	8,9	0	2	3	4
104	A2	1	0	4,9	0	1	3	4
105	A2	1	0	7,9	9	1	1	4
106	A2	1	0	3,4,8,9	0	1	3	4
107	A2	1	0	3,4,8,9	0	2	3	4

以 PRACH 索引 103 为例，此时 PRACH 格式为 A2，起始符号位置 l_0=0，$N_t^{RA,slot}=3$，$N_{dur}^{RA}=4$。假设 $\Delta f_{RA}=15$ kHz，则根据式（4-53）可计算得出 l=0, 4, 8，即 PRACH 在子帧 8/9 内共 3 次 RO（RACH Occasion）发送时刻。

根据 R15 定义的 PRACH 配置表，可以总结出 PRACH 时域配置的特性。对于长序列 PRACH：

- 当系统工作在 FDD 或 SUL 时，PRACH 时域配置较为灵活，可以根据场景需求稀疏配置或密集配置；
- 当系统工作在 TDD 模式时，对于 Format 0，时域优先配置在子帧 9；对于 Format 1，规定配置在子帧 7；对于 Format 2，优先配置在子帧 6 的符号 0 上。

对于短序列 PRACH：

- 一个子帧内可以包含多个 PRACH 时隙，且对应时隙内可以包含多个 RO；
- 每个子帧内 PRACH 起始符号位置的配置相对灵活。

具体可以参见 TR 38.211 中 Table 6.3.3.2-2～Table 6.3.3.2-4。

4. **频域资源分配**

PRACH 在频域上可以发送多个 RO，具体由 RRC 高层信令中的 *msg1-FDM* 参数指示，可配置范围为 1/2/4/8。多个 RO 在频域上通过 FDM 的方式连续放

置，可以用 n_{RA} 表示 PRACH 的频域索引，并从 0 开始递增编号。

PRACH 实际占用的频域资源通过 PUSCH 的 RB 个数来表示。表 4-48 给出了不同 PRACH 和 PUSCH 子载波间隔配置条件下，PRACH 所占用的频域资源数。

表 4-48　PRACH 所占用的频域资源数

L_{RA}	PRACH Δf^{RA}	PUSCH Δf	N_{RB}^{RA}（用 PUSCH 的 RB 个数表示）	$\bar{k}$
839	1.25	15	6	7
839	1.25	30	3	1
839	1.25	60	2	133
839	5	15	24	12
839	5	30	12	10
839	5	60	6	7
139	15	15	12	2
139	15	30	6	2
139	15	60	3	2
139	30	15	24	2
139	30	30	12	2
139	30	60	6	2
139	60	60	12	2
139	60	120	6	2
139	120	60	24	2
139	120	120	12	2

以 PRACH Δf^{RA}=1.25 kHz 和 PUSCH Δf=15 kHz 为例，此时 PRACH 占用的频域资源相当于 6 个 PUSCH RB，即共占用 864 个子载波。其中，下沿使用 7 个子载波作为保护，对应 $\bar{k}$ 。也就是说，在这种配置条件下，PRACH 实际使用 839 个子载波进行前导序列的发送。

4.3.3　PUCCH 信道

PUCCH 信道主要用于发送 HARQ 反馈、CSI 反馈、调度请求指示等 L1/L2 控制命令。与下行不同的是，用于处理上行信号和数据传输的辅助信息是由 gNB 指配给 UE 的，而无须经由 UE 告知 gNB。因此，PUCCH 不需要承载类似 PDCCH DCI 的相关内容。相应地，PUCCH 信道所承载的上行控制信息（UCI，Uplink

Control Information）的比特数相对较小，作用也相对较为单一。

1. UCI 消息

NR 中定义的 UCI 包括如下 3 类信息。

• HARQ 反馈：用于向基站反馈从 PDSCH 上接收到的下行数据是否正确接收，包括 ACK/NACK。

• CSI 反馈：用于向基站反馈下行信道状态信息，包括信道质量指示（CQI，Channel Quality Indicator）、预编码矩阵指示（PMI，Precoding Matrix Indicator）、秩指示（RI，Rank Indicator）、层指示（LI，Layer Indicator）、CSI-RS 资源指示（CRI，CSI-RS Resource Indicator）等。

• 调度请求（SR，Scheduling Request）：用于向基站发送上行 UL-SCH 资源请求。

与下行控制信息（DCI）相比，由于 UCI 只需携带 gNB 所未知的信息，因而 UCI 携带的内容较少。此外，DCI 限定只能在 PDCCH 中传输，而 UCI 可以在 PUCCH 或 PUSCH 中传输。

2. PUCCH 基本格式

根据 PUCCH 占用的符号长度以及 UCI 的比特数，NR 定义了 5 种 PUCCH 基本格式，见表 4-49。

表 4-49　PUCCH 基本格式

PUCCH 格式		OFDM 符号数	UCI 载荷比特数
0	短格式	1～2	≤2
1	长格式	4～14	≤2
2	短格式	1～2	＞2
3	长格式	4～14	＞2
4	长格式	4～14	＞2

相对 LTE 中的 PUCCH，NR 增加了短格式 PUCCH 格式，具体只占用 1～2 个 OFDM 符号，可用于时延敏感业务场景下的快速 HARQ 应答和信道状态反馈。例如，在同时包含下行符号和上行符号的时隙中，基站能够调度 UE 在当前时隙接收下行数据并在当前时隙反馈 ACK/NACK，实现自包含应答。这实际上对应第 3 章所述的自包含时隙的概念。

另外，LTE 中的所有 PUCCH 都必须支持跳频，而 NR 中 PUCCH 格式（当且仅当时域上大于或等于 2 个 OFDM 符号时）的跳频是可配置的。对于一个长度为 N 个 OFDM 符号的 PUCCH，如配置跳频，则第一个跳频单元的 OFDM 符号为$\lfloor N/2 \rfloor$，第二个跳频单元的 OFDM 符号为$N-\lfloor N/2 \rfloor$。需要注意的是，短格式 PUCCH 只支持时隙内跳频，而长格式 PUCCH 同时支持时隙内和时隙间跳频。

UE 可以在服务小区的同一时隙内的不同 OFDM 符号上发送 1 或 2 个 PUCCH，但其中至少有一个必须为 PUCCH Format 0 或 Format 2，也即短格式 PUCCH。

3. PUCCH 处理过程

虽然 PUCCH 只承载若干比特的信息，但为了保证传输的可靠性以及提高多用户复用的灵活性，PUCCH 的具体处理方式非常烦琐。

根据 PUCCH 格式的不同，其在具体处理方式上有所差异，如图 4-62 所示。

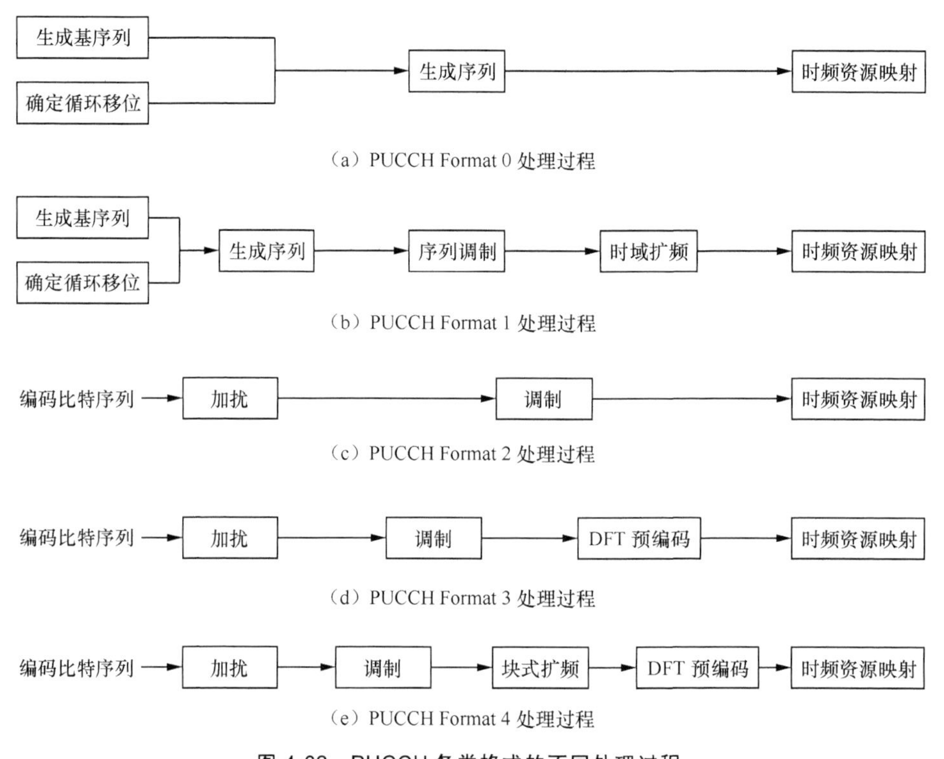

图 4-62 PUCCH 各类格式的不同处理过程

以下简要介绍基序列生成、组跳频和序列跳频、确定循环移位 3 个通用的处理步骤。

(1) 基序列生成。

PUCCH Format 0/1/3/4 均使用经基序列进行循环移位后生成的低峰均比序列。

$$r_{u,v}^{(\alpha,\delta)}(n)=\mathrm{e}^{\mathrm{j}\alpha n}\bar{r}_{u,v}(n), 0 \leqslant n \leqslant M_{\mathrm{ZC}} \tag{4-54}$$

其中，$M_{\mathrm{ZC}}=mN_{\mathrm{SC}}^{\mathrm{RB}}/2^{\delta}$为序列长度，$\alpha$为循环移位值，$\bar{r}_{u,v}(n)$为基序列。基序列

$\overline{r}_{u,v}(n)$ 可以分成多组，$u\in\{0, 1, \cdots, 29\}$为组号，v 为组内的序列号。对应不同的序列长度，基序列的生成多项式不同。当 $M_{ZC}\in\{6, 12, 18, 24\}$时，基序列多项式为

$$\overline{r}_{u,v}(n)=\mathrm{e}^{\mathrm{j}\varphi(n)\pi/4}, 0\leqslant n\leqslant M_{\mathrm{ZC}}-1 \tag{4-55}$$

其中，$\varphi(n)$根据规范查表得到。

（2）组跳频和序列跳频。

对于 PUCCH Format 0/1/3/4，在式（4-54）的序列生成式中，δ=0，v 取决于高层信令 *pucch-GroupHopping* 参数的指示，u 取决于序列跳频，即

$$u=(f_{gh}+f_{ss})\bmod 30 \tag{4-56}$$

- 当 *pucch-GroupHopping* 参数配置为“neither”时

$$f_{gh}=0$$
$$f_{ss}=n_{ID} \bmod 30$$
$$v=0$$

其中，n_{ID} 由高层参数 *hoppingId* 指示，否则 $n_{\mathrm{ID}}=N_{\mathrm{ID}}^{\mathrm{cell}}$。

- 当 *pucch-GroupHopping* 参数配置为“enable”时

$$f_{\mathrm{gh}}=\left[\sum\nolimits_{m=0}^{7}2^{m}c\left(8(2n_{s,f}^{u}+n_{\mathrm{hop}})+m\right)\right]\bmod 30$$
$$f_{ss}=n_{ID} \bmod 30$$
$$v=0$$

其中，$c(i)$为伪随机序列，初始序列生成式为 $c_{\mathrm{init}}=\lfloor n_{\mathrm{ID}}/30\rfloor$。同理，$n_{ID}$ 由高层参数 *hoppingId* 指示，否则 $n_{\mathrm{ID}}=N_{\mathrm{ID}}^{\mathrm{cell}}$。

- 当 *pucch-GroupHopping* 参数配置为“disable”时

$$f_{gh}=0$$
$$f_{ss}=n_{ID} \bmod 30$$
$$v=c(2n_{s,f}^{u}+n_{\mathrm{hop}})$$

其中，$c(i)$为伪随机序列，初始序列生成式为 $c_{\mathrm{init}}=2^{5}\lfloor n_{\mathrm{ID}}/30\rfloor+(n_{\mathrm{ID}} \bmod 30)$。同样地，$n_{ID}$ 由高层参数 *hoppingId* 指示，否则 $n_{\mathrm{ID}}=N_{\mathrm{ID}}^{\mathrm{cell}}$。

n_{hop} 为频域扩频索引。当不支持时隙内跳频时，n_{hop}=0。当支持时隙内跳频时，第一跳 n_{hop}=0，第二跳 n_{hop}=1。PUCCH 是否支持时隙内跳频，由高层参数 *intraSlotFrequencyHopping* 指示。

（3）循环移位。

根据不同的α取值，基序列经循环移位后可生成候选序列。α的取值由式（4-57）得到，即

$$\alpha_{l}=\frac{2\pi}{N_{\mathrm{SC}}^{\mathrm{RB}}}\left[\left(m_{0}+m_{\mathrm{cs}}+n_{\mathrm{cs}}(n_{s,f}^{\mu},l+l')\right)\bmod N_{\mathrm{SC}}^{\mathrm{RB}}\right] \tag{4-57}$$

其中，$n_{s,f}^{\mu}$ 为无线帧时隙号，l 是用于 PUCCH 传输的 OFDM 符号编号，l'是相对于第一个 PUCCH 符号的 OFDM 符号索引。m_0 为初始循环移位值，由 RRC 高层信令配置。m_{cs} 根据 HARQ 应答信息确定，见表 4-50 和表 4-51。$n_{cs}(n_{s,f}^{\mu},l)$ 为伪随机序列，由式（4-58）给出，初始多项式为 $c_{init}=n_{ID}$。

$$n_{cs}(n_{s,f}^{\mu},l)=\sum_{m=0}^{7}2^m c(8N_{symb}^{slot}n_{s,f}^{\mu}+8l+m) \quad (4-58)$$

表 4-50　1 bit HARQ-ACK 到 m_{cs} 的映射

HARQ-ACK 值	0	1
序列循环移位参数	m_{cs}=0	m_{cs}=1

表 4-51　2 bit HARQ-ACK 到 m_{cs} 的映射

HARQ-ACK 值	{0,0}	{0,1}	{1,1}	{1,0}
序列循环移位参数	m_{cs}=0	m_{cs}=3	m_{cs}=6	m_{cs}=9

4. PUCCH Format 0

PUCCH Format 0 主要用于发送 HARQ 应答或携带 SR 信息，其序列生成式为

$$x(l\cdot n_{SC}^{RB}+n)=r_{u,v}^{(\alpha,\delta)}(n)$$

$$n=0,1,\cdots,N_{SC}^{RB}-1$$

$$l=\begin{cases}0 & \text{单符号PUCCH}\\ 0,1 & \text{双符号PUCCH}\end{cases} \quad (4-59)$$

其中，l 为 UCI 对应的 OFDM 符号索引，n 为 UCI 对应的子载波索引，$N_{SC}^{RB}=12$。也就是说，PUCCH Format 0 在频域上默认占用 1 个 RB 的 12 个子载波，如图 4-63 所示。

PUCCH Format 0 通过序列选择的方式承载 UCI 消息。PUCCH Format 0 首先根据 UCI 消息确定循环移位，再根据循环移位与基序列生成待发送序列，然后根据功率控制需求，通过幅度缩放因子 $\beta_{PUCCH,0}$ 对待发送序列的幅度进行调整，最后再进行物理资源映射。根据不同的循环移位值所生成的候选序列是相互正交的。UE 根据待发送的 UCI 消息，从这些候选序列中选择需要发送的循环移位，且可以复用在同一 RB 上。gNB 在接收到 UE 发送的序列后，只需要检测出循环移位值，即可确定 UE 所发送的 UCI 消息。

当 PUCCH Format 0 承载 1 bit 信息时，一个 RB 最多可以复用 6 个用户，也就是说，每个用户的 1 bit 信息占用 2 个循环移位值。而当 PUCCH Format 0

承载 2 bit 信息时，一个 RB 最多只能复用 3 个用户。此外，PUCCH Format 0 时域资源配置为 1 或 2 个 OFDM 符号时，并不影响可复用的 UE 数。配置为 2 个 OFDM 符号的目的在于提升 HARQ-ACK 反馈的可靠性。

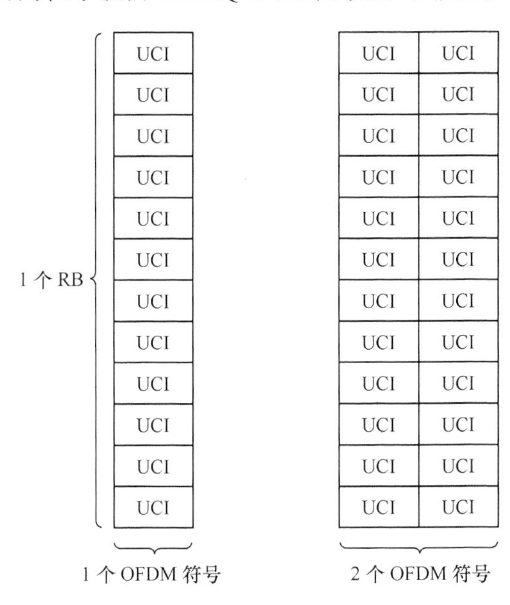

图 4-63　PUCCH Format 0 时频结构

由于 PUCCH Format 0 是通过序列选择的方式承载 UCI 消息的，因此，PUCCH Format 0 无须配置 DMRS。

5. PUCCH Format 1

PUCCH Format 1 同样用于 HARQ 的 ACK/NACK 反馈，也可以携带 SR 消息。PUCCH Format 1 同样采用式（4-54）生成低峰均比序列 $r_{u,v}^{(\alpha,\delta)}(n)$，其基序列与 PUCCH Format 0 是相同的。并且，由于 PUCCH Format 1 的循环移位值不额外承载 UCI，仅用于多用户间的码分复用，因此，循环移位的确定简单地通过 PUCCH 序列的初始循环移位即可完成。

生成的序列 $r_{u,v}^{(\alpha,\delta)}(n)$ 也可表示为 $b(0), \cdots, b(M_{\text{bit}}-1)$，首先要经过编码调制为复值符号 $y(n)$，即

$$y(n) = d(0) \cdot r_{u,v}^{(\alpha,\delta)}(n) \tag{4-60}$$

其中，$n = 0,1,\cdots,N_{\text{SC}}^{\text{RB}} - 1$。当 $M_{\text{bit}}=1$，即 PUCCH Format 1 承载 1 bit 信息时，$d(0)$ 为 BPSK 调制符号；而当 $M_{\text{bit}}=2$，即 PUCCH Format 1 承载 2 bit 信息时，$d(0)$ 为 QPSK 调制符号。

序列调制后得到复值符号 $y(0),\cdots,y(N_{\text{SC}}^{\text{RB}} - 1)$，进行时域扩频，即

$$z(m' N_{SC}^{RB} N_{SF,0}^{PUCCH,1} + mN_{SC}^{RB} + n) = w_i(m) \cdot y(n)$$
$$n = 0,1,\cdots,N_{SC}^{RB} - 1$$
$$m = 0,1,\cdots,N_{SF,m'}^{PUCCH,1} - 1$$
$$m' = \begin{cases} 0 & \text{未配置时隙内跳频} \\ 0,1 & \text{配置时隙内跳频} \end{cases} \tag{4-61}$$

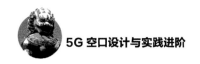

其中，m 为 UCI 所处跳频单元内的 OFDM 符号索引，n 为子载波索引，且 $N_{SC}^{RB}=12$。$N_{SF,0}^{PUCCH,1}$ 为第一个跳频单元内的 UCI 扩频因子，$N_{SF,m'}^{PUCCH,1}$ 为 UCI 所占用的 OFDM 符号所在的跳频单元的扩频因子，$w_i(m)$为正交扩频码。根据 PUCCH Format 1 占用的 OFDM 符号数量以及对应的跳频配置，$N_{SF,m'}^{PUCCH,1}$ 与 $w_i(m)$的取值分别见表 4-52 和表 4-53。

表 4-52　PUCCH Format 1 符号数量与相应的 $N_{SF,m'}^{PUCCH,1}$ 取值

PUCCH 符号数 $N_{symb}^{PUCCH,1}$	$N_{SF,m'}^{PUCCH,1}$		
	未配置时隙内跳频	配置时隙内跳频	
	m'=0	m'=0	m'=1
4	2	1	1
5	2	1	1
6	3	1	2
7	3	1	2
8	4	2	2
9	4	2	2
10	5	2	3
11	5	2	3
12	6	3	3
13	6	3	3
14	7	3	4

表 4-53　PUCCH Format 1 正交扩频码 $w_i(m) = e^{j2\pi\varphi(m)/N_{SF}}$ 取值

$N_{SF,m'}^{PUCCH,1}$	φ						
	i=0	i=1	i=2	i=3	i=4	i=5	i=6
1	[0]						
2	[0 0]	[0 1]					
3	[0 0 0]	[0 1 2]	[0 2 1]				
4	[0 0 0 0]	[0 2 0 2]	[0 0 2 2]	[0 2 2 0]			

续表

$N_{SF,m'}^{PUCCH,1}$	φ						
	i=0	i=1	i=2	i=3	i=4	i=5	i=6
5	[0 0 0 0 0]	[0 1 2 3 4]	[0 2 4 1 3]	[0 3 1 4 2]	[0 4 3 2 1]		
6	[0 0 0 0 0 0]	[0 1 2 3 4 5]	[0 2 4 0 2 4]	[0 3 0 3 0 3]	[0 4 2 0 4 2]	[0 5 4 3 2 1]	
7	[0 0 0 0 0 0 0]	[0 1 2 3 4 5 6]	[0 2 4 6 1 3 5]	[0 3 6 2 5 1 4]	[0 4 1 5 2 6 3]	[0 5 3 1 6 4 2]	[0 6 5 4 3 2 1]

我们注意到，PUCCH Format 1 的时域扩频能力实际取决于 PUCCH 所占用的 OFDM 符号数量以及跳频的配置。PUCCH Format 1 所占用的符号数量决定了正交扩频码的长度上限，而跳频的配置决定了正交扩频码是否使用两个短扩频码。当跳频时，两个短扩频码的长度之和实际等于非跳频时的长扩频码的长度。

PUCCH Format 1 通过循环移位，理论上可以复用 12 个用户，而通过一个长度为 N 的正交扩频码又可以复用 N 个用户。因此，PUCCH Format 1 的实际复用能力取决于循环移位与正交扩频码这两种复用能力的乘积。也因此，PUCCH Format 1 实际上具有 5 种 PUCCH 格式中最强的码分复用能力。根据表 4-52 和表 4-53 可以推导出，当未配置时隙内跳频时，PUCCH Format 1 的一个 RB 最多能够复用 84 个用户；而当配置了时隙内跳频时，PUCCH Format 1 的一个 RB 最多能够复用 36 个用户。在实际使用中，由于信道衰落和噪声干扰，为了保证 PUCCH Format 1 的性能，实际复用用户数会比理论值略少一些。

完成时域扩频后，PUCCH Format 1 会根据功率控制需求，通过幅度缩放因子 $\beta_{PUCCH,1}$ 对待发送序列的幅度进行调整，最后再映射到 gNB 分配的物理资源上。对于不同长度的 PUCCH Format 1，无论是否配置时隙内跳频，UCI 所占用的 OFDM 符号只占用 PUCCH Format 1 时频资源上奇数索引值的 OFDM 符号。

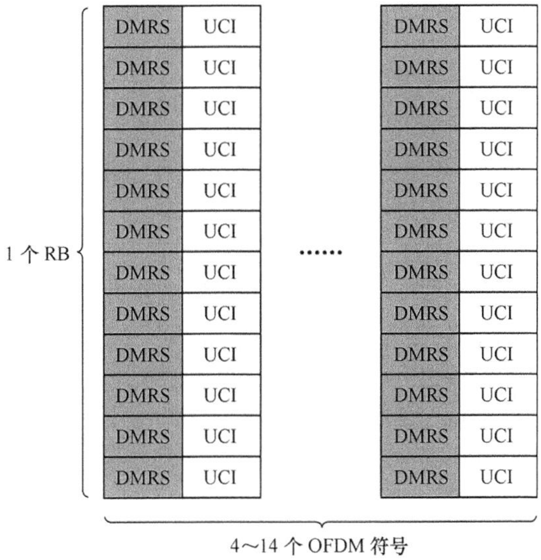

图 4-64 PUCCH Format 1 时频资源结构（非跳频）

PUCCH Format 1 的时频资源结构如图 4-64（非跳频）

和图 4-65（跳频）所示。我们注意到，在 PUCCH Format 1 的时频资源上，UCI 和 DMRS 是交错放置的，也即时分复用。

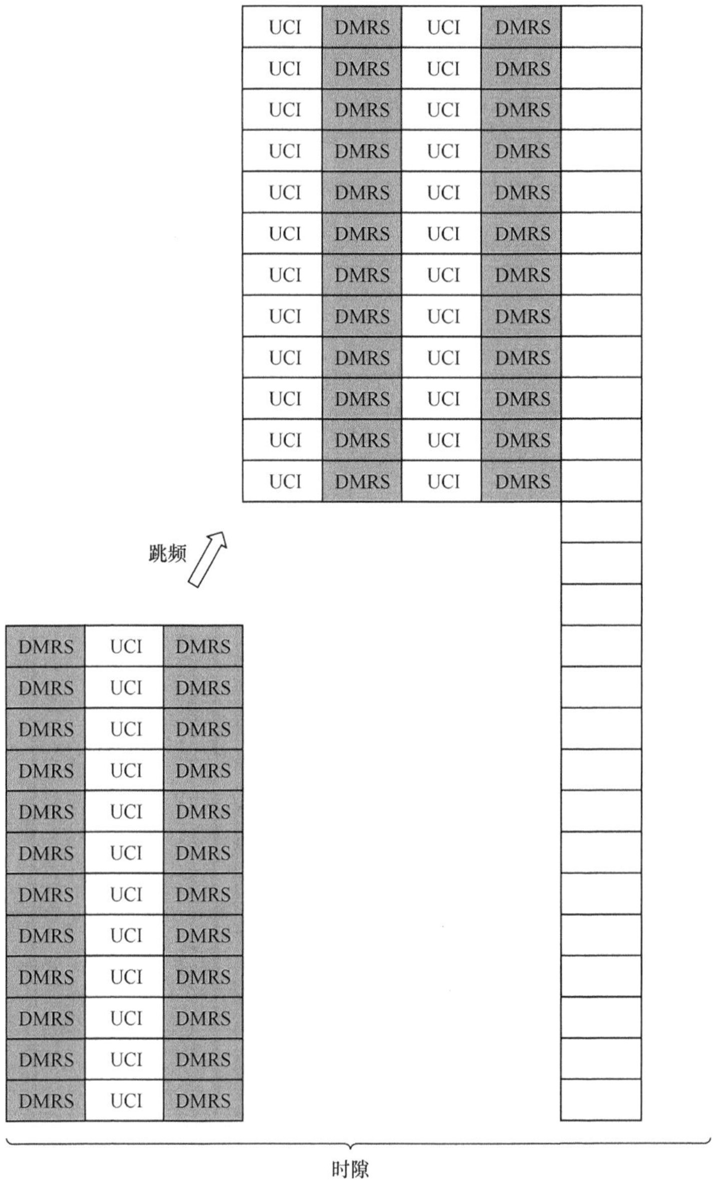

跳频

时隙

图 4-65　PUCCH Format 1 时频资源结构（跳频，7 个符号）

由于 PUCCH Format 1 的 DMRS 主要是作为参考信号以解调 UCI，因此，DMRS 序列生成后，无须序列调制，直接通过正交扩频码进行时域扩频，再映射到物理资源上。DMRS 的时域扩频原理与 PUCCH Format 1 承载的 UCI 的扩频处理相同。由于 UCI 和 DMRS 是时分复用的，因此，对于不同长度的 PUCCH Format 1，无论是否配置时隙内跳频，DMRS 所占用的 OFDM 符号只占用 PUCCH Format 1 时频资源上偶数索引值的 OFDM 符号。

6. PUCCH Format 2

PUCCH Format 2 主要用于 PDSCH 码块组的 HARQ-ACK 反馈（信息量一般超过 2 bit）以及携带的 CSI 信息。

UCI 经信道编码后的比特序列 $b(0), \cdots, b(M_{\text{bit}}-1)$，首先需要进行加扰并形成新的比特序列 $\tilde{b}(0),\cdots,\tilde{b}(M_{\text{bit-1}})$，以使干扰随机化。加扰生成式定义为

$$\tilde{b}(i) = \left(b(i) + c(i)\right) \bmod 2 \tag{4-62}$$

其中，$c(i)$为伪随机序列，初始值为

$$c_{\text{init}} = n_{\text{RNTI}} \cdot 2^{15} + n_{\text{ID}} \tag{4-63}$$

n_{RNTI} 为 UE 特定的无线网络临时标识。$n_{\text{ID}} \in \{0, 1, \cdots, 1023\}$，根据高层信令 *dataScramblingIdentityPUSCH* 参数进行配置，如未配置则默认 $n_{\text{ID}} = N_{\text{ID}}^{\text{cell}}$。

加扰后比特序列 $\tilde{b}(0),\cdots,\tilde{b}(M_{\text{bit}}-1)$，经 QPSK 调制后，输出复值符号 $d(0),\cdots,d(M_{\text{symb}}-1)$。其中，$M_{\text{symb}} = M_{\text{bit}}/2$。

完成 QPSK 调制后，PUCCH Format 2 会根据功率控制的要求，通过幅度缩放因子$\beta_{\text{PUCCH,2}}$ 对复值符号 $d(0),\cdots,d(M_{\text{symb}}-1)$ 的幅度进行调整，再将调整后的复值符号按照先频域后时域的顺序映射到 gNB 分配的物理资源上。

PUCCH Format 2 的时频资源结构如图 4-66 所示。PUCCH Format 2 在频域上可以使用 1～16 个 RB 进行传输。UCI 和 DMRS 通过 FDM 的方式进行复用。

PUCCH Format 2 的 DMRS 的生成式为

$$r(m) = \frac{1}{\sqrt{2}}\left(1 - 2\cdot c(2m)\right) + \text{j}\frac{1}{\sqrt{2}}\left(1 - 2\cdot c(2m+1)\right) \tag{4-64}$$

PUCCH Format 2 根据式（4-64）生成一个全带宽的长序列，然后根据具体占用的 RB 在全带宽中的位置对长序列进行截断，从而确定最终生成的 DMRS 序列。DMRS 同样要经过$\beta_{\text{PUCCH,2}}$ 进行功率调整后，再映射到对应的时频资源上。映射的表达式为

$$a_{k,l}^{(p,\mu)} = \beta_{\text{PUCCH,2}} r(m) \tag{4-65}$$

其中，频域子载波索引 k=3m+1。也就是说，DMRS 在频域上每 3 个 RE 中占用 1 个 RE，其余 RE 则用于 UCI 的传输。

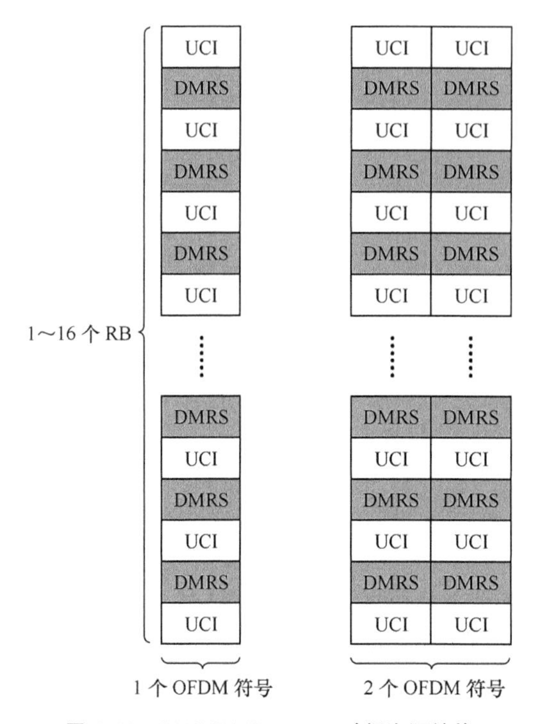

图 4-66 PUCCH Format 2 时频资源结构

7. PUCCH Format 3 和 PUCCH Format 4

PUCCH Format 3 和 PUCCH Format 4 根据 UCI 信息确定编码比特序列 $b(0), \cdots, b(M_{\text{bit}}-1)$后，同样需要经过加扰和调制。PUCCH Format 3 和 PUCCH Format 4 均支持π/2 BPSK 和 QPSK 两种调制方式，具体由高层信令配置决定，默认为 QPSK 调制。经调制后形成的复值符号为 $d(0), \cdots, d(M_{\text{symb}}-1)$。其中，当调制方式配置为 QPSK 时，$M_{\text{symb}}=M_{\text{bit}}/2$；当配置为π/2 BPSK 时，$M_{\text{symb}}=M_{\text{bit}}$。

对于 PUCCH Format 3 和 PUCCH Format 4，其在频域上所占用的子载波为

$$M_{\text{SC}}^{\text{PUCCH},s} = M_{\text{RB}}^{\text{PUCCH},s} N_{\text{SC}}^{\text{RB}} \tag{4-66}$$

其中，$s\in\{3, 4\}$。PUCCH Format 3 和 PUCCH Format 4 在频域上所占用的 RB 数 $M_{\text{RB}}^{\text{PUCCH},s}$ 取决于

$$M_{\text{RB}}^{\text{PUCCH},s} = \begin{cases} 2^{\alpha_2}\cdot 3^{\alpha_3}\cdot 5^{\alpha_5}, & \text{PUCCH Format 3} \\ 1, & \text{PUCCH Format 4} \end{cases} \tag{4-67}$$

其中，α_2、α_3 和 α_5 均为非负整数。

此处，对 PUCCH Format 3 在时域上所占用的 RB 数约束为 2、3、5 的幂次方的乘积，主要是基于 DFT 预编码运算效率的考虑，并且 $M_{\text{RB}}^{\text{PUCCH},3}\leqslant 16$。而

PUCCH Format 4 在频域上则只占用 1 个 RB。

对于 PUCCH Format 3，为最大化单用户负载能力，对其不使用块式扩频（Block-wise Spreading），直接赋值到新的复值符号 $y(0), \cdots, y(M_{\text{symb}}-1)$上，即有

$$y(l \cdot M_{\text{SC}}^{\text{PUCCH},3} + k) = d(l \cdot M_{\text{SC}}^{\text{PUCCH},3} + k) \tag{4-68}$$

其中，$l = 0,1,\cdots,(M_{\text{symb}} / M_{\text{SC}}^{\text{PUCCH},3}) - 1$，为 UCI 所占用的 OFDM 符号的索引。$k = 0,1,\cdots,M_{\text{SC}}^{\text{PUCCH},3} - 1$，为 UCI 所占用 OFDM 符号对应占用的子载波的索引。

对于 PUCCH Format 4，则需要进行块式编码以实现多用户复用能力。扩频生成式为

$$y(l \cdot M_{\text{SC}}^{\text{PUCCH},4} + k) = w_n(k) \cdot d\left(l \frac{M_{\text{SC}}^{\text{PUCCH},4}}{N_{\text{SF}}^{\text{PUCCH},4}} + k \bmod \frac{M_{\text{SC}}^{\text{PUCCH},4}}{N_{\text{SF}}^{\text{PUCCH},4}}\right) \tag{4-69}$$

其中，$l = 0,1,\cdots,(M_{\text{symb}} / M_{\text{SC}}^{\text{PUCCH},4}) - 1$，为 UCI 所占用的 OFDM 符号的索引。$k = 0,1,\cdots,M_{\text{SC}}^{\text{PUCCH},4} - 1$，为 UCI 所占用 OFDM 符号对应占用的子载波的索引。$M_{\text{SC}}^{\text{PUCCH},4}$ 固定为 12（对应 1 个 RB）。$N_{\text{SF}}^{\text{PUCCH},4}$ 为 PUCCH Format 4 的扩频因子，根据高层 RRC 信令进行配置，$N_{\text{SF}}^{\text{PUCCH},4} \in \{2,4\}$。$w_n$ 为正交扩频码，具体取值见表 4-54 和表 4-55。

表 4-54　$N_{\text{SF}}^{\text{PUCCH},4} = 2$ 时 PUCCH Format 4 的 w_n 取值

n	w_n
0	[1 1 1 1 1 1 1 1 1 1 1 1]
1	[1 1 1 1 1 1 −1 −1 −1 −1 −1 −1]

表 4-55　$N_{\text{SF}}^{\text{PUCCH},4} = 4$ 时 PUCCH Format 4 的 w_n 取值

n	w_n
0	[1 1 1 1 1 1 1 1 1 1 1 1]
1	[1 1 1 −j −j −j −1 −1 −1 j j j]
3	[1 1 1 −1 −1 −1 1 1 1 −1 −1 −1]
4	[1 1 1 j j j −1 −1 −1 −j −j −j]

PUCCH Format 3 和 PUCCH Format 4 分别通过直接赋值或块式扩频后，得到复值符号 $y(0), \cdots, y(M_{\text{symb}}-1)$，再对其进行 DFT 预编码，得到 $z(0), \cdots, z(M_{\text{symb}}-1)$复值符号，即

$$z(l \cdot M_{\text{SC}}^{\text{PUCCH},s} + k) = \frac{1}{\sqrt{M_{\text{SC}}^{\text{PUCCH},s}}} \sum_{m=0}^{M_{\text{SC}}^{\text{PUCCH},s}-1} y\left(l \cdot M_{\text{SC}}^{\text{PUCCH},s} + m\right) \mathrm{e}^{-\mathrm{j}\frac{2\pi mk}{M_{\text{SC}}^{\text{PUCCH},s}}} \tag{4-70}$$

完成 DFT 预编码后，PUCCH Format 3 和 PUCCH Format 4 会根据功率控制需求，通过幅度缩放因子$\beta_{\text{PUCCH},s}$对复值符号 $z(0), \cdots, z(M_{\text{symb}}-1)$的幅度进行调整，再按照先频域后时域的顺序将其映射到 gNB 分配的物理资源上。

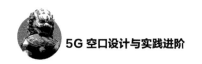

PUCCH Format 3 的时频资源结构如图 4-67 所示。UCI 和 DMRS 通过 TDM 的方式进行复用。由于 PUCCH Format 3 只支持单用户，因此，DMRS 序列生成后，无须经过扩频就可以直接映射到对应的时频资源上。

UCI	DMRS		DMRS	UCI
UCI	DMRS		DMRS	UCI
UCI	DMRS		DMRS	UCI
UCI	DMRS		DMRS	UCI
UCI	DMRS		DMRS	UCI
UCI	DMRS	……	DMRS	UCI
UCI	DMRS		DMRS	UCI
UCI	DMRS		DMRS	UCI
UCI	DMRS		DMRS	UCI
UCI	DMRS		DMRS	UCI
UCI	DMRS		DMRS	UCI
UCI	DMRS		DMRS	UCI
⋮			⋮	
UCI	DMRS		DMRS	UCI
UCI	DMRS		DMRS	UCI
UCI	DMRS		DMRS	UCI
UCI	DMRS		DMRS	UCI
UCI	DMRS		DMRS	UCI
UCI	DMRS		DMRS	UCI
UCI	DMRS	……	DMRS	UCI
UCI	DMRS		DMRS	UCI
UCI	DMRS		DMRS	UCI
UCI	DMRS		DMRS	UCI
UCI	DMRS		DMRS	UCI
UCI	DMRS		DMRS	UCI

1～16 个 RB

4～14 个 OFDM 符号

图 4-67 PUCCH Format 3 的时频资源结构

对于不同长度的 PUCCH Format 3，DMRS 所占用的 OFDM 符号所在位置由协议进行约束，见表 4-56。

表 4-56　DMRS 在 PUCCH Format 3 和 PUCCH Format 4 中的符号位置

PUCCH 符号长度	DMRS 在 PUCCH 中的符号位置			
	未配置额外 DMRS		配置额外 DMRS	
	未配置跳频	配置跳频	未配置跳频	配置跳频
4	1	0、2	1	0、2
5	0、3		0、3	
6	1、4		1、4	
7	1、4		1、4	
8	1、5		1、5	
9	1、6		1、6	
10	2、7		1、3、6、8	
11	2、7		1、3、6、9	
12	2、8		1、4、7、10	
13	2、9		1、4、7、11	
14	3、10		1、5、8、12	

PUCCH Format 4 的时频资源结果如图 4-68 所示。UCI 和 DMRS 通过 TDM 的方式进行复用。当 $N_{SF}^{PUCCH,4}=2$ 时，PUCCH Format 4 最多支持 2 个 UE 用户的复用；当 $N_{SF}^{PUCCH,4}=4$ 时，最多支持 4 个 UE 用户复用。

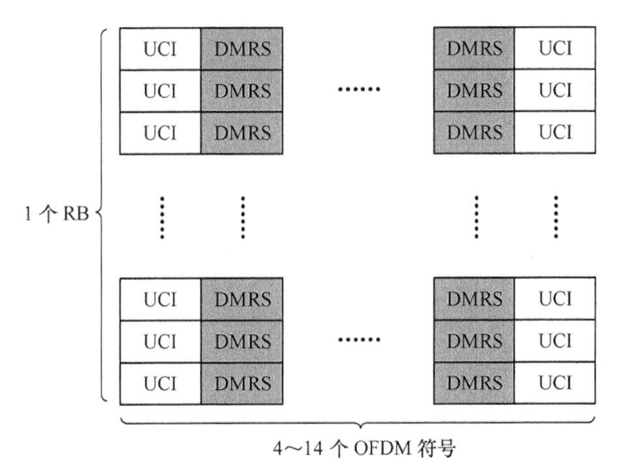

图 4-68　PUCCH Format 4 的时频资源结构

为支持码分复用能力，PUCCH Format 4 中的 DMRS 需要通过不同循环移位实现码分复用，再映射到相应的时频资源上。DMRS 的循环移位值与 PUCCH Format 4 在进行块式扩频时采用的正交扩频码的索引是关联的，见表 4-57。

表 4-57　PUCCH Format 4 中 DMRS 的循环移位

正交序列索引 n	循环移位索引	
	$N_{SF}^{PUCCH,4}=2$	$N_{SF}^{PUCCH,4}=4$
0	0	0
1	6	6
2		3
3		9

PUCCH Format 4 中的 DMRS 符号位置，同样根据 PUCCH 符号长度、是否配置跳频、是否配置额外 DMRS 等条件，由表 4-56 确定。

综合上面的讨论，PUCCH 各种格式的处理过程、时频资源映射、复用能力以及 DMRS 映射等均存在差异。表 4-58 总结了各种 PUCCH 格式的主要特性。其中，时隙重复是指对 PUCCH 进行重复发送，及多时隙 PUCCH 聚合。在 NR 中，为了提高 PUCCH 的覆盖能力，可以由高层信令配置重复时隙的数量，对 PUCCH Format 1/3/4 进行重复发送。在每一个用于重复发送的时隙中，多时隙 PUCCH 具有相同的起始符号和持续时间。

表 4-58　PUCCH 对应格式的特性

PUCCH 格式		占用 RB 数	调制方式	预编码	UE 复用容量（UE/PRB）	复用方式	跳频	时隙重复
0	短格式	1	无		≤6	基于序列选择	2 个符号时支持跳频	
1	长格式	1	BPSK QPSK		≤84（无跳频） ≤36（跳频）	UCI 和 DMRS 时分复用	支持	支持
2	短格式	1～16	QPSK		1	UCI 和 DMRS 频分复用	2 个符号时支持跳频	
3	长格式	1～16	QPSK π/2 BPSK	适用	1	UCI 和 DMRS 时分复用	支持	支持
4	长格式	1	QPSK π/2 BPSK	适用	≤4	UCI 和 DMRS 时分复用	支持	支持

8. PUCCH 资源集

NR PDSCH 定义了 CORESET 用以指示 PDSCH 物理资源的时频配置，为了实现与之类似的作用，PUCCH 也相应定义了 PUCCH 资源集的概念。

PUCCH 支持两种资源分配模式，即半静态资源分配和动态资源分配。对于半静态 PUCCH 资源分配，高层 RRC 信令直接配置一个资源，并声明该资源时域上的周期以及对应周期内的偏移，使该资源周期性地生效。在 NR 中，周期信道状态指示、半持续信道状态指示以及调度请求的 PUCCH 资源都是采用半静态配置的方式。对于动态 PUCCH 资源分配，高层 RRC 信令会配置一个或多个 PUCCH 资源集，每个资源集包含多个 PUCCH 资源。UE 在接收到 DCI 下行调度指令后，会根据指示在其中的一个 PUCCH 资源集中找到一个确定的 PUCCH 资源。

当采用动态 PUCCH 资源分配时，在 RRC 连接建立前与 RRC 连接建立后的资源集确定方式存在差异。

在 RRC 连接建立前，显然 gNB 无法通过 RRC 信令指示的方式为 UE 配置 PUCCH 资源集，因此，NR 预定义了多组 PUCCH 资源集，见表 4-59。预定义资源集中的 PUCCH 资源仅由 PUCCH Format 0 和 PUCCH Format 1 构成，这是由于在 RRC 连接建立前，PUCCH 仅需承载用于反馈建立 RRC 连接的信令的应答信息。每组预定义 PUCCH 资源集均包含 16 个 PUCCH 资源，且仅通过循环移位支持多 UE 用户复用，而不考虑时域复用的方式。

表 4-59 预定义 PUCCH 资源集

索引	PUCCH 格式	起始符号	符号数量	PRB 偏移 $\lfloor RB_{BWP}^{offset} \rfloor$	初始循环移位索引集
0	0	12	2	0	{0,3}
1	0	12	2	0	{0,4,8}
2	0	12	2	3	{0,4,8}
3	1	10	4	0	{0,6}
4	1	10	4	0	{0,3,6,9}
5	1	10	4	2	{0,3,6,9}
6	1	10	4	4	{0,3,6,9}
7	1	4	10	0	{0,6}
8	1	4	10	0	{0,3,6,9}
9	1	4	10	2	{0,3,6,9}
10	1	4	10	4	{0,3,6,9}
11	1	0	14	0	{0,6}

续表

索引	PUCCH 格式	起始符号	符号数量	PRB 偏移 $\lfloor RB_{BWP}^{offset} \rfloor$	初始循环移位索引集
12	1	0	14	0	{0,3,6,9}
13	1	0	14	2	{0,3,6,9}
14	1	0	14	4	{0,3,6,9}
15	1	0	14	$\lfloor N_{BWP}^{size}/4 \rfloor$	{0,3,6,9}

当 UE 初始接入时，gNB 通过 SIB1 为所有 RRC 连接建立前的 UE 配置一个公共的 PUCCH 资源集，UE 则通过 DCI 中 PUCCH 资源索引字段、DCI 起始的 CCE 索引以及调度 DCI 的 CORESET 中 CCE 的总数，确定实际用于反馈应答信息的 PUCCH 资源。

用 r_{PUCCH} 表示 UE 的 PUCCH 资源索引，且 $0 \leqslant r_{PUCCH} \leqslant 15$，有

$$r_{PUCCH} = \left\lfloor \frac{2 \cdot n_{CCE,0}}{N_{CCE,0}} \right\rfloor + 2 \cdot \Delta_{PRI} \tag{4-71}$$

其中，$N_{CCE,0}$ 为调度 DCI Format 1_0 或 1_1 的 PDCCH 对应的 CORESET 中的 CCE 总个数，$n_{CCE,0}$ 为调度 DCI 的 PDCCH 的起始 CCE 索引，Δ_{PRI} 为 DCI 中的 PUCCH 资源指示字段信息（携带 3 bit 信息）。

当 $\lfloor r_{PUCCH}/8 \rfloor = 0$，也即 r_{PUCCH} 介于 0～7 时，UE 确定的 PUCCH 传输第一跳的 PRB 索引值为 $RB_{BWP}^{offset} + \lfloor r_{PUCCH}/N_{CS} \rfloor$，第二跳的 PRB 索引值为 $N_{BWP}^{size} - 1 - RB_{BWP}^{offset} - \lfloor r_{PUCCH}/N_{CS} \rfloor$。这里的 N_{CS} 是指循环移位索引集中的循环移位索引总数。此时，UE 从循环移位索引集中选取并确定初始循环移位索引为 r_{PUCCH} mod N_{CS}。

当 $\lfloor r_{PUCCH}/8 \rfloor = 1$，也即 r_{PUCCH} 介于 8～15 时，UE 确定的 PUCCH 传输第一跳的 PRB 索引值为 $N_{BWP}^{size} - 1 - RB_{BWP}^{offset} - \lfloor (r_{PUCCH} - 8)/N_{CS} \rfloor$，第二跳的 PRB 索引值为 $RB_{BWP}^{offset} + \lfloor (r_{PUCCH} - 8)/N_{CS} \rfloor$。此时，UE 从循环移位索引集中选取并确定初始循环移位索引为$(r_{PUCCH}-8)$mod N_{CS}。

在 RRC 连接建立之后，由于 UE 可能需要同时反馈 HARQ-ACK 信息和 CSI 信息，对 PUCCH 资源的负载能力要求相应提高，此时 gNB 可以通过高层 RRC 信令指示的方式为 UE 配置专用的 PUCCH 资源集。

UE 专用 PUCCH 资源集的关键配置参数包括以下几种。

- *pucch-ResourceSetId*：PUCCH 资源集索引 ID，取值为 0～3。这意味着，每个 UE 最多可以配置 4 个专用的 PUCCH 资源集。

- *resourceListSet*：PUCCH资源集列表。其中资源集Set 0可以配置8～32个PUCCH资源。NR规定，PUCCH Format 0和PUCCH Format 1只能配置在Set 0中，而PUCCH Format 2/3/4只能配置在资源索引ID大于0的PUCCH资源集（仅可配置1～8个PUCCH资源）中。
- *maxPayloadMinus1*：指示PUCCH发送的最大UCI长度。对于Set 0，约定发送的最大UCI长度固定为2 bit。

UE专用PUCCH资源的关键配置参数包括以下几种。

- *pucch-ResourceId*：PUCCH资源索引ID，取值为0～127。
- *startingPRB*：第一跳的PRB索引。
- *secondHopPRB*：第二跳的PRB索引。
- *intraSlotFrequencyHopping*：时隙内跳频开关指示。
- *format*：PUCCH格式配置。针对不同的PUCCH格式，配置参数的类型存在差异，具体取决于对应格式的复用能力。例如，由于PUCCH Format 0是通过发送序列的不同循环移位实现多用户复用的，因此，除了需要通知PUCCH起始符号位置、持续时间、物理资源块索引外，还需要额外通知UE其初始循环移位的索引。

需要特别说明的是，当UE配置了多个PUCCH资源时，UE会根据UCI的长度N_{UCI}选择对应的PUCCH资源集。

- 如果待发送1 bit或2 bit的HARQ-ACK信息（可包含*Positive*或*Negative SR*，且HARQ-ACK与SR同时发送），即$N_{UCI}\leqslant 2$时，则UE选择*pucch-ResourceSetId*为0的资源集，即Set 0。
- 如果$2<N_{UCI}\leqslant N_2$，其中，N_2为*pucch-ResourceSetId*为1的资源集中参数*maxPayloadMinus1*的值，则UE选择Set 1。
- 如果$N_2<N_{UCI}\leqslant N_3$，其中，N_3为*pucch-ResourceSetId*为2的资源集中参数*maxPayloadMinus1*的值，则UE选择Set 2。
- 如果$N_3<N_{UCI}\leqslant 1706$，则UE选择*pucch-ResourceSetId*为3的资源集，即Set 3。

4.3.4 PUSCH信道

PUSCH信道既可以承载上行传输信道UL-SCH的业务数据，又可以承载上行控制信息（包括RI、CQI、PMI等）。在NR中，PUSCH支持CP-OFDM和DFT-S-OFDM波形，其处理过程与下行基本相同，主要差异在于上行传输预编码、天线映射以及伴随的参考信号。

1. PUSCH 信道处理过程

PUSCH 的信道处理过程如图 4-69 所示。当上行采用 CP-OFDM 波形时，每个 TTI 仅支持 1 个 TB 的传输，对应 1 个码字，最大可映射为 4 层。而当上行采用 DFT-S-OFDM 波形时，为了降低接收机设计的复杂度，以及更好地适应低 SINR 的场景，最大仅支持 1 层传输。

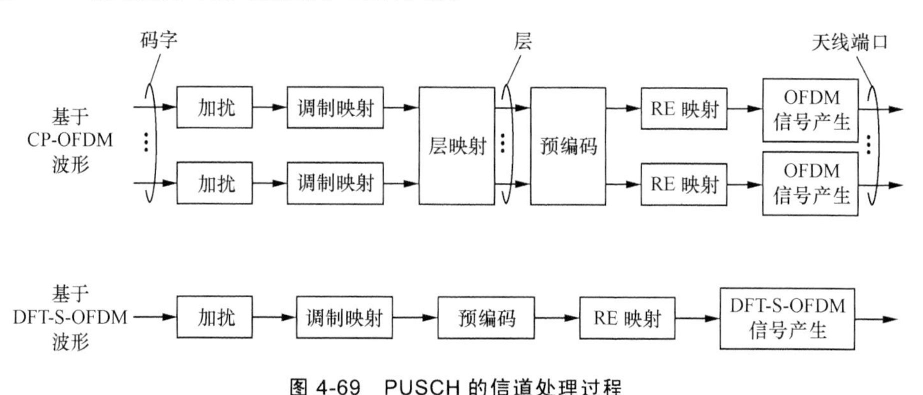

图 4-69　PUSCH 的信道处理过程

（1）CRC 添加。

在接收到从 MAC 层发送的动态大小的传输块（TB）后，TBS>3824 bit 时，则为其添加长度为 24 bit 的 TB-CRC；其余情况下，则为其添加 16 bit 的 TB-CRC。

如在添加 TB-CRC 后，传输块长度超过 LDPC 编码器所支持的最大码块长度，需要进行码块分割、CB-CRC 添加的操作。这与 PDSCH 中的处理过程是一致的。

（2）信道编码。

PUSCH 是业务信道，同样采用 LDPC 码进行信道编码。系统会根据 TB 的长度 A 和码率 R 选择适当的 LDPC 基图。base graph 1 适用于长码块、高码率，base graph 2 适用于短码块、低码率。PUSCH 中 LDPC 基图的选择条件与 PDSCH 中相同，即同样由式（4-21）约束。

选定合适的 LDPC 基图后，采用对应的 LDPC 编码规则进行信道编码。

（3）速率匹配。

与 PDSCH 相同，PUSCH 需要保证信道编码后的比特流速率与信道传输速率相一致。因此，在完成信道编码后，PUSCH 同样会基于 RV 进行比特选择。与 PDSCH 处理的差异仅在于，下行方向 PDSCH 强制支持 LBRM，而上行方向 PUSCH 可以根据高层 RRC 信令的指示选择是否支持 LBRM。

完成比特选择后，同样需要进行比特交织的处理，以使差错随机化，避免出现连续深衰落。

（4）加扰。

针对经 CRC 添加、信道编码、速率匹配等流程后产生的码字，进行比特级加扰。

（5）调制。

当不采用传输预编码方式时，PUSCH 基于 CP-OFDM 波形传输，此时可采用 QPSK、16QAM、64QAM 和 256QAM 调制方案；当采用传输预编码方式时，PUSCH 基于 DFT-S-OFDM 波形进行传输，此时除了支持 QPSK、16QAM、64QAM 和 256QAM 调制外，还新增支持π/2-BPSK 调制，见表 4-60。

表 4-60 PUSCH 支持的调制方案

不采用传输预编码		采用传输预编码	
调制方案	调制阶数 Q_m	调制方案	调制阶数 Q_m
		π/2-BPSK	1
QPSK	2	QPSK	2
16QAM	4	16QAM	4
64QAM	6	64QAM	6
256QAM	8	256QAM	8

（6）层映射。

当上行使用 CP-OFDM 波形时，PUSCH 最大支持 1 个码字的发送，最大可映射为 4 层。而当上行使用 DFT-S-OFDM 波形，也即使用传输预编码时，为了降低接收机的复杂度，上行链路仅能支持 1 层传输。基于 DFT-S-OFDM 波形的传输，主要用于覆盖受限的场景。

经层映射后得到 $\boldsymbol{x}(i)=[x^{(0)}(i)\cdots x^{(v-1)}(i)]^{\mathrm{T}}$，其中，$i=0,1,\cdots,M_{\mathrm{symb}}^{\mathrm{layer}}-1$，$M_{\mathrm{symb}}^{\mathrm{layer}}$ 为每层的调制符号数，v 为映射的层数。

（7）传输预编码。

传输预编码也称 DFT 预编码，仅作用于 PUSCH，PDSCH 无此处理过程。执行传输预编码过程的目的是降低单载波峰均比，提高功放效率。

PUSCH 是否执行传输预编码，取决于 *PUSCH-Config* 参数中字段 *transform precoder* 或 *RACH-ConfigCommon* 参数中 *msg3-transformPrecoding* 字段的配置。可以简单地理解为，当且仅当基于 DFT-S-OFDM 波形传输时，才需要执行传输预编码过程。

在此处理环节，如果未使能（Disable）传输预编码，则将层数据进行直接映射，即 $y^{(\lambda)}(i)=x^{(\lambda)}(i)$，其中，$\lambda=0,1,\cdots,v-1$。

如果使能（Enable）传输预编码，则必定有 v=1，且可以根据 PT-RS 的配置生成多项式 $\tilde{x}^{(0)}(i)$。假如 PUSCH 未配置 PT-RS，则将单层数据（$\lambda=0$）对应的复值符号 $x^{(0)}(0),\cdots,x^{(0)}(M_{\text{symb}}^{\text{layer}}-1)$ 分为 $M_{\text{symb}}^{\text{layer}}/M_{\text{SC}}^{\text{PUSCH}}$ 个集合，每个集合映射为一个 OFDM 符号，且 $\tilde{x}^{(0)}(i)=x^{(0)}(i)$。假如 PUSCH 配置 PT-RS，则将 $x^{(0)}(0),\cdots,x^{(0)}(M_{\text{symb}}^{\text{layer}}-1)$ 分为若干个集合。对于集合 l，包含了 $M_{\text{SC}}^{\text{PUSCH}}-\varepsilon_l N_{\text{samp}}^{\text{group}}N_{\text{group}}^{\text{PT-RS}}$ 个复值符号。同样地，每个集合映射到一个 ODFM 符号上。对于 OFDM 符号 l，可以用 $\tilde{x}^{(0)}(lM_{\text{SC}}^{\text{PUSCH}}+i')$ 表示，其中，$i'\in\{0,1,\cdots,M_{\text{SC}}^{\text{PUSCH}}-1\}$，且 $i'\neq m$。m 为对应集合 l 的 PT-RS 索引。

根据式（4-72）得到传输预编码后的复值符号 $y^{(0)}(0),\cdots,y^{(0)}(M_{\text{symb}}^{\text{layer}}-1)$，也即

$$y^{(0)}(l\cdot M_{\text{SC}}^{\text{PUSCH}}+k)=\frac{1}{\sqrt{M_{\text{SC}}^{\text{PUSCH}}}}\sum_{i=0}^{M_{\text{SC}}^{\text{PUSCH}}-1}\tilde{x}^{(0)}(l\cdot M_{\text{SC}}^{\text{PUSCH}}+i)\mathrm{e}^{-\mathrm{j}\frac{2\pi ik}{M_{\text{SC}}^{\text{PUSCH}}}} \tag{4-72}$$

其中，$k=0,\cdots,M_{\text{SC}}^{\text{PUSCH}}-1$，$l=0,\cdots,M_{\text{symb}}^{\text{layer}}/M_{\text{SC}}^{\text{PUSCH}}-1$。$M_{\text{SC}}^{\text{PUSCH}}$ 为分配给 PUSCH 的子载波数，即 $M_{\text{SC}}^{\text{PUSCH}}=M_{\text{RB}}^{\text{PUSCH}}\cdot N_{\text{SC}}^{\text{RB}}$。$M_{\text{RB}}^{\text{PUSCH}}$ 为 PUSCH 占用带宽对应的 RB 数，必须满足

$$M_{\text{RB}}^{\text{PUSCH}}=2^{\alpha_2}\cdot 3^{\alpha_3}\cdot 5^{\alpha_5} \tag{4-73}$$

其中，α_2、α_3 和 α_5 均为非负整数。我们注意到，这里对分配给 PUSCH 的 RB 数采用了与 LTE 相同的限制，即 RB 数必须是 2/3/5 的幂次方。这是因为，从 DFT 实现复杂度的角度看，DFT 的长度最好是 2 的幂次方。但是从资源分配的角度看，限制为 2 的幂次方直接限制了上行传输的调度灵活性。因此，NR 采用了式（4-73）表示的折衷方案，充分照顾到低 DFT 实现复杂度与高资源分配灵活性的需求。

（8）预编码。

经前述流程得到矢量 $[y^{(0)}(i)\cdots y^{(v-1)}(i)]^{\mathrm{T}}$ 后，进行预编码，即

$$\begin{bmatrix} z^{(p_0)}(i) \\ \vdots \\ z^{(p_{\rho-1})}(i) \end{bmatrix}=\boldsymbol{w}\begin{bmatrix} y^{(0)}(i) \\ \vdots \\ y^{(v-1)}(i) \end{bmatrix} \tag{4-74}$$

其中，$i=0,1,\cdots,M_{\text{symb}}^{\text{layer}}-1$，$M_{\text{symb}}^{\text{layer}}=M_{\text{symb}}^{ap}$。$\{p_0,\cdots,p_{\rho-1}\}$ 为天线端口集合。$\boldsymbol{w}$ 为预编码矩阵，具体取决于 PUSCH 采用的上行传输方案。

PUSCH 支持两种上行传输方案，即基于码本（Code Book）的传输方案和基于非码本（Non Code Book）的传输方案。PUSCH 的传输方案通过高层信令配置。当采用基于码本的传输方案时，gNB 通过 DCI 向 UE 提供传输预编码矩

阵指示；当采用基于非码本的传输方案时，UE 通过来自 DCI 的宽带 SRI 字段来确定其 PUSCH 预编码器。

基于码本的传输方案是指基于固定码本确定 PUSCH 的上行传输预编码矩阵。当 PUSCH 基于 DFT-S-OFDM 波形传输时，由于只支持单层传输，需要专门设计单流码本。当 PUSCH 基于 CP-OFDM 波形传输时，由于最多可以支持 4 层传输，需要设计最多 4 流码本。

表 4-61 为使用 DFT-S-OFDM 波形时的 2 天线单流码本，其中，TPMI 索引由 DCI 或 RRC 信令指示。我们注意到，该码本包含了 2 个适用于天线非相干传输的码字（对应 TPMI 为 0/1）和 4 个适用于天线全相干传输的码字（对应 TPMI 为 2/3/4/5）。

其设计初衷是为了支持 UE 天线相干传输能力的多样性。受限于 UE 的成本和设计，由于天线阵元的互耦效应、射频通路放大器相位和增益的变化等因素的影响，实际的 UE 天线各端口不一定能校准至满足相干传输要求的程度，因而不同 UE 的天线相干传输能力可能存在差异。具体可以分为以下几类。

- 全相干（Full-coherent）传输：所有天线均可以相干传输，在设计码字时的特征是，码字的任意一列没有为零的元素。
- 部分相干（Partial-coherent）传输：仅有部分天线可以相干传输，因此，可以将其分为多个相干传输组，各个相干传输组之间不支持相干传输，每个相干传输组包含两个天线，且同一相干传输组内的天线支持相干传输。对应的码字特征设计为码字的任意一列具有对应于同一相干传输组的两个非零元素。
- 非相干（Non-coherent）传输：所有天线均不满足相干传输，在设计码字时的特征是，码字的任意一列只有一个非零的元素。

在设计 2 天线单流码本时，显然只需要设计全相干传输和非相干传输两种码字。

表 4-61　单层 2 天线传输的预编码矩阵 *w*

TPMI 索引	*w*							
0～5	$\frac{1}{\sqrt{2}}\begin{bmatrix}1\\0\end{bmatrix}$	$\frac{1}{\sqrt{2}}\begin{bmatrix}0\\1\end{bmatrix}$	$\frac{1}{\sqrt{2}}\begin{bmatrix}1\\1\end{bmatrix}$	$\frac{1}{\sqrt{2}}\begin{bmatrix}1\\-1\end{bmatrix}$	$\frac{1}{\sqrt{2}}\begin{bmatrix}1\\j\end{bmatrix}$	$\frac{1}{\sqrt{2}}\begin{bmatrix}1\\-j\end{bmatrix}$		

使用 DFT-S-OFDM 波形时的 4 天线单流码本见表 4-62。该码本包含了 4 个适用于天线非相干传输的码字（对应 TPMI 为 0/1/2/3）、8 个适用于天线部分相干传输的码字（对应 TPMI 为 4/5/6/7/8/9/10/11）和 16 个适用于天线全相干传输的码字（对应 TPMI 为 12～27）。

表 4-62 单层 4 天线传输的预编码矩阵 w（采用传输预编码）

TPMI 索引	w							
0～7	$\frac{1}{2}\begin{bmatrix}1\\0\\0\\0\end{bmatrix}$	$\frac{1}{2}\begin{bmatrix}0\\1\\0\\0\end{bmatrix}$	$\frac{1}{2}\begin{bmatrix}0\\0\\1\\0\end{bmatrix}$	$\frac{1}{2}\begin{bmatrix}0\\0\\0\\1\end{bmatrix}$	$\frac{1}{2}\begin{bmatrix}1\\0\\1\\0\end{bmatrix}$	$\frac{1}{2}\begin{bmatrix}1\\0\\-1\\0\end{bmatrix}$	$\frac{1}{2}\begin{bmatrix}1\\0\\j\\0\end{bmatrix}$	$\frac{1}{2}\begin{bmatrix}1\\0\\-j\\0\end{bmatrix}$
8～15	$\frac{1}{2}\begin{bmatrix}0\\1\\0\\1\end{bmatrix}$	$\frac{1}{2}\begin{bmatrix}0\\1\\0\\-1\end{bmatrix}$	$\frac{1}{2}\begin{bmatrix}0\\1\\0\\j\end{bmatrix}$	$\frac{1}{2}\begin{bmatrix}0\\1\\0\\-j\end{bmatrix}$	$\frac{1}{2}\begin{bmatrix}1\\1\\1\\-1\end{bmatrix}$	$\frac{1}{2}\begin{bmatrix}1\\1\\j\\j\end{bmatrix}$	$\frac{1}{2}\begin{bmatrix}1\\1\\-1\\1\end{bmatrix}$	$\frac{1}{2}\begin{bmatrix}1\\1\\-j\\-j\end{bmatrix}$
16～23	$\frac{1}{2}\begin{bmatrix}1\\j\\1\\j\end{bmatrix}$	$\frac{1}{2}\begin{bmatrix}1\\j\\j\\1\end{bmatrix}$	$\frac{1}{2}\begin{bmatrix}1\\j\\-1\\-j\end{bmatrix}$	$\frac{1}{2}\begin{bmatrix}1\\j\\-j\\-1\end{bmatrix}$	$\frac{1}{2}\begin{bmatrix}1\\-1\\1\\1\end{bmatrix}$	$\frac{1}{2}\begin{bmatrix}1\\-1\\j\\-j\end{bmatrix}$	$\frac{1}{2}\begin{bmatrix}1\\-1\\-1\\-1\end{bmatrix}$	$\frac{1}{2}\begin{bmatrix}1\\-1\\-j\\j\end{bmatrix}$
24～27	$\frac{1}{2}\begin{bmatrix}1\\-j\\1\\-j\end{bmatrix}$	$\frac{1}{2}\begin{bmatrix}1\\-j\\j\\-1\end{bmatrix}$	$\frac{1}{2}\begin{bmatrix}1\\-j\\-1\\j\end{bmatrix}$	$\frac{1}{2}\begin{bmatrix}1\\-j\\-j\\1\end{bmatrix}$				

使用 CP-OFDM 波形时的 4 天线单流码本见表 4-63。该码本与表 4-62 所示的码本的差异仅在于 16 个适用于天线全相干传输的码字对应的元素不同。

表 4-63 单层 4 天线传输的预编码矩阵 w（不采用传输预编码）

TPMI 索引	w							
0～7	$\frac{1}{2}\begin{bmatrix}1\\0\\0\\0\end{bmatrix}$	$\frac{1}{2}\begin{bmatrix}0\\1\\0\\0\end{bmatrix}$	$\frac{1}{2}\begin{bmatrix}0\\0\\1\\0\end{bmatrix}$	$\frac{1}{2}\begin{bmatrix}0\\0\\0\\1\end{bmatrix}$	$\frac{1}{2}\begin{bmatrix}1\\0\\1\\0\end{bmatrix}$	$\frac{1}{2}\begin{bmatrix}1\\0\\-1\\0\end{bmatrix}$	$\frac{1}{2}\begin{bmatrix}1\\0\\j\\0\end{bmatrix}$	$\frac{1}{2}\begin{bmatrix}1\\0\\-j\\0\end{bmatrix}$
8～15	$\frac{1}{2}\begin{bmatrix}0\\1\\0\\1\end{bmatrix}$	$\frac{1}{2}\begin{bmatrix}0\\1\\0\\-1\end{bmatrix}$	$\frac{1}{2}\begin{bmatrix}0\\1\\0\\j\end{bmatrix}$	$\frac{1}{2}\begin{bmatrix}0\\1\\0\\-j\end{bmatrix}$	$\frac{1}{2}\begin{bmatrix}1\\1\\1\\1\end{bmatrix}$	$\frac{1}{2}\begin{bmatrix}1\\1\\j\\j\end{bmatrix}$	$\frac{1}{2}\begin{bmatrix}1\\1\\-1\\-1\end{bmatrix}$	$\frac{1}{2}\begin{bmatrix}1\\1\\-j\\-j\end{bmatrix}$
16～23	$\frac{1}{2}\begin{bmatrix}1\\j\\1\\j\end{bmatrix}$	$\frac{1}{2}\begin{bmatrix}1\\j\\j\\-1\end{bmatrix}$	$\frac{1}{2}\begin{bmatrix}1\\j\\-1\\-j\end{bmatrix}$	$\frac{1}{2}\begin{bmatrix}1\\j\\-j\\1\end{bmatrix}$	$\frac{1}{2}\begin{bmatrix}1\\-1\\1\\-1\end{bmatrix}$	$\frac{1}{2}\begin{bmatrix}1\\-1\\j\\-j\end{bmatrix}$	$\frac{1}{2}\begin{bmatrix}1\\-1\\-1\\1\end{bmatrix}$	$\frac{1}{2}\begin{bmatrix}1\\-1\\-j\\j\end{bmatrix}$
24～27	$\frac{1}{2}\begin{bmatrix}1\\-j\\1\\-j\end{bmatrix}$	$\frac{1}{2}\begin{bmatrix}1\\-j\\j\\-1\end{bmatrix}$	$\frac{1}{2}\begin{bmatrix}1\\-j\\-1\\j\end{bmatrix}$	$\frac{1}{2}\begin{bmatrix}1\\-j\\-j\\-1\end{bmatrix}$				

使用 CP-OFDM 波形时的 2 天线双流码本见表 4-64。该码本包含了 1 个适用于天线非相干传输的码字（对应 TPMI 为 0）和 2 个适用于天线全相干传输的码字（对应 TPMI 为 1/2）。

表 4-64　双层 2 天线传输的预编码矩阵 w（不采用传输预编码）

TPMI 索引	w			
0～2	$\frac{1}{\sqrt{2}}\begin{bmatrix}1 & 0\\0 & 1\end{bmatrix}$	$\frac{1}{\sqrt{2}}\begin{bmatrix}1 & 1\\1 & -1\end{bmatrix}$	$\frac{1}{\sqrt{2}}\begin{bmatrix}1 & 1\\j & -j\end{bmatrix}$	

使用 CP-OFDM 波形时的 4 天线双流码本见表 4-65。该码本包含了 6 个适用于天线非相干传输的码字（对应 TPMI 为 0/1/2/3/4/5）、8 个适用于天线部分相干传输的码字（对应 TPMI 为 6/7/8/9/10/11/12/13）和 8 个适用于天线全相干传输的码字（对应 TPMI 为 14/15/16/17/18/19/20/21）。

表 4-65　双层 4 天线传输的预编码矩阵 w（不采用传输预编码）

TPMI 索引	w			
0～3	$\frac{1}{2}\begin{bmatrix}1 & 0\\0 & 1\\0 & 0\\0 & 0\end{bmatrix}$	$\frac{1}{2}\begin{bmatrix}1 & 0\\0 & 0\\0 & 1\\0 & 0\end{bmatrix}$	$\frac{1}{2}\begin{bmatrix}1 & 0\\0 & 0\\0 & 0\\0 & 1\end{bmatrix}$	$\frac{1}{2}\begin{bmatrix}0 & 0\\1 & 0\\0 & 1\\0 & 0\end{bmatrix}$
4～7	$\frac{1}{2}\begin{bmatrix}0 & 0\\1 & 0\\0 & 0\\0 & 1\end{bmatrix}$	$\frac{1}{2}\begin{bmatrix}0 & 0\\0 & 0\\1 & 0\\0 & 1\end{bmatrix}$	$\frac{1}{2}\begin{bmatrix}1 & 0\\0 & 1\\1 & 0\\0 & -j\end{bmatrix}$	$\frac{1}{2}\begin{bmatrix}1 & 0\\0 & 1\\1 & 0\\0 & j\end{bmatrix}$
8～11	$\frac{1}{2}\begin{bmatrix}1 & 0\\0 & 1\\-j & 0\\0 & 1\end{bmatrix}$	$\frac{1}{2}\begin{bmatrix}1 & 0\\0 & 1\\-j & 0\\0 & -1\end{bmatrix}$	$\frac{1}{2}\begin{bmatrix}1 & 0\\0 & 1\\-1 & 0\\0 & -j\end{bmatrix}$	$\frac{1}{2}\begin{bmatrix}1 & 0\\0 & 1\\-1 & 0\\0 & j\end{bmatrix}$
12～15	$\frac{1}{2}\begin{bmatrix}1 & 0\\0 & 1\\j & 0\\0 & 1\end{bmatrix}$	$\frac{1}{2}\begin{bmatrix}1 & 0\\0 & 1\\j & 0\\0 & -1\end{bmatrix}$	$\frac{1}{2\sqrt{2}}\begin{bmatrix}1 & 1\\1 & 1\\1 & -1\\1 & -1\end{bmatrix}$	$\frac{1}{2\sqrt{2}}\begin{bmatrix}1 & 1\\1 & 1\\j & -j\\j & -j\end{bmatrix}$
16～19	$\frac{1}{2\sqrt{2}}\begin{bmatrix}1 & 1\\j & j\\1 & -1\\j & -j\end{bmatrix}$	$\frac{1}{2\sqrt{2}}\begin{bmatrix}1 & 1\\j & j\\j & -j\\-1 & 1\end{bmatrix}$	$\frac{1}{2\sqrt{2}}\begin{bmatrix}1 & 1\\-1 & -1\\1 & -1\\-1 & 1\end{bmatrix}$	$\frac{1}{2\sqrt{2}}\begin{bmatrix}1 & 1\\-1 & -1\\j & -j\\-j & j\end{bmatrix}$
20～21	$\frac{1}{2\sqrt{2}}\begin{bmatrix}1 & 1\\-j & -j\\1 & -1\\-j & j\end{bmatrix}$	$\frac{1}{2\sqrt{2}}\begin{bmatrix}1 & 1\\-j & -j\\j & -j\\1 & -1\end{bmatrix}$		

使用 CP-OFDM 波形时的 4 天线三流码本见表 4-66。该码本包含了 1 个适用于天线非相干传输的码字（对应 TPMI 为 0）、2 个适用于天线部分相干传输的码字（对应 TPMI 为 1/2）和 4 个适用于天线全相干传输的码字（对应 TPMI 为 3/4/5/6）。

表 4-66　3 层 4 天线传输的预编码矩阵 *w*（不采用传输预编码）

TPMI 索引	*w*			
0～3	$\frac{1}{2}\begin{bmatrix}1&0&0\\0&1&0\\0&0&1\\0&0&0\end{bmatrix}$	$\frac{1}{2}\begin{bmatrix}1&0&0\\0&1&0\\1&0&0\\0&0&1\end{bmatrix}$	$\frac{1}{2}\begin{bmatrix}1&0&0\\0&1&0\\-1&0&0\\0&0&1\end{bmatrix}$	$\frac{1}{2\sqrt{3}}\begin{bmatrix}1&1&1\\1&-1&1\\1&1&-1\\1&-1&-1\end{bmatrix}$
4～6	$\frac{1}{2\sqrt{3}}\begin{bmatrix}1&1&1\\1&-1&1\\j&j&-j\\j&-j&-j\end{bmatrix}$	$\frac{1}{2\sqrt{3}}\begin{bmatrix}1&1&1\\-1&1&-1\\1&1&-1\\-1&1&1\end{bmatrix}$	$\frac{1}{2\sqrt{3}}\begin{bmatrix}1&1&1\\-1&1&-1\\j&j&-j\\-j&j&j\end{bmatrix}$	

使用 CP-OFDM 波形时的 4 天线四流码本见表 4-67。该码本包含了 1 个适用于天线非相干传输的码字（对应 TPMI 为 0）、2 个适用于天线部分相干传输的码字（对应 TPMI 为 1/2）和 2 个适用于天线全相干传输的码字（对应 TPMI 为 3/4）。

表 4-67　4 层 4 天线传输的预编码矩阵 *w*（不采用传输预编码）

TPMI 索引	*w*			
0～3	$\frac{1}{2}\begin{bmatrix}1&0&0&0\\0&1&0&0\\0&0&1&0\\0&0&0&1\end{bmatrix}$	$\frac{1}{2\sqrt{2}}\begin{bmatrix}1&1&0&0\\0&0&1&1\\1&-1&0&0\\0&0&1&-1\end{bmatrix}$	$\frac{1}{2\sqrt{2}}\begin{bmatrix}1&1&0&0\\0&0&1&1\\j&-j&0&0\\0&0&j&-j\end{bmatrix}$	$\frac{1}{4}\begin{bmatrix}1&1&1&1\\1&-1&1&-1\\1&1&-1&-1\\1&-1&-1&1\end{bmatrix}$
4	$\frac{1}{4}\begin{bmatrix}1&1&1&1\\1&-1&1&-1\\j&j&-j&-j\\j&-j&-j&j\end{bmatrix}$			

基于非码本的传输方案与基于码本的传输方案的区别在于，其预编码矩阵不限定在预定义的固定码本的有限候选集内，UE 可以基于信道的互易性选择合适的预编码矩阵。基于 NZP CSI-RS 的测量结果，UE 可以确定用于非码本上行传输的预编码矩阵。

（9）资源映射。

PUSCH 的资源映射同样采用先映射到 VRB，再映射到 PRB 的方式。在进行 VRB 映射时，按照先占用频域子载波、后占用时域 OFDM 符号的顺序。在进行 VRB 到 PRB 的映射时，支持非交织映射和交织映射两种方式。

2. **时域资源分配**

NR PUSCH 信道的时域资源映射类型支持 Type A 和 Type B 两种。Type A 和 Type B 分别定义了 PDSCH 时隙内起始符号 S 和 PDSCH 符号资源分配的长度 L，见表 4-68。我们注意到，PUSCH 符号资源分配所支持的长度与 PDSCH 是不同的。例如，在常规 CP 下，PDSCH Type A 支持的符号长度为{3,…,14}个符号，而 PUSCH Type A 支持{4,…,14}个符号。

表 4-68　PUSCH 时域资源映射类型

PUSCH 映射类型	常规 CP			扩展 CP		
	S	L	$S+L$	S	L	$S+L$
Type A	0	{4,…,14}	{4,…,14}	0	{4,…,12}	{4,…,12}
Type B	{0,…,13}	{1,…,14}	{1,…,14}	{0,…,12}	{1,…,12}	{1,…,12}

与 PDSCH 类似，PUSCH 同样定义了默认的时频资源分配表，见表 4-69，以及常规 CP 和扩展 CP 下具体的时频资源分配，此处不进行引用。

表 4-69　PUSCH 时域资源分配表

RNTI	PDCCH 搜索空间	*pusch-TimeDomainAllocationList* 参数中 *pusch-ConfigCommon* 字段	*pusch-TimeDomainAllocationList* 参数中 *pusch-Config* 字段	PUSCH 时域资源分配类型
由 MACRAR 调度的 PUSCH		否		Default A
		是		*pusch-ConfigCommon* 指示
C-RNTI、MCS-C-RNTI、TC-RNTI、CS-RNTI	任意关联 CORESET 0 的公共搜索空间	否		Default A
		是		*pusch-ConfigCommon* 指示
C-RNTI、MCS-C-RNTI、TC-RNTI、CS-RNTI	任意关联 CORESET 0 的公共搜索空间、UE 专用搜索空间	否	否	Default A
		是	否	*pusch-ConfigCommon* 指示
		否/是	是	*pusch-Config* 指示

3. **频域资源分配**

PUSCH 频域资源分配支持 Type0 和 Type1 两种类型，即基于 Bitmap 的分配和基于 RIV 的分配。其中，Type0 仅适用于未采用传输预编码的场景，而 Type1 可同时适用于未采用传输预编码或采用传输预编码的场景。当 UE 接收到来自 DCI Format 0_0 的调度信息时，上行频域资源分配默认使用 Type1。

当 DCI 中配置了 *Bandwidth part indicator* 字段信息时，上行 Type0 和 Type1 的 RB 索引由其指示；当 DCI 未配置该字段时，则上行 Type0 和 Type1 的 RB 索引由当前 UE 激活的 BWP 决定。

对于 Type0，通过 Bitmap 的方式指示分配给 UE 的 RBG 数。一个 RBG 由若干连续的 VRB 组成，其长度 P 取决于 *pusch-Config* 以及 BWP 的大小，见表 4-70。

表 4-70　RBG 长度 *P*

BWP 大小（RB）	配置 1	配置 2
1～36	2	4
37～72	4	8
73～144	8	16
145～275	16	16

上行带宽部分 BWP_i 的 RBG 总数 N_{RBG} 由式（4-75）给出，即

$$N_{\text{RBG}} = \left\lceil \left(N_{\text{BWP},i}^{\text{size}} + \left(N_{\text{BWP},i}^{\text{start}} \bmod P \right) \right) / P \right\rceil \quad (4\text{-}75)$$

其中，第一个 RBG 的长度为 $RBG_0^{\text{size}} = P - N_{\text{BWP},i}^{\text{start}} \bmod P$。最后一个 RBG 的长度为 $RBG_{\text{last}}^{\text{size}} = (N_{\text{BWP},i}^{\text{start}} + N_{\text{BWP},i}^{\text{size}}) \bmod P$，其余 RBG 的长度为 P。

Type0 采用 N_{RBG} 个比特指示 RBG 的频域位置。当某个 RBG 关联的 Bitmap 值为 1 时，代表该 RBG 已分配给 UE；当 Bitmap 值为 0 时，代表该 RBG 暂未分配。这与 PDSCH Type0 的分配方式是一致的。需要注意的是，当工作在 FR2 频段并且基于 CP-OFDM 波形时，不支持非连续的上行 RB 分配。

对于 Type1，基于 RIV 进行频域资源分配，其具体分配方式与 PDSCH Type1 类似。需要特别注意的是，在采用 Type1 的分配方式时，PUSCH 支持跳频，具体有以下两种跳频模式。

- 时隙内跳频：适用于单时隙和多时隙 PUSCH 传输。
- 时隙间跳频：适用于多时隙 PUSCH 传输。

对于时隙内跳频，每一跳的起始 RB 为

$$RB_{\text{start}}=\begin{cases}RB_{\text{start}} & ,i=0\\(RB_{\text{start}}+RB_{\text{offset}})\bmod N_{\text{BWP}}^{\text{size}} & ,i=1\end{cases}\tag{4-76}$$

其中，i=0表示第一跳，i=1表示第二跳。RB_{start}为UL BWP的起始RB，RB_{offset}为两跳之间的频率偏置，由高层信令配置。第一跳的符号数为$\lfloor N_{\text{symb}}^{\text{PUSCH},s}/2\rfloor$，第二跳的符号数为$N_{\text{symb}}^{\text{PUSCH},s}-\lfloor N_{\text{symb}}^{\text{PUSCH},s}/2\rfloor$，此处的$N_{\text{symb}}^{\text{PUSCH},s}$为当前时隙中PUSCH占用的符号长度。

对于时隙间跳频，每一跳的起始RB为

$$RB_{\text{start}}(n_s^{\mu})=\begin{cases}RB_{\text{start}} n_s^{\mu} \bmod 2=0\\(RB_{\text{start}}+RB_{\text{offset}})\bmod N_{\text{BWP}}^{\text{size}} n_s^{\mu} \bmod 2=1\end{cases}\tag{4-77}$$

其中，n_s^{μ}为无线帧内的当前时隙编号，当$n_s^{\mu}\bmod 2=0$时，对应偶数时隙，当$n_s^{\mu}\bmod 2=0$时，对应奇数时隙。

4. PUSCH DMRS

与PDSCH DMRS类似，PUSCH DMRS的时域映射结构分为Type A和Type B两类。表4-71和表4-72分别给出了在不采用时隙内跳频前提条件下，PUSCH单符号DMRS和双符号DMRS的时域位置组合。

表4-71　PUSCH单符号DMRS的时域位置（不采用时隙内跳频）

传输周期符号数 l_d	DMRS符号位置 $\bar{l}$							
	Type A附加DMRS位置				Type B附加DMRS位置			
	0	1	2	3	0	1	2	3
<4					l_0	l_0	l_0	l_0
4	l_0	l_0	l_0	l_0	l_0	l_0	l_0	l_0
5	l_0	l_0	l_0	l_0	l_0	l_0, 4	l_0, 4	l_0, 4
6	l_0	l_0	l_0	l_0	l_0	l_0, 4	l_0, 4	l_0, 4
7	l_0	l_0	l_0	l_0	l_0	l_0, 4	l_0, 4	l_0, 4
8	l_0	l_0, 7	l_0, 7	l_0, 7	l_0	l_0, 6	l_0, 3, 6	l_0, 3, 6
9	l_0	l_0, 7	l_0, 7	l_0, 7	l_0	l_0, 6	l_0, 3, 6	l_0, 3, 6
10	l_0	l_0, 9	l_0, 6, 9	l_0, 6, 9	l_0	l_0, 8	l_0, 4, 8	l_0, 3, 6, 9
11	l_0	l_0, 9	l_0, 6, 9	l_0, 6, 9	l_0	l_0, 8	l_0, 4, 8	l_0, 3, 6, 9
12	l_0	l_0, 9	l_0, 6, 9	l_0, 5, 8, 11	l_0	l_0, 10	l_0, 5, 10	l_0, 3, 6, 9
13	l_0	l_0, 11	l_0, 7, 11	l_0, 5, 8, 11	l_0	l_0, 10	l_0, 5, 10	l_0, 3, 6, 9
14	l_0	l_0, 11	l_0, 7, 11	l_0, 5, 8, 11	l_0	l_0, 10	l_0, 5, 10	l_0, 3, 6, 9

表 4-72　PUSCH 双符号 DMRS 的时域位置（不采用时隙内跳频）

传输周期符号数 l_d	DMRS 符号位置 $\bar{l}$							
	Type A 附加 DMRS 位置				Type B 附加 DMRS 位置			
	0	1	2	3	0	1	2	3
＜4								
4	l_0	l_0						
5	l_0	l_0			l_0	l_0		
6	l_0	l_0			l_0	l_0		
7	l_0	l_0			l_0	l_0		
8	l_0	l_0			l_0	l_0, 5		
9	l_0	l_0			l_0	l_0, 5		
10	l_0	l_0, 8			l_0	l_0, 7		
11	l_0	l_0, 8			l_0	l_0, 7		
12	l_0	l_0, 8			l_0	l_0, 9		
13	l_0	l_0, 10			l_0	l_0, 9		
14	l_0	l_0, 10			l_0	l_0, 9		

当配置时隙内跳频时，PUSCH 仅支持单符号前置 DMRS 与附加 DMRS 的组合。对于 Type A，每一跳至少包含 3 个 OFDM 符号。其中第一跳的前置 DMRS 固定在当前时隙内的第三个或第四个 OFDM 符号上，第二跳的前置 DMRS 位于当前时隙内的第一个 OFDM 符号上，见表 4-73。需要注意的是，如果配置了附加 DMRS，但第一跳的符号数少于 5，则第一跳不传输附加 DMRS。对于 Type B，每一跳上的 DMRS 符号位置相同，前置 DMRS 均位于这一跳的第一个符号，而附加 DMRS 在时域上与前置 DMRS 间隔 3 个 OFDM 符号。

表 4-73　PUSCH 单符号 DMRS 的时域位置（采用时隙内跳频）

传输周期符号数 l_d	DMRS 符号位置 $\bar{l}$											
	Type A								Type B			
	l_0=2				l_0=3				l_0=0			
	附加 DMRS 位置				附加 DMRS 位置				附加 DMRS 位置			
	0		1		0		1		0		1	
	第一跳	第二跳	第一跳	第二跳	第一跳	第二跳	第一跳	第二跳	第一跳	第二跳	第一跳	第二跳
≤3									0	0	0	0
4	2	0	2	0	3	0	3	0	0	0	0	0
5,6	2	0	2	0,4	3	0	3	0,4	0	0	0,4	0,4
7	2	0	2,6	0,4	3	0	3	0,4	0	0	0,4	0,4

PUSCH DMRS 在频域和空域上支持 Type1 和 Type2 两种配置类型，见表 4-74 和表 4-75。这实际上与 PDSCH DMRS 的配置方式是一致的。我们注意到，当 PUSCH DMRS 采用 Type1 配置类型时，正交的 DMRS 端口最多为 8 个，这也意味着上行 MU-MIMO 最大支持 8 层传输。而当 PUSCH DMRS 采用 Type2 配置类型时，正交的 DMRS 端口最多可以达到 12 个，相应地，上行 MU-MIMO 最大支持 12 层传输。

表 4-74　Type1 PUSCH DMRS 参数配置

$\tilde{p}$	CDM 组	Δ	$w_f(k')$		$w_t(l')$	
			$k'=0$	$k'=1$	$l'=0$	$l'=1$
0	0	0	1	1	1	1
1	0	0	1	−1	1	1
2	1	1	1	1	1	1
3	1	1	1	−1	1	1
4	0	0	1	1	1	−1
5	0	0	1	−1	1	−1
6	1	1	1	1	1	−1
7	1	1	1	−1	1	−1

表 4-75　Type2 PUSCH DMRS 参数配置

$\tilde{p}$	CDM 组	Δ	$w_f(k')$		$w_t(l')$	
			$k'=0$	$k'=1$	$l'=0$	$l'=1$
0	0	0	1	1	1	1
1	0	0	1	−1	1	1
2	1	2	1	1	1	1
3	1	2	1	−1	1	1
4	2	4	1	1	1	1
5	2	4	1	−1	1	1
6	0	0	1	1	1	−1
7	0	0	1	−1	1	−1
8	1	2	1	1	1	−1
9	1	2	1	−1	1	−1
10	2	4	1	1	1	−1
11	2	4	1	−1	1	−1

5. PUSCH PT-RS

PUSCH PT-RS 的时频资源映射与当前信道所采用的波形有关。

基于 CP-OFDM 波形的 PT-RS 在频域上均匀分布，即在每个 PRB 或者若干个 PRB 中选择一个子载波用于 PT-RS 映射。而在时域上，PT-RS 的时域密度与 MCS 等级相关。这与 PDSCH PT-RS 中的时频密度配置一致。

基于 DFT-S-OFDM 波形的 PT-RS 不能在频域进行相位变化的估计，这是由于 DFT 变换会将 PT-RS 扩展至整个频域带宽，进而造成与同符号数据的混淆。因此，基于 DFT-S-OFDM 波形的 PT-RS 采用时域内插的方式进行传输。相应地，在讨论其导频密度时，一般是指时域密度和 DFT 域密度。基于 DFT-S-OFDM 波形的 PT-RS 的时域密度固定为每一个或每两个 OFDM 符号出现一次。DFT 域密度是指 DFT 变换前 PT-RS 占用的样点数，具体与调度带宽有关，见表 4-76。

表 4-76　基于 DFT-S-OFDM 波形的 PT-RS 的 DFT 域密度

调度带宽	PT-RS 组数	每个 PT-RS 组的样点数
$N_{RB0} \leqslant N_{RB} < N_{RB1}$	2	2
$N_{RB1} \leqslant N_{RB} < N_{RB2}$	2	4
$N_{RB2} \leqslant N_{RB} < N_{RB3}$	4	2
$N_{RB3} \leqslant N_{RB} < N_{RB4}$	4	4
$N_{RB4} \leqslant N_{RB}$	8	4

4.3.5　SRS

SRS 用于上行信道信息获取、在满足信道互易性时（TDD 系统）的下行信道信息获取以及上行波束管理。

SRS 和 DMRS（伴随 PUCCH 或 PUSCH）均为上行参考信号，二者的主要区别在于：

• DMRS 只伴随 PUCCH 或 PUSCH 传输，如果当前上行时隙没有传输任何信息，则不需要传输 DMRS，而 SRS 可以独立配置；

• DMRS 是从与 PUCCH 或 PUSCH 相同的频率位置对上行信道进行估计的，进而实现相干解调；而 SRS 是对上行频域的不同子集所在的频率位置进行信道评估，以便 gNB 可以获知信道质量相对最优的资源，从而达到上行调度最优。

1. SRS 资源映射

NR 支持 SRS 占用资源及位置的灵活配置。gNB 可以为 UE 配置多个 SRS

资源集，每个 SRS 资源集包含一个或多个 SRS 资源，每个 SRS 资源包含 N_{ap}^{SRS} 个 SRS 天线端口，其中，$N_{ap}^{\mathrm{SRS}} \in \{1,2,4\}$。

一个 SRS 资源在时域上可以配置在一个时隙的最后 6 个 OFDM 符号中的 $N_{\mathrm{symb}}^{\mathrm{SRS}}$ 个连续符号，$N_{\mathrm{symb}}^{\mathrm{SRS}} \in \{1,2,4\}$。但是，当 SRS 与 PUSCH 发送在同一时隙时，SRS 只能在 PUSCH 及其对应的 DMRS 之后发送。

SRS 资源在频域上采用 Comb-*n* 的梳状映射方式，也即对于单 UE 而言，在频域上每 *n* 个子载波发送一次 SRS，其中，$n \in \{2, 4\}$。图 4-70 给出了 Comb-2 和 Comb-4 时 SRS 在频域的映射示意图。

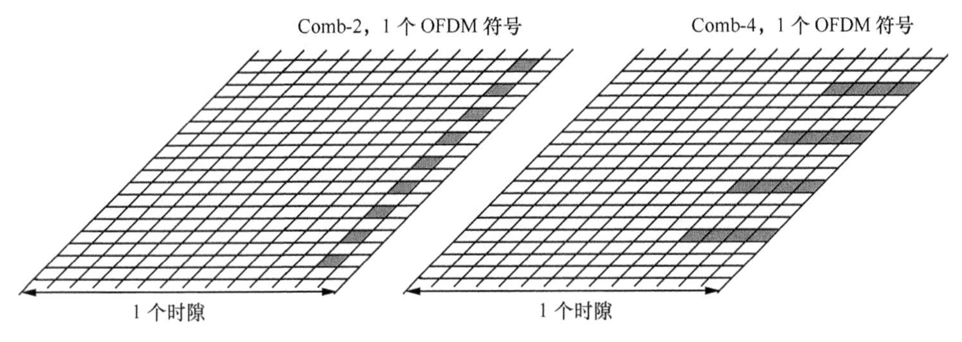

图 4-70　SRS 在频域的梳状映射

SRS 资源的频域映射通过参数 *TransmissionComb* 进行指示，该参数包含了对 Comb 的值以及梳状偏置值 *combOffset* 的配置。不同 UE 可以通过配置不同的梳状偏置，实现 SRS 资源的频分复用。

在 Comb-2 映射方式下，SRS 每隔 1 个子载波映射到 1 个 RE 上，也即一个 SRS 资源在 1 个 RB 中占用 6 个 RE。Comb-2 对应的梳状偏置值可以配置为 0 或 1，因此，可以支持 2 个 UE 对应的 SRS 资源的频分复用，如图 4-71 所示。

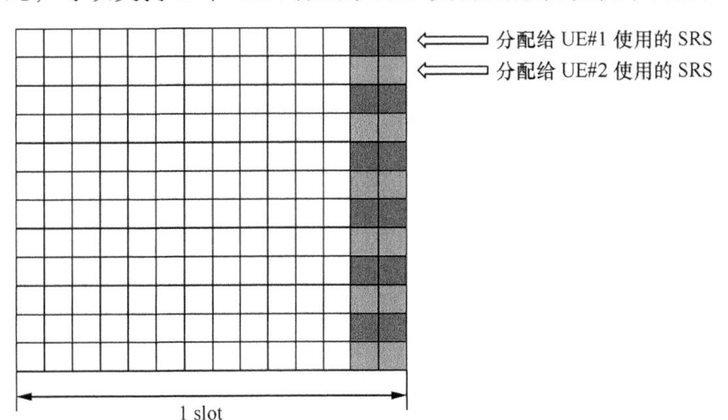

图 4-71　Comb-2 配置下不同 UE SRS 资源的频分复用

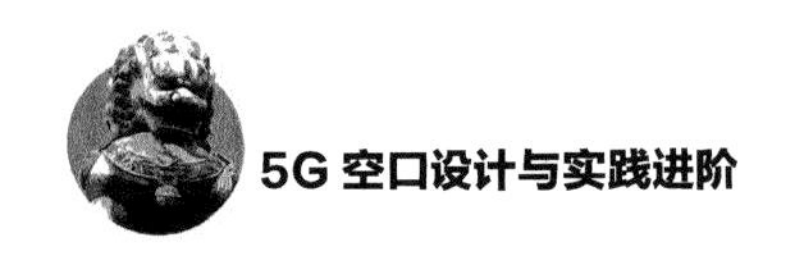

在 Comb-4 映射方式下，SRS 每隔 3 个子载波映射到 1 个 RE 上，也即一个 SRS 资源在 1 个 RB 中占用 3 个 RE。Comb-4 对应的梳状偏置值可以配置为 0～3，因此，最大可以支持 4 个 UE SRS 资源的频分复用。

2. SRS 时域配置

如前所述，SRS 在时域上占用连续 $N_{\text{symb}}^{\text{SRS}} \in \{1,2,4\}$ 个 OFDM 符号，其起始符号位置 l_0 为

$$l_0 = N_{\text{symb}}^{\text{slot}} - 1 - l_{\text{offset}} \tag{4-78}$$

其中，$l_{\text{offset}} \in \{0,1,\cdots,5\}$ 且 $l_{\text{offset}} \geqslant N_{\text{symb}}^{\text{SRS}} - 1$。我们注意到，SRS 的起始符号位置是从时隙的最后一个符号开始倒数计数的，同时 SRS 不能跨时隙边界进行配置。

图 4-72 给出了常规 CP 下，SRS 时域符号位置的配置示例。

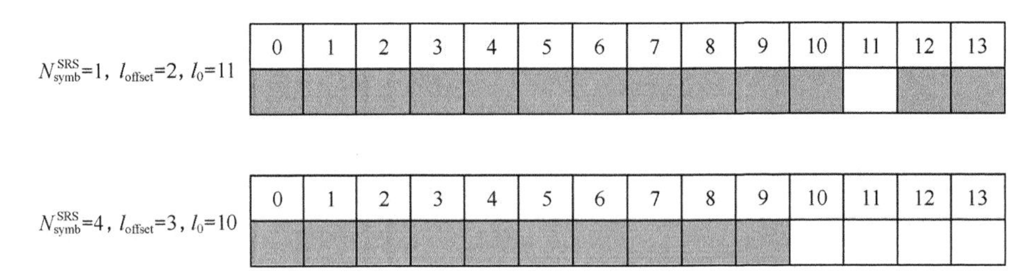

图 4-72　SRS 时域符号位置配置示例

NR 支持 SRS 资源的周期性发送、半持续发送和非周期性发送，具体通过高层参数配置。

对于周期性发送的 SRS，同一个 SRS 资源集内的所有 SRS 资源都具有相同的周期性，其周期以时隙作为单位进行配置，具体可以配置为{1, 2, 4, 5, 8, 10, 16, 20, 32, 40, 64, 80, 160, 320, 640, 1280, 2560}个时隙。注意到时域周期配置的最小粒度为 1 个时隙，最大可以配置为 2560 个时隙。此外，周期内的偏移也以时隙为单位。

对于半持续发送的 SRS，gNB 通过高层信令配置 SRS 周期以及周期内的偏移，但只有当 UE 接收到 MAC 层发送的关于半持续 SRS 资源的激活信令后才开始周期性地发送 SRS，且在接收到 MAC 层发送的半持续 SRS 资源的去激活信令后会停止 SRS 的发送。相对于周期性 SRS 资源，半持续 SRS 资源在激活、去激活方面更为灵活和快速，能够更好地适应于时延敏感业务的传输。

对于非周期性发送的 SRS，gNB 通过 DCI Format 0_1、1_1 或 2_3 中触发 SRS 资源发送。并且，UE 每接收到一次触发信令，只进行一次对应 SRS 资源的发送。DCI Format 0_1、1_1 或 2_3 通过 *SRSRequest* 字段的 2 bit 信息指示 SRS

资源的触发方式，见表4-77。

表4-77 DCI包含的SRS资源触发指示方式

SRS Request 取值	触发方式
00	不触发
01	触发第一个SRS资源集
10	触发第二个SRS资源集
11	触发第三个SRS资源集

由于SRS是独立配置的，因而在时域上可能存在SRS与PUCCH、SRS与PUSCH、不同SRS类型之间时域符号发生冲突的情况。当SRS与PUCCH冲突时，根据NR定义的SRS与PUCCH资源的优先级处理原则进行处理，见表4-78。

表4-78 SRS与PUCCH资源的优先级处理原则

SRS类型	仅携带CSI或L1-RSRP报告的PUCCH	用于HARQ-ACK或SR的PUCCH
周期性	PUCCH	PUCCH
半持续	PUCCH	PUCCH
非周期性	SRS	PUCCH

当SRS与PUSCH时域符号冲突时，SRS只能在PUSCH及其对应的DMRS之后发送。

当不同SRS类型之间的触发时间冲突时，优先发送非周期性SRS，其次发送半持续SRS，周期性SRS的优先级最低。

3. SRS频域配置

SRS频域资源的配置和映射相对复杂。与SRS频域配置相关的高层RRC配置参数主要包括以下几种。

- *freqDomainPosition*：取值为{0, ⋯, 67}，对应物理层变量n_{RRC}；
- *freqDomainShift*：取值为{0, ⋯, 268}，对应物理层变量n_{shift}；
- *freqHopping*：包括*c-SRS*、*b-SRS*和*b-hop*这3个字段，分别对应物理层变量C_{SRS}、B_{SRS}和b_{hop}，其中，$B_{\text{SRS}}\in\{0, 1, 2, 3\}$，$b_{\text{hop}}\in\{0, 1, 2, 3\}$。

NR中的SRS序列基于ZC序列产生。SRS的序列长度等于SRS资源在一个符号内占用的子载波数，具体定义为

$$M_{\text{sc},b}^{\text{RS}} = m_{\text{SRS},b} N_{\text{SC}}^{\text{RB}} / K_{\text{TC}} \tag{4-79}$$

其中，K_{TC}为SRS资源的梳状密度，即$K_{\text{TC}}\in\{2, 4\}$。$m_{\text{SRS},b}$为SRS资源在频域

上分布的 RB 个数，具体根据 C_{SRS} 和 B_{SRS} 的配置确定，见表 4-79。

表 4-79　SRS 带宽配置（仅列举部分）

C_{SRS}	B_{SRS}=0		B_{SRS}=1		B_{SRS}=2		B_{SRS}=3	
	$m_{SRS,0}$	N_0	$m_{SRS,1}$	N_1	$m_{SRS,2}$	N_2	$m_{SRS,3}$	N_3
0	4	1	4	1	4	1	4	1
1	8	1	4	2	4	1	4	1
2	12	1	4	3	4	1	4	1
3	16	1	4	4	4	1	4	1
4	16	1	8	2	4	2	4	1
5	20	1	4	5	4	1	4	1
6	24	1	4	6	4	1	4	1
7	24	1	12	2	4	3	4	1
8	28	1	4	7	4	1	4	1
…								
32	128	1	16	8	8	2	4	2
33	132	1	44	3	4	11	4	1
34	136	1	68	2	4	17	4	1
35	144	1	72	2	36	2	4	9
…								
58	256	1	128	2	32	4	4	8
59	256	1	16	16	8	2	4	2
60	264	1	132	2	44	3	4	11
61	272	1	136	2	68	2	4	17
62	272	1	68	4	4	17	4	1
63	272	1	16	17	8	2	4	2

SRS 资源在频域上的起始子载波位置 $k_0^{(p_i)}$ 定义为

$$k_0^{(p_i)} = \overline{k}_0^{(p_i)} + \sum_{b=0}^{B_{SRS}} K_{TC} M_{sc,b}^{SRS} n_b \tag{4-80}$$

其中，$\overline{k}_0^{(p_i)}$ 为用于发送 SRS 的子载波索引，定义为

$$\overline{k}_0^{(p_i)} = n_{shift} N_{SC}^{RB} + k_{TC}^{(p_i)} \tag{4-81}$$

$$k_{TC}^{(p_i)} = \begin{cases} (\overline{k}_{TC} + K_{TC}/2) \bmod K_{TC} & n_{SRS}^{CS} \in \{n_{SRS}^{CS,max}/2, \cdots, n_{SRS}^{CS,max} - 1\},\quad N_{ap}^{SRS} = 4, \\ & p_i \in \{1001, 1003\} \\ \overline{k}_{TC}, & \text{其他} \end{cases} \tag{4-82}$$

在式（4-82）中，$\bar{k}_{\text{TC}}$ 为梳状偏置值，且 $\bar{k}_{\text{TC}} \in \{0,1,\cdots,K_{\text{TC}}-1\}$。

NR 支持 SRS 跳频，包括时隙内跳频和时隙间跳频两种方式，如图 4-73 所示。通过 SRS 跳频的配置，可以在减少 SRS 每次的发送功率的前提下获得更大的探测带宽。

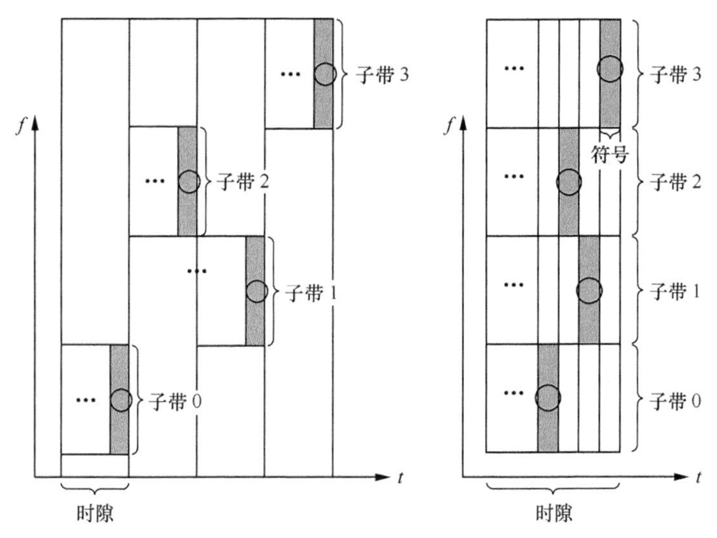

（a）连续 4 个时隙以时隙间跳频方式发送 SRS

（b）在一个时隙内的连续 4 个符号间以时隙内跳频方式发送 SRS

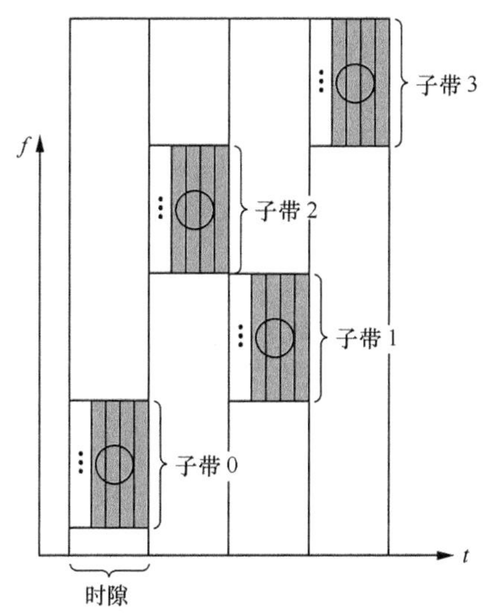

（c）连续 4 个时隙以时隙间跳频方式发送 SRS，每时隙内占用 4 个符号

图 4-73　SRS 跳频示意

SRS 是否跳频由高层 RRC 信令配置。当 $b_{\text{hop}} \geqslant B_{\text{SRS}}$ 时，SRS 不跳频，此时对应式（4-80）中 n_b 定义为

$$n_b = \left\lfloor 4n_{\text{RRC}} / m_{\text{SRS},b} \right\rfloor \bmod N_b \tag{4-83}$$

当 $b_{\text{hop}} < B_{\text{SRS}}$ 时，SRS 跳频生效，此时式（4-80）中频域位置参数 n_b 定义为

$$n_b = \begin{cases} \left\lfloor 4n_{\text{RRC}} / m_{\text{SRS},b} \right\rfloor \bmod N_b b \leqslant b_{\text{hop}} \\ \left\{ F_b(n_{\text{SRS}}) + \left\lfloor 4n_{\text{RRC}} / m_{\text{SRS},b} \right\rfloor \right\} \bmod N_b, \text{ 其他} \end{cases} \tag{4-84}$$

其中，$F_b(n_{\text{SRS}})$为随时间变化的跳频函数。

4. SRS 天线切换发送

对于 TDD 系统，NR 支持基站侧利用信道互易性通过测量 SRS 来获取下行信道的状态信息。但是，受限于 UE 的硬件和成本限制，UE 的收发天线数量往往并不相等（通常情况下，UE 发送的天线数量少于接收的天线数量）。因此，NR 针对 UE 不同的天线收发能力，设计了 SRS 天线切换发送的方式，以确保发送天线数少于接收天线数的 UE 能够通过信道互易性有效地获取下行 CSI。

当 UE 能力为 1T2R 时，最多可以配置 2 个 SRS 资源集，且每个 SRS 资源集包含 2 个在不同 OFDM 符号上发送的 SRS 资源，每个 SRS 资源包含 1 个 SRS 端口。UE 使用不同的 UE 物理天线端口发送不同的 SRS 资源。此时，由于 UE 天线仅有 1 个射频发射通道，需要通过天线切换的方式发送不同的 SRS 资源。

当 UE 能力为 2T4R 时，最多可以配置 2 个 SRS 资源集，每个 SRS 资源集包含 2 个在不同 OFDM 符号上发送的 SRS 资源，每个 SRS 资源包含 2 个 SRS 端口。UE 将其中的一个 SRS 资源通过 2 个 UE 物理天线端口发送，另一个 SRS 资源则通过另外 2 个 UE 物理天线端口发送。此时，由于 UE 天线仅有 2 个射频发射通道，UE 在发送不同的 SRS 资源前需要进行物理天线（射频通道）的切换。

当 UE 能力为 1T4R 时，可以配置 0 或 1 个周期性或半持续 SRS 资源集，每个 SRS 资源集包含 4 个在不同 OFDM 符号上发送的 SRS 资源，每个 SRS 资源包含 1 个 SRS 端口。UE 使用不同的 UE 物理天线端口发送不同的 SRS 资源。此外，也可以配置 0 或 2 个非周期性 SRS 资源集，两个 SRS 资源集共包含 4 个 SRS 资源，这 4 个 SRS 资源在两个时隙内发送，每个 SRS 资源包含 1 个 SRS 端口。同样地，UE 使用不同的 UE 物理天线端口发送不同的 SRS 资源。此时，无论 UE 配置何种类型的 SRS 资源集，都需要进行天线切换的处理过程。

当 UE 能力为 1T1R、2T2R 或 4T4R 时，最多可以配置 2 个 SRS 资源集，每个 SRS 资源集包含 1 个 SRS 资源，每个 SRS 资源包含{1, 2, 4}个 SRS 端口。

在这种情况下，UE 无须进行物理天线的切换。

需要注意的是，UE 进行物理切换时需要一定的时间，因此，需要配置一定的切换保护时延，定义为 Y 个符号。也就是说，UE 在同一时隙、同一 SRS 资源集内的多个 SRS 资源必须间隔 Y 个符号不发送任何信号。表 4-80 给出了不同 SCS 下天线切换的最小保护时延要求。

表 4-80 不同 SCS 下天线切换的最小保护时延

μ	子载波间隔 $\Delta f = 2^{\mu} \cdot 15$ kHz	保护时延 Y/Symbol
0	15	1
1	30	1
2	60	1
3	120	2

5. SRS 载波切换发送

在多载波聚合场景下，根据业务特点和 UE 收发能力，可能出现下行载波数多于上行载波数的情况。在这种情况下，如果 gNB 基于信道互易性通过 SRS 获取下行 CSI，则需要使 UE 在载波间进行切换。例如，假设 UE 能够在下行载波 1 和载波 2 上接收信号，但只能在上行载波 1 上发送信号。此时，gNB 通过 SRS 测量一次只能获得下行载波 1 对应的下行 CSI。为了能够获得下行载波 2 的 CSI，UE 需要先切换至上行载波 2 发送 SRS，然后再切换回上行载波 1 进行数据的正常发送。因此，与天线切换过程类似，SRS 在进行载波切换时，也需要设置一定的切换保护时延（具体与 UE 能力相关）。在该时延内，UE 不能发送任何上行信号。

此外，如果在切换保护时延内，UE 的上行发送或下行接收与 SRS 载波切换发送存在冲突，则需要按照一定的优先级确定 UE 的行为。

4.4 波束管理

NR 支持基于波束的系统设计，其上下行信道均基于波束传输，并支持基于波束的测量和移动性管理。

4.4.1 波束赋形

空间自由度是 NR 大规模阵列天线系统获取高性能增益的基础。通过对不同天线阵元之间相位和幅度的细微调整，可以形成多个具有指向性的赋形波束，从而实现水平和垂直维度空间自由度的提升。图 4-74 分别示出了在 4×4 阵列天线和 16×16 阵列天线下，波束宽窄及赋形精确度的变化（非对数）。不难发现，随着天线阵列规模的增大，波束更细，赋形增益越大，其克服传播损耗、确保系统覆盖的能力也越强。而在 NR 中，随着工作频段向更高频甚至是毫米波频段的拓展，由于波长更短，天线阵子间距及孔径可以做到更小，从而具备了使更多的物理天线阵子集成在一个有限大小的二维天线阵列中的可能。需要注意的是，对于给定频段，天线阵列的尺寸与天线规模直接相关。考虑到天线体积、重量以及迎风面积等参量对建设及维护的影响，至少需要将大规模阵列天线的重量控制在杆塔等基础设施所能承受的合理范围内，并且维持大规模阵列天线与传统天线类似的迎风面积。因此，现阶段 NR 大规模阵列天线（中低频）的通道数通常不超过 64。

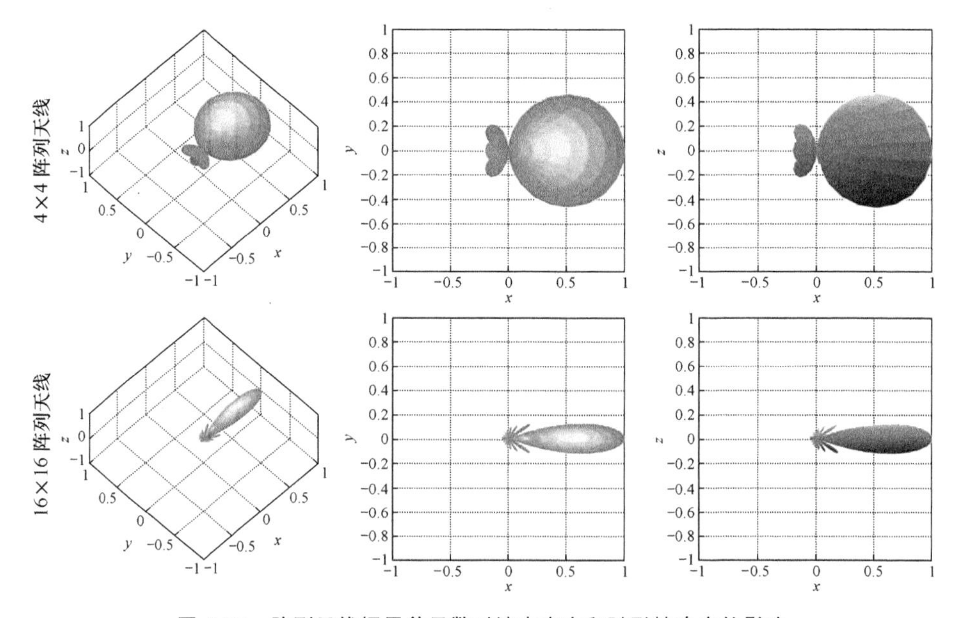

图 4-74 阵列天线振子单元数对波束宽窄和赋形精确度的影响

大规模阵列天线的赋形灵活性与其物理实现方案有关。对于一个多天线阵列，如果每根天线都有独立的射频链路通道及对应的独立的数字链路通道，可以在基带控制每路信号的幅值和相位，这种实现方式称为数字波束赋形（Digital Beamforming）。在载波频率较低且天线阵列规模较小的前提下，数字波束赋形能够充分发挥其赋形灵活的优势。但在 NR 系统中，受制于硬件实现复杂度、成本开销及功耗等因素，数字波束赋形的缺点渐趋明显。NR 不得不转向模拟波束赋形（Analog Beamforming）。对于一个采用模拟波束赋形的多天线阵列，其每根天线都有独立的射频链路通道，但共享一个数字链路通道，所形成的波束主要通过对射频通道的相位和幅值调整来实现。数字波束赋形和模拟波束赋形的对比如下。

- 硬件实现复杂度。在物理实现上，数字波束赋形的幅度和相位权值作用于基带（中频）信号，即发射端工作于进入 DAC 之前，接收端工作于 ADC 之后。因此，数字波束赋形要求天线阵列数与射频（RF）链路一一对应，即每条 RF 链路都需要一套独立的 DAC/ADC、混频器、滤波器和功率放大器，如图 4-75（a）所示。而模拟波束赋形将幅度和相位权值作用于模拟信号。在发射端，数字信号经过 DAC 之后先由功分器分解为多路模拟信号之后再进行赋形；在接收端，多个天线阵子的模拟信号先经由合路器进行合并后再进入 ADC，如图 4-75（b）所示。由于多路模拟信号共用一套 DAC/ADC、功分器和混频器，整个系统的功耗显著下降。同时，硬件设计的复杂度也显著降低。
- 赋形灵活度。模拟波束赋形实际是对载波信号的整个带宽进行赋形，无法像数字波束赋形一样针对部分子带单独进行赋形。因而模拟波束赋形无法通过 FDM 方式进行复用，而只能通过 TDM 复用。相对而言，数字波束赋形的灵活性更高，如图 4-76 所示。

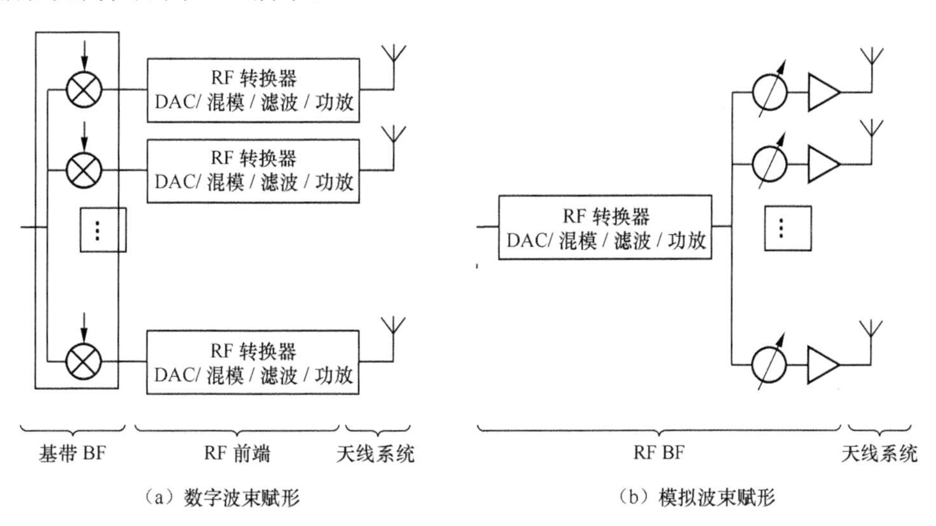

图 4-75　数字波束赋形和模拟波束赋形示意

鉴于上述特点，在中短期内，NR 可能倾向于模拟波束赋形方案。此外，通过在数字波束赋形灵活性和模拟波束赋形低复杂度之间进行合理的平衡，即采用混合波束赋形方式，也具有较大的应用空间。

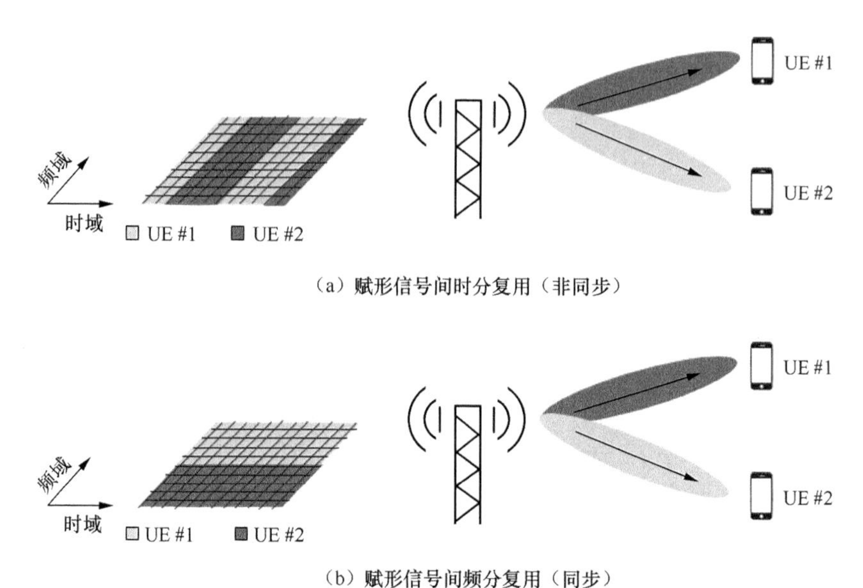

（a）赋形信号间时分复用（非同步）

（b）赋形信号间频分复用（同步）

图 4-76　赋形信号间的复用方式

4.4.2　波束管理过程

由于采用模拟波束赋形时在同一时间内只能发送有限个赋形的窄波束，且该波束仅能覆盖小区的一小部分区域，不利于 SSB 等信号在整个小区内的广播，因此，通常需要采用时域内多个波束联合扫描的方式，使每个波束依次接力覆盖小区的不同区域，从而实现对小区的完整覆盖。

在 gNB 与 UE 间进行单播传输时，为了能够获得最佳传输性能，通常需要采用发送/接收波束扫描的测量方式来搜索最佳的发送/接收波束对。这一过程称为波束管理的过程。

NR 波束管理机制的总体流程主要包括以下步骤。

- 波束扫描：在特定周期或者时间段内，波束采用预先设定的方式进行空间扫描，以覆盖特定空间区域。
- 波束测量和判决：gNB 或者 UE 对所接收到的赋形信号的质量和特性进行测量，并识别最佳波束。
- 波束上报：UE 上报波束测量结果给 gNB 的过程。
- 波束报告：gNB 指示 UE 选择指定波束的过程。
- 波束故障恢复：波束故障检测，发现新波束并恢复波束的过程。

4.4.3 初始波束建立

初始波束建立是指在上下行传输方向初步建立波束对的过程。在 NR 中，SSB 以波束扫描的方式进行发送。UE 在 RRC 空闲态发起初始接入前，首先接收 SSB 的赋形波束信号并测量其 L1-RSRP 门限值。当某一 SSB 波束的 L1-RSRP 大于特定的门限时，UE 选择此 SSB 波束进行接收，否则 UE 可以选择任意 SSB 波束。随后，UE 选择与该 SSB 波束索引关联的 PRACH 发送时刻进行 Msg1 的发送。此 PRACH 发送时刻即对应特定的上行波束。由于 PRACH 发送时刻与 SSB 波束索引存在映射关系，gNB 在收到随机接入请求后，即可根据 UE 上行 PRACH 资源的位置，确定 UE 所选定的 SSB 波束，并在此波束上发送下行随机接入响应。至此，gNB 和 UE 完成了初始波束对的建立，如图 4-77 所示。

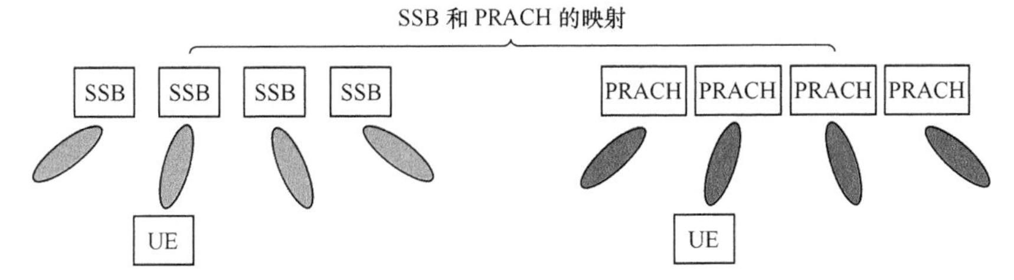

图 4-77 初始波束对的建立

gNB 和 UE 连接建立后，在随后的下行传输中，UE 会选用与前述的 SSB 波束具有 QCL 关系的波束作为下行接收波束。同样地，在随后的上行传输中，UE 也会选用与前述 PRACH 波束具有 QCL 关系的波束作为上行发送波束。

4.4.4 波束训练

在初始波束建立后，由于 UE 的运动轨迹可能发生改变，系统需要周期性地评估发送侧和接收侧的波束质量并重新选择更优的波束进行传输，以获取更好的无线传输性能。这就是 NR 设计波束训练机制的目的。实际上，即使 UE 的轨迹未发生改变，也可能出现由于无线环境中其他物体的运动而对当前波束造成阻塞或复通的情况。由此可见波束训练过程的必要性。

1. 下行波束训练

在 RRC 连接态下，下行方向可以通过波束扫描的方式发送多个与不同下行发送波束关联的 CSI-RS 或 SSB，UE 对这些 CSI-RS 或 SSB 信号进行测量，得到相应的 L1-RSRP 测量值，并上报测量结果，如图 4-78 所示。gNB 据此判决是否调整下行发送波束。注意，在 CSI-RS 或 SSB 信号测量的过程中，为了确保测量结果的精准性，UE 侧的接收波束是固定不变的。

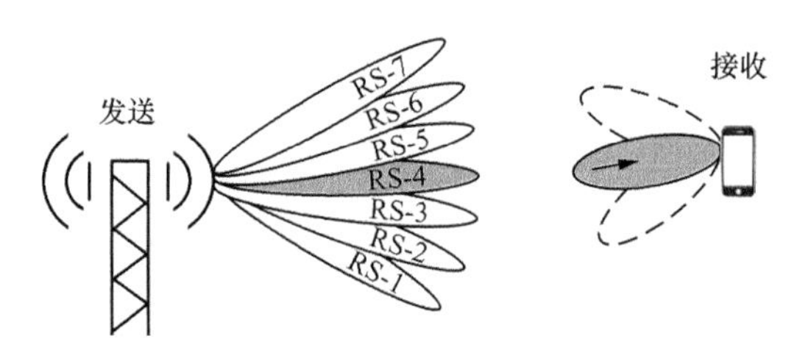

图 4-78　下行发送波束训练

完成下行发送波束训练后，gNB 将固定最优发送波束，并在该波束上发送 CSI-RS 信号，UE 侧通过扫描接收波束的方式对 CSI-RS 的 L1-RSRP 进行测量，并根据测量结果选择最优的下行接收波束，如图 4-79 所示。

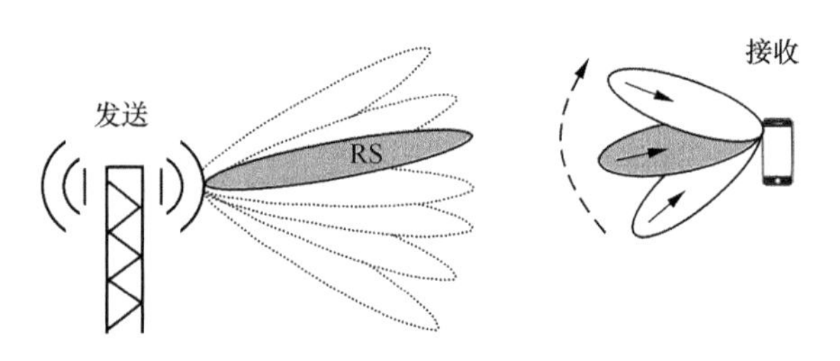

图 4-79　下行接收波束训练

2. **上行波束训练**

在 RRC 连接态下，上行方向基于 SRS 的测量进行波束训练，其训练过程与下行波束训练的过程类似。二者的区别仅在于所使用的参考信号不同。表 4-81 总结了在空闲态和连接态下，上、下行方向上与波束训练相关的测量参考信号。

表 4-81　空闲态和连接态下与波束训练相关的测量参考信号

方向	RRC 空闲态	RRC 连接态
下行	SSB	CSI-RS、SSB
上行		SRS

我们注意到，由于上下行波束的一致性，一旦完成下行波束训练，则上行波束训练的过程是非必需的，反之亦然。也就是说，UE 侧能够根据 UE 的下行波束测量结果来确定上行发送波束，同样地，gNB 侧也能够根据上行接收波束的测量结果来确定下行发送波束。

3. 波束指示

在波束管理过程中，当 gNB 采用模拟波束赋形的方式进行下行传输时，gNB 需要指示 UE 所选的下行发送波束对应的传输配置指示（TCI，Transmission Configuration Indicator）状态，UE 接收到 TCI 状态信息后，根据波束训练过程中的先验信息，调用与该 TCI 所对应的最佳接收波束进行下行接收。同理，对于 gNB 调度 UE 采用模拟波束赋形进行上行传输时，也需要相应的波束指示过程。

NR 中的数据传输需要快速和高精度的波束赋形，因而可以采用 TCI 与控制信道/业务信道相关联的波束指示方式随时切换用于数据传输的波束。

对于下行控制信道的波束指示，gNB 为每个 PDCCH CORESET 半静态匹配一个发送波束方向，不同的 CORESET 波束方向不同。gNB 可以在不同 CORESET 中进行动态切换，相应地也就实现了波束的动态切换。PDCCH 的 TCI 状态信息在 CORESET 参数中下发，最大可以配置 64 个。当 UE 在所配置的多个 CORESET 内进行盲检时，即可根据候选 CORESET 对应的 TCI 状态信息的指示，选择对应的接收波束进行接收。对于上行控制信道的波束指示，也有相类似的机制。

对于下行业务信道的波束指示，理论上，PDCCH 已经包含了对 PDSCH 发送波束的指示信息。但是，考虑到 PDCCH 和 PDSCH 在时域上的间隔可以配置得非常小，在该时间间隔内，UE 需要完成 PDCCH 的译码以及从 PDCCH 模拟波束到 PDSCH 模拟波束的转换。受制于 UE 自身的处理能力，UE 不一定能在给定时间间隔内完成全部工作。因此，需要设定一定的机制，以保证 UE 能准确获取用于 PDSCH 的发送波束的指示信息。对此，相应的解决机制是 UE 会在终端能力报告中上报 *Threshold-Sched-Offset* 阈值。当 PDCCH 与 PDSCH 的时隙间隔小于该阈值时，UE 来不及从 PDCCH 获取波束指示，此时 PDSCH 采用与 PDCCH 相同的接收波束。当 PDCCH 与 PDSCH 的时隙间隔大于该阈值时，PDSCH 可以采用 PDCCH 所指示的接收波束进行接收。对于上行业务信道，PUSCH 的模拟发送波束和与之对应的上行调度许可中所指示的 SRS 资源的模拟发送波束相同。如果 PUSCH 的上行调度许可中未指示 SRS 资源且该上行调度许可不是由 DCI Format 0_1 指示时，PUSCH 采用与当前配置的用于上行 CSI 获得的 SRS 资源相同的模拟发送波束进行发送。

4.4.5 波束恢复

在 NR 的网络环境中，尤其是毫米波场景，UE 或者其他物体的运动很可能导致波束阻挡，进而造成通信中断。因而，必须设计一种相对快速可靠的波束恢复机制，以最小化波束阻挡对 NR 系统传输性能的影响。

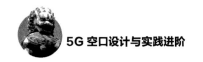

波束恢复的主要过程包括波束失败检测、新候选波束发现、波束恢复请求和网络响应。

1. 波束失败检测

NR 对于下行波束失败的定义是，UE 接收到的每一个 PDCCH 波束的质量都低于规定阈值，则认为波束失败事件发生。具体的工作过程是，UE 测量与 PDCCH 相同波束的 CSI-RS 质量，并根据测量到的 CSI-RS 的 SINR 推算出 PDCCH 的误码率（BLER）。如果 UE 测量到的每一个波束的 BLER 值均高于设定的阈值，且发生这一情况的次数大于预设的值（为了避免乒乓效应），则判定发生波束失败事件。需要注意的是，在测量 BLER 的过程中，并不需要对 PDCCH 进行解调和译码。

2. 新候选波束发现

在波束失败事件发生后，UE 通过测量一系列参考信号的集合，确定可用于传输链路的最佳发送/接收波束。在测量完成后，UE 将结果上报给 gNB。这一过程与初始波束建立的工作过程是类似的。

需要注意的是，评估新候选波束是否满足门限要求的性能指标是 L1-RSRP。这与波束失败检测时所采用的评估方法不同。这是因为在波束检测失败时，L1-RSRP 并不能真实反映 PDCCH 的性能。PDCCH 的性能实际上更多地由 SINR 决定。因此权衡之下，波束失败检测过程采用 BLER 作为评估指标。而在新候选波束测量时，由于待测量的参考信号集合的数量较大，如继续采用 BLER 测量，实现的复杂度会非常高，而 L1-RSRP 的测量则相对简单得多。因此，最终选定了 L1-RSRP 作为新候选波束的评估参数。

3. 波束恢复请求及响应

完成新候选波束的发现后，UE 通过 PRACH 信道发起波束恢复请求。为了不影响常规的随机接入过程（基于竞争），用于波束恢复的 PRACH 采用基于非竞争的随机接入机制。UE 会被分配专用的 PRACH 资源以及随机接入前导序列，每个序列对应一个 SSB 的波束方向。当 gNB 接收到波束恢复请求后，会在 CORESET-BFR（为 UE 配置的用于波束恢复的专用搜索空间）用新波束发送 C-RNTI 加扰的 PDCCH。UE 在发送波束恢复请求并间隔 4 个时隙后监听恢复请求响应，也即 CORESET-BFR 中的 PDCCH。如正确地解调译码，则认为上报的波束失败事件以及新候选波束被 gNB 正确接收，否则上调发射功率，重传波束恢复请求。

第5章
物理层过程综述

物理层过程的交互是实现用户与网络密切信息交换的基础和关键。例如，终端与基站之间建立无线通信链路的前提是小区搜索，用户信息在网络侧完成初始注册的过程是通过随机接入过程，而功率控制则对于克服小区间干扰来说必不可少。本章重点讨论NR的小区搜索过程、随机接入过程、功率控制过程和寻呼过程。

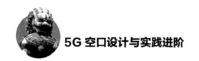

| 5.1 物理层过程 |

物理层过程的交互在移动通信系统中扮演着非常重要的角色。在 NR 中，UE 与 gNB 实现密切的信息交互，同样离不开关键的物理层过程。例如，UE 在开机后，通过执行小区搜索和随机接入过程接入一个 NR 小区中。在交互过程中，UE 和 gNB 需要通过功率控制过程将发射功率调节到合适大小，以增强覆盖或抑制干扰。在 UE 驻留小区并处于空闲态期间，如果网络侧存在下行数据发送的需求，需要通过寻呼过程与 UE 建立业务连接，随后进行数据传输流程。进行数据传输时，网络的链路自适应能力以及对业务信道的相干解调能力，均建立在对无线环境精确感知的基础上，此时依赖于测量过程。

在上述物理层过程中，数据传输过程和测量过程在前一章已有所讨论，本章仅对小区搜索过程、随机接入过程、功率控制过程和寻呼过程进行简要的讨论。

5.2　小区搜索过程

UE 开机后，如果当前存储了先验信息，如载波频率、小区参数等，则 UE 的 NAS 层将指示其 AS 层根据先验信息的参数进行 PLMN 搜索，否则 AS 层将根据自身的能力和设置进行全频段搜索。AS 层在搜索并获得 PLMN 列表后，将结果上报给 NAS 层。NAS 层根据优先级确定要驻留的 PLMN，AS 层根据该 PLMN 执行小区搜索过程。

NR 小区搜索过程主要包括主同步信号（PSS）搜索、辅同步信号（SSS）检测和物理广播信道 PBCH 检测 3 个步骤，如图 5-1 所示。

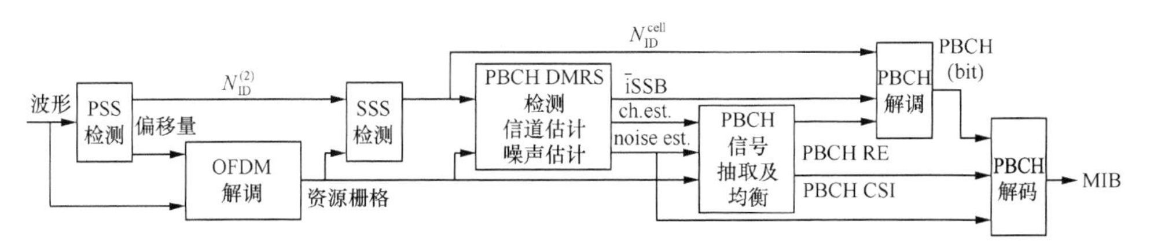

图 5-1　NR 小区搜索过程

5.2.1　主同步信号搜索

UE 在搜索主同步信号（PSS）时，在没有小区频点等先验信息的情况下，需要按照一定的步长去盲检 UE 所支持的频段内的所有频点。由于 NR 小区的系统带宽通常较大，如果按照信道栅格（Channel Raster）进行盲检，将导致 UE 接入小区的速度缓慢，且耗电明显。因此，NR 定义了同步栅格（Synchronization Raster），UE 在同步栅格上的各个频点检测 PSS。

注意，NR 的信道栅格是非固定的，且不同频段对应的信道栅格步长不同。信道栅格对应的绝对频点号为 ARFCN，其计算公式为

$$F_{\text{REF}} = F_{\text{REF-offs}} + \Delta F_{\text{raster}}(N_{\text{REF}} - N_{\text{REF-offs}}) \tag{5-1}$$

其中，N_{REF} 即绝对频点号 ARFCN，ΔF_{raster} 为信道栅格步长，与频带有关，对应表 5-1 中的 ΔF_{Global}。

表 5-1　NR-ARFCN 相关参数配置

频率范围（MHz）	ΔF_{Global}（kHz）	$F_{REF-offs}$（MHz）	$N_{REF-offs}$	N_{REF} 范围
0～3000	5	0	0	0～599999
3000～24250	15	3000	600000	600000～2016666

相应地，GSCN 也与频带有关。表 5-2 给出了不同频率范围内，GSCN 的取值范围以及相应的同步栅格。当频率范围处于 0～3000 MHz 时，同步栅格步长为 1200 kHz；频率范围处于 3000～24250 MHz 时，同步栅格步长为 1.44 MHz。可见，无论处于何种频率范围内，NR 的同步栅格均远远大于 LTE 固定为 100 kHz 的信道栅格。

表 5-2　NR-GSCN 相关参数配置

频率范围	SSB 频率位置	GSCN	GSCN 范围
0～3000 MHz	$N\times1200$ kHz + $M\times50$ kHz $N=1:2499$，$M\in\{1,3,5\}$	$3N+(M-3)/2$	2～7498
3000～24250 MHz	3000 MHz+$N\times1.44$ MHz $N=0:14756$	$7499+N$	7499～22255

考虑到不同 UE 的处理能力不同，针对不同的工作频段，NR 定义了对应的 SSB 子载波间隔和 GSCN 范围，见表 5-3。UE 可根据自身的处理能力，搜索特定的频点范围，从而降低搜索复杂度及搜索时间。

表 5-3　不同工作频段对应的 SSB SCS 及 GSCN 范围

NR 工作频段	SSB SCS	SSB 分布样式	GSCN 范围（始-<步长>-末）
n1	15 kHz	Case A	5279 - <1> - 5419
n2	15 kHz	Case A	4829 - <1> - 4969
n3	15 kHz	Case A	4517 - <1> - 4693
n5	15 kHz	Case A	2177 - <1> - 2230
	30 kHz	Case B	2183 - <1> - 2224
n7	15 kHz	Case A	6554 - <1> - 6718
n8	15 kHz	Case A	2318 - <1> - 2395
n12	15 kHz	Case A	1828 - <1> - 1858
n20	15 kHz	Case A	1982 - <1> - 2047
n25	15 kHz	Case A	4829 - <1> - 4981
n28	15 kHz	Case A	1901 - <1> - 2002
n34	15 kHz	Case A	5030 - <1> - 5056

续表

NR 工作频段	SSB SCS	SSB 分布样式	GSCN 范围（始-<步长>-末）
n38	15 kHz	Case A	6431 - <1> - 6544
n39	15 kHz	Case A	4706 - <1> - 4795
n40	15 kHz	Case A	5756 - <1> - 5995
n41	15 kHz	Case A	6246 - <1> - 6717
	30 kHz	Case C	6252 - <1> - 6714
n50	15 kHz	Case A	3584 - <1> - 3787
n51	15 kHz	Case A	3572 - <1> - 3574
n66	15 kHz	Case A	5279 - <1> - 5494
	30 kHz	Case B	5285 - <1> - 5488
n70	15 kHz	Case A	4993 - <1> - 5044
n71	15 kHz	Case A	1547 - <1> - 1624
n74	15 kHz	Case A	3692 - <1> - 3790
n75	15 kHz	Case A	3584 - <1> - 3787
n76	15 kHz	Case A	3572 - <1> - 3574
n77	30 kHz	Case C	7711 - <1> - 8329
n78	30 kHz	Case C	7711 - <1> - 8051
n79	30 kHz	Case C	8480 - <16> - 8880

UE 在 GSCN 频点上盲检到 PSS 后（注意，并非所有 GSCN 频点都会放置 SSB），即可完成 OFDM 符号的边界同步、粗频率同步以及获得 $N_{ID}^{(2)}$。

5.2.2 辅同步信号检测

在检测到 PSS 后，UE 进一步检测辅同步信号（SSS），并获得 $N_{ID}^{(1)}$。根据 $N_{ID}^{(2)}$ 和 $N_{ID}^{(1)}$，可以计算得到 N_{ID}^{cell}，即 PCI。

5.2.3 物理广播信道检测

对 PBCH 进行相干解调之前，必须先获取 DMRS 参考信号。根据在 SSS 检测时获得的 N_{ID}^{cell}，可以获知 DMRS 的频率偏移，即 $v = N_{ID}^{cell} \bmod 4$，并进一步得到 DMRS 的频域位置。

借助 DMRS，UE 对 PBCH 进行解调，获得 MIB 消息和附加的承载信息，进而获知系统帧号和半帧指示，并完成无线帧定时和半帧定时。同时，结合PBCH的附加承载信息以及DMRS承载的比特信息，可以得到完整的SSB时域索引，从而确定当前SS所在的时隙及OFDM符号位置，完成时隙定时。至此，UE基本完成小区搜索，并与gNB实现下行同步。

5.2.4 SIB1消息获取

由于PBCH只携带了有限的系统消息，UE据此还不足以驻留小区和进一步发起随机接入。因此，在此之前，UE还需要接收SIB1消息，以获得与上行同步相关的配置消息。

与LTE类似，NR中的SIB1消息由PDSCH进行传输，而PDSCH需要通过PDCCH携带的DCI消息进行调度。因此，UE需要通过MIB消息中的*pdcch-ConfigSIB1*字段获取调度SIB1的PDCCH的必要参数信息。

SIB1对应的PDCCH映射在Type0-PDCCH CSS内，对应CORESET 0的时频资源。UE通过MIB中*pdcch-ConfigSIB1*字段的4 bit MSB索引查表可以得到CORESET 0在频域上占用的连续RB数、在时域上占用的连续OFDM符号数，以及CORESET 0与SSB的复用类型和偏移量。因篇幅关系，表5-4仅给出了SSB和PDCCH的子载波间隔均为15 kHz时CORESET 0的相关时频资源配置。需要注意的是，SSB和PDCCH的子载波间隔取值不同时，对应的索引表参数配置不同。

表5-4 {SSB，PDCCH}SCS为{15，15}kHz且最小带宽为5 MHz或10 MHz时CORESET 0时频资源配置

索引值	SSB与CORESET 0复用类型	连续RB数 $N_{RB}^{CORESET}$	连续OFDN符号数 $N_{symb}^{CORESET}$	偏移量（RB）
0	1	24	2	0
1	1	24	2	2
2	1	24	2	4
3	1	24	3	0
4	1	24	3	2
5	1	24	3	4
6	1	48	1	12
7	1	48	1	16
8	1	48	2	12
9	1	48	2	16

续表

索引值	SSB 与 CORESET 0 复用类型	连续 RB 数 $N_{RB}^{CORESET}$	连续 OFDN 符号数 $N_{symb}^{CORESET}$	偏移量（RB）
10	1	48	3	12
11	1	48	3	16
12	1	96	1	38
13	1	96	2	38
14	1	96	3	38
15	保留			

通过查表，UE 得到了 CORESET 0 的时频资源配置信息，还不足以确定 CORESET 0 的时频资源位置。

由于 SIB1 消息与 SSB 一样需要覆盖整个小区，在同步广播块集合(SS burst set) 中，每一个 SSB 可能对应一个 CORESET 0，且二者采用相同的波束方向，即存在 QCL 关系。因此，可以将当前 SSB 的时频位置（UE 通过小区搜索过程已获得）作为参考基准，并通过一定的偏移量配置来声明 CORESET 0 的相对位置。这就是 NR 定义 CORESET 0 与 SSB 复用类型和偏移量的考虑。

NR 定义了 3 种 CORESET 0 和 SSB 的复用类型，分别为 Pattern 1、Pattern 2 和 Pattern 3，如图 5-2 所示。

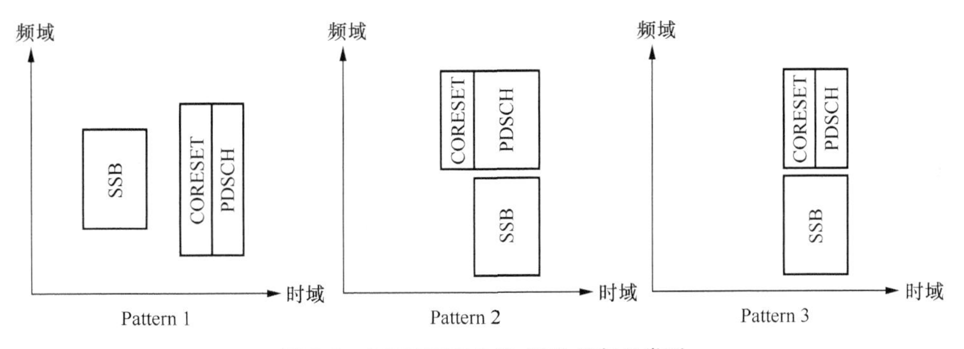

图 5-2　CORESET 0 和 SSB 的复用类型

Pattern 1 适用于载频 $F_c \leqslant 6$ GHz 和 6 GHz $< F_c \leqslant 52.6$ GHz 的情况，此时 CORESET 0 和 SSB 采用时分复用的方式，即二者可以映射在不同的 OFDM 符号上。但是，在频域上，CORESET 0 的频率范围必须包含 SSB。也因此，CORESET 0 的频带下边界总是低于或等于 SSB 的频带下边界，具体的偏差可根据 4 bit MSB 索引查表得到，即前述的偏移量。

当 CORESET 0 和 SSB 采用 Pattern 1 时，二者间的时域对应关系存在多种可能，因此，UE 需通过 MIB 中 *pdcch-ConfigSIB1* 字段的 4 bit LSB 索引查表得到 CORESET 0 的时域相关配置并明确 PDCCH 的监听时机。具体的索引表见表 5-5 和表 5-6。实际上，对于 Pattern 1 模式，一个 SSB 的 Type0-PDCCH CSS 配置在一个包含两个连续时隙的监听窗内，监听窗的周期为 20 ms。UE 从时隙 n_0 开始监听，n_0 为

$$n_0 = (O \cdot 2^{\mu} + \lfloor i \cdot M \rfloor) \bmod N_{\text{slot}}^{\text{frame},\mu} \tag{5-2}$$

其中，i 为 SSB 的索引，$\mu \in \{0, 1, 2, 3\}$，M 和 O 根据上述的 4 bit LSB 索引查表得到。参数 M 实际上表示的是 SSBi 与 SSBi+1 监听窗的重叠程度。监听窗的重叠，一定程度上可以减小波束扫描的资源开销。$M \in \{1/2, 1, 2\}$，分别代表监听窗完全重叠、重叠一个时隙或完全不重叠。参数 O 则用于控制第一个 SSB 监听窗的起始位置，其作用在于避免 Type0-PDCCH CSS 监听窗与 SSB 的冲突。当系统工作在 FR1 时，$O \in \{0, 2, 5, 7\}$；当工作在 FR2 时，$O \in \{0, 2.5, 5, 7.5\}$。此外，当 $\lfloor (O \cdot 2^{\mu} + \lfloor i \cdot M \rfloor) / N_{\text{slot}}^{\text{frame},\mu} \rfloor \bmod 2 = 0$ 时，$SFN_C \bmod 2=0$，也即 n_0 映射在监听窗内的第一个无线帧上。而当 $\lfloor (O \cdot 2^{\mu} + \lfloor i \cdot M \rfloor) / N_{\text{slot}}^{\text{frame},\mu} \rfloor \bmod 2 = 1$ 时，$SFN_C \bmod 2=1$，也即 n_0 映射在监听窗的第二个无线帧上。

表 5-5　Pattern 1 模式且频率范围为 FR1 时 PDCCH 监听时机的参数配置

索引值	O	每时隙的搜索空间集合数	M	第一个 OFDM 符号索引
0	0	1	1	0
1	0	2	1/2	{0,i 为偶数}，{ $N_{\text{symb}}^{\text{CORESET}}$,i 为奇数}
2	2	1	1	0
3	2	2	1/2	{0,i 为偶数}，{ $N_{\text{symb}}^{\text{CORESET}}$,i 为奇数}
4	5	1	1	0
5	5	2	1/2	{0,i 为偶数}，{ $N_{\text{symb}}^{\text{CORESET}}$,i 为奇数}
6	7	1	1	0
7	7	2	1/2	{0,i 为偶数}，{ $N_{\text{symb}}^{\text{CORESET}}$,i 为奇数}
8	0	1	2	0
9	5	1	2	0
10	0	1	1	1
11	0	1	1	2
12	2	1	1	1

续表

索引值	O	每时隙的搜索空间集合数	M	第一个 OFDM 符号索引
13	2	1	1	2
14	5	1	1	1
15	5	1	1	2

表 5-6 Pattern 1 模式且频率范围为 FR2 时 PDCCH 监听时机的参数配置

索引值	O	每时隙的搜索空间集合数	M	第一个 OFDM 符号索引
0	0	1	1	0
1	0	2	1/2	{0,i 为偶数}，{7,i 为奇数}
2	2.5	1	1	0
3	2.5	2	1/2	{0,i 为偶数}，{7,i 为奇数}
4	5	1	1	0
5	5	2	1/2	{0,i 为偶数}，{7,i 为奇数}
6	0	2	1/2	{0,i 为偶数}，{ $N_{\text{symb}}^{\text{CORESET}}$,i 为奇数}
7	2.5	2	1/2	{0,i 为偶数}，{ $N_{\text{symb}}^{\text{CORESET}}$,i 为奇数}
8	5	2	1/2	{0,i 为偶数}，{ $N_{\text{symb}}^{\text{CORESET}}$,i 为奇数}
9	7.5	1	1	0
10	7.5	2	1/2	{0,i 为偶数}，{7,i 为奇数}
11	7.5	2	1/2	{0,i 为偶数}，{ $N_{\text{symb}}^{\text{CORESET}}$,i 为奇数}
12	0	1	2	0
13	5	1	2	0
14	保留			
15	保留			

图 5-3 给出了 FR1 频率范围下，采用 Pattern 1 的 CORESET 0 时频资源配置示例。

Pattern 2 仅适用于载频 F_c>6 GHz 的情况，此时 CORESET 0 和 SSB 采用频分复用的方式，并且{SSB, PDCCH}仅支持{120, 60}kHz 和{240, 120}kHz 这两种子载波组合。在 Pattern 2 模式下，采用不同的{SSB, PDCCH}子载波组合，CERESET 0 对应的时域配置不同。

当采用{120, 60}kHz 时，CORESET 0 和与其关联的 SSB 位于相同无线帧的同一时隙内，且当对应的 SSB 索引分别为 $i=4k$ 、 $i=4k+1$ 、 $i=4k+2$ 、

$i=4k+3$ 时，CORESET 0 的第一个 OFDM 符号的索引为 0、1、6、7，如图 5-4 所示。

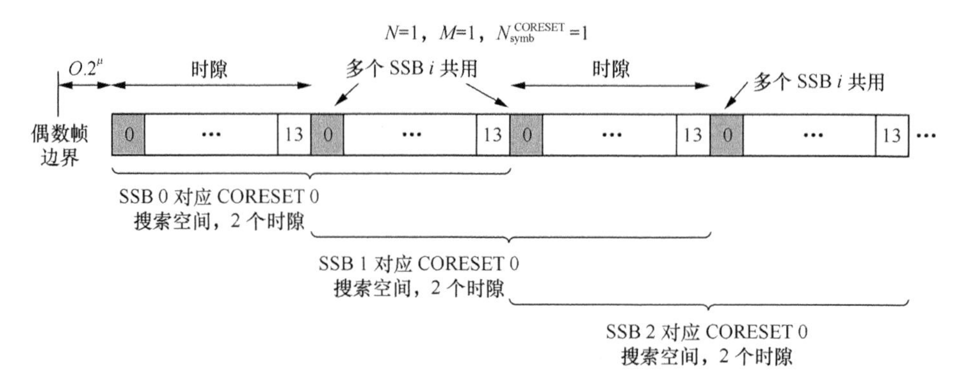

图 5-3 FR1 频率范围下且采用 Pattern 1 时的 CORESET 0 时频资源示例

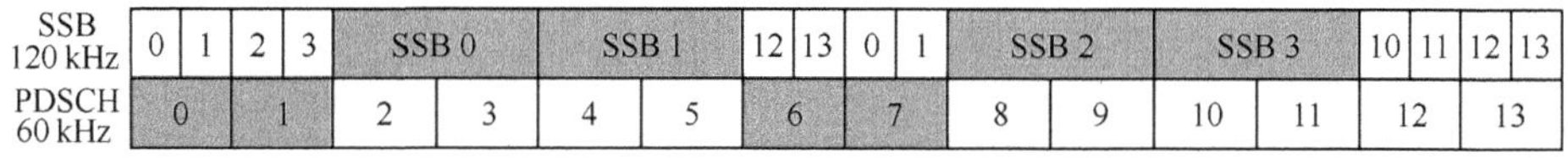

SSB 120 kHz	0 1	2 3	SSB 0		SSB 1		12 13	0 1	SSB 2		SSB 3		10 11	12 13
PDSCH 60 kHz	0	1	2	3	4	5	6	7	8	9	10	11	12	13

图 5-4 {120, 60}kHz 时 CORESET 0 与 SSB 的时域对应关系（Pattern 2）

当采用{240, 120}kHz 时，CORESET 0 和与其关联的 SSB 位于相同无线帧内。当对应的 SSB 索引分别为 $i=8k$、$i=8k+1$、$i=8k+2$、$i=8k+3$、$i=8k+6$、$i=8k+7$ 时，CORESET 0 和与其关联的 SSB 位于同一时隙，且 CORESET 0 的第一个 OFDM 符号的索引为 0、1、2、3、0、1。当对应的 SSB 索引分别为 $i=8k+4$、$i=8k+5$ 时，CORESET 0 位于与其关联的 SSB 的后一个时隙，且 CORESET 0 的第一个 OFDM 符号的索引为 12、13，如图 5-5 所示。

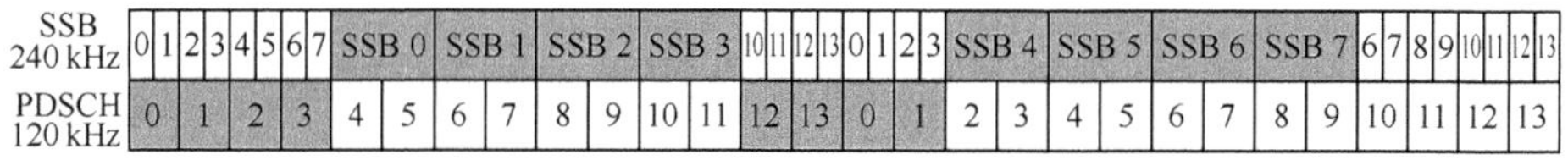

SSB 240 kHz	0 1	2 3	4 5	6 7	SSB 0		SSB 1		SSB 2		SSB 3		10 11	12 13	0 1	2 3	SSB 4		SSB 5		SSB 6		SSB 7		6 7	8 9	10 11	12 13
PDSCH 120 kHz	0	1	2	3	4	5	6	7	8	9	10	11	12	13	0	1	2	3	4	5	6	7	8	9	10	11	12	13

图 5-5 {240,120}kHz 时 CORESET 0 与 SSB 的时域对应关系（Pattern 2）

Pattern 3 同样仅适用于载频 F_c>6 GHz 的情况，CORESET 0 和 SSB 通过频分复用进行资源映射，且{SSB, PDCCH}SCS 仅支持{120, 120}kHz 的组合。CORESET 0 在时域上对应 SSB 的前两个 OFDM 符号。当对应的 SSB 索引分别为 $i=4k$、$i=4k+1$、$i=4k+2$、$i=4k+3$ 时，CORESET 0 的第一个 OFDM 符号的索引为 4、8、2、6，如图 5-6 所示。

综上，通过 MIB 中 *pdcch-ConfigSIB1* 字段的 8 bit 信息，UE 可以获得

CORESET 0 的时频资源位置，进而在其对应的 Type0-PDCCH CSS 内使用 SI-RNTI 盲检调度 SIB1 的 PDCCH 信息。

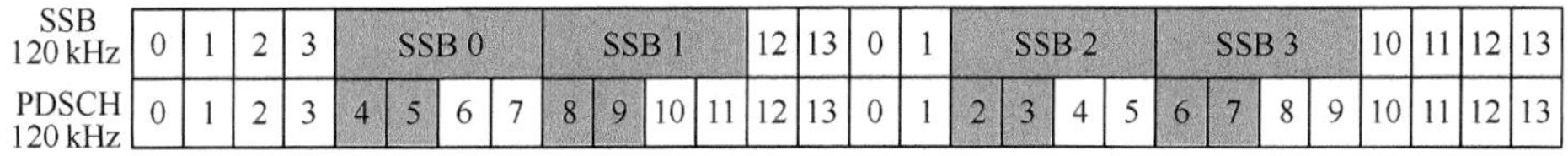

SSB 120 kHz	0	1	2	3	SSB 0				SSB 1				12	13	0	1	SSB 2				SSB 3				10	11	12	13
PDSCH 120 kHz	0	1	2	3	4	5	6	7	8	9	10	11	12	13	0	1	2	3	4	5	6	7	8	9	10	11	12	13

图 5-6　{120,120}kHz 时 CORESET 0 与 SSB 的时域对应关系（Pattern 3）

需要注意的是，并非所有的 SSB 都有与之关联的 CORESET 0。UE 需要根据 MIB 消息中 *ssb-SubcarrierOffset* 字段的指示，也即 k_{SSB} 来判断当前 SSB 是否有关联的 CORESET 0。不难推导出，当 SSB 子载波间隔为 15 kHz 或 30 kHz 时，如果 k_{SSB}>23，则意味着当前 SSB 不存在对应的 CORESET 0；当 SSB 子载波间隔为 120 kHz 或 240 kHz 时，如果 k_{SSB}>11，则意味着当前 SSB 不存在对应的 CORESET 0。

在当前 SSB 不存在对应的 CORESET 0 的情况下，当 $24 \leqslant k_{SSB} \leqslant 29$（SSB 子载波间隔为 15 kHz 或 30 kHz）或 $12 \leqslant k_{SSB} \leqslant 13$（SSB 子载波间隔为 120 kHz 或 240 kHz）时，UE 可以通过查表的方式找到最近的可能关联有 CORESET 0 的 SSB，分别见表 5-7 和表 5-8。其中，N_{GSCN}^{Offset} 表示最近的可能关联有 CORESET 0 的 SSB 与当前 SSB 的 GSCN 频点的偏移量。

表 5-7　FR1 频段下不同 k_{SSB} 和 *pdcch-ConfigSIB1* 取值时的 N_{GSCN}^{Offset}

k_{SSB}	*pdcch-ConfigSIB1*	N_{GSCN}^{Offset}
24	0, 1, …, 255	1, 2, …, 256
25	0, 1, …, 255	257, 258, …, 512
26	0, 1, …, 255	513, 514, …., 768
27	0, 1, …, 255	−1, −2, …, −256
28	0, 1, …, 255	−257, −258, …, −512
29	0, 1, …, 255	−513, −514, …., −768
30	0, 1, …, 255	保留

表 5-8　FR2 频段下不同 k_{SSB} 和 *pdcch-ConfigSIB1* 取值时的 N_{GSCN}^{Offset}

k_{SSB}	*pdcch-ConfigSIB1*	N_{GSCN}^{Offset}
12	0, 1, …, 255	1, 2, …, 256
13	0, 1, …, 255	−1, −2, …, −256
14	0, 1, …, 255	保留

如果在该最近的 SSB 上仍未搜索到相关联的 CORESET 0，则 UE 忽略这些 SSB 对应的 GSCN 频点并重新搜索 SSB。此外，当 k_{SSB}=31（SSB 子载波间隔为 15 kHz 或 30 kHz）或 k_{SSB}=15（SSB 子载波间隔为 120 kHz 或 240 kHz）时，则意味着当前所有 SSB 均没有关联的 CORESET 0，UE 需要忽略这些 GSCN 频点并搜索新的 SSB。

在 UE 盲检出调度 SIB1 的 PDCCH 后，根据 DCI 的调度，在指定的时频资源上进一步解调 PDSCH，可以获得 SIB1 消息。

根据 SIB1 消息中携带的小区选择参数，UE 判断当前小区信号是否满足驻留条件。如是，则 UE 最终完成在本小区的驻留。

5.3 随机接入过程

UE 驻留小区后，需要与小区取得上行同步并获得上行资源分配后才可以发起上行传输。在 NR 中，下行同步是通过周期性广播的方式实现的，但对于上行方向，如果采用类似的方式，不仅效率不高，还将导致 UE 能耗的急剧消耗，并且带来大量 UE 之间的强干扰。因此，上行同步采用随机接入的方式实现。随机接入的特点是，仅在必要时才触发，并且该接入过程是特定 UE 专用的。

典型的随机接入过程包括 4 个主要步骤，如图 5-7（a）所示。

- 步骤 1：UE 发送 Preamble 码，即 Msg1。该步骤的作用主要在于使 gNB 获知 UE 随机接入请求，并根据 Preamble 码的接收情况估计出上行同步差。
- 步骤 2：gNB 发送随机接入响应（RAR，Random Access Response），即 Msg 2。RAR 主要包括上行同步信息、上行资源分配信息和临时的 C-RNTI。
- 步骤 3：UE 向 gNB 发送 RRC 连接请求，即 Msg 3。
- 步骤 4：gNB 向 UE 发送竞争解决（Contention Resolution）消息，即 Msg 4。该消息指示 UE 是否成功完成随机接入。如竞争解决失败，则 UE 需要重新发起随机接入。

在上述过程中，由于 UE 在发送随机接入前导时，可能在同一时刻随机选择到同一个 Preamble 码进行发送，因而可能发生冲突，必须引入竞争解决机制，以解决 Preamble 码冲突的问题。这种随机接入过程称为基于竞争的随机接入（CBRA，Contention Based Random Access）。

但在某些场景下，例如小区切换、UE 处于 RRC 连接状态但上行失步时下行数据到达、UE 定位等，UE 可以采用 gNB 分配的 Preamble 码发起随机接入请求，以保证不发生冲突。此时发生的随机接入过程，称为基于非竞争的随机接入（CFRA，Contention Free Random Access），其主要步骤如图 5-7（b）所示。

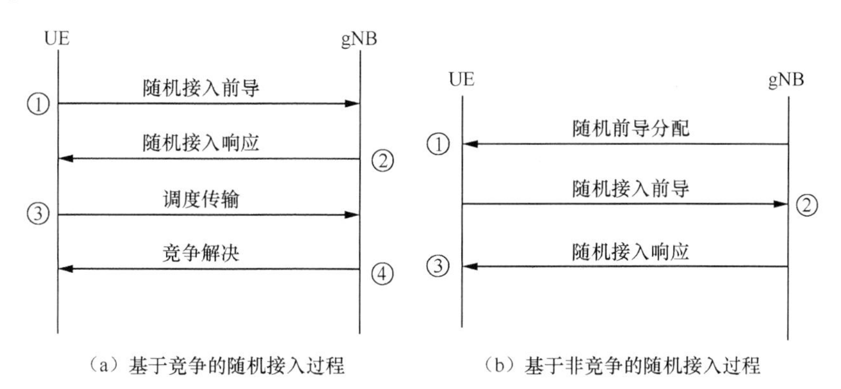

（a）基于竞争的随机接入过程　　（b）基于非竞争的随机接入过程

图 5-7　随机接入过程

在 NR 中，触发 UE 发起随机接入的事件类型主要包括：

- UE 在 RRC 空闲态下的初始接入；
- UE 在 RRC 连接态时，上行失步状态下，下行数据到达；
- UE 在 RRC 连接态时，上行失步状态下，上行数据到达或者无可用的 SR 资源；
- RRC 连接重建立；
- 小区切换（Handover）；
- 波束故障恢复；
- 从 RRC 去激活态转换到 RRC 连接态。

由上述讨论可知，NR 的随机接入过程及相应的触发事件与 LTE 基本类似。NR 与 LTE 随机接入的根本区别主要在于，NR 支持波束赋形，UE 在发起随机接入请求前，需要先选择合适的波束。

5.3.1　随机接入前导发送

在选择发送的前导资源之前，UE 物理层需要先从高层（实际由 SIB1 消息中 *servingCellConfigCommon* 字段的 *RACH-ConfigCommon* 参数指示）获得以下信息。

• PRACH 相关传输参数的配置包括 PRACH 格式、PRACH 时域资源、PRACH 频域资源、PRACH 最大传输次数 *preambleTransMax*、随机接入响应接收时间窗 *ra-ResponseWindowSize*、PRACH 期望接收功率 *preambleReceivedTargetPower*、功率攀升步长 *powerRampingStep* 和竞争解决定时 *mac-ContentionResolutionTimer* 等。

• 用于确定 PRACH 前导序列集合中的根序列及其循环移位的参数包括根序列与逻辑索引的映射关系表、循环移位步长 N_{CS} 以及限制集的类型（非限制集、限制集 A、限制集 B）。

在获悉上述信息后，UE 需要选择合适的 Preamble 码资源并在适当的 RO 上进行发送。

1. Preamble 码的选择

在 NR 中，一个 RO 包含了 64 个随机接入前导，具体分成两个子集。其中一个子集预留给系统消息请求和专用前导，也即用于基于非竞争的随机接入。另一个子集分成 Group A 和 Group B，用于基于竞争的随机接入，如图 5-8 所示。

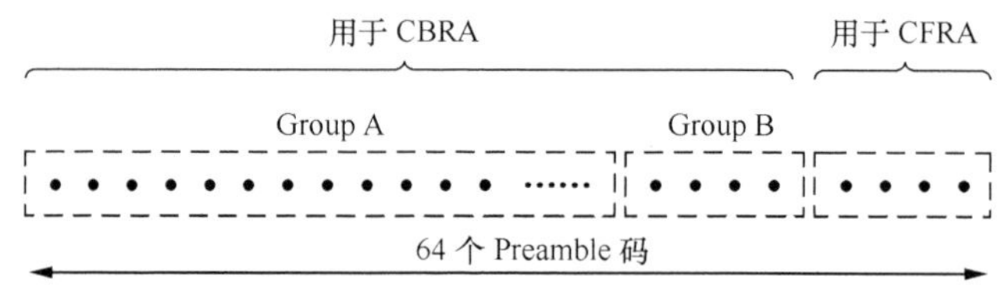

图 5-8 随机接入前导集合

当 UE 执行基于竞争的随机接入时，先选择 Group A 和 Group B 之一，再从中按均匀分布随机选择一个前导，利用随机性在一定程度上避免了冲突。如果恰好有多个 UE 选到同一个前导，则通过后续的竞争解决机制解决。

UE 在选择 Group A 或 Group B 时，是由步骤 3 中待发送的 Msg 3 的数据量决定的。UE 做出选择的同时，向 gNB 传达了 1 bit 的额外信息：如果选用的前导在 Group A 中，则表示 Msg 3 的数据量小于 S bit（S 为门限值，由 SIB1 消息中的 *ra-Msg3SizeGroupA* 参数指定）；如果选用的是 Group B 中的前导，则表示 Msg 3 的数据量大于 S bit。因此，这个额外信息可以看作一个简化的 UE 上行缓存状态上报，gNB 根据该信息为步骤 3 中的上行数据传输分配适当的上行资源以避免资源浪费。

此外，为了避免 UE 在较差的信道环境下试图发送较大量的 Msg 3 数据，要求 UE 在选择 Group B 时还必须满足功率限制条件，即只有当 UE 所在位置的路损小于某个阈值时才可以选择 Group B。

2. RO（RACH Occasion）的确定

根据前述规则，UE 可以确定用于传输的随机接入前导，接下来还需确定发送 PRACH 的时机。对于基于竞争的随机接入过程来说，RO 与 SSB 索引存在映射关系，且 gNB 是根据 UE 上行 PRACH 的资源位置来决定下行 RAR 发送波束的。

在 NR 中，UE 的一个 RO 可以关联 N 个 SSB，且每个有效 RO 上的每个 SSB 可以关联 R 个基于竞争的前导，具体由高层参数 *ssb-perRACH-OccasionAndCB-PreamblesPerSSB* 指示。如果 $N<1$，则意味着 SSB 索引与 RO 是一对多的映射关系；反之，如果 $N\geqslant 1$，则表示 SSB 索引与 RO 是一对一甚至多对一的映射关系。

NR 引入了关联周期（Association Period）的概念，用于定义 $N_{\mathrm{Tx}}^{\mathrm{SSB}}$ 个 SSB 与时域上的多少个 RO 关联，见表 5-9。我们注意到，每个 SSB 至少与一个 RO 在时域上的关联周期内映射，且关联周期最大为 160 ms。如果全部 SSB 均关联对应的 RO，还存在没有 SSB 对应的 RO，则这些 RO 不能被使用。

表 5-9 SSB 和 PRACH 周期的关联周期映射

PRACH 配置周期（ms）	关联周期（PRACH 配置周期的数目）
10	{1,2,4,8,16}
20	{1,2,4,8}
40	{1,2,4}
80	{1,2}
160	{1}

UE 根据上述配置，获得与当前 SSB 关联的 RO 所在时域位置，并进行随机接入前导的发送。

5.3.2 随机接入响应

gNB 收到 UE 的随机接入请求并正确识别出前导后，向 UE 发送随机接入响应，也即 RAR 消息。RAR 消息至少包含前导索引、Temporary C-RNTI 和上行调度授权。

而 UE 在发送随机接入前导后，按照 *ra-ResponseWindowSize* 参数指示的监听窗开始盲检由 RA-RNTI 加扰的 PDCCH。如果盲检成功，则 UE 认为接收到自己的响应消息，便进一步根据该 PDCCH 所携带的下行调度信息解码携带 RAR 的 PDSCH，在 RAR 中读取与 UE 发送前导相匹配的前导索引对应的 MAC RAR，提取其中的定时提前指示（TAC，Timing Advance Command）、上行授权（RAR Grant，其携带的信息见表 5-10）和 Temporary C-RNTI。否则 UE 继续监听。

表 5-10 RAR Grant 携带的信息内容

RAR Grant 信息域	比特数
跳频标识（Frequency Hopping Flag）	1
PUSCH 频域资源分配（PUSCH Frequency Resource Allocation）	14
PUSCH 时域资源分配（PUSCH Time Resource Allocation）	4
调制编码方案（MCS）	4
PUSCH 功率控制命令（TPC Command for PUSCH）	3
信道状态信息请求（CSI Request）	1

如果在监听窗口内 UE 未收到自己的 RAR,则认为本次随机接入过程失败。失败的原因可能是 UE 的 PRACH 发送功率不足,或者受到其他 UE 前导的干扰,使 gNB 未检测到当前 UE 的前导。对此,UE 会延后一定时间,再次选择 PRACH 资源和前导,并对前导进行相应的功率攀升(Power Ramping)后重新进行发送。

5.3.3 上行 Msg 3 的发送

UE 接收到 RAR 后，根据 TAC 的指示进行上行同步，再使用上行调度授权分配的时频资源和参数在 PUSCH 上发送 Msg 3 消息。Msg 3 根据 UE 状态的不同以及应用场景的不同，消息内容可能存在差异，因而将其统称为 Msg 3 而不是某一条具体消息。

在初始随机接入过程中，Msg 3 主要携带 RRC 连接请求，具体包含两个信息，即初始终端标识和连接建立原因。其中，初始终端标识用于后续的竞争解决机制，连接建立原因则用于告知 gNB 请求建立 RRC 连接的原因，例如“mo”(mobile originating) 表示 UE 发起业务。

Msg 3 会采用上行 HARQ 来提高接收的可靠性。

5.3.4 竞争解决和连接建立

在步骤 1 中，如果存在多个 UE 选用同一前导发起随机接入，即存在冲突，则这些 UE 在步骤 2 中会得到相同的 RAR 信息，随后在步骤 3 中都将自己的初始终端标识发给 gNB。gNB 选择其中一个 UE 接受接入，并在发送的竞争解决消息中回复 UCRI（UE Contention Resolution Identity）。UCRI 的值等于某个竞争 UE 的初始终端标识。只有 UE 接收到 UCRI，并且与自己的初始终端标识相同时，才会认为成功完成了随机接入过程。而其余竞争 UE 则从竞争解决消息中得知出现了冲突，并且冲突竞争失败。

gNB 在通过 PDSCH 发送竞争解决消息，也即 Msg 4 消息时，也会采用下行 HARQ 来提高接收的可靠性。但仅竞争成功的 UE 会反馈 ACK，否则，如果 PDSCH 未成功译码，或者 PDSCH 成功译码但竞争解决失败，均不反馈任何 ACK/NACK。这样能够防止由于 PUCCH 信道上 ACK/NACK 的冲突而导致 ACK/NACK 的接收质量恶化。

gNB 同时会将 RRC 连接信令发送给 UE。接入成功的 UE 将 Temporary C-RNTI 升级为 C-RNTI，进行后续的 RRC 连接建立和数据传输过程。

图 5-9 给出了一个完整的随机接入过程示例。

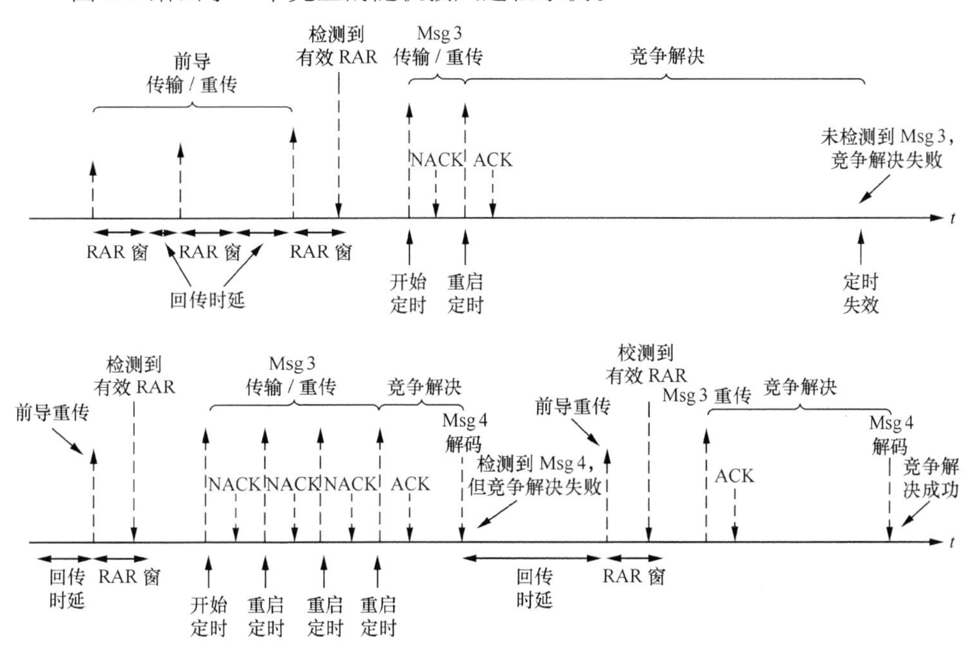

图 5-9　一次完整的随机接入过程示例

5.4　功率控制过程

对于移动通信系统而言，足够高的发射功率有利于传输链路应用更高水平的 MCS，从而增加数据传输速率，提升服务质量。但过高的发射功率则会对同一时频资源的其他传输造成更大的干扰，因此，UE 将不得不提高发射功率，最终导致了能耗的过度消耗，影响电池寿命。因此，必须通过合理的功率控制机制，实现系统高速率、低干扰及低能耗性能的相对最优。相比 LTE，NR 面对着更多差异化的场景需求，增强功率控制机制显得尤为重要。

NR 的功率控制包括上行功率控制（Power Control）机制和下行功率分配（Power Allocation）机制。

5.4.1 上行功率控制

与 LTE 的上行功率控制机制相同，NR 上行功率控制机制支持以下功能。

- 开环功率控制：UE 通过下行信道的测量估计上行路径损耗，并通过调整上行发射功率以补偿部分路损。
- 闭环功率控制：gNB 通过对上行接收功率的测量，向 UE 下发功率控制命令，UE 根据功率控制命令调整上行发射功率至合理水平。

NR 与 LTE 上行功率控制机制最主要的区别是，NR 支持基于波束的上行功率控制。并且，由于 NR 取消了 CRS，上行功率控制所需的路损测量需要借助 CSI-RS 或 SSB 来完成。

1．PUSCH 功率控制

在 NR 中，PUSCH 的发射功率 P_{PUSCH} 取决于基本开环运行点（Basic Open-loop Operating Point）、带宽因子（Bandwidth Factor）和动态偏置量（Dynamic Offset），具体可以表达为

$$P_{\mathrm{PUSCH}} = \min\{P_{\mathrm{CMAX}}, P_0(j) + \alpha(j)\cdot PL(q) + 10\cdot\log_{10}(2^{\mu}\cdot M_{\mathrm{RB}}) + \Delta_{\mathrm{TF}} + \delta(l)\} \quad (5\text{-}3)$$

其中，P_{CMAX} 为每载波的最大允许发射功率。$P_0(\cdot)$为目标接收功率，具体由网络配置。$\alpha(\cdot)$为部分路径损耗补偿因子。$PL(\cdot)$为估算的上行路径损耗。M_{RB} 为分配给 PUSCH 传输的 RB 数。Δ_{TF} 为功率偏移量，与 PUSCH 传输的调制阶数及信道编码码率有关。$\delta(\cdot)$为闭环功率控制的功率调整值。

在式（5-3）中，表达式 $\min\{P_{\mathrm{CMAX}},\cdots\}$部分意味着 PUSCH 的发射功率不得超过当前上行载波的最大允许发射功率。

表达式（$P_0+\alpha\cdot PL$）部分，代表基本开环运行点，其作用是慢速、准静态地调节传输功率。其中，P_0 为高层信令配置的功率基准值，与目标数据速率及接收机的解调门限有关。PL 为路损估计，主要通过 CSI-RS 或 SSB 进行测量。开环功率控制要求系统能够准确估算 PL 的值，并据此确定补偿部分路径损耗

需要多大发射功率。α为部分路损补偿因子，取值在 0～1。当执行完全路径损耗补偿时，α=1。这种补偿方式能够使处于小区边缘的 UE 得到最大公平的对待。但是，其代价是，小区中心区域的 UE 传输功率过低，不利于提升总体吞吐量，同时小区边缘 UE 传输功率过高，也可能引发小区间干扰。在多小区并存的实际网络环境中，实施部分路径损耗补偿，能够有效减少小区间的干扰，并且不需要为保证小区边缘的 UE 的传输质量而分配过多的资源，从而能整体地提升系统的上行链路容量。因此，执行部分路径损耗补偿，即α<1 时，能够更好地平衡上行公平调度和整体频谱效率的关系。根据经验值，PUSCH 通常采用的α取值为 0.7 或 0.8。而对于 PUCCH 和 PRACH，由于其对吞吐量要求低，且无论 UE 处于小区中心还是边缘，对传输功率的要求都较高，因此，规定α=1。

表达式 $10\cdot\log_{10}(2^{\mu}\cdot M_{\mathrm{RB}})$部分为带宽因子。PUSCH 的发射功率与资源分配密切相关，也即，与为其分配的 RB 数成比例。

表达式（$\Delta_{\mathrm{TF}}+\delta$）部分代表动态偏置量，也即闭环控制因子，包含由 MCS 决定的分量和由 TPC 决定的分量。其作用是快速地针对某个 UE 的某次传输调节其传输功率。其中，Δ_{TF} 为 MCS 决定的分量，表示基于不同调制和编码方案的每 RE 所需的接收功率，其表达式为

$$\Delta_{\mathrm{TF}}=10\cdot\log((2^{1.25\cdot\gamma}-1)\cdot\beta) \tag{5-4}$$

其中，γ为用于 PUSCH 传输的信息比特数，用不含 DMRS 的 RE 数表示。当 PUSCH 只携带业务数据时，β=1；当 PUSCH 用于携带 UCI 时，β可以设定为不同的取值。Δ_{TF} 仅在上行单层传输时考虑。如果上行配置为多层传输，则Δ_{TF}=0。

δ为由 TPC 决定的分量，由 DCI 携带的 TPC 命令进行配置，每个 TPC 命令的 2 比特信息可以指示功率调整步长，具体有{–1 dB, 0 dB, 1 dB, 3 dB}共 4 种可选的步长。

此外，由于 NR 支持基于波束的上行功率控制，在具体实现机制上还需考虑多波束测量和功率控制的细节。例如，在进行路损估计时，需要考虑波束赋形的增益。基于上下行波束对的一致性，UE 可以通过测量下行参考信号来估计上行路损。而由于多个候选波束的存在，UE 需要测量、估算并存储一组路损值，即 $PL(q)$。其中，q 为不同波束对应参考信号的索引值。为了降低对 UE 性能的要求，NR 规定 PUSCH 的路损估计 $PL(q)$最多可以配置 4 个。

对于基本开环运行点，考虑到不同类型的 PUSCH 传输可以适用不同的开环功率控制参数，因而引入了索引值 j 用于表示不同的开环参数。PUSCH 对应的 $P_0(j)$和$\alpha(j)$是成对配置的，共可配置 32 对。其中，{$P_0(j)$，$\alpha(j)$}用于随机接入 Msg3 PUSCH，且$\alpha(0)$=1。这意味着，Msg3 消息的传输不使用部分路径损耗

补偿。$\{P_0(1),\ \alpha(1)\}$用于免调度的 PUSCH 传输，其余的$\{P_0(j),\ \alpha(j)\}$对则完全按需灵活配置和使用。

对于闭环控制因子，NR 允许为 UE 配置最多两个闭环回路，用索引值 l 表示。UE 具体使用哪个回路，可以由高层参数直接配置，也可以通过 DCI Format 0_1 指示。

2. PUCCH 功率控制

PUCCH 的功率控制与 PUSCH 存在少许差异。首先，PUCCH 不使用部分路径损耗补偿，也即α固定取值为 1。其次，$P_0(j)$的可能选择构成 P_0 集。对于每个上行 BWP，最多可以包含 8 个取值。此外，PUCCH 的闭环功率控制命令$\delta(l)$可以由触发该 PUCCH 的 DCI Format 1_0 或 1_1 指示。例如，下行 DCI 调度某个 PUSCH，而 PUCCH 携带该 PUSCH 的 ACK/NACK。

3. PRACH 功率控制

PRACH 采用开环功率控制，且α固定取值为 1。PRACH 的前导信号根据 $P_{\text{PRACH, target}}$ 进行功率配置并发射，如果未收到随机接入响应，则 UE 执行功率攀升，直至收到随机接入响应或功率到达 P_{CMAX} 为止。

4. 多上行载波功率控制

在上行多载波的前提下，UE 在各个载波上的功率 P_{CMAX} 之和可能超过 UE 的总配置传输功率 P_{TMAX}。此时，UE 需要按照传输优先级逐次降低各上行载波的传输功率，以确保载波功率 P_{CMAX} 之和不超过总功率 P_{TMAX}。具体的传输优先级依次为：

- PCell 的 PRACH；
- 含 ACK/NACK 或 SR 的 PUCCH/PUSCH；
- 含 CSI 的 PUCCH/PUSCH；
- 其他 PUSCH；
- SRS 和 SCell 的 PRACH。

注意，在同等优先级下，MCG 高于 SCG。例如，在 EN-DC 的场景下（LTE 和 NR 双连接，LTE 提供控制面锚点），优先将功率分配 LTE 载波的传输，而降低 NR 载波的传输功率。

5.4.2 下行功率分配

与 LTE 类似，NR 下行链路对功率控制的支持很少，仅有少量与 PDSCH 相关的功率控制，其余均采用功率分配的方式。这主要是由于 NR 下行采用 OFDMA 多址方式，系统能够通过频率调度和编码的方式，避免为 UE 分配路径损耗和阴影衰落较大的 RB。从这个角度而言，采用下行功率控制就显得没有必要了。此外，采用下行功率控制会扰乱下行 CQI 的测量，进而影响下行频率调度的准确性。综合这些考虑，NR 不对下行采用灵活的功率控制，而只是采用静态或半静态的功率分配。

gNB 基于 EPRE（Energy Per Resource Element）决定下行功率的配置。

出于 SS-RSRP、SS-RSRQ 和 SS-SINR 测量的目的，UE 可以假设下行链路中，不同 SSB 块中承载的 SSS ERPE 是恒定的，且 SSS 和 PBCH 的 DMRS 的 EPRE 比值为 0 dB。其中，SSS ERPE 由高层参数 *SS-PBCH-BlockPower* 进行配置。

同样地，出于 CSI-RSRP、CSI-RSRQ 和 CSI-SINR 测量的目的，UE 可以假设下行 CSI-RS 端口 EPRE 在配置的下行带宽上是恒定的。CSI-RS EPRE 可通过 SSB 的发射功率参数 *SS-PBCH-BlockPower* 及对应的 CSI-RS 功率偏置(由高层参数 *powerControlOffsetSS* 指示）进行配置。

对于 PDCCH 的传输功率，UE 假定 PDCCH EPRE 与 NZP-CSI-RS EPRE 的比值为 0 dB。

对于 PDSCH 的传输功率，UE 假定 PDSCH EPRE 和 DMRS EPRE 的比值为 β_{DMRS}，具体取值与 DMRS 的 CDM 组数和配置方式有关，见表 5-11。注意，DMRS EPRE 可由 gNB 动态改变，且改变的方式未进行标准化，改变后的值也不通知 UE。

表 5-11　PDSCH EPRE 与 DMRS EPRE 的比值

不包含数据的 DMRS CDM 组数量	Type1 DMRS（dB）	Type2 DMRS（dB）
1	0	0
2	−3	−3
3		−4.77

如果 PDSCH 配置了 PT-RS，且 UE 获得了 PT-RS 端口对应的高层参数 *epre-Ratio*，则 PDSCH EPRE 和 PT-RS 端口每层每 RE 的 EPRE 的比值为 $\rho_{\text{PT-RS}}$，具体取值根据 *epre-Ratio* 查表得到，见表 5-12。如 UE 未获得 *epre-Ratio* 参数指示，则假定 *epre-Ratio* 取值为 0。

表 5-12　PDSCH EPRE 和 PT-RS 端口每层每 RE 的 EPRE 比值

epre-Ratio	PDSCH 层数					
	1	2	3	4	5	6
0	0	3	4.77	6	7	7.78
1	0	0	0	0	0	0
2	保留					
3	保留					

5.5 寻呼过程

在 NR 中，系统可以向处于 RRC 空闲态和连接态的 UE 发送寻呼。寻呼的过程可以由核心网触发，用于通知某个 UE 接收寻呼请求，也可以由 gNB 触发，用于通知系统消息更新，以及通知 UE 接收 ETWS 或 CMAS 等信息。寻呼的触发流程示意如图 5-10 所示。

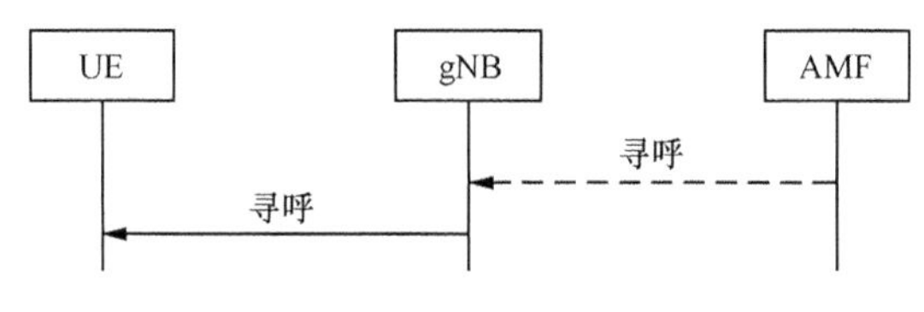

图 5-10 寻呼流程的触发

当网络侧需要发送数据给 RRC 空闲态的 UE 时，由 AMF 触发寻呼。这种由核心网发起的寻呼与 NAS 层的移动性管理是配套的过程。UE 在跟踪区（TA，Tracking Area）之间移动时，需要通过 TA 更新的流程向核心网上报当前 UE 所处的 TA。在有寻呼需求时，AMF 会向该 TA 中的全部或部分 gNB 发送寻呼消息。gNB 在接收到寻呼消息后，译码其中的内容，得到 TAI 列表，并在其下属与列表中 TA 的小区进行空口的寻呼。

对于 RRC 去激活态下的 UE，引入了类似 TA 概念的通知区（NA，Notification Area）。UE 在 NA 之间移动时，同样需要通过 NA 更新的流程使网络获知 UE 当前所处的 NA。当网络需要发送下行消息或数据时，通常通过该 UE 的锚点 gNB 发起寻呼，使 UE 回到 RRC 连接态。一般来说，NA 的大小不超过 UE 当前所处的 TA 的大小。如果 gNB 发起寻呼后没有收到该 UE 的响应，则认为与该 UE 失联，并上报核心网，由核心网重新触发寻呼流程，将当前寻呼的范围从 NA 扩大到 TA 的范围。

当网络发送的是系统消息更新通知，或者是 ETWS/CMAS 通知时，寻呼过程不涉及核心网，直接由 gNB 触发并在空口发送对应的寻呼消息。

注意，NR 中寻呼消息发送的方式与 SSB 的发送方式类似，同样支持波束赋形，如图 5-11 所示。UE 通常在能检测到最佳的 SSB 的波束方向接收寻呼消息。

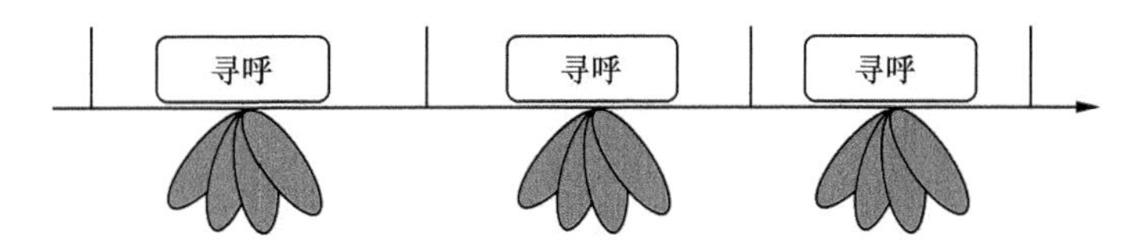

图 5-11　寻呼消息的发送

出于节省耗电量的考虑，NR 中 UE 的寻呼接收同样遵循非连续接收（DRX，Discontinuous Reception）的原则。gNB 会在系统消息中广播小区默认的 DRX 周期，同时也允许 UE 根据自身电量等设置 UE 特定的 DRX 周期，实际采用的 DRX 周期取前述两者中的最小值。在一个 DRX 周期内，UE 只在响应的寻呼无线帧（PF）上的寻呼机会（PO）监听携带有 P-RNTI 的 PDCCH，进而判断响应的 PDSCH 上是否有寻呼承载消息。PF 需满足

$$(SFN \bmod T+PF\_offset)=(T \operatorname{div} N)\cdot(UE\_ID \bmod N) \tag{5-5}$$

其中，SFN 为当前无线帧，T 为 UE 的 DRX 周期，N 为一个 DRX 周期内 PF 的个数，$UE\_ID=IMSI \bmod 1024$，PF_offset 为 PDCCH 搜索空间在时域上的偏移。而寻呼机会（PO）与实际的 SS burst 存在对应关系，PO 需满足

$$i\_s = \text{floor}(UE\_ID/N) \bmod N_s \tag{5-6}$$

其中，i_s 为一个无线帧内寻呼机会 PO 的索引，N_s 为一个 PF 上 PO 的个数。每个寻呼机会实际上对应 s 个连续的 PDCCH 检测机会，s 是指一个 SS burst 中实际广播的 SSB 的个数。在确定了 PF 和 PO 之后，UE 自行决定如何根据接收到的 SSB 来接收寻呼消息。

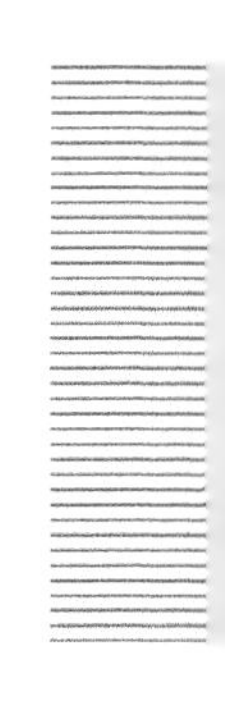

第6章

NR 性能评估

相对于历代移动通信系统，NR 不再单一地以更高的系统峰值速率为核心性能指标。本章依据 ITU 关于 IMT-2020 的最小性能要求和评估办法，针对与 NR eMBB 场景密切相关的性能指标进行了评估，具体包括峰值频谱效率、峰值速率、平均频谱效率、用户体验速率、区域话务容量、时延、能效、移动性和移动中断时间。

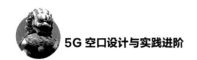

| 6.1 eMBB 性能评估 |

针对 NR eMBB 场景下的性能评估，主要依据《ITU-R M.2410 IMT-2020 最小性能要求》和《ITU-R M.2412 IMT-2020 评估办法》。其中，前者定义了满足 IMT-2020 技术要求的 13 项性能指标，后者则定义了多个基于不同技术参数假设、基站和用户分布、业务及信道模型的评估场景和对应的评估办法。

与 eMBB 场景密切相关的性能指标包括峰值频谱效率、峰值用户速率、平均频谱效率、5%用户频谱效率、用户体验速率、区域话务容量、时延（包括用户面时延和控制面时延）、能效、移动性和移动中断时间等。其对应的指标要求和评估办法见表 6-1。

表 6-1 eMBB 场景指标要求及评估办法

技术性能需求	DL 指标	UL 指标	评估办法
峰值频谱效率	30 bit/s·Hz^{-1}	15 bit/s·Hz^{-1}	分析
峰值用户速率	20 Gbit/s	10 Gbit/s	分析
平均频谱效率	约 3×IMT-A	约 3×IMT-A	系统级仿真

续表

技术性能需求	DL 指标	UL 指标	评估办法
5%用户频谱效率	约 3×IMT-A	约 3×IMT-A	系统级仿真
用户体验速率	100 Mbit/s	40 Mbit/s	分析或系统级仿真
区域话务容量	$100\ \text{Mbit/s}\cdot\text{m}^{-2}$		分析
用户面时延	4 ms	4 ms	分析
控制面时延	20 ms	20 ms	分析
能效			检验
移动性		500 km/h，$0.45\ \text{bit/s}\cdot\text{Hz}^{-1}$	系统级仿真+链路级仿真
移动中断时间	0 ms	0 ms	分析

| 6.2 峰值频谱效率评估 |

在 FDD 或 TDD 双工配置方案下，对于给定成员载波 *j-th CC*，其峰值频谱效率为

$$SE_{p_j} = \frac{v_{\text{Layers}}^{(j)} \cdot Q_m^{(j)} \cdot f^{(j)} \cdot R_{\max} \cdot \dfrac{N_{\text{PRB}}^{BW(j),\mu} \cdot 12}{T_S^{\mu}} \cdot (1 - OH^{(j)})}{BW^{(j)}} \tag{6-1}$$

- $v_{\text{Layers}}^{(j)}$：最大可处理的层数。
- $Q_m^{(j)}$：最大调制阶数。
- $f^{(j)}$：调节因子，一般取值为$\{0.75,1\}$。
- $R_{\max}$：信道编码码率，取 $R_{\max}$=948/1024。
- μ：即 Numerology。
- T_S^{μ}：在给定μ参数时，一个子帧中一个 OFDM 符号的平均时长，如采用常规 CP，则有 $T_S^{\mu} = \dfrac{10^{-3}}{14 \cdot 2^{\mu}}$。
- $N_{\text{PRB}}^{BW(j),\mu}$：给定$\mu$参数和带宽 $BW^{(j)}$时可分配的最大 RB 数。
- $OH^{(j)}$：系统开销，定义为 L1/L2 信令、同步信号、PBCH、参考信号和保护周期（仅当系统为 TDD 时考虑）等所占用的 RE 数与有效时间带宽积的总 RE 数的平均比率。有效时间带宽积的总 RE 数由$\left(\alpha^{(j)} \cdot BW^{(j)} \cdot \left(14 \times T_S^{\mu}\right)\right)$给定，其中，$\alpha^{(j)}$为 DL/UL 比率，对于 FDD 系统$\alpha^{(j)}$=1；对于 TDD 系统，$\alpha^{(j)}$取决于 DL/UL 的配置。

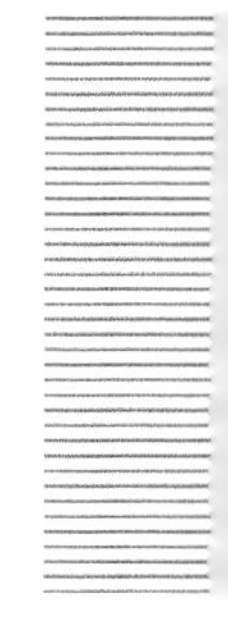

6.2.1 下行峰值频谱效率

NR 下行链路关键参数的配置见表 6-2。

表 6-2 NR 下行链路关键参数配置

参数	取值	备注
最大传输层数 $v_{\text{Layers}}^{(j)}$	FR1：8 FR2：6,8	下行 SU-MIMO 支持最大 8 层数据传输
最大调制阶数 $Q_m^{(j)}$	8	下行可支持 256QAM
调节因子 $f^{(j)}$	1	
最大编码码率 $R_{\max}$	0.9258	LDPC 最大码率为 948/1024=0.9258
Numerology 参数 μ	0,1,2,3	子载波间隔 SCS = 2^{μ}×15 kHz
给定带宽 $BW^{(j)}$对应的 RB 数 $N_{\text{PRB}}^{BW(j),\mu}$	参见表 3-9 和表 3-10	协议规定

NR 的系统开销与具体的控制信令、参考信号等的配置有关。表 6-3 给出了不同双工方式及不同工作频段下的两种典型开销。后续对下行峰值频谱效率的评估中所涉及的系统开销依据该表进行计算。

表 6-3 NR 下行链路开销评估

开销	双工方式	FR1	FR2
OH1	FDD、TDD（DDDSU）	• PDCCH：每个时隙内 CORESET 占用 24 个 PRB（4 个 CCE） ▪ 12 RE/PRB/时隙 • TRS 突发占用连续 2 个时隙，周期为 20 ms，占用 52 个 PRB ▪ 12 RE/PRB/20 ms • DMRS：Type2 配置，16 RE/PRB/时隙，8 层 • CSI-RS：8 端口，周期为 20 ms ▪ 8 RE/PRB/20 ms • SSB 周期为 20 ms，每个 SSB 占用 960 个 RE = 4 个 OFDM 符号×20 个 PRB×12 个 RE/PRB 注意：1. 如果信道带宽小于 SSB 带宽，则 SSB 不进行发送，相应的 SSB 开销为 0；2. 如果信道带宽小于 TRS 带宽，则假设 TRS 带宽等于当前信道带宽	• PDCCH：每个时隙内 CORESET 占用 24 个 PRB（4 个 CCE） ▪ 12 RE/PRB/时隙 • TRS 突发占用连续 2 个时隙，周期为 10 ms，占用 52 个 PRB ▪ 12 RE/PRB/时隙 • DMRS：Type2 配置，12 RE/PRB/时隙，6 层 • CSI-RS：8 端口，周期为 10 ms ▪ 8 RE/PRB/10 ms • 每 20 ms 发送 8 个 SSB，每个 SSB 占用 960 个 RE = 4 个 OFDM 符号×20 个 PRB×12 个 RE/PRB • PT-RS：1 端口，频域密度为 3，时域密度为 1 • 用于波束管理的 CSI-RS:1 端口，周期为 10 ms ▪ 2 RE/PRB/10 ms 注意：如果信道带宽小于 TRS 带宽，则假设 TRS 带宽等于当前信道带宽

续表

开销	双工方式	FR1	FR2
OH2	FDD、TDD （DDDSU）	• PDCCH：2 个 CCE 　■ 144 RE/时隙 • TRS 突发占用连续 2 个时隙，周期为 80 ms，占用 52 个 PRB 　■ 12 RE/PRB/80 ms • DMRS：Type 2 配置，16 RE/PRB/时隙 • CSI-RS：8 端口，周期为 20 ms 　■ 8 RE/PRB/20 ms • CSI-IM：4 端口，周期为 20 ms 　■ 4 RE/PRB/20 ms • 1 个 SSB 　■ 960 RE/20 ms	

对于 NR FDD，系统仅支持工作在 FR1 频段下，其下行峰值频谱效率评估见表 6-4。其中，*Req* 为基准值，即《ITU-R M.2410 IMT-2020 最小性能要求》中对应的指标要求。

表 6-4　NRFDD 下行峰值频谱效率（bit/s·Hz^{-1}）

SCS（kHz）		5 MHz	10 MHz	15 MHz	20 MHz	25 MHz	30 MHz	40 MHz	50 MHz	60 MHz	80 MHz	90 MHz	100 MHz	*Req*
FR1	15	40.8～42.8	44.5～45.5	45.1～46.5	45.4～47.0	45.5～47.2	45.7～47.4	46.2～48.2	46.2～48.3					30
	30	32.1～37.7	39.4～41.1	43.0～44.2	43.7～44.8	44.5～45.9	44.5～46.1	45.4～47.1	45.5～47.4	46.2～48.2	46.4～48.5	48.5～48.7	46.7～48.9	30
	60		32.4～37.7	38.4～41.1	39.6～41.3	41.8～43.1	43.2～44.3	43.7～44.9	44.5～46.0	45.1～46.8	45.8～47.7	47.6～47.8	46.2～48.2	30

对于 NR TDD，当工作在 FR1 频段时，假定采用 2.5 ms 单周期帧结构，即时隙配比为 DDDSU，其中 S 时隙的符号配比为 11DL : 1GP : 2UL。对应采用表 6-2 中的参数配置，其下行峰值频谱效率评估见表 6-5。

表 6-5　NR TDD 工作在 FR1 时的下行峰值频谱效率（bit/s·Hz^{-1}）
（帧结构为 DDDSU；α_{DL}=0.7643；开销为 OH_1 或 OH_2）

SCS（kHz）		5 MHz	10 MHz	15 MHz	20 MHz	25 MHz	30 MHz	40 MHz	50 MHz	60 MHz	80 MHz	90 MHz	100 MHz	*Req*
FR1	15	39.6～41.5	43.6～44.5	44.9～45.6	45.6～46.1	46.1～46.4	46.3～46.6	47.1～47.3	47.2～47.4					30

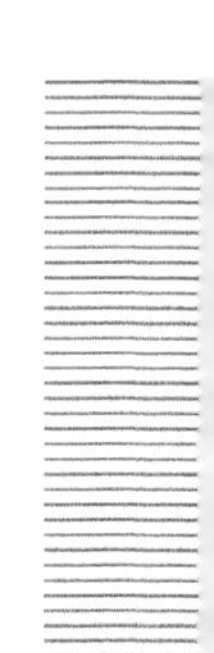

续表

SCS（kHz）		5 MHz	10 MHz	15 MHz	20 MHz	25 MHz	30 MHz	40 MHz	50 MHz	60 MHz	80 MHz	90 MHz	100 MHz	*Req*
FR1	30	31.7～35.2	38.4～40.3	42.1～43.3	43.1～44.0	44.4～45.1	44.6～45.3	45.9～46.3	46.3～46.6	47.1～47.4	47.5～47.7	47.7～47.9	47.9～48.1	30
	60		31.8～35.3	37.5～40.1	38.7～40.5	40.9～42.3	42.3～43.5	43.3～44.2	44.5～45.3	45.4～46.0	46.4～46.9	46.8～47.2	47.1～47.4	30

对于 NR TDD，当工作在 FR2 频段时，假定配置为 6 层传输，其余参数与工作在 FR1 时一致，其下行峰值频谱效率评估见表 6-6。

表 6-6　NR TDD 工作在 FR2 时的下行峰值频谱效率（bit/s·Hz^{-1}）
（帧结构为 DDDSU；α_{DL}=0.7643；配置为 6 层传输）

SCS（kHz）		50 MHz	100 MHz	200 MHz	400 MHz	*Req*
FR2	60	33.7	34.5	34.9		30
	120	31.7	34.0	34.7	35.0	30

根据上述分析，在给定的多种参数配置下，NR 下行链路的峰值频谱效率均满足大于 30 bit/s·Hz^{-1} 的最小性能要求，如图 6-1 所示。

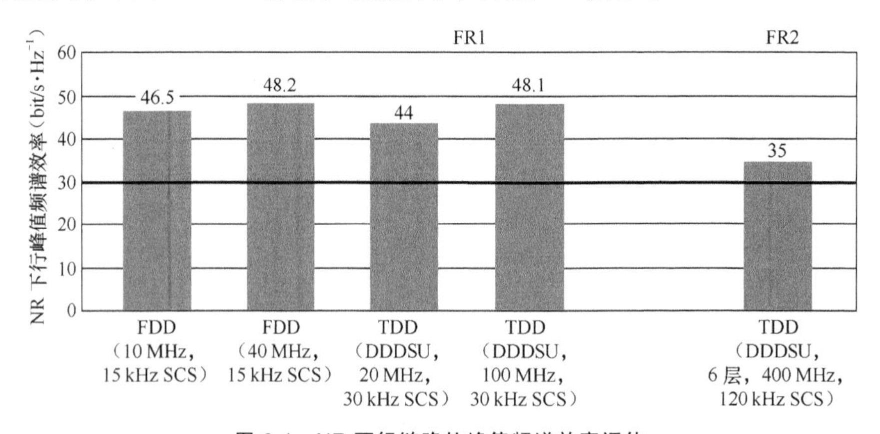

图 6-1　NR 下行链路的峰值频谱效率评估

6.2.2　上行峰值频谱效率

NR 上行链路关键参数的配置见表 6-7。

表 6-7 NR 上行链路关键参数配置

参数	取值	备注
最大传输层数 $v_{\text{Layers}}^{(j)}$	4	上行 SU-MIMO 支持最大 4 层数据传输
最大调制阶数 $Q_m^{(j)}$	8	上行可支持 256QAM
调节因子 $f^{(j)}$	1	
最大编码码率 $R_{\max}$	0.9258	LDPC 最大码率为 948/1024=0.9258
Numerology 参数 μ	0,1,2,3	子载波间隔 $SCS = 2^{\mu}\times 15$ kHz
给定带宽 $BW^{(j)}$对应的 RB 数 $N_{\text{PRB}}^{BW(j),\mu}$	参见表 3-9 和表 3-10	协议规定

NR 上行链路的系统开销计算见表 6-8。

表 6-8 NR 上行链路开销评估

开销	双工方式	FR1	FR2
OH1	FDD,TDD（DDDSU）	• PUCCH：短格式 PUCCH，每个上行时隙频域上占用 1 个 PRB，时域上占用 1 个 OFDM 符号；12 RE/时隙。 • DMRS：Type1 配置，时域上占用 1 个完整的 OFDM 符号，12 RE/PRB/时隙。 • SRS：对于 FDD，时域上占用 1 个 OFDM 符号，周期为 10 ms；对于 TDD，时域上占用 1 个 OFDM 符号，周期为 20 ms	• PUCCH：短格式 PUCCH，每个上行时隙频域上占用 1 个 PRB，时域上占用 1 个 OFDM 符号；12 RE/时隙。 • DMRS：Type1 配置，时域上占用 1 个完整的 OFDM 符号，12 RE/PRB/时隙。 • SRS：时域上占用 1 个 OFDM 符号，周期为 5 ms。 • PT-RS：2 端口，频域密度为 4 个 PRB，时域密度为 1 个 OFDM 符号
OH2	FDD,TDD（DDDSU）	• PUCCH：短格式 PUCCH，每个上行时隙频域上占用 1 个 PRB，时域上占用 1 个 OFDM 符号；12 RE/时隙。 • DMRS：Type2 配置，8 RE/PRB/时隙。 • SRS：时域上占用 1 个 OFDM 符号，周期为 20 ms	

对于 NR FDD，系统仅支持工作在 FR1 频段下。当采用表 6-7 所示的参数配置及表 6-8 所示的系统开销时，其上行峰值频谱效率评估见表 6-9。

表 6-9　NR FDD 上行峰值频谱效率（bit/s·Hz^{-1}）

SCS（kHz）		5 MHz	10 MHz	15 MHz	20 MHz	25 MHz	30 MHz	40 MHz	50 MHz	60 MHz	80 MHz	90 MHz	100 MHz	*Req*（Gbit/s）
FR1	15	22.9～23.5	23.8～24.5	24.1～24.8	24.3～25.0	24.4～25.1	24.4～25.2	24.7～25.5	24.7～25.5	0.0	0.0	0.0	0.0	15
	30	20.1～20.7	22.0～22.6	23.2～23.9	23.4～24.1	23.8～24.6	23.8～24.6	24.3～25.1	24.4～25.2	24.7～25.5	24.8～25.7	24.9～25.3	25.0～25.8	15
	60	0.0	20.1～20.7	22.0～22.6	22.0～22.7	22.7～23.4	23.2～23.9	23.4～24.1	23.8～24.6	24.1～24.9	24.5～25.3	24.9～25.0	24.7～25.6	15

对于 NR TDD，当工作在 FR1 频段时，对应采用表 6-7 中的参数配置，其上行峰值频谱效率评估见表 6-10。

表 6-10　NR TDD 工作在 FR1 时的上行峰值频谱效率（bit/s·Hz^{-1}）
（帧结构为 DDDSU；α_{UL}=0.2357；开销为 OH_1 或 OH_2）

SCS（kHz）		5 MHz	10 MHz	15 MHz	20 MHz	25 MHz	30 MHz	40 MHz	50 MHz	60 MHz	80 MHz	90 MHz	100 MHz	*Req*（Gbit/s）
FR1	15	20.6～21.6	21.5～22.6	21.8～22.9	22.0～23.0	22.0～23.1	22.1～23.2	22.4～23.5	22.4～23.5					15
	30	18.2～19.1	20.0～20.9	21.1～22.1	21.3～22.3	21.7～22.8	21.7～22.8	22.2～23.2	22.2～23.2	22.6～23.7	22.7～23.8	22.8～23.9	22.8～23.9	15
	60		18.3～19.1	20.0～21.0	20.1～21.0	20.8～21.8	21.2～22.2	21.4～22.4	21.8～22.9	22.1～23.2	22.5～23.5	22.6～23.7	22.7～23.8	15

对于 NR TDD，当工作在 FR2 频段时，采用与工作在 FR1 时的相同配置，其上行峰值频谱效率评估见表 6-11。

表 6-11　NR TDD 工作在 FR2 时的上行峰值频谱效率（bit/s·Hz^{-1}）
（帧结构为 DDDSU；α_{UL}=0.2357）

SCS（kHz）		50 MHz	100 MHz	200 MHz	400 MHz	*Req*（Gbit/s）
FR2	60	20.9	21.0	21.0		15
	120	20.4	21.1	21.2	21.2	15

根据上述分析，在给定的多种参数配置下，NR 上行链路的峰值频谱效率均满足大于 15 bit/s·Hz^{-1} 的最小性能要求，如图 6-2 所示。

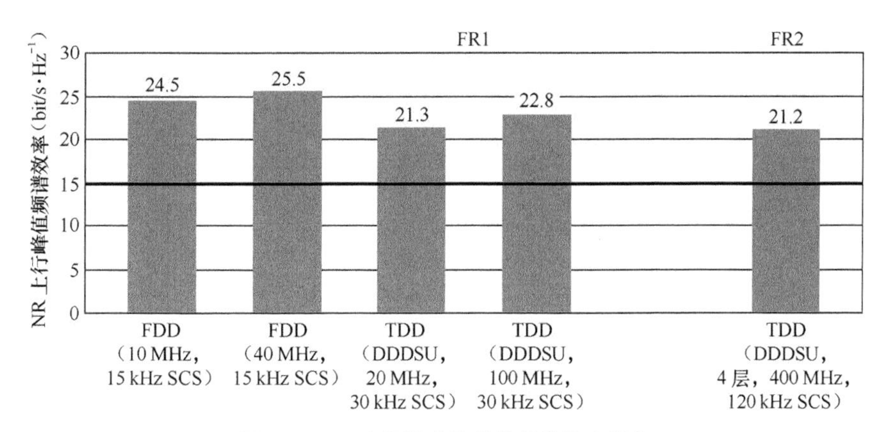

图 6-2　NR 上行链路的峰值频谱效率评估

6.3　峰值速率评估

对于 NR FDD 或 NR TDD，给定 Q 个成员载波时，其上下行峰值速率为

$$R=\sum_{j=1}^{Q}W_j\times SE_{p_j}=\sum_{j=1}^{Q}(\alpha^{(j)}\cdot BW^{(j)})\times SE_{p_j} \tag{6-2}$$

其中，W_j 和 SE_{p_j}（j=1,⋯,Q）分别为对应成员载波 *j-th CC* 的有效带宽和频谱效率。

6.3.1　下行峰值速率

评估 NR 下行峰值速率时所采用的参数配置条件与表 6-2 和表 6-3 相同，评估结果见表 6-12。我们注意到，NR 仅工作在单载波时，其峰值速率是无法满足 20 Gbit/s 的最低性能要求的。对此，NR 采用载波聚合的方式保证峰值速率指标要求的可达性。表 6-12 的倒数第二列给出了匹配 20 Gbit/s 要求所需的最小下行带宽（并非 NR 实际支持的工作带宽）。

表 6-12　NR 下行峰值速率评估

双工方式	SCS（kHz）		每载波带宽（MHz）	每载波峰值速率（Gbit/s）	16 载波聚合峰值速率（Gbit/s）	可匹配需求的下行带宽（MHz）	*Req*（Gbit/s）
FDD	FR1	15	50	2.31～2.41	37.0～38.6	414～433	20
		30	100	4.67～4.89	74.7～78.2	409～428	
		60	100	4.62～4.82	73.9～77.1	415～433	

续表

双工方式	SCS（kHz）		每载波带宽（MHz）	每载波峰值速率（Gbit/s）	16 载波聚合峰值速率（Gbit/s）	可匹配需求的下行带宽（MHz）	*Req*（Gbit/s）
TDD（DDDSU）	FR1	15	50	1.81	29.0	552	
		30	100	3.68	58.9	543	
		60	100	3.62	57.9	552	
	FR2（N_{layer}=6）	60	200	5.33	85.3	750	
		120	400	10.7	171.2	748	

6.3.2 上行峰值速率

同理，评估 NR 上行峰值速率时，采用与表 6-7 和表 6-8 所示的参数配置和系统开销，具体的上行峰值速率评估结果见表 6-13。

表 6-13 NR 上行峰值速率评估

双工方式	SCS（kHz）		每载波带宽（MHz）	每载波峰值速率（Gbit/s）	16 载波聚合峰值速率（Gbit/s）	可匹配需求的下行带宽（MHz）	*Req*（Gbit/s）
FDD	FR1	15	50	1.12～1.18	17.9～18.9	424～446	10
		30	100	2.28～2.39	36.5～38.2	418～439	
		60	100	2.27～2.38	36.3～38.1	420～441	
TDD（DDDSU）+SUL	FR1	15	50	1.12～1.18	17.9～18.9	424～446	
		30	100	2.28～2.39	36.5～38.2	418～439	
		60	100	2.27～2.38	36.3～38.1	420～441	

我们注意到，NR 上行链路同样需要通过载波聚合的方式，以满足 10 Gbit/s 的最低性能要求。

6.4 平均频谱效率评估

针对 NR 平均频谱效率的评估，主要采用仿真的方式，具体包括室内热点（Indoor Hotspot）、密集城区（Dense Urban）和农村（Rural）3 类主要场景。

不同场景的系统级仿真参数的配置存在微小差异。表 6-14～表 6-17 给出了密集城区场景下的 NR 上下行链路参数配置及开销估算。其中，天线配置采用（M, N, P, M_g, N_g；M_p, N_p）的方式表示，M 和 N 分别为天线面板（Panel）的垂直阵子数和水平阵子数，P 表示极化方式，M_g 和 N_g 分别为天线面板的列数和行数，M_p 和 N_p 分别为天线面板某一极化方向上的垂直通道数和水平通道数。（d_H, d_V）则表示天线阵子的水平间距和垂直间距。

表 6-14　密集城区 eMBB 场景的平均频谱效率评估参数配置（下行）

参数配置	NR FDD	NR TDD
多址接入	OFDMA	OFDMA
双工方式	FDD	TDD
网络同步	同步	同步
调制编码	最高支持 256QAM	最高支持 256QAM
PDSCH 信道编码	LDPC k_{cb}= 8448 bit	LDPC k_{cb}= 8448 bit
Numerology	15 kHz SCS，14 个 OFDM 符号/时隙	15 kHz/30 kHz SCS，14 个 OFDM 符号/时隙
保护带宽占比（相对仿真带宽）	6.4%	8.2%，即 51 个 RB（30 kHz SCS） 4.6%，即 106 个 RB（15 kHz SCS）
仿真带宽	10 MHz	20 MHz
帧结构	全下行	DDDSU
下行传输方案	闭环传输，SU/MU-MIMO 自适应	闭环传输，SU/MU-MIMO 自适应
下行 CSI 测量	基于非预编码的 CSI-RS	32Tx：基于非预编码的 CSI-RS 64Tx：基于预编码的 CSI-RS
下行码本	TypeII 码本	TypeII 码本
PRB Bundling	4 PRB	4 PRB
MU 支持层数	最大 12 层	最大 12 层
SU 支持层数	最大 4 层（4Rx）	最大 4 层（4Rx）
码字—层映射	1～4 层，单码字； 5 层及以上，双码字	1～4 层，单码字； 5 层及以上，双码字
SRS 传输		15 kHz SCS：4 SRS 端口，每 5 个时隙占用.2 个 OFDM 符号。 30 kHz SCS：4 SRS 端口，每 5 个时隙占用 4 个 OFDM 符号
CSI 反馈	PMI、CQI、RI：每 5 个时隙 基于子带	CQI、RI、CRI：每 5 个时隙 基于子带
干扰测量	SU-CQI、CSI-IM	SU-CQI、CSI-IM

续表

参数配置	NR FDD	NR TDD
最大 CBG 数	1	1
ACK/NACK 时延	下一可用上行时隙	下一可用上行时隙
重传时延	接收到 NACK 后的下一可用上行时隙	接收到 NACK 后的下一可用上行时隙
TRxP 天线配置	32Tx: (M,N,P,Mg,Ng; Mp,Np) = (8,8,2,1,1;2,8); (d_H, d_V)=(0.5, 0.8)λ	32Tx: (M,N,P,Mg,Ng; Mp,Np) = (8,8,2,1,1;2,8); (d_H, d_V)=(0.5, 0.8)λ; 64Tx: (M,N,P,Mg,Ng; Mp,Np) = (12,8,2,1,1;4,8); (d_H, d_V)=(0.5, 0.8)λ
UE 天线配置	4Rx: (M,N,P,Mg,Ng; Mp,Np)= (1,2,2,1,1; 1,2); (d_H, d_V)=(0.5, N/A)λ	4Rx: (M,N,P,Mg,Ng; Mp,Np)= (1,2,2,1,1; 1,2); (d_H, d_V)=(0.5, N/A)λ
调度算法	比例公平调度（PF）	比例公平调度（PF）
接收机检测算法	最小均方误差-干扰消除（MMSE-IC）	最小均方误差-干扰消除（MMSE-IC）
信道估计	非理想	非理想

表 6-15　下行链路开销参数配置

适用频率范围	参数配置	NR FDD	NR TDD
FR1	PDCCH	2 个 OFDM 符号	2 个 OFDM 符号
	SSB	1SSB/20 ms	1SSB/20 ms
	CSI-RS（信道测量）	32 个端口，周期为 5 个时隙	64Tx：4×10 个端口，5 个时隙周期（每个 UE 配置 4 个端口）； 32Tx：32 个端口，5 个时隙周期
	CSI-RS（干扰测量）	ZP CSI-RS（5 个时隙周期） 4 RE/PRB/5 时隙	ZP CSI-RS（5 个时隙周期） 4 RE/PRB/5 时隙
	DMRS	TypeII，最大 12 个端口，动态配置	TypeII，最大 12 个端口，动态配置
	TRS	20 ms 周期； 最大带宽为 52 个 RB； 触发周期为 2 个时隙； 12 RE/PRB/20 ms	20 ms 周期； 最大带宽为 52 个 RB； 触发周期为 2 个时隙； 12 RE/PRB/20 ms
	GP		2 个 OFDM 符号
	SRS	2 个 OFDM 符号	2 个 OFDM 符号

表 6-16 密集城区 eMBB 场景的平均频谱效率评估参数配置（上行）

参数配置	NR FDD	NR TDD
多址接入	OFDMA	OFDMA
双工方式	FDD	TDD
网络同步	同步	同步
调制编码	最高支持 256QAM	最高支持 256QAM
PUSCH 信道编码	LDPC k_{cb} = 8448 bit	LDPC k_{cb} = 8448 bit
Numerology	15 kHz SCS，14 个 OFDM 符号/时隙	15 kHz/30 kHz SCS，14 个 OFDM 符号/时隙
保护带宽占比（相对仿真带宽）	6.4%	8.2%，即 51 个 RB（30 kHz SCS） 4.6%，即 106 个 RB（15 kHz SCS）
仿真带宽	10 MHz	20 MHz
帧结构	全上行	DDDSU
上行传输方案	基于码本，SU-MIMO，秩自适应	基于码本，SU-MIMO，秩自适应
上行码本	2Tx：NR 2Tx 码本； 4Tx：NR 4Tx 码本	2Tx：NR 2Tx 码本； 4Tx：NR 4Tx 码本
MU 支持层数		
SU 支持层数	最大 2 层（2Tx/4Tx）	最大 2 层（2Tx/4Tx）
码字—层映射	1～4 层：单码字； 5 层及以上：双码字	1～4 层：单码字； 5 层及以上：双码字
SRS 传输	2Tx：非预编码 SRS，2 端口 4Tx：非预编码 SRS，4 端口，每 5 个时隙占用 2 个符号，每符号对应 8 个 RB	2Tx：非预编码 SRS，2 端口 4Tx：非预编码 SRS，4 端口，每 5 个时隙占用 2 个符号，每符号对应 8 个 RB
TRxP 天线配置	16Rx: (M,N,P,Mg,Ng; Mp,Np)=(8,8,2,1,1; 1,8); (d_H, d_V)=(0.5, 0.8)λ; 32Rx: (M,N,P,Mg,Ng; Mp,Np)=(8,8,2,1,1; 2,8); (d_H, d_V)=(0.5, 0.8)λ	32Rx: (M,N,P,Mg,Ng; Mp,Np)=(8,8,2,1,1; 2,8); (d_H, d_V)=(0.5, 0.8)λ; 64Rx: (M,N,P,Mg,Ng; Mp,Np)=(12,8,2,1,1; 4,8); (d_H, d_V)=(0.5, 0.8)λ
UE 天线配置	2Tx: (M,N,P,Mg,Ng; Mp,Np)=(1,1,2,1,1; 1,1); (d_H, d_V)=(N/A, N/A)λ; 4Tx: (M,N,P,Mg,Ng; Mp,Np)=(1,2,2,1,1; 1,2); (d_H, d_V)=(0.5, N/A)λ	2Tx: (M,N,P,Mg,Ng; Mp,Np)=(1,1,2,1,1; 1,1); (d_H, d_V)=(N/A, N/A)λ; 4Tx: (M,N,P,Mg,Ng; Mp,Np)=(1,2,2,1,1; 1,2); (d_H, d_V)=(0.5, N/A)λ
最大 CBG 数	1	1
UE 重传时延	接收到重传指示后的下一个可用上行时隙	接收到重传指示后的下一个可用上行时隙
调度算法	比例公平调度（PF）	比例公平调度（PF）

续表

参数配置	NR FDD	NR TDD
接收机检测算法	最小均方误差-干扰消除（MMSE-IC）	最小均方误差-干扰消除（MMSE-IC）
信道估计	非理想	非理想
功率控制参数	P_0=−86 dBm，α=0.9	P_0=−86 dBm，α=0.9

表 6-17　上行链路开销参数配置

适用频率范围	参数配置	NRFDD	NRTDD
FR1	PUCCH	未伴随 SRS 传输时：每时隙占用 2 个 PRB，14 个 OFDM 符号。 伴随 SRS 传输时：每时隙占用 2 个 PRB，12 个 OFDM 符号	30 kHz SCS：每时隙占用 2 个 PRB，14 个 OFDM 符号（无 SRS）； 15 kHz SCS：每时隙占用 4 个 PRB，14 个 OFDM 符号（无 SRS）
	DMRS	TypeII，占用 2 个符号，与 PUSCH 复用	TypeII，占用 2 个符号（包含附加 DMRS），与 PUSCH 复用
	SRS	每 5 个时隙占用 2 个符号	每 5 个时隙占用 2 个符号

对于室内热点和农村场景的仿真参数配置，此处不进行引述。

6.4.1　平均频谱效率

在不同场景及不同配置条件下，NR 的上下行链路平均频谱效率的仿真评估结果分别如图 6-3 和图 6-4 所示。

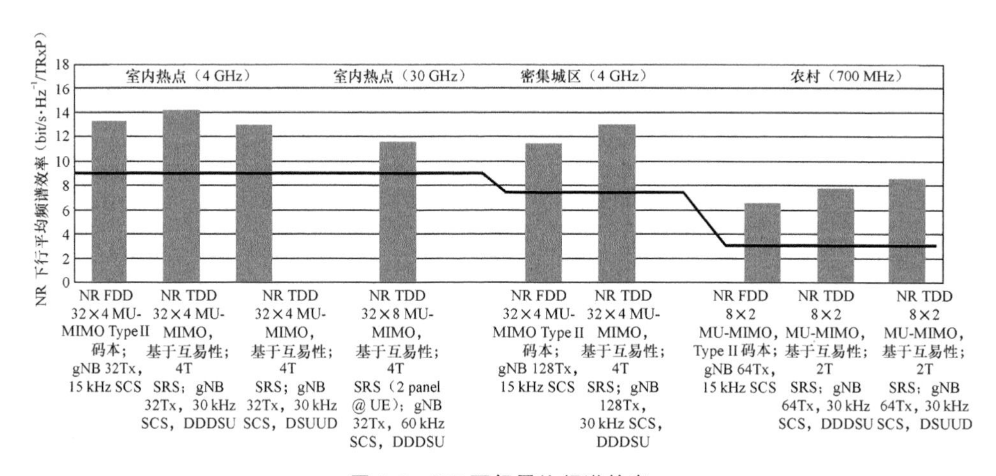

图 6-3　NR 下行平均频谱效率

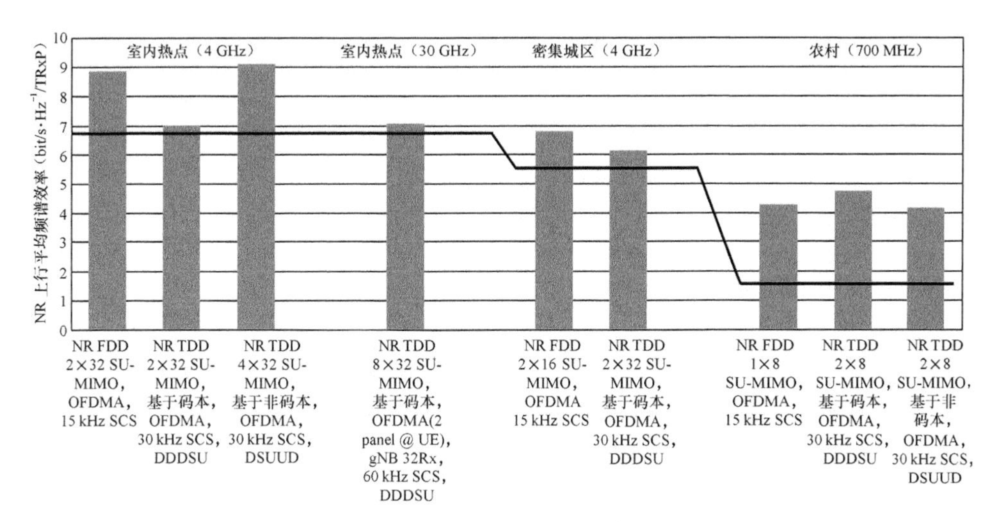

图 6-4 NR 上行平均频谱效率

根据仿真结果，在室内热点、密集城区和农村场景下，NR 上下行平均频谱效率均能满足 ITU-R M.2410 对应的最小性能要求。

6.4.2 5%用户频谱效率

前述的 NR 系统级仿真参数设置，同样适用于对 NR 5%用户频谱效率的评估，具体结果如图 6-5 和图 6-6 所示，均满足对应的最小性能要求。

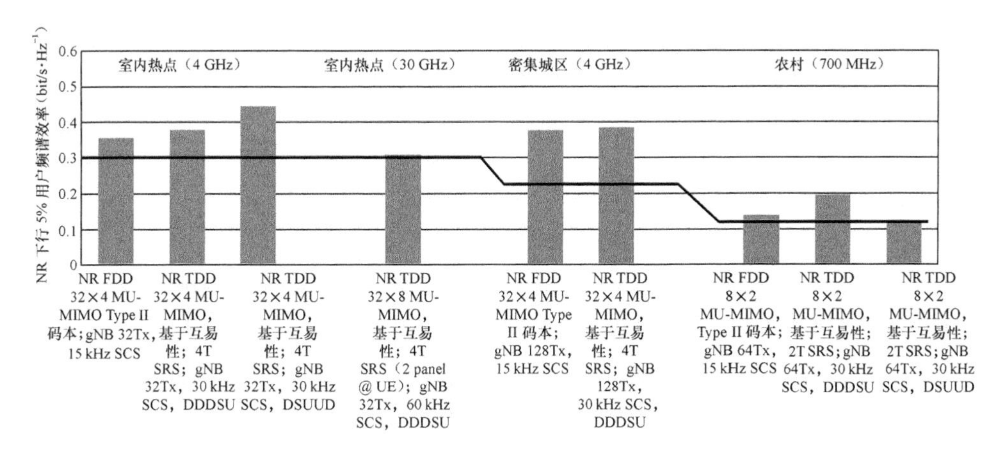

图 6-5 NR 下行 5%用户频谱效率

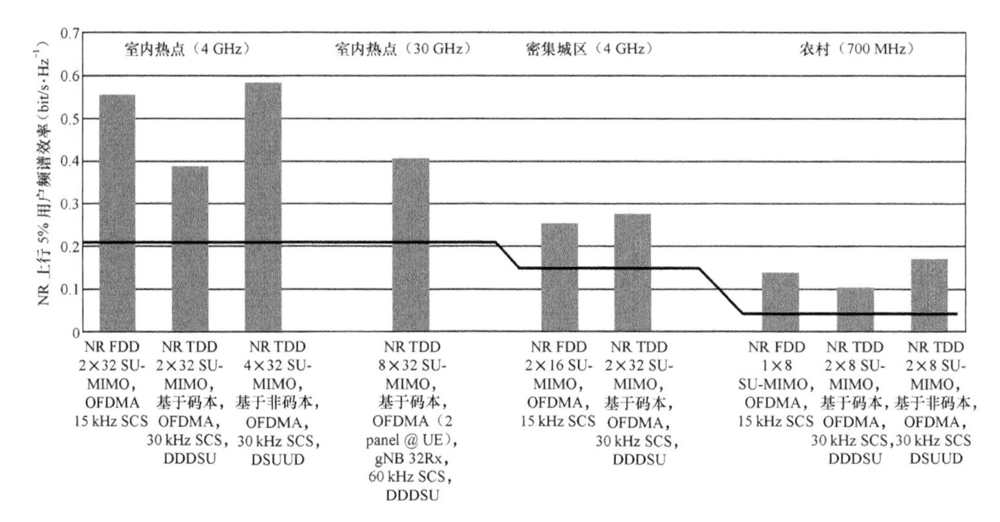

图 6-6　NR 上行 5%用户频谱效率

6.5　用户体验速率评估

载波聚合是 NR 满足极致用户体验速率的重要手段。此外，当 NR 工作在高频段时，TDD+SUL 的技术组合也有助于上行用户体验速率的提升。表 6-18 给出了密集城区场景下，满足 ITU-R M.2410 中用户体验速率对应的最小性能要求所需的带宽。

表 6-18　密集城区下满足用户体验速率要求所需的带宽

目标用户体验速率	工作频带	需求带宽
下行：100 Mbit/s	4 GHz（NR FDD/TDD；多种天线配置条件）	160～440 MHz 带宽
上行：50 Mbit/s	4 GHz（NR FDD/TDD；多种天线配置条件）	120～800 MHz 带宽
	30 GHz（NR TDD，8×32）+ 4 GHz（SUL，2×32）	30 GHz：1.2 GHz 带宽 4 GHz：100 MHz 带宽

可见，NR 支持的宽带特性能够满足用户体验速率的需求。

6.6　区域话务容量评估

NR 的区域话务容量 C 可以通过式（6-3）进行估算，即

$$C = SE_{p,\text{avg}} \times BW / S \qquad (6\text{-}3)$$

其中，$SE_{p,\text{avg}}$为平均频谱效率，BW为聚合带宽，S为覆盖区域面积。

表6-19给出了室内热点场景下，满足区域话务容量要求所需的带宽。

表6-19 室内热点下满足区域话务容量要求所需的带宽

工作频段	满足下行目标值10 Mbit/s·m^{-2}所需的带宽	
	12 TRxP	36 TRxP
4 GHz	360～600 MHz	120 ～280 MHz
30 GHz	400～800 MHz	200 ～400 MHz

可见，NR满足区域话务容量要求的重要手段分别为加大工作带宽和加密站点部署。

6.7 时延评估

NR针对空口传输采用了多种关键技术以降低空口时延。在帧结构方面，NR支持灵活的Numerology配置，通过使用较大的SCS，减小时隙长度，能够在一定程度上降低传输时延。此外，NR的上下行资源调度的粒度更加精细，系统支持灵活的时隙/符号配置，有利于降低DL或UL的等待时间。同时，NR支持基于非时隙（Non-slot）的调度传输，系统允许使用较少数目的OFDM符号进行数据传送，有利于降低空口时延。与之配套的机制是，PDSCH和PUSCH均支持Type B的时域资源映射，一旦调度资源可用，无须等待，即可进行快速的数据传输。在频带配置方面，NR支持SUL载波的使用。SUL载波能够为UE提供连续的上行发送机会，有利于降低UL等待时长。SUL载波尤其适用于DL主导配置（如DDDSU）下的NR TDD网络。

根据《ITU-R M.2410 IMT-2020最小性能要求》，在eMBB场景下，对NR的时延评估要求包括用户面时延和控制面时延。

6.7.1 用户面时延

在eMBB场景下，NR用户面时延的评估测试基于图6-7所示的流程。该流程同时适用于对NR上、下行链路时延的评估。

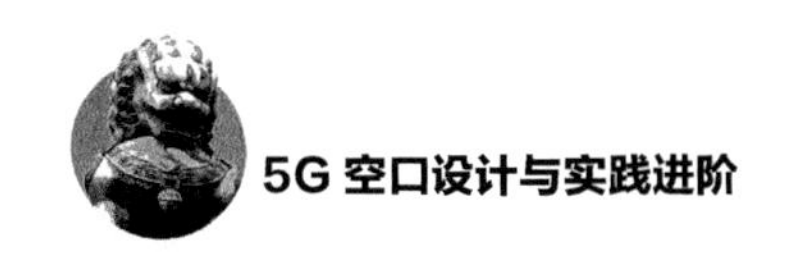

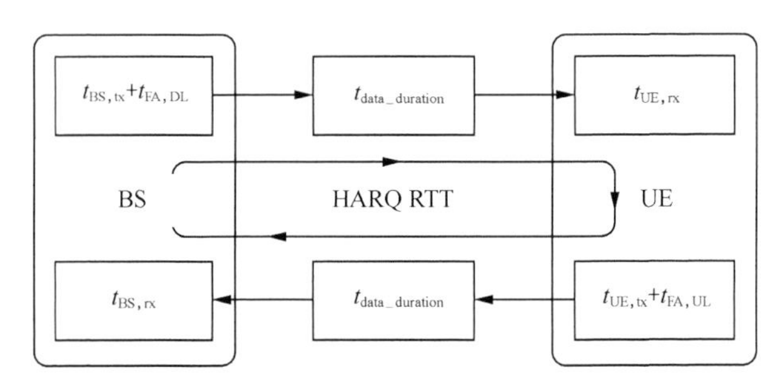

图 6-7　NR 用户面处理流程示意

附加的假定条件如下。

- 假定数据分组会在任意时间、任意 OFDM 符号到达，因此，在估算平均符号对齐时长时，额外加上 0.5 个 OFDM 符号时长。
- 要求 PDCCH、PDSCH、PUCCH 和 PUSCH 均不能跨时隙边界传输，否则须等待下一个可用时隙。
- PDSCH 和 PUSCH 均可以基于时隙（14 个 OFDM 符号）传输或基于非时隙（2/4/7 个 OFDM 符号）传输。
- 时域资源映射类型，即 Type A 和 Type B 的选用，会影响传输的起始符号时间。
- 假定每个 OFDM 符号时间均可以对 PDCCH 进行监听。

1. **下行用户面时延**

下行用户面时延主要包含下行数据传输时延和重传时延。其中，下行数据传输时延主要包括基站处理时延、下行帧对齐时延、下行数据传输 TTI 以及 UE 处理时延。重传时延主要包括 UE 处理时延、上行帧对齐时延、ACK/NACK 传输 TTI、基站处理时延，以及重复下行数据传输过程的时延。实际的重传时延还与重传次数 *n* 有关。

NR 下行用户面时延的评估模型见表 6-20。

表 6-20　NR 下行用户面过程

ID	组成部分	说明	取值
1	下行数据传输	$T_1=(t_{BS,tx}+t_{FA,DL})+t_{DL\_duration}+t_{UE\_rx}$	
1.1	基站处理时延	$t_{BS,tx}$ 为从数据到达到生成数据分组的时间间隔	$T_{proc,2}/2$
1.2	下行帧对齐（传输对齐）	$t_{FA,DL}$ 包含帧对齐时长以及等待下一个可用下行时隙的时长	$T_{FA}+T_{wait}$ T_{FA} 为当前下行时隙的帧对齐时长； T_{wait} 为等待下一个可用下行时隙的时长（当前时隙非下行时隙）

续表

ID	组成部分	说明	取值
1.3	下行数据传输 TTI	$t_{DL\_duration}$	1个时隙的长度（对应14个OFDM符号）或1个非时隙的长度（对应2/4/7个OFDM符号），取决于传输模式
1.4	UE 处理时延	t_{UE_rx}为从接收到PDSCH到完成全部数据解码的时间间隔	$T_{proc,1}/2$
2	HARQ 重传	$T_{HARQ}= T_1+ T_2$ $T_2=(t_{UE,tx}+ t_{FA,UL})+ t_{UL\_duration}+ t_{BS\_rx}$	
2.1	UE 处理时延	t_{UE_tx}为从数据解码到生成ACK/NACK数据分组的时间间隔	$T_{proc,1}/2$
2.2	上行帧对齐（传输对齐）	$t_{FA,UL}$包含帧对齐时长以及等待下一个可用上行时隙的时长	$T_{FA}+T_{wait}$ T_{FA}为当前上行时隙的帧对齐时长； T_{wait}为等待下一个可用上行时隙的时长（当前时隙非上行时隙）
2.3	ACK/NACK 传输 TTI	$t_{UL\_duration}$	1个OFDM符号的长度
2.4	基站处理时延	t_{BS_rx}为从接收ACK消息到解码ACK消息的时间间隔	$T_{proc,2}/2$
2.5	重复1.1～1.4的下行数据传输过程	T_1	
	下行单程总用户面时延	$T_{UP}=T_1+n\times T_{HARQ}$ 其中，n为重传次数，且$n\geqslant 0$	

注：$T_{proc,1}$和$T_{proc,2}$的计算公式在3GPP TS 38.214中定义，此处不进行引用。

根据上述模型，对应不同能力等级的UE，NR FDD下行用户面时延的评估结果见表6-21。其中，“OS”为“OFDM Symbol”的缩写，p为初始传输的出错概率，实际采用p=0和p=0.1两种条件进行评估。

表 6-21　NR FDD 下行用户面时延（ms）

下行用户面时延-NR FDD			UE Capability 1				UE Capability 2		
			SCS				SCS		
			15 kHz	30 kHz	60 kHz	120 kHz	15 kHz	30 kHz	60 kHz
Type A	M=4（4OS 非时隙）	p=0	1.37	0.76	0.54	0.34	1.00	0.55	0.36
		P=0.1	1.58	0.87	0.64	0.40	1.12	0.65	0.41
	M=7（7OS 非时隙）	p=0	1.49	0.82	0.57	0.36	1.12	0.61	0.39
		p=0.1	1.70	0.93	0.67	0.42	1.25	0.71	0.44

续表

下行用户面时延–NR FDD			UE Capability 1				UE Capability 2		
			SCS				SCS		
			15 kHz	30 kHz	60 kHz	120 kHz	15 kHz	30 kHz	60 kHz
Type A	M=14（14OS 时隙）	p=0	2.13	1.14	0.72	0.44	1.80	0.94	0.56
		p=0.1	2.43	1.29	0.82	0.51	2.00	1.04	0.63
Type B	M=2（2OS 非时隙）	p=0	0.98	0.56	0.44	0.29	0.49	0.29	0.23
		p=0.1	1.16	0.67	0.52	0.35	0.60	0.35	0.28
	M=4（4OS 非时隙）	p=0	1.11	0.63	0.47	0.31	0.66	0.37	0.27
		p=0.1	1.30	0.74	0.56	0.36	0.78	0.45	0.32
	M=7（7OS 非时隙）	p=0	1.30	0.72	0.52	0.33	0.93	0.51	0.34
		p=0.1	1.49	0.83	0.61	0.39	1.08	0.59	0.40

对于 NR TDD，DL/UL 的配比会直接影响用户面时延的评估。表 6-22 给出了时隙配置为 DDDSU 且特殊时隙为 11DL：1GP：2UL 的 NR TDD 下行用户面时延的评估结果。

表 6-22　NR TDD 下行用户面时延（帧结构 DDDSU）（ms）

下行用户面时延–NR TDD (DDDSU)			UE Capability 1			UE Capability 2		
			SCS			SCS		
			15 kHz	30 kHz	60 kHz	15 kHz	30 kHz	60 kHz
Type A	M=4（4OS 非时隙）	p=0	1.57	0.86	0.58	1.18	0.65	0.40
		p=0.1	1.95	1.05	0.70	1.56	0.84	0.50
	M=7（7OS 非时隙）	p=0	1.69	0.92	0.61	1.30	0.71	0.43
		p=0.1	2.07	1.11	0.73	1.67	0.90	0.53
	M=14（14OS 时隙）	p=0	2.38	1.26	0.78	1.99	1.06	0.60
		p=0.1	2,78	1.46	0.93	2.37	1.25	0.70
Type B	M=2（2OS 非时隙）	p=0	1.16	0.65	0.48	0.66	0.39	0.27
		p=0.1	1.52	0.83	0.59	1.02	0.57	0.36
	M=4（4OS 非时隙）	p=0	1.28	0.71	0.51	0.82	0.47	0.31
		p=0.1	1.64	0.90	0.63	1.17	0.65	0.40
	M=7（7OS 非时隙）	p=0	1.49	0.82	0.56	1.10	0.61	0.38
		p=0.1	1.86	1.01	0.69	1.47	0.80	0.47

NR 支持 SUL 模式。对于 NR TDD+SUL，其下行用户面时延的评估结果见表 6-23。其中，TDD 频带的帧结构配置为 DDDSU（特殊时隙配置为 11DL：脑

1GP：2UL）。

表 6-23　NR TDD+SUL 下行用户面时延（TDD 帧结构为 DDDSU）（ms）

下行用户面时延 –NR TDD (DDDSU) + SUL			UE Capability 1			UE Capability 2		
			SCS			SCS		
			15 kHz (TDD) + 15 kHz (SUL)	30 kHz (TDD) + 15 kHz (SUL)	30 kHz (TDD) + 30 kHz (SUL)	15 kHz (TDD) + 15 kHz (SUL)	30 kHz (TDD) + 15 kHz (SUL)	30 kHz (TDD) + 30 kHz (SUL)
Type A	M=4（4OS 非时隙）	p=0	1.57	0.86	0.86	1.18	0.65	0.65
		p=0.1	1.79	1.03	0.97	1.30	0.76	0.76
	M=7（7OS 非时隙）	p=0	1.69	0.92	0.92	1.30	0.71	0.71
		p=0.1	1.91	1.13	1.04	1.44	0.82	0.82
	M=14（14OS 时隙）	p=0	2.38	1.26	1.26	1.99	1.06	1.06
		p=0.1	2.70	1.48	1.42	2.21	1.22	1.17
Type B	M=2（2OS 非时隙）	p=0	1.16	0.65	0.65	0.66	0.39	0.39
		p=0.1	1.35	0.83	0.76	0.76	0.48	0.45
	M=4（4OS 非时隙）	p=0	1.28	0.71	0.71	0.82	0.47	0.47
		p=0.1	1.49	0.89	0.83	0.93	0.57	0.54
	M=7（7OS 非时隙）	p=0	1.49	0.82	0.82	1.10	0.61	0.61
		p=0.1	1.71	0.99	0.94	1.23	0.72	0.69

可见，在不同参数配置条件下，NR 下行用户面时延均能够满足低于 4 ms 的最小性能要求。

2. **上行用户面时延**

采用免调度传输的 NR 上行用户面时延的评估模型见表 6-24。上行用户面时延同样由两部分组成，即上行数据传输时延和 HARQ 重传时延。其中，上行数据传输时延主要包括 UE 处理时延、上行帧对齐时延、上行数据传输 TTI 以及基站处理时延。HARQ 重传时延主要包括基站处理时延、下行帧对齐时延、PDCCH 传输 TTI、UE 处理时延以及重复上行数据传输过程的时延。实际的重传时延与重传次数 n 有关。

表 6-24　NR 上行用户面过程

ID	组成部分	说明	取值
1	上行数据传输	$T_1=(t_{UE,tx}+t_{FA,UL})+t_{UL\_duration}+t_{BS\_rx}$	
1.1	UE 处理时延	$t_{UE,tx}$ 为从数据到达到生成数据分组的时间间隔	$T_{proc,2}/2$

续表

ID	组成部分	说明	取值
1.2	上行帧对齐（传输对齐）	$t_{FA,DL}$包含帧对齐时长以及等待下一个可用上行时隙的时长	$T_{FA}+T_{wait}$ T_{FA}为当前上行时隙的帧对齐时长； T_{wait}为等待下一个可用上行时隙的时长（当前时隙非上行时隙）
1.3	上行数据传输 TTI	$t_{UL\_duration}$	1 个时隙的长度（对应 14 个 OFDM 符号）或 1 个非时隙的长度（对应 2/4/7 个 OFDM 符号），取决于传输模式
1.4	基站处理时延	t_{BS_rx}为从接收 PUSCH 到完成全部数据解码的时间间隔	$T_{proc,1}/2$
2	HARQ 重传	$T_{HARQ}= T_2+T_1$ $T_2=(t_{BS,tx}+t_{FA,DL})+t_{DL\_duration}+t_{UE\_rx}$	
2.1	基站处理时延	t_{BS_tx}为从数据解码到完成 PDCCH 准备的时间间隔	$T_{proc,1}/2$
2.2	下行帧对齐（传输对齐）	$t_{FA,DL}$包含帧对齐时长以及等待下一个可用下行时隙的时长	$T_{FA}+T_{wait}$ T_{FA}为当前下行时隙的帧对齐时长； T_{wait}为等待下一个可用下行时隙的时长（当前时隙非下行时隙）
2.3	PDCCH 传输 TTI	$t_{DL\_duration}$	1 个 OFDM 符号的长度
2.4	UE 处理时延	t_{UE_rx}为从接收 PDCCH 到完成解码的时间间隔	$T_{proc,2}/2$
2.5	重复 1.1～1.4 的上行数据传输过程	T_1	
	上行单程总用户面时延	$T_{UP}=T_1+n\times T_{HARQ}$，其中，$n$为重传次数，且$n\geqslant 0$	

对于 NR FDD，基于免调度传输的 NR 上行用户面时延的评估结果见表 6-25。

表 6-25　NR FDD 免调度传输的上行用户面时延（ms）

上行用户面时延（免调度）– NR FDD			UE Capability 1				UE Capability 2		
			SCS				SCS		
			15 kHz	30 kHz	60 kHz	120 kHz	15 kHz	30 kHz	60 kHz
Type A	M=4（4OS 非时隙）	p=0	1.57	0.86	0.59	0.37	1.20	0.65	0.41
		p=0.1	1.78	1.01	0.69	0.43	1.39	0.75	0.47

续表

上行用户面时延（免调度）–NR FDD			UE Capability 1				UE Capability 2		
			SCS				SCS		
			15 kHz	30 kHz	60 kHz	120 kHz	15 kHz	30 kHz	60 kHz
Type A	M=7（7OS 非时隙）	p=0	1.68	0.91	0.61	0.38	1.30	0.70	0.43
		p=0.1	1.89	1.06	0.71	0.44	1.50	0.80	0.49
	M=14（14OS 时隙）	p=0	2.15	1.15	0.73	0.44	1.80	0.94	0.56
		p=0.1	2.45	1.30	0.84	0.51	2.00	1.06	0.63
Type B	M=2（2OS 非时隙）	p=0	0.96	0.55	0.44	0.28	0.52	0.30	0.24
		p=0.1	1.14	0.65	0.52	0.34	0.62	0.36	0.28
	M=4（4OS 非时隙）	p=0	1.31	0.72	0.52	0.33	0.79	0.43	0.30
		p=0.1	1.50	0.84	0.61	0.39	0.96	0.55	0.37
	M=7（7OS 非时隙）	p=0	1.40	0.77	0.55	0.34	1.02	0.55	0.36
		p=0.1	1.60	0.89	0.63	0.40	1.19	0.64	0.42
	M=14（14OS 时隙）	p=0	2.14	1.14	0.74	0.44	1.81	0.93	0.56
		p=0.1	2.44	1.30	0.84	0.51	2.01	1.03	0.63

对于NR TDD上行用户面时延的评估，同样基于时隙配比为DDDSU，且特殊时隙为11DL：1GP：2UL的配置条件，具体的评估结果见表6-26。

表6-26　NR TDD免调度传输的上行用户面时延（帧结构DDDSU）（ms）

上行用户面时延（免调度）–NR TDD（DDDSU）			UE Capability 1			UE Capability 2		
			SCS			SCS		
			15 kHz	30 kHz	60 kHz	15 kHz	30 kHz	60 kHz
Type A	M=4（4OS 非时隙）	p=0	3.57	1.86	1.08	3.18	1.65	0.90
		p=0.1		2.11	1.21	3.68	1.90	1.03
	M=7（7OS 非时隙）	p=0	3.68	1.91	1.11	3.29	1.71	0.93
		p=0.1		2.16	1.23	3.79	1.96	1.05
	M=14（14OS 时隙）	p=0		2.16	1.23	3.79	1.96	1.05
		p=0.1		2.41	1.36		2.21	1.18
Type B	M=2（2OS 非时隙）	p=0	2.58	1.36	0.83	2.08	1.10	0.63
		p=0.1	3.07	1.60	0.95	2.57	1.35	0.75
	M=4（4OS 非时隙）	p=0	3.12	1.63	0.97	2.66	1.39	0.77
		p=0.1	3.62	1.88	1.09	3.15	1.64	0.90
	M=7（7OS 非时隙）	p=0	3.23	1.69	0.99	2.84	1.48	0.82
		p=0.1	3.72	1.93	1.12	3.33	1.73	0.94

当采用 NR TDD+SUL 时，SUL 频带能够为 NR 提供连续的上行发送机会，从而降低 DL ACK 反馈和 UL 等待时长，其评估结果见表 6-27。

表 6-27 NR TDD+SUL 免调度传输的上行用户面时延（TDD 帧结构为 DDDSU）（ms）

上行用户面时延–NR TDD（DDDSU）+SUL			UE Capability 1			UE Capability 2		
			SCS			SCS		
			15 kHz (TDD) + 15 kHz (SUL)	30 kHz (TDD) + 15 kHz (SUL)	30 kHz (TDD) + 30 kHz (SUL)	15 kHz (TDD) + 15 kHz (SUL)	30 kHz (TDD) + 15 kHz (SUL)	30 kHz (TDD) + 30 kHz (SUL)
Type A	M=4（4OS 非时隙）	p=0	1.57	1.57	0.86	1.18	1.18	0.65
		p=0.1	1.79	1.79	1.01	1.40	1.38	0.76
	M=7（7OS 非时隙）	p=0	1.68	1.68	0.91	1.29	1.29	0.71
		p=0.1	1.90	1. 90	1.06	1.51	1.49	0.82
	M=14（14OS 时隙）	p=0	2.18	2.18	1.16	1.80	1.79	0.96
		p=0.1	2.50	2.48	1.32	2.01	2.01	1.12
Type B	M=2（2OS 非时隙）	p=0	1.04	1.04	0.59	0.54	0.54	0.33
		p=0.1	1.23	1.22	0.70	0.64	0.63	0.39
	M=4（4OS 非时隙）	p=0	1.32	1.32	0.73	0.86	0.86	0.49
		p=0.1	1.53	1.52	0.85	0.97	0.97	0.56
	M=7（7OS 非时隙）	p=0	1.43	1.43	0.79	1.04	1.04	0.58
		p=0.1	1.64	1.63	0.91	1.17	1.17	0.66

可见，在不同参数配置条件下，NR 上行用户面时延同样能够满足低于 4 ms 的最小性能要求。

6.7.2 控制面时延

根据 ITU-R M.2410，控制面时延是指从节电（Battery Efficient）模式（如处于 RRC 空闲态）到开始进行连续数据传输（如处于 RRC 连接态）的转换时间。对 NR 控制面时延的评估，以从 RRC 去激活态到 RRC 连接态的切换为例，其流程示意如图 6-8 所示。

该流程适用于上行链路，对应每个步骤的说明和时延评估见表 6-28。相对于上行方向，可以推断，由于下行传输无须等待类似上行授权接收的过程，因此，下行链路的控制面时延相对会更低。

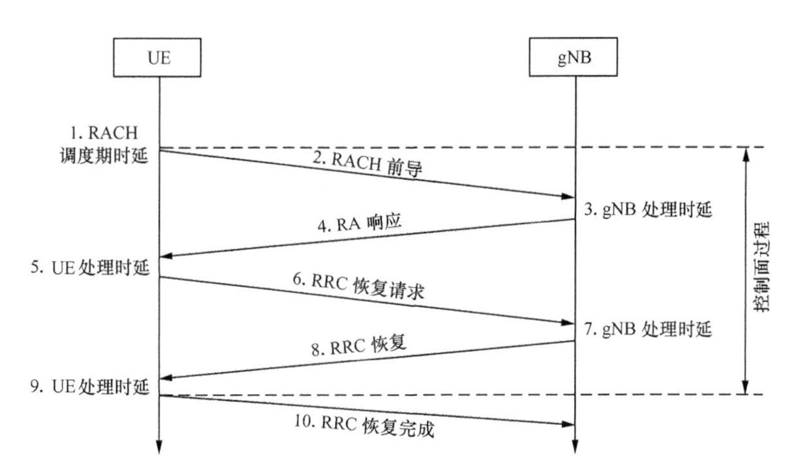

图 6-8 控制面流程示意

表 6-28 NR 控制面时延评估（上行链路）

步骤	说明	上行控制面时延（ms）
1	RACH 调度周期（1TTI）导致的时延	0
2	Preamble 码的传输	取决于 PRACH 格式
3	gNB 对前导的检测和处理	$T_{proc,2}$
4	随机接入响应的传输	T_s（1 个时隙/非时隙的长度） 注意：该时隙/非时隙包含了 PDCCH 和 PDSCH（PDSCH 的第一个 OFDM 符号与 PDCCH 通过频分复用进行映射）
5	UE 处理时延（包括对调度授权消息的解码、定时对齐、C-RNTI 分配以及 RRC 恢复请求信息的 L1 编码等）	$N_{T,1}+N_{T,2}+0.5$ ms
6	RRC 恢复请求信息的传输	T_s（1 个时隙/非时隙的长度） 注意：该时隙/非时隙的长度等于 PUSCH 分配到的时域资源的长度
7	gNB 的处理时延（L2 和 RRC）	3
8	RRC 恢复信令的传输	T_s（1 个时隙/非时隙的长度）
9	接收 RRC 恢复信令（包括授权许可接收）的 UE 的处理时延	7
10	RRC 恢复连接及上行数据的传输	0

注意：

1．对于步骤 3，$T_{proc,2}$ 的值仅用于评估，实际上 gNB 的处理时延取决于具体的物理实现；

2．对于步骤 5，$N_{T,1}$ 表示 N_1 个 OFDM 符号的时间间隔，与 PDSCH（配置附加 DMRS）的接收时间有关。$N_{T,2}$ 表示 N_2 个 OFDM 符号的时间间隔，与 PUSCH 的准备时间有关。N_1 和 N_2 与 μ 的取值有关；

3．对于步骤 7，gNB 处理时延假定为 3 ms，此处不考虑 gNB 内部或外部通信产生的时延；

4．步骤 2、步骤 4、步骤 6 和步骤 8 不能跨时隙边界传输。

基于上述控制面流程，NR FDD 和 NR TDD 的控制面时延评估结果分别见表 6-29 和表 6-30。注意，这里的评估结果与参数配置有关。

表 6-29　NR FDD 控制面时延（ms）

（a）PRACH 长度为 2 个 OFDM 符号

资源映射类型	非时隙传输周期	UE Capability 1				UE Capability 2		
		15 kHz SCS	30 kHz SCS	60 kHz SCS	120 kHz SCS	15 kHz SCS	30 kHz SCS	60 kHz SCS
Type A	$M=4$（4OS 非时隙）	15.4	13.1	12.3	11.7	15.0	12.8	12.1
	$M=7$（7OS 非时隙）	15.6	13.4	12.4	11.7	15.2	13.2	12.2
Type B	$M=2$（2OS 非时隙）	13.3	12.0	11.8	11.3	13.0	11.9	11.6
	$M=4$（4OS 非时隙）	13.8	12.3	12.0	11.5	13.4	12.1	11.7
	$M=7$（7OS 非时隙）	14.7	12.8	12.2	11.6	14.3	12.6	12.0

（b）PRACH 长度为 6 个 OFDM 符号

资源映射类型	非时隙传输周期	UE Capability 1				UE Capability 2		
		15 kHz SCS	30 kHz SCS	60 kHz SCS	120 kHz SCS	15 kHz SCS	30 kHz SCS	60 kHz SCS
Type A	$M=4$（4OS 非时隙）	15.6	13.5	12.4	11.7	15.1	13.0	12.1
	$M=7$（7OS 非时隙）	15.8	13.6	12.5	11.7	15.3	13.1	12.2
Type B	$M=2$（2OS 非时隙）	13.7	12.3	11.9	11.4	13.4	12.0	11.7
	$M=4$（4OS 非时隙）	14.2	12.5	12.0	11.5	13.9	12.3	11.8
	$M=7$（7OS 非时隙）	15.3	13.0	12.3	11.6	14.8	12.8	12.1

（c）PRACH 长度为 1 ms

资源映射类型	非时隙传输周期	UE Capability 1		UE Capability 2	
		15 kHz SCS	30 kHz SCS	15 kHz SCS	30 kHz SCS
Type A	$M=4$（4OS 非时隙）	16.3	13.6	16.3	13.6
	$M=7$（7OS 非时隙）	16.5	14.3	16.5	14.3

续表

资源映射类型	非时隙传输周期	UE Capability 1		UE Capability 2	
		15 kHz SCS	30 kHz SCS	15 kHz SCS	30 kHz SCS
Type A	$M=14$（14OS 时隙）	17.0	14.5	17.0	14.5
Type B	$M=2$（2OS 非时隙）	14.1	12.9	13.8	12.7
	$M=4$（4OS 非时隙）	14.7	13.3	14.3	12.9
	$M=7$（7OS 非时隙）	15.8	13.8	15.0	13.3

表 6-30　NR TDD 控制面时延（帧结构为 DDDSU，11DL：1GP：2UL）（ms）

（a）PRACH 长度为 2 个 OFDM 符号

资源映射类型	非时隙传输周期	UE Capability 1		UE Capability 2	
		15 kHz SCS	30 kHz SCS	15 kHz SCS	30 kHz SCS
Type A	$M=4$（4OS 非时隙）	17.9	14.0	17.9	14.0
	$M=7$（7OS 非时隙）	18.1	14.4	18.1	14.2
Type B	$M=2$（2OS 非时隙）	16.8	13.4	16.8	13.4
	$M=4$（4OS 非时隙）	17.2	13.6	17.2	13.6
	$M=7$（7OS 非时隙）	17.6	13.8	17.6	13.8

（b）PRACH 长度为 1 ms

资源映射类型	非时隙传输周期	UE Capability 1	UE Capability 2
		15 kHz SCS	15 kHz SCS
Type A	$M=4$（4OS 非时隙）	18.3	18.3
	$M=7$（7OS 非时隙）	18.5	18.5
Type B	$M=2$（2OS 非时隙）	17.1	17.1
	$M=4$（4OS 非时隙）	17.6	17.6
	$M=7$（7OS 非时隙）	18.0	18.0

由上述评估结果可见，在多种参数配置条件下，NR 控制面时延均能满足 20 ms 的最小性能要求。后续如果能对步骤 7 和步骤 9 所需的时延进行优化，NR 还可以进一步达到 10 ms 的期望时延要求。

| 6.8 能效评估 |

NR 的能效评估通常包括两方面，即网络能效和设备能效。对于网络侧，能耗与“永远在线”（always-on）的传输相关。对此，NR 取消了小区专用参考信号的使用，对于 SSB、RMSI 等必须“永远在线”传输的信号则通过配置较长的周期以降低发送频次，提高低负荷网络环境下的 gNB 休眠率。对于终端侧，NR 沿用了非连续接收 DRX 的机制，并新引入了 RRC 去激活态，以保证 UE 能耗的相对最小化。此外，BWP 自适应机制也是提高 UE 能效的重要手段。

6.8.1 网络侧能效

在网络空载，也即当前无数据传输时，NR 仍然保持 SSB、RMSI 消息以及寻呼信令的周期性发送，以保证 UE 能够监听并接入网络。

对于 SSB 的传输，假定：

（1）每个时隙中，一个 SSB 在时域上占用 4 个 OFDM 符号，在频域上占用 20 个 RB；

（2）一个 SS burst set 中包含 L 个 SSB，当系统工作在 Sub-3 GHz 时，L 最大取值为 4；当系统工作在 Sub-6 GHz 时，L 最大取值为 8；

（3）一个 SS burst 周期 P_{SSB} 可配置为 {5,10,20,40,80,160} ms；

（4）对于 Numerology 配置为 15、30、120 和 240 kHz 子载波间隔的半帧，每个时隙发送两个 SSB，且一个 SS burst set 中的 L 个 SSB 在从第一个时隙开始的连续时隙上发送。

对于 RMSI 消息的传输，假定：

（1）一个 RMSI 消息在一个时隙上对应占用两个 OFDM 符号；

（2）RMSI 和 SSB 通过以下方式进行复用：

- 对于 FR1，RMSI 与 SSB 进行时分复用；
- 对于 FR2，RMSI 可以和 SSB 进行频分复用；
- SSB 和 RMSI 能够在同一时隙上通过时分和频分复用的方式传输。

（3）RMSI 周期 P_{RMSI} 假定为：

• 当 SSB 发送周期小于或等于 20 ms 时，RMSI 发送周期配置为 20 ms；

• 其他情况下，RMSI 发送周期等于 SSB 发送周期。

（4）其他映射关系：

• 一个 RMSI 消息关联一个 SSB，也就是说，如果发送 L 个 SSB，则相应需要发送 L 个 RMSI；

• 一个时隙可容纳两个 RMSI 消息的传输；

• RMSI 与 SSB 的时域偏移可以配置为{0,2,5,7} ms，RMSI 的传输默认选用与 SSB 传输最靠近的时域位置。

对于寻呼机会，假定：寻呼机会的周期与 SS burst set 周期相同，且二者通过频分复用的方式进行映射。

图 6-9 给出了 NR SSB 和 RMSI 传输的映射关系示意图。

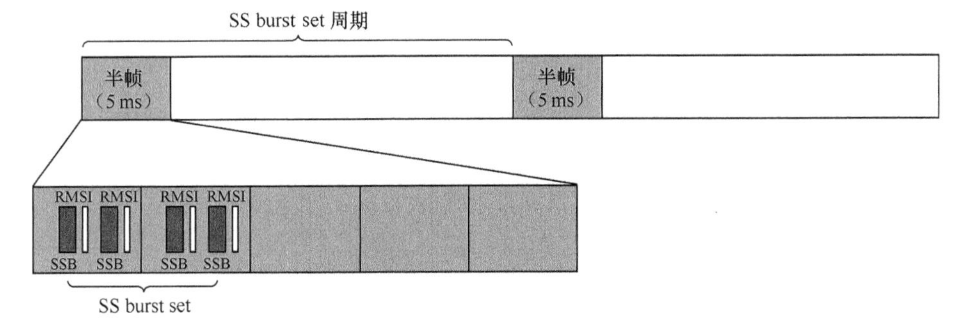

图 6-9　SSB 和 RMSI 传输的映射关系示意

1. 休眠比例评估

基于前述的传输机制，NR 每时隙的休眠比例以及每符号的休眠比例分别由式（6-4）和式（6-5）给出，即

$$Sleep\_ratio_{\text{Slot\_based}} = 1 - \frac{\lceil L/2 \rceil}{2^{\mu} \times P_{\text{SSB}}} \tag{6-4}$$

$$Sleep\_ratio_{\text{Symbol\_based}} = 1 - \frac{L \times 2/7}{2^{\mu} \times P_{\text{SSB}}} - \alpha \cdot \frac{L/7}{2^{\mu} \times P_{\text{RMSI}}} \tag{6-5}$$

其中，P_{SSB} 和 P_{RMSI} 分别为 SSB 和 RMSI 的传输周期，L 为一个 SS burst set 中的 SSB 最大发送次数，α为标志性常量，当工作在 FR1 时，α=1，当工作在 FR2 时，α=0。

表 6-31 和表 6-32 分别给出了时隙级别和符号级别的 NR 网络休眠比例。我们注意到，当 SS burst set 周期配置为 5 ms 时，NR 网络休眠比例可超过 80%，

而当 SS burst set 周期大于 10 ms 时，NR 网络休眠比例可超过 90%。并且，越高的休眠比例，要求休眠管理粒度越精细，如符号级。

表 6-31　空载时 NR 网络休眠比例（时隙级）

SSB 配置		SS burst set 周期 P_{SSB}					
SCS（kHz）	L	5 ms	10 ms	20 ms	40 ms	80 ms	160 ms
15	1	80.00%	90.00%	95.00%	97.50%	98.75%	99.38%
	2	80.00%	90.00%	95.00%	97.50%	98.75%	99.38%
30	1	95.00%	97.50%	98.75%	99.38%	99.69%	99.84%
	4	80.00%	90.00%	95.00%	97.50%	98.75%	99.38%
120	8	90.00%	95.00%	97.50%	98.75%	99.38%	99.69%
	16	80.00%	90.00%	95.00%	97.50%	98.75%	99.38%
240	16	90.00%	95.00%	97.50%	98.75%	99.38%	99.69%
	32	80.00%	90.00%	95.00%	97.50%	98.75%	99.38%

表 6-32　空载时 NR 网络休眠比例（符号级）

SSB 配置		SS burst set 周期 P_{SSB}					
SCS（kHz）	L	5 ms	10 ms	20 ms	40 ms	80 ms	160 ms
15	1	93.57%	96.43%	97.86%	98.93%	99.46%	99.73%
	2	87.14%	92.86%	95.71%	97.86%	98.93%	99.46%
30	1	96.79%	98.21%	98.93%	99.46%	99.73%	99.87%
	4	87.14%	92.86%	95.71%	97.86%	98.93%	99.46%
120	8	94.29%	97.14%	98.57%	99.29%	99.64%	99.82%
	16	88.57%	94.29%	97.14%	98.57%	99.29%	99.64%
240	16	94.29%	97.14%	98.57%	99.29%	99.64%	99.82%
	32	88.57%	94.29%	97.14%	98.57%	99.29%	99.64%

2. *休眠周期评估*

基于前述的传输机制，NR 网络休眠周期的评估结果见表 6-33。我们注意到，当 SS burst set 周期配置为 160 ms 时，NR 网络休眠周期可超过 150 ms。

表 6-33　空载时 NR 网络休眠周期（ms）（时隙级）

SSB 配置		SS burst set 周期 P_{SSB}					
SCS（kHz）	L	5 ms	10 ms	20 ms	40 ms	80 ms	160 ms
15	1	4.00	9.00	19.00	39.00	79.00	159.00
	2	4.00	9.00	19.00	39.00	79.00	159.00

续表

SSB 配置		SS burst set 周期 P_{SSB}					
30	1	4.50	9.50	19.50	39.50	79.50	159.50
	4	4.00	9.00	19.00	39.00	79.00	159.00
120	8	4.50	9.72	18.92	39.03	78.97	158.99
	16	4.00	9.88	18.77	39.05	78.96	158.99
240	16	4.50	9.86	18.90	39.04	78.97	158.99
	32	4.00	9.94	18.76	39.06	78.96	158.99

综合上述讨论，NR 网络具有较高的休眠比例以及较长的休眠周期，可满足 ITU-R 对能效的最小指标要求。

6.8.2　终端侧能效

在 NR 中，UE 处于 RRC 空闲态、去激活态和连接态时，均支持 DRX。

1．休眠比例评估

当处于 RRC 空闲态和去激活态时，UE 在 DRX 周期内需要进行必要的 SSB 监听、寻呼机会监听以及 RRM 测量，也即处于“On Duration”状态。而在其余时段，UE 可以停止对下行信道的接收以节省能耗，此时 UE 处于“Off Duration”状态，如图 6-10 所示。

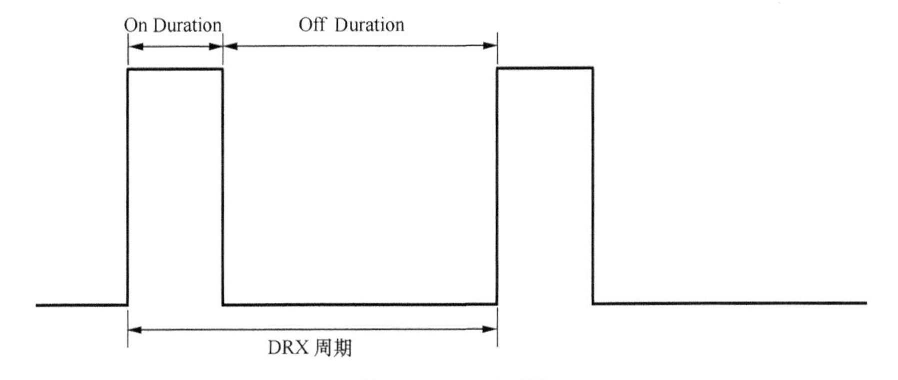

图 6-10　DRX 周期

对于 RRC 空闲态/去激活态下的 UE，对其休眠比例的评估结果见表 6-34。可见，在不同的配置条件下，UE 的休眠比例均可以达到 90%以上。

表 6-34　RRC 空闲态/去激活态的 NR 终端休眠比例（时隙级）

	寻呼周期（ms）	SCS（kHz）	SSB_L	SSB 接收时间（ms）	SSB 周期（ms）	SS burst set 数	每 DRX 的 RRM 测量时间（ms）	UE 切换时间（ms）	休眠比例
RRC 空闲态/去激活态	320	240	32	1		1	3.5	10	95.5%
	2560	15	2	1		1	3	10	99.5%
	2560	15	2	1	160	2	3	10	93.2%

对于 RRC 连接态的 UE，如果当前上、下行方向均无待传输的数据，则触发 DRX 模式。在 DRX 周期的“On Duration”期间，UE 执行 SSB 监听、PDCCH 监听以及 RRM 测量，在“Off Duration”期间，UE 停止监听并进入休眠状态。RRC 连接态 UE 的休眠比例评估见表 6-35。

表 6-35　RRC 连接态的 NR 终端休眠比例（时隙级）

	DRX 周期（ms）	SS burst set 数	DRX-On Duration 定时（ms）	每 DRX 的 RRM 测量时间（ms）	UE 切换时间（ms）	休眠比例
RRC 连接态	320	1	2	3.5	10	95.2%
	320	1	10	3	10	92.8%
	2560	1	100	3	10	95.6%
	10240	1	1600	3	10	84.2%

2. 休眠周期评估

当 DRX 周期配置为 2560 ms 时，处于 RRC 空闲态的 UE 的休眠周期可达 2546 ms。而当 DRX 周期配置为 10240 ms 时，处于 RRC 连接态的 UE 休眠周期可达 8627 ms。

综合上述讨论，NR 终端同样具有较高的休眠比例以及较长的休眠周期。

6.9　移动性评估

NR 满足移动性要求的关键技术包括支持 Numerology 的灵活配置，可以通过采用较大的 SCS，以便在一定程度上消除多普勒拓展的影响；通过快速 CSI 反馈和低时延处理的机制，抵消部分衰落信道的时间色散影响。

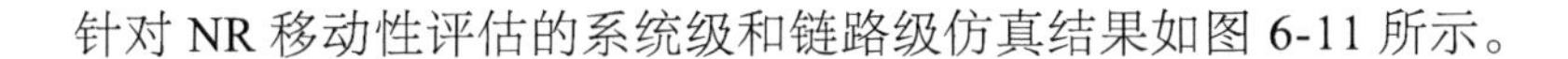

针对 NR 移动性评估的系统级和链路级仿真结果如图 6-11 所示。

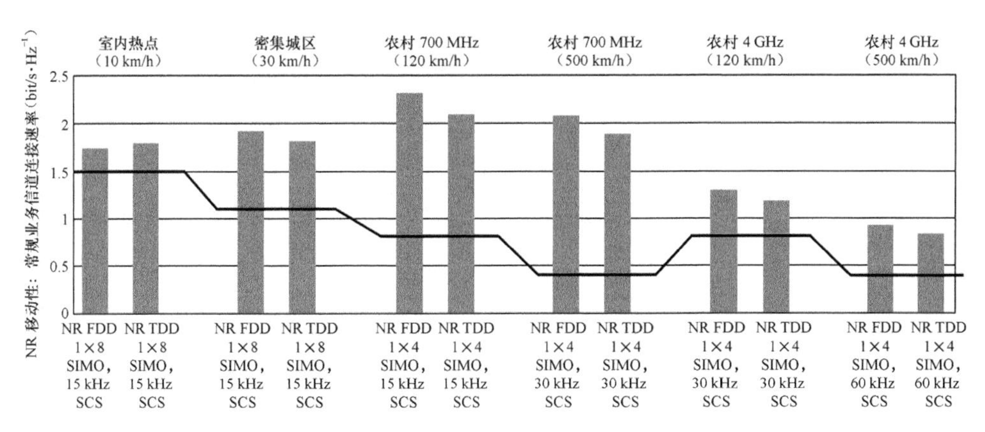

图 6-11　NR 移动性性能评估结果

6.10　移动中断时间评估

对于 eMBB 场景下的 NR 移动中断时间的评估，主要考虑两种典型场景，即波束移动性场景和 CA 移动性场景。

6.10.1　波束移动性

当 UE 在同一个小区内移动时，其发送和接收波束对可能需要变换。

对于下行数据传输，gNB 可以为 UE 在不同时隙的传输配置不同的波束，从而确保 UE 在移动的过程中能够通过合适的接收和发送波束对保持连续的数据传输。而对于上行数据传输，基于波束的一致性，gNB 可以通过 SRI 指示 UE 选择合适的波束进行 PUSCH 的发送。并且，基于 UE 的移动性，在不同时隙可以选择不同的波束。借此，上行方向同样能够保持连续的数据传输。

基于上述分析，在波束移动性场景下，UE 能够始终保持与 gNB 的用户面连接，因而其移动中断时间为 0 ms。

6.10.2 CA 移动性

当开启 CA 功能的 UE 在同一个 PCell 内移动时，UE 所配置的一组 SCell 可能发生变化，包括 SCell 的添加和释放等。在此过程中，由于 UE 始终保持着与 PCell 之间的数据链路，UE 能够继续完成与 gNB 间的用户数据交换。因此，在 CA 移动性场景下，NR 的移动中断时间为 0 ms。

第三部分
网络部署

第7章 NR无线网络规划

合理的网络规划是NR实现优质覆盖的基础。由于NR网络在频谱、空口和网络架构上均制定了跨代的全新标准，由此给网络规划带来了许多新的挑战，包括新业务、新频段、新技术乃至新组网架构等。因此，本章重点讨论相应的应对策略以及详细的NR网络规划解决方案。

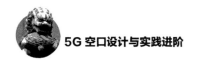

| 7.1 NR 无线网络规划挑战 |

与以往的移动通信系统相比，NR 需要满足更加多样化的场景和极致的性能挑战。NR 的业务定位由“连接人的网络”向“连接人和万物的网络”拓展，业务类型由“以语音为主的业务”过渡到“爆发式增长的数据业务”，再向“广阔的物联网应用业务”延伸，性能指标也由单一的“峰值速率”衍生到丰富的“用户体验速率、超低时延、超高可靠性”等需求。因此，NR 必须引入新的频段和新的技术集，通过工作频段向更高频拓展以及空口技术等的组合优化，以充分满足差异化的业务和指标要求。而上述的种种变化，包括新业务、新频段、新技术乃至新组网架构等，均给 NR 无线网络规划带来了巨大的挑战。

7.1.1 业务多样性的挑战

丰富的业务场景对 NR 网络的性能要求各异。eMBB 场景要求移动网络在保证用户移动性和业务连续性的前提下，为高清视频、VR/AR 等业务需求提供

更高的体验速率。mMTC 以传感和数据采集为目标应用，具有小数据分组、低功耗、低成本、海量连接等特点，其对移动网络的连接数密度和能耗提出了非常高的要求。uRLLC 专注时延和可靠性指标，要求为用户提供毫秒级的端到端时延和 99.999%的业务可靠性保证。由于不同业务场景对移动网络的需求侧重点不同，因此，业务的多样性实质上给 NR 网络规划带来了非常高的挑战，主要包括如下两个方面。

• 针对 NR 新业务、新场景等在连接数密度、时延、可靠性保证等方面的指标要求，当前在评估方法、规划手段以及网络仿真等领域仍处于探索阶段，缺乏有效的应对方案；

• 针对 NR 多场景交叉的覆盖需求，如 eMBB 和 uRLLC 并存的场景，当前仍缺乏成功的案例参考及有效的网络性能评估工具，需要进一步展开研究。

围绕用户的业务体验进行网络的规划和建设已成为行业共识。在此共识下，NR 网络规划应如何匹配业务需求因素、NR 网络建设如何通过多种模式或多种手段满足差异化的需求并实现精细化建设，均是 NR 网络建设方应审慎思考和应对的重要方向。

7.1.2 频谱复杂性的挑战

增加带宽是增加容量和传输速率最直接的方法。传统移动通信系统的频谱规划均集中在 3 GHz 以下，频谱资源的现状是 3 GHz 以下频谱资源稀缺且拥挤，3 GHz 以上相对丰富，而 6 GHz 以上资源最为丰厚。如果能突破 3 GHz 频谱的制约，在提高系统载波效率的同时增大系统的传输带宽，将比单纯的频谱效率提升更能满足移动宽带数据业务的指数级增长。以上因素决定了 5G 频谱必须向更高频段拓展。当前国内 NR 网络可用频谱主要是 2.6 GHz、3.5 GHz 和 4.9 GHz。除了 2.6 GHz 已在 LTE 网络上部署外，3.5 GHz 和 4.9 GHz 均为新增的高频段。与低频段的无线传播特性相比，高频段对无线传播路径上建筑物的材质、植被、雨衰等更为敏感。此外，高频段由于绕射能力弱，其覆盖距离更短，且对建筑物的材质敏感。这些均对 NR 无线网络提出了更高的精细规划要求，如下。

• 由于频谱资源的稀缺性，NR 全频谱接入是必然。高低频的传播特性差异将带来高低频协同规划上的困难。

• NR 频谱向高频拓展，传统的经验/半经验统计传播模型的适用性和准确性可能不足，需要基于理论研究和实测校正给出更合适的模型。

• 考虑到高频段 O2I 的穿透损耗，室外到室内场景的规划难度增大。

• NR TDD 与 LTE TDD 同频段共存时的干扰隔离等。

因此，在 NR 网络规划时，必须综合考虑多频段网络协同的需求。

7.1.3 空口差异性的挑战

NR 采用全新的空口设计，引入 Massive MIMO 等先进技术，支持灵活 Numerology，支持更灵活的双工方式，能够有效满足广覆盖、大连接等大多数场景下的体验速率、时延及能效等指标要求。这种通过灵活配置以满足不同场景差异化需求的空口设计，为 NR 网络规划也带来了诸多的挑战。

• 不同于 LTE 采用 CRS-RSRP 和 CRS-SINR 作为网络覆盖评估指标，由于 NR 取消了“永远在线”的 CRS，因此，无法再使用 CRS 进行 RSRP 和 SINR 的测量。相应地，NR 可以使用 SS 或 CSI-RS 进行测量。其中，SS-RSRP 和 SS-SINR 在空闲态和连接态均可测量，但分别受到广播波束数量和 SSB 时频配置的影响。而 CSI-RSRP 和 CSI-SINR 仅在连接态可测量。如何选用适当的 NR 网络覆盖评估指标，需要进一步研究和商讨。

• NR 支持广播波束赋形，可通过不同权值的配置，生成不同的赋形波束，满足不同场景的覆盖需求。但相较于 LTE，NR 的权值灵活度更高，如何根据场景需求合理配置权值，并迭代最优，成为严峻的考验。

• NR Massive MIMO 组网后，小区覆盖范围从 2D 拓展到 3D，邻区关系、切换/重选参数、互操作参数、负载均衡参数等均需要考虑垂直覆盖区域。

• Massive MIMO 窄波束扫描机制下，NR 基站的下倾角和波束规划相较于 LTE 发生变化，需要重新设定规划原则。

• NR 支持灵活帧结构，支持时隙的准静态配置和快速配置，时隙中的符号可以配置为上行、下行或灵活符号，其中，灵活符号可以通过物理层信令配置为下行或上行符号，以灵活支持突发业务。这种设计能够实时匹配业务动态需求、显著提升频谱效率，但也带来了业务预测、动态 TDD 的交叉时隙干扰、多用户调度等方面的难题。

综上所述，灵活、全新的 NR 空口设计在显著提升网络性能、提升业务适配性的同时，也对 NR 网络规划提出了很高的要求。

7.1.4 组网多选性的挑战

NR 在设计之初，就考虑了不同运营商、不同网络部署时期的差异化需求，并提供了多种组网选项。根据 NR 控制面锚点的不同以及核心网与无线网的关系，NR的部署选项可分为独立组网（SA）和非独立组网（NSA）。其中，NSA是NR网络部署的过渡方案，而SA是连续覆盖的NR网络的目标架构。二者的简要对比见表7-1，可以看出，SA具有一步到位的优势，但核心网建设及实施比较复杂，且存在成熟性风险；而NSA最大的优势是能够在NR演进过程中充分利用现有LTE网络资源，实现快速部署，但其缺点是网络可能需要经过多次改造，整体投资将高于SA。此外，NSA又可以进一步细分为多种组网方案，如Option3和Option7等。组网选项的多样性所引发的不明朗因素，也为NR网络规划在一定程度上增加了难度，如：

- NSA和SA组网方案应如何选择；
- 如选择NSA，基于LTE现网的锚点应如何选择和规划；
- 如选择SA，如何确定基于网络切片的网络规划方法，如何做好核心网侧的协同规划等。

综上所述，由于网络规划已从“以网络为中心的覆盖容量规划”走向“以用户为中心的体验规划”，因此，组网架构的选择必须慎之又慎，这些都为NR网络规划带来了考验。

表7-1 NSA和SA组网的对比

比较项	NSA（Option3x）	SA（Option2）
产业进展	相对较早成熟	相对较晚成熟
业务提供能力	无法支持NR新业务、不具备NR新能力（不支持网络切片功能）、仅支持eMBB业务	引入NGC，支持控制与转发分离，支持更多业务类型与网络切片
互操作性能	NSA信令锚定在LTE上，不存在4G与NR的互操作；当NR非连续覆盖时，NSA在移动连续性方面有优势	SA通过LTE与NR网间互操作以实现移动连续性；切换时延大，易造成掉线
语音方案	方案简单，通过终端双连接，直接采用VoLTE	语音方案相对复杂［VoNR、话音回落（Fallback）、OTT］
建设改造难度	为支持双连接，LTE现网改动较多，X2/Xn接口、PDCP和MAC层均需要部分改动	无线网仅需要RRC层升级新增邻区测量和配置；核心网需要升级4G EPC支持与NR互操作，且需要建设NGC
组网灵活度	异厂家支持灵活度相对较差，根据RAN架构的不同，可能存在传输路由迂回问题	LTE/NR主要是切换关系，耦合度低
建设改造投资	初期无须建设NGC，最终演进到SA需要增加LTE基站分流改造、EPC升级等成本	需要同时建设NR无线网与核心网

7.2 NR 无线网络规划策略

尽管 NR 网络规划面临着业务多样性、频谱复杂性、空口差异性和组网多选性等诸多挑战，但 NR 极致的网络性能和灵活部署特性也为网络规划带来了利好。在具体规划时，只要善于发挥 NR 的自身性能，完全有可能取长补短，在保证业务能力和用户体验的同时，降低 NR 网络建设和运营成本。具体来说，针对前述挑战，在 NR 网络规划时，可参考的主要策略如下。

- 坚持业务引领。在 NR 网络部署初期，应坚持基于业务需求的建网原则，避免盲目大范围建设 NR。可从入门需求领域着手进行网络部署，以确保投资效益。
- 重点关注多频段协同。以满足客户需求为目标，NR 网络作为容量层叠加在 LTE 网络上，使低频 LTE 和中高频 NR 网络形成有机整体，进而提供覆盖完善、用户体验佳的移动网络服务。
- 聚焦主流配置方案。通过小规模技术验证，提炼出符合主流业务需求的参数配置及规划方案，避免在 NR 灵活的配置选项中“患得患失”。初期先通过静态配置方案形成基本的覆盖面，中后期再逐步引入半静态或动态的配置方案。
- 分阶段部署。在 SA 产业链尚未完全成熟的条件下，先行通过 NSA 进行组网，以营造先发优势，形成业务示范和品牌宣传效应，并借此积累网络部署和运营经验。在进行 NSA 组网规划时，重视最优 NSA 锚点的选择和规划。

7.2.1 业务性能指标规划

NR 面临多样化业务场景的纷繁需求。一方面，基于技术的阶段性，NR 网络部署可以分阶段实施，eMBB 场景先行，mMTC 和 uRLLC 场景适时引入；另一方面，考虑到 NR 网络部署初期终端的渗透率较低，且垂直行业应用的孵化是以网络覆盖为基础的，在网络业务指标规划时，可从最低基本业务需求出发进行分析。

如图 7-1 所示，NR 应用入门需求领域主要为视频类应用，包括视频会话、实时视频分享、高清视频播放、360° VR 视频和 AR 信息辅助等，其具体的指标需求见表 7-2。

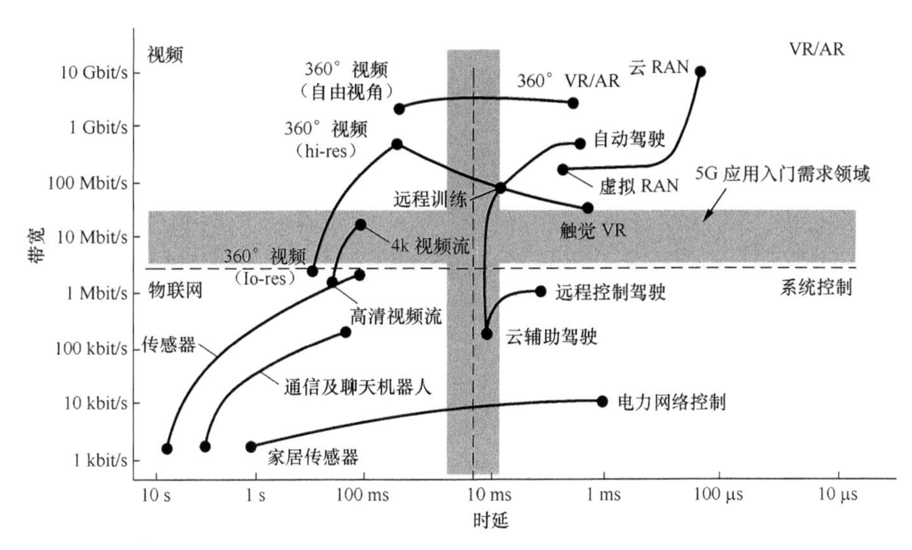

图 7-1　NR 应用入门需求领域分析

表 7-2　NR 特色应用业务 QoS 需求

典型业务	发展阶段	典型能力	速率（Mbit/s）	时延（ms）
视频会话	1080P	支持上行 1080P 传输（8 bit/pixel、30f/s、百倍压缩）	UL&DL: 5 Mbit/s	50～100
实时视频分享	4K 高清	支持上行 4K 传输（8 bit/pixel、30f/s、百倍压缩）	UL: 20 Mbit/s	50～100
高清视频播放	4K 高清	4K 视频传输（8 bit/pixel、30f/s、百倍压缩）	DL: 20 Mbit/s	50～100
	8K 高清	8K 视频传输（8 bit/pixel、30f/s、百倍压缩）	DL: 80 Mbit/s	50～100
360°VR 视频娱乐	入门体验级	全视角 8K 2D 视频，用户画面质量接近于在 PC 上观看 480P 的效果	DL: 61.5 Mbit/s	30
	进阶体验级	全视角 12K 2D 视频，用户画面质量接近于在 PC 上观看 2K 的效果	DL: 265.5 Mbit/s	20
	极致体验级	全视角 24K 3D 视频，用户画面质量接近于在 PC 上观看 4K 3D 的效果	DL: 1.39 Gbit/s	10
AR 信息辅助	1080P 图传	1080P 图传	UL&DL: 3.05 Mbit/s	5～10

在确定基本业务需求后，可以根据该业务应用的相应要求进行边缘业务速率的设定。

以满足 VoNR 通话需求和上行视频直播业务需求为例。VoNR 的速率约为 55 kbit/s/用户（参考 VoLTE 进行估算），假设通话用户数为 100，其中，边缘用户考虑 70%，即为 70 人，则需求边缘带宽为 70×55 kbit/s=3850 kbit/s。而对于上行视频直播，考虑到当前直播视频业务较少，假定每小区用户为 n，边缘用户数比例为 m%，则边缘带宽需求为 $n\times m\%\times 1$ Mbit/s。综合上行边缘速率取二者的最大值，建议取 5 Mbit/s。依此方法，同样可以计算出需求下行边缘速率，建议取 50 Mbit/s。

按照 UL 5 Mbit/s/DL 50 Mbit/s 的基准，兼顾实际的建网难度和终端渗透率，可以分阶段或分区域对业务指标进行调整，逐步满足 NR 业务速率要求。例如，按照 NR 建网时序划分，在 NR 部署初期，规划以 eMBB 为主，可选用 UL 1 Mbit/s/DL 10 Mbit/s（在 HDTV/VR 终端未完全渗透前，可满足基本社交上传业务，相当于当前 480P 视频上传带宽需求），或 UL 5 Mbit/s /DL 50 Mbit/s（可满足高清视频上传分享，相当于可以上传 1080P 视频）作为边缘速率指标。在 NR 部署中后期，提高设计要求，规划以 eMBB 和垂直行业应用为主，可选用 UL 10 Mbit/s/DL 100 Mbit/s（可满足 8K 高清视频带宽需求）或 UL 50 Mbit/s/DL 100 Mbit/s（适用于车/无人机业务）。又如，按照覆盖区域进行划分，对于密集城区和一般城区等流量高地，要求满足 360° VR 视频业务，边缘速率可取定为 UL 5 Mbit/s /DL 50 Mbit/s，对于郊区覆盖，则要求满足移动设备 2K 视网膜高清业务即可，对应的边缘速率指标可取定为 UL 1 Mbit/s/DL 10 Mbit/s。这里也传达出 NR 的网络规划理念，即更倾向于贴合应用场景的“按需覆盖”，而不是以往单一地追求同质化“连片覆盖”。

7.2.2 频谱资源利用规划

根据 3GPP 的频谱定义，NR 的工作频段涵盖了从 Sub-3 GHz、Sub-6 GHz 到毫米波（Above-6 GHz）的目标频谱，见表 7-3 和表 7-4。其中，当前 Sub-3 GHz 主要用于 LTE 等现网，后续可清频用于 NR 连续广覆盖，且兼顾低功耗、大连接的需求。Sub-6 GHz 兼具高频段和低频段的优势，既有较强的绕射能力，又具有相对较宽的连续频谱，将是 NR 的核心频段。Above-6 GHz 以毫米波为典型，可作为补充频谱，用于 NR 的容量层提升，满足热点高容量区域的极致体验速率要求。

表 7-3 3GPP 定义的 NR 频谱（FR1）

NR 工作频段	上行频段 $F_{UL\_low}\sim F_{UL\_high}$	下行频段 $F_{DL\_low}\sim F_{DL\_high}$	双工模式
n1	1920～1980 MHz	2110～2170 MHz	FDD
n2	1850～1910 MHz	1930～1990 MHz	FDD
n3	1710～1785 MHz	1805～1880 MHz	FDD

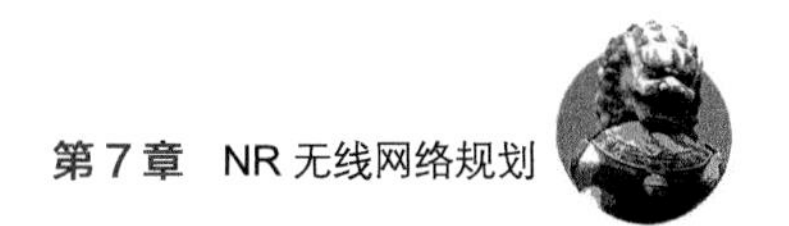

续表

NR 工作频段	上行频段 F_{UL_low}～F_{UL_high}	下行频段 F_{DL_low}～F_{DL_high}	双工模式
n5	824～849 MHz	869～894 MHz	FDD
n7	2500～2570 MHz	2620～2690 MHz	FDD
n8	880～915 MHz	925～960 MHz	FDD
n12	699～716 MHz	729～746 MHz	FDD
n20	832～862 MHz	791～821 MHz	FDD
n25	1850～1915 MHz	1930～1995 MHz	FDD
n28	703～748 MHz	758～803 MHz	FDD
n34	2010～2025 MHz	2010～2025 MHz	TDD
n38	2570～2620 MHz	2570～2620 MHz	TDD
n39	1880～1920 MHz	1880～1920 MHz	TDD
n40	2300～2400 MHz	2300～2400 MHz	TDD
n41	2496～2690 MHz	2496～2690 MHz	TDD
n50	1432～1517 MHz	1432～1517 MHz	TDD
n51	1427～1432 MHz	1427～1432 MHz	TDD
n66	1710～1780 MHz	2110～2200 MHz	FDD
n70	1695～1710 MHz	1995～2020 MHz	FDD
n71	663～698 MHz	617～652 MHz	FDD
n74	1427～1470 MHz	1475～1518 MHz	FDD
n75	N/A	1432～1517 MHz	SDL
n76	N/A	1427～1432 MHz	SDL
n77	3300～4200 MHz	3300～4200 MHz	TDD
n78	3300～3800 MHz	3300～3800 MHz	TDD
n79	4400～5000 MHz	4400～5000 MHz	TDD
n80	1710～1785 MHz	N/A	SUL
n81	880～915 MHz	N/A	SUL
n82	832～862 MHz	N/A	SUL
n83	703～748 MHz	N/A	SUL
n84	1920～1980 MHz	N/A	SUL
n86	1710～1780 MHz	N/A	SUL

表 7-4　3GPP 定义的 NR 频谱（FR2）

NR 工作频段	上行频段 F_{UL_low}～F_{UL_high}	下行频段 F_{DL_low}～F_{DL_high}	双工模式
n257	26500～29500 MHz	26500～29500 MHz	TDD
n258	24250～27500 MHz	24250～27500 MHz	TDD
n260	37000～40000 MHz	37000～40000 MHz	TDD
n261	27500～28350 MHz	27500～28350 MHz	TDD

根据工信部的频谱规划，国内 NR 频谱主要聚焦在 2.6 GHz（2515～2675 MHz，共 160 M 带宽）、3.5 GHz（包括 3300～3400 MHz，共 100 M 带宽，原则上限室内使用；3400～3600 MHz，共 200 M 带宽）和 4.9 GHz（4800～5000 MHz，共 200 M 带宽）。其中，2.6 GHz 具有低频优势，运营商只需要在原 TD-LTE@2.6 GHz 站址上部署 NR@2.6 GHz 基站，即可获得约等同于 LTE 现网的覆盖能力。因而，2.6 GHz 用于 NR，具有快速部署的能力，但其制约是，产业链相对于 3.5 GHz 较不成熟。3.5 GHz 产业链成熟度领先，但其覆盖能力相对较差，在网络部署能力上不如 2.6 GHz，见表 7-5。4.9 GHz 在产业链和覆盖能力方面均不具优势，更适合作 NR 容量层频段或室分覆盖频段。

表 7-5　3.5 GHz 频段与 LTE 各频段室外信号损耗对比

与 3.5 GHz 相比较的 LTE 频段	700 MHz	800 MHz	900 MHz	1800/1900 MHz	2100 MHz	2600 MHz
基于 3.5 GHz 须增加的室外无线传播损耗	18 dB	16 dB	15 dB	8 dB	7 dB	4 dB

考虑到 LTE 与 NR 将长期共存，在进行 NR 网络规划时，应注意高低频段的协同以及 LTE 与 NR 两网的协同。图 7-2 给出了当前国内运营商的授权频谱及其使用情况。结合频谱占用情况及业务需求，以 T 运营商为例，其 800 MHz 频段可定位用于 VoLTE 基础覆盖层、NB-IoT 及 4G 基础容量层，1.8 GHz 频段可定位用于 4G 补充容量层和中高速物联网，2.1 GHz 频段可定位于 4G 热点容量层，3.5 GHz 频段定位用于 NR 室外主力承载层。对于 M 运营商和 U 运营商，其频谱规划同样可采取与 T 运营商大致相同的策略（以上仅是以从业者角度进行分析并仅作为参考，具体的频率规划应以运营商的实际部署为准），可总结为：高低频段互补、4G/5G 两网协同，兼顾长期演进需求。

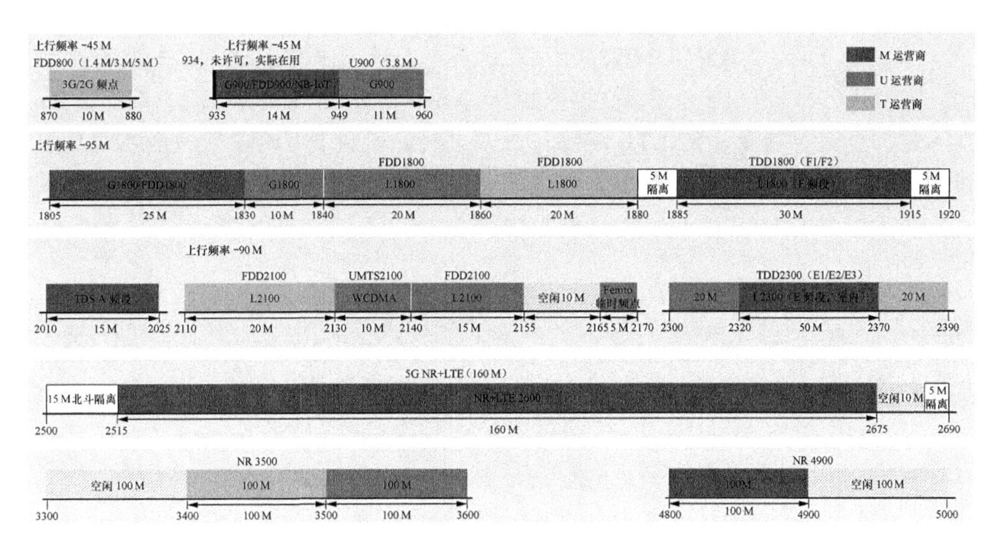

图 7-2　运营商授权频段及其使用情况

7.2.3　覆盖相关指标规划

由于空口的差异性，NR 在覆盖、容量和干扰等方面均较 LTE 有所变化，因而不能将 LTE 标准直接应用于 NR 覆盖相关指标的规划。

在覆盖方面，LTE 采用 CRS 进行小区测量，相应的网络覆盖指标基于 CRS-RSRP 和 CRS-SINR 进行定义，而 NR 取消了 CRS。对此，可考虑使用 SSS 或 CSI-RS 替代 CRS 进行 RSRP/SINR 测量，其特性见表 7-6。可以看到，CSI-RSRP/CSI-SINR 仅在 RRC 连接态下可测量，而 SS-RSRP/SS-SINR 则在 RRC 空闲态和连接态下均可测量。根据可测量状态，可以考虑使用 SS-RSRP/SS-SINR 作为 NR 覆盖验收指标。但需要注意，Massive MIMO 广播波束数目的配置会影响 SS-RSRP，SSB 的时频配置会影响 SS-SINR，因此，仍需要进一步研究 NR 覆盖验收指标要求，统一标准。在试商用阶段，NR 覆盖指标可定义为 SS-RSRP≥−110 dBm 且 SS-SINR≥−3 dB。

表 7-6　NR 与 LTE 在覆盖验收指标的对比

<table>
<tr><th></th><th>LTE</th><th colspan="2">NR</th></tr>
<tr><td>覆盖指标</td><td>CRS-RSRP/CRS-SINR</td><td>SS-RSRP/SS-SINR</td><td>CSI-RSRP/CSI-SINR</td></tr>
<tr><td>测量对象</td><td rowspan="4">覆盖验收指标：邻区 50%负荷下，CRS-RSRP 和 CRS-SINR 达到一定覆盖率</td><td>SSS</td><td>CSI-RS</td></tr>
<tr><td>可测量状态</td><td>空闲态、连接态</td><td>仅连接态</td></tr>
<tr><td>系统开销</td><td>系统必要开销</td><td>额外占用系统资源</td></tr>
<tr><td>上报方式</td><td colspan="2">按波束测量上报</td></tr>
</table>

在容量方面，NR 的 DMRS 端口数远多于 LTE，小区支持 SU-MIMO，最大可支持下行 8 流和上行 4 流，同时也支持 MU-MIMO，上下行最大均支持 12 流传输，小区吞吐量相对 LTE 得到了大幅提升。此外，NR 带宽的拓展以及频谱效率的提升（见表 7-7）也进一步提升了 NR 的小区容量。因此，NR 的容量相关指标相对于 LTE 标准应有显著的提升。

表 7-7　NR 与 LTE 在带宽及频谱效率的对比

	LTE	NR 64T
带宽拓展	单载波 20 MHz	单载波 100 MHz（FR1）
频谱效率增益	下行频谱效率 100%（假定基准值）	下行频谱效率约为 230%×158% • 保护带开销增益约为 8.28% • CRS 开销降低的增益约为 9.5% • 带宽干扰下降的增益约为 10% • 终端 4 流渗透率提升约为 20%
	上行频谱效率 100%（假定基准值）	上行频谱效率约为 230%×138% • 保护带开销增益约 8.2% • 终端 26 dBm 功率提升约 9.5% • 上行 64QAM 渗透率提升约 20%

在干扰方面，NR 引入 Massive MIMO 后，其业务信道全面使用窄波束，控制信道的时频资源可灵活配置（与 LTE 的对比见表 7-8），因此，NR 干扰特性有所变化。具体来看，在下行方向，当网络处于低负荷时，由于无 CRS，整体下行干扰降低；当处于中负荷时，灵活波束赋形可使干扰碰撞减少，同样使下行干扰整体降低；而当网络处于高负荷时，由于波束间干扰，整体下行干扰反而会提升。在上行方向，NR 上行多通道的抗干扰能力相对于 LTE 更强。基于上述 NR 干扰特性分析，可适当调整对重叠覆盖率指标的定义。例如，将 NR 重叠覆盖定义为：

- 邻小区与服务小区的 RSRP≥−110 dBm；
- 邻小区与服务小区的 RSRP 差值在 6 dB 以内；
- 重叠区域的小区数目≥6（含服务小区）。

表 7-8　NR 与 LTE 在业务信道和控制信道的对比

信道	LTE	NR
CRS	宽波束、全频带（PCI 模 3 干扰）	无
PBCH	宽波束	可波束扫描，可频分、时分
公共业务信道（SIB、寻呼、Msg 2）	宽波束	可波束扫描
控制信道（PDCCH）	宽波束、全频带	波束扫描/赋形、可频分
业务信道	宽波束+波束赋形	波束赋形

综上所述，在进行 NR 覆盖相关指标规划时，可以参照 LTE 标准，并根据 NR 自身的特性适当调整指标要求。

7.2.4　组网相关策略规划

在组网策略选择上，SA 是 NR 网络部署的目标架构，具有组网简单、网络部署一步到位、网络能力全方位提升等优点。但是，在保证投资可控的前提下，SA 在网络部署初期必然面临着覆盖不完善、互操作频繁、影响用户感知等问题。NSA 则恰好能规避这些劣势，实现网络的快速部署。但 NSA 不仅面临着组网复杂、网络改造升级工作量大、重复投资的问题，还面临着能力受限的问题。NSA 的边缘速率与 SA 基本相当，小区下行平均速率差异不大，但其上行由于只能单发，约损失 3 dB 的覆盖能力，预计上行速率折损一半左右。除上行业务体验速率不佳外，NSA 也不支持 NR 的网络切片能力，可以看到，SA 和 NSA 各有优劣，且难以通过若干对比项的简单比较做出选择。

在政策因素及市场竞争压力的影响下，现阶段国内运营商选择 NSA 作为面向 eMBB 业务的 NR 过渡方案的可能性较大。如选择 NSA，其重点在于锚点的选择上，主要的规划原则如下。

- 覆盖连续性。NSA 锚点所在频点的连续覆盖性能要足够好，避免由于锚点无覆盖导致 NR 不可用，否则就违背了选择 NSA 的初衷。
- 切换合理性。NSA 锚点所在频点的切换需合理设置，尽量规避乒乓效应的出现，以免 NR 用户体验受损。
- 基础性能优。NSA 锚点自身的接入、掉话等基础 KPI 需要足够好，避免因 4G 掉话而导致 NR 不可用。
- 产业链成熟度高。在 NSA 锚点的选择上，还需要同步考虑终端芯片的支持能力，避免出现有网络无终端的尴尬局面。

结合上述 NSA 锚点规划原则，基于不同的网络场景，可选用的 NSA 锚点策略有所不同。

针对现网 LTE 单一频段组网的场景，可以直接选择该单一频点作为 NSA 锚点，如图 7-3（a）所示，但该频点的覆盖连续性将会影响 NR 的体验。此外，也可以新建连续的 LTE 专网作为 NSA 锚点，如图 7-3（b）所示。这种方案的优点在于能够与存量网络完全隔离，且无须升级存量站点，不会因现网改造而影响用户感知。

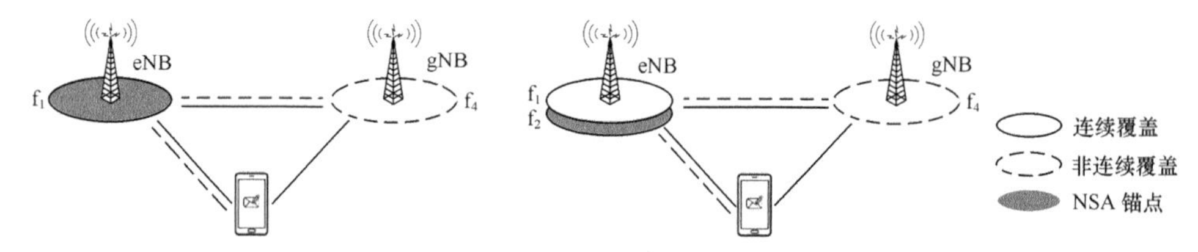

（a）使用现网频点作为 NSA 锚点　　（b）新建连续 LTE 专网作为 NSA 锚点

图 7-3　LTE 单一频段组网场景的 NSA 锚点规划策略

针对 LTE 多频段组网，且至少有一个频点覆盖连续的场景，可以选择将所有频点作为 NSA 锚点，且小区驻留策略不变，如图 7-4（a）所示。这种方式的好处在于，在 NR 覆盖范围内，添加辅载波的概率较大，用户体验更佳，但现网升级改造的难度较大。另一种可行的策略是，选择其中的一个覆盖连续的频点作为 NSA 锚点，如图 7-4（b）所示。这样做的好处是，主站间切换较少，可以提升 NR 用户体验，LTE 用户也可以继续接入该锚点频点，且对现网的升级改造工作量相对较少。此外，也可以专门腾出一个现网覆盖连续的频点作为 NSA 锚点，这样能够与现网用户实现载波隔离，如图 7-4（c）所示。这种方式的频点资源利用率低，更适合于网络部署中后期（LTE 逐步退网时）使用。

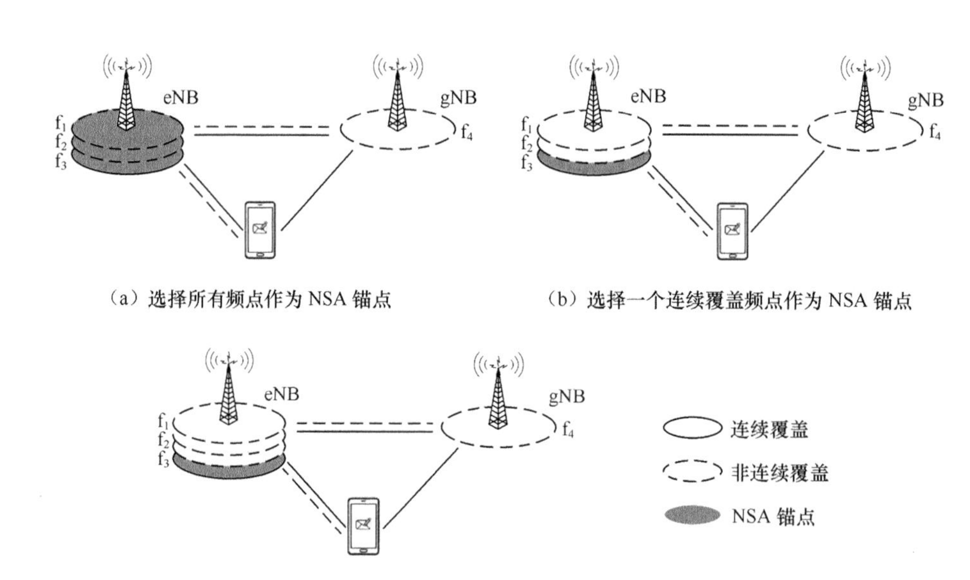

（a）选择所有频点作为 NSA 锚点　　（b）选择一个连续覆盖频点作为 NSA 锚点

（c）新建连续 LTE 专网作为 NSA 锚点

图 7-4　LTE 多频段组网且至少有一个频点覆盖连续场景的 NSA 锚点规划策略

针对LTE多频段组网，且无一连续的覆盖层的场景，可以考虑不修改现网小区驻留策略，所有频点都作为NSA锚点，如图7-5（a）所示。这样能够最大程度地避免因弱覆盖而引起NR不可用的情况，但对现网升级改造的工作量大，且无法完全规避锚点无覆盖的问题。另一种策略则是新建LTE连续专网作为NSA锚点，如图7-5（b）所示。但这种方式建设投入大，且建设周期相对较长。

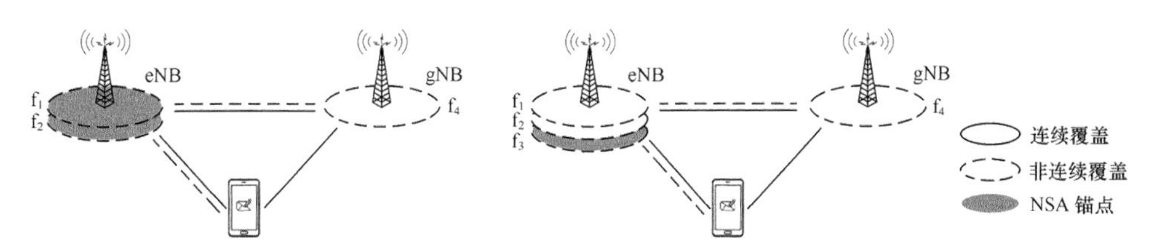

（a）选择所有频点作为NSA锚点　（b）新建连续LTE专网作为NSA锚点

图7-5　LTE多频段组网且无一连续的覆盖层场景的NSA锚点规划策略

考虑国内运营商的现网LTE频点使用情况和覆盖情况，建议采用选择其中的一个覆盖连续的频点作为NSA锚点的策略，这样能够取得现网升级改造量与NR用户体验之间的相对平衡。

7.3 NR无线网络规划流程

NR与LTE的网络规划方法基本一致，其关键流程包括网络规模估算、网络参数规划和网络仿真验证等。但由于NR某些新技术、新频段和新业务等的引入，在详细的网络规划上略有差异，需要重点研究。

7.3.1 NR网络规划总体流程

NR网络规划总体流程一般分为3个阶段，即前期准备、预规划和详细规划，如图7-6所示。

在前期准备阶段，主要完成需求分析工作。首先明确建网目标，掌握相应的建网策略和建网指标，并收集准确的地理信息数据、现网数据和业务需求数据，作为网络规模估算、网络规划仿真以及小区参数规划的输入。其中，现网

数据包括已有基站分布及其工程参数、现网运营数据（如 MR 覆盖数据、话务统计数据、DT 测试数据等）、市场数据（包括业务需求、价值终端等）、客服数据（如投诉客户分布数据）等。这些信息均能作为 NR 网络规划的重要参考信息。

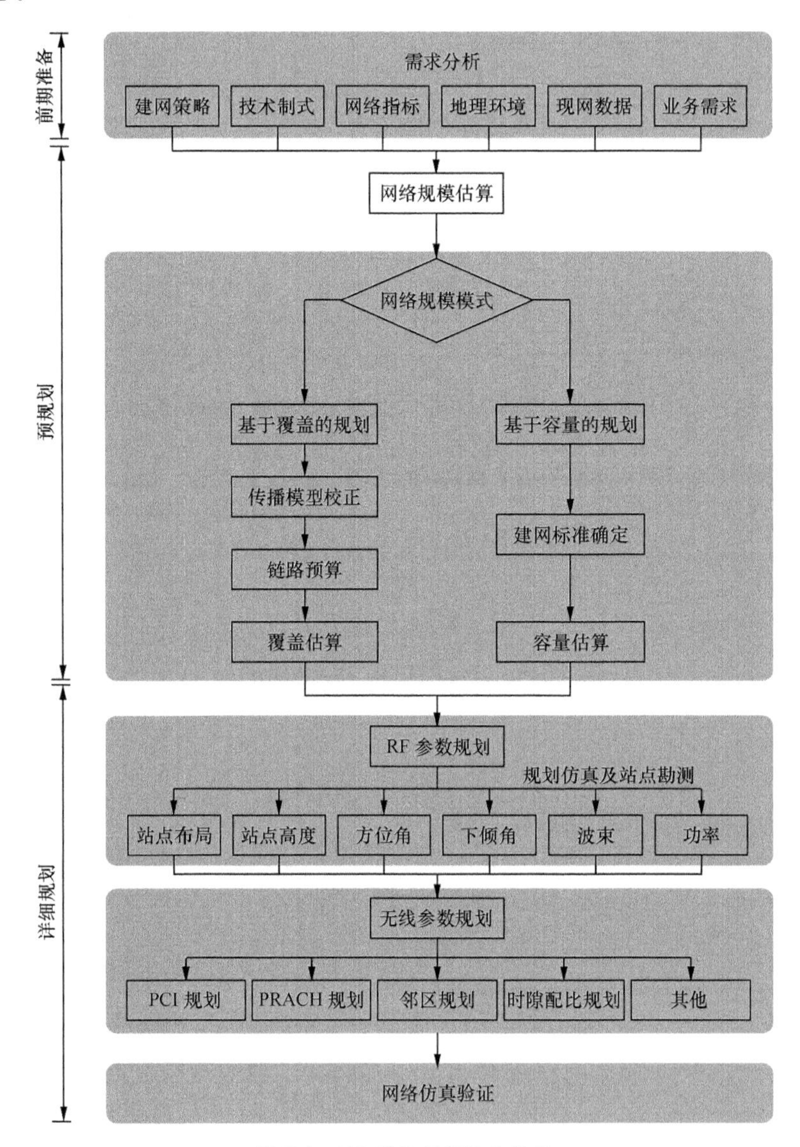

图 7-6　NR 网络规划总体流程

预规划阶段，主要完成网络规模估算的工作。根据网络规划模式，可以将网络规模估算分为两种，即基于覆盖的规划和基于容量/用户体验速率的规划。

基于覆盖的规划主要是以最大允许路径损耗（MAPL，Max Attenuation Path Loss）为限制条件，结合校正的传播模型和相关余量，计算出各个小区的覆盖半径和在规划目标区域所需的初始站点规模。基于容量/用户体验速率的规划，一般要与覆盖规划相结合，不单要考虑业务速率需求，还要综合考虑空口资源的开销，最后得出满足容量需求的站点规模。在 NR 网络部署初期主要是覆盖受限，因此，选用基于覆盖的规划模式。

详细规划阶段主要是在预规划的基础上结合站点勘测，确定用于指导工程建设的 RF 参数（包括站址、站高、方向角、下倾角、功率等）和无线参数（包括 PCI 规划、PRACH 规划、邻区规划和时隙配比规划等），并通过仿真验证小区参数设置及规划效果。如未达标，则需要对原来的规划方案进行调整，并对调整后的方案再次通过网络仿真进行评估。

7.3.2 NR 与 LTE 规划差异分析

NR 网络规划继承了 LTE 的经验，与传统无线制式的网络规划流程基本一致。但整体而言，NR 网络规划相对 LTE 难度更高，也更为复杂。表 7-9 简要总结了 NR 与 LTE 网络规划的关键差异，可以看出，NR 相对 LTE 的规划难点主要在于传播模型的选用及广播波束的规划等方面。

表 7-9 NR 与 LTE 网络规划的关键差异

规划内容	LTE	NR	关键差异影响
频段	2.6 GHz 频段及以下	Sub-3 GHz、Sub-6 GHz	NR 频段覆盖能力相对较差，损耗更大，站点密度高
传播模型	Okumura-Hata、COST-231 Hata、SPM 模型等	3GPP TR 36.873 UMa/UMi/RMa/InH	传播模型频率适用范围大，对 3D 立体评估要求更高
波束	宽波束，广播波束权值有多种组合	窄波束，广播波束权值有更多组合	需要更精细化的建模和规划，避免覆盖漏洞
PCI	模 3&模 30	模 3 &模 30&模 4	新增模 4 干扰，但对网络的实际影响有限

| 7.4 NR 网络链路预算 |

链路预算是无线制式网络规划中最常用的分析工具。链路预算通过对搜集到的发射机和接收机间的设备参数、系统参数及各种余量和损耗进行处理，得到满足系统性能要求时所允许的最大路径损耗。利用链路预算得出的最大路径损耗和适用的传播模型，可以换算出小区最大覆盖半径及单站覆盖面积，从而得到所需站点数，即网络规模。

计算发射机和接收机间的 MAPL 是链路预算中最为关键的步骤，其计算方法为

$$MAPL = TxPower - Receptionsensitivity + Gains - Loss - Margin \quad (7\text{-}1)$$

其中，$TxPower$ 为发射端有效发射功率，一般是指基站或终端天线口的有效全向辐射功率。$Receptionsensitivity$ 为接收机灵敏度，是指在所分配的资源带宽内，无外界噪声或干扰条件下，满足各种业务要求的接收信号最小功率，具体与噪声系数、热噪声电平和设备解调门限相关。$Gains$ 为增益，具体包括天线增益、MIMO 增益等。$Loss$ 为损耗，主要有穿透损耗、人体遮挡损耗和植被损耗等。$Margin$ 为余量，是指预留用于抵抗对应不确定因素引起的衰落的量值，具体包括阴影衰落余量、干扰余量、雨衰余量等。

图 7-7 和图 7-8 分别给出了 NR 系统下行和上行的链路预算模型。可以看到，NR 与 LTE 在链路预算的基本概念上并无差别，但由于 NR 使用更高的频段，需要考虑人体遮挡损耗、植被损耗、雨衰和雪衰（尤其是针对毫米波）等的影响。

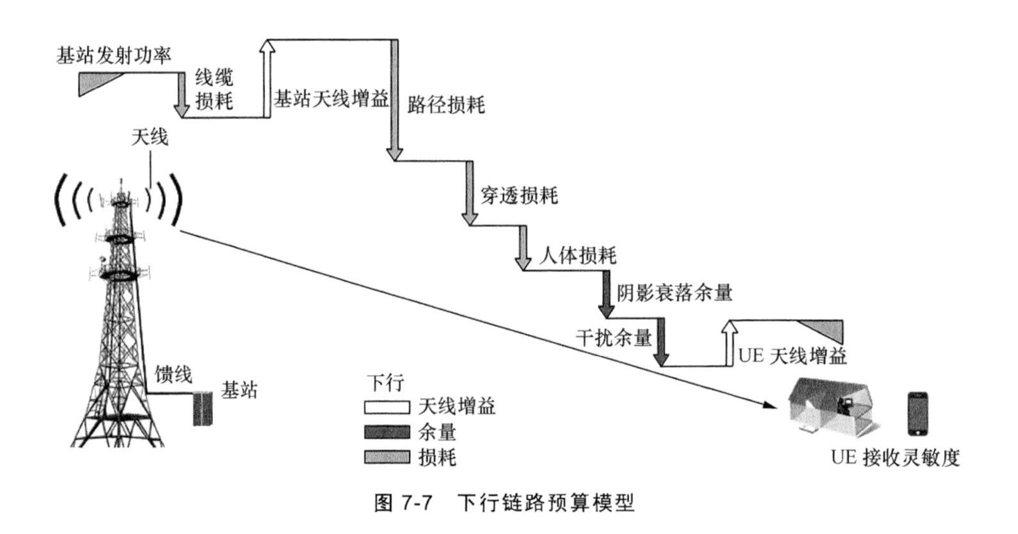

图 7-7 下行链路预算模型

NR 链路预算所涉及的具体参数见表 7-10。

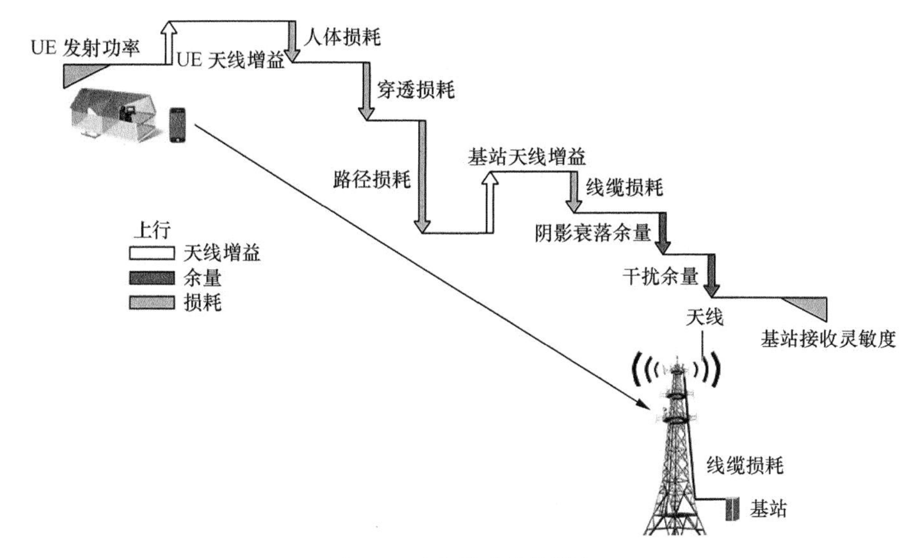

图 7-8　上行链路预算模型

表 7-10　NR 链路预算所涉及的参数

类型	参数
系统信息	频率（GHz）
	带宽（MHz）
	子载波间隔（SCS）（kHz）
	上下行时隙配比
覆盖目标	边缘速率
	小区半径/站间距 ISD
基站参数	发射功率（TxPower）（dBm）
	天线增益（Ant Gain）（dB）
	TRx 模式
	线缆损耗（dB）
	噪声系数（dB）
	高度（m）
UE 参数	发射功率（TxPower）（dBm）
	天线增益（Ant Gain）（dB）
	线缆损耗（dB）
	噪声系数（dB）
	高度（m）

续表

类型	参数
环境信息	场景
	传播模型
	平均楼高（m）
	覆盖类型（O2O或O2I）
余量	阴影衰落余量（dB）
	干扰余量（dB）
	雨衰余量（dB）
损耗	人体遮挡损耗（dB）
	穿透损耗（dB）
	植被损耗（dB）

其中，参数取值与LTE存在明显差异的包括传播模型、基站天线增益、线缆损耗、干扰余量、人体遮挡损耗和穿透损耗等，具体见表7-11。

表7-11　NR与LTE链路预算关键参数取值差异

链路预算影响因素	LTE	NR
传播模型	COST-231 Hata、SPM模型等	3GPP TR 36.873 UMa/UMi/RMa/InH
基站天线增益	单个物理天线仅关联单个TRx，单个TRx增益即为物理天线增益	Massive MIMO天线阵列关联多个TRx，单个TRx对应多个物理天线，链路预算中的天线增益仅为单个TRx代表的天线增益
线缆损耗	RRU形态，天线外接存在线缆损耗	AAU形态，无外接天线线缆损耗
干扰余量	相对较大	受益于波束赋形，相对较小
雨衰		雨量丰富且降雨频繁的区域需要考虑雨衰
人体遮挡损耗		频段越高，人体遮挡损耗越大
穿透损耗	相对较小	高频段穿透损耗相对更大
植被损耗		南方植被茂密区域LOS场景以及北方区域建议考虑

7.4.1　传播模型的选用

在无线制式网络规划中，传播模型主要分为两类，即确定性模型和统计

型模型。确定性模型是针对具体现场环境直接应用电磁理论计算的方法得到的，如射线追踪模型。统计型模型是基于大量的测量结果统计分析后归纳推导出的公式。由于确定性模型的应用比较复杂、计算条件要求高、计算量大且计算周期长，一般只用于网络仿真。在实际链路预算中较常使用的主要是统计型模型。

统计型模型将诸如频率、天线高度、地物类型等影响电磁波传播的主要因素都以变量函数的方式在路径损耗公式中反映出来，是一种比较成熟的数学公式，常见的主要有 Okumura-Hata、COST-231 Hata、SPM 模型等。但是，由于统计型模型各参数的适用范围有一定的局限性，需要对模型进行校正后方可准确预测路径损耗。

适用于 NR 的传播模型要求能够综合考虑影响高频无线信号传播的各种因素，如建筑物高度、街道宽度等。而现有常用的统计型模型并未将这些因素纳入计算。另外，Okumura-Hata 和 COST-231 Hata 模型的适用频段小于 2 GHz，SPM 模型的适用频段小于 3.5 GHz，均不能完全满足 NR 更高频段的使用需求。因此，NR 需要寻求更加合适的传播模型。3GPP TR 36.873 定义的 UMa/UMi/RMa/InH 模型提供了可选方案。

3GPP TR 36.873 传播模型及其适用范围和默认参数见表 7-12。

表 7-12　3GPP TR36.873 传播模型（2～6 GHz）

场景	视距/非视距传播	路径损耗［路损（dB），频率（GHz），距离（m）］	阴影衰落（dB）	适用范围及默认参数
3D-UMi	LOS	$PL=22\log_{10}(d_{3D})+28+20\log_{10}(f_c)$ $PL=40\log_{10}(d_{3D})+28+20\log_{10}(f_c)-9\log_{10}\left((d'_{BP})^2+(h_{BS}-h_{UT})^2\right)$	$\sigma_{SF}=3$	$10\text{ m}<d_{2D}<d'_{BP}$ $d'_{BP}<d_{2D}<5000\text{ m}$ $h_{BS}=10\text{ m}$ $1.5\text{ m}\leqslant h_{UT}\leqslant 22.5\text{ m}$
	NLOS	对于蜂窝六边形布局： $PL=\max(PL_{3D\text{-}UMi\text{-}NLOS},PL_{3D\text{-}UMi\text{-}LOS})$ $PL_{3D\text{-}UMi\text{-}NLOS}=36.7\log_{10}(d_{3D})+22.7+26\log_{10}(f_c)-0.3(h_{UT}-1.5)$	$\sigma_{SF}=4$	$10\text{ m}<d_{2D}<2000\text{ m}$ $h_{BS}=10\text{ m}$ $1.5\text{ m}\leqslant h_{UT}\leqslant 22.5\text{ m}$
3D-UMa	LOS	$PL=22\log_{10}(d_{3D})+28+20\log_{10}(f_c)$ $PL=40\log_{10}(d_{3D})+28+20\log_{10}(f_c)-9\log_{10}\left((d'_{BP})^2+(h_{BS}-h_{UT})^2\right)$	$\sigma_{SF}=4$	$10\text{ m}<d_{2D}<d'_{BP}$ $d'_{BP}<d_{2D}<5000\text{ m}$ $h_{BS}=25\text{ m}$ $1.5\text{ m}\leqslant h_{UT}\leqslant 22.5\text{ m}$

续表

场景	视距/非视距传播	路径损耗［路损（dB），频率（GHz），距离（m）］	阴影衰落（dB）	适用范围及默认参数
3D-UMa	NLOS	$PL=\max(PL_{3D-UM\alpha-NLOS}, PL_{3D-UM\alpha-LOS})$ $PL_{3D-UM\alpha-NLOS}=161.04-7.1\log_{10}(W)+7.5\log_{10}(h)-\left(24.37-3.7(h/h_{BS})^2\right)\log_{10}(h_{BS})+\left(43.42-3.1\log_{10}(h_{BS})\right)\left(\log_{10}(d_{3D})-3\right)+20\log_{10}(f_c)-\left[3.2\left(\log_{10}(11.75h_{UT})\right)^2-4.97\right]-0.6(h_{UT}-1.5)$	$\sigma_{SF}=6$	$10\text{ m}<d_{2D}<5000\text{ m}$ $h_{BS}=25\text{ m}$ $1.5\text{ m}\leqslant h_{UT}\leqslant 22.5\text{ m}$ W=20 m（街道宽度） h=5 m（平均建筑高度） 适用范围： $5\text{ m}<h<50\text{ m}$ $5\text{ m}<W<50\text{ m}$ $10\text{ m}<h_{BS}<150\text{ m}$ $1\text{ m}<h_{UT}<22.5\text{ m}$
3D-RMa	LOS	$PL_1=20\log_{10}(40\pi d_{3D}f_c/3)+\min(0.03h^{1.72},10)\log_{10}(d_{3D})-\min(0.044h^{1.72},14.77)+0.002\log_{10}(h)d_{3D}$ $PL_2=PL_1(d_{BP})+40\log_{10}(d_{3D}/d_{BP})$	$\sigma_{SF}=4$ $\sigma_{SF}=6$	$10\text{ m}<d_{2D}<d_{BP}$ $d_{BP}<d_{2D}<10000\text{ m}$ $h_{BS}=35\text{ m}$ $h_{UT}=1.5\text{ m}$ W=20 m（街道宽度） h=5 m（平均建筑高度） 适用范围： $5\text{ m}<h<50\text{ m}$ $5\text{ m}<W<50\text{ m}$ $10\text{ m}<h_{BS}<150\text{ m}$ $1\text{ m}<h_{UT}<10\text{ m}$
	NLOS	$PL=161.04-7.1\log_{10}(W)+7.5\log_{10}(h)-\left(24.37-3.7(h/h_{BS})^2\right)\log_{10}(h_{BS})+\left(43.42-3.1\log_{10}(h_{BS})\right)\left(\log_{10}(d_{3D})-3\right)+20\log_{10}(f_c)-\left[3.2\left(\log_{10}(11.75h_{UT})\right)^2-4.97\right]$	$\sigma_{SF}=8$	$10\text{ m}<d_{2D}<5000\text{ m}$ $h_{BS}=35\text{ m}$ $h_{UT}=1.5\text{ m}$ W=20 m（街道宽度） h=5 m（平均建筑高度） 适用范围： $5\text{ m}<h<50\text{ m}$ $5\text{ m}<W<50\text{ m}$ $10\text{ m}<h_{BS}<150\text{ m}$ $1\text{ m}<h_{UT}<10\text{ m}$
3D-InH	LOS	$PL=16.9\log_{10}(d_{3D})+32.8+20\log_{10}(f_c)$	$\sigma_{SF}=3$	$3\text{ m}\leqslant d_{3D}\leqslant 100\text{ m}$ $h_{BS}=3\sim 6\text{ m}$ $h_{UT}=1\sim 2.5\text{ m}$
	NLOS	$PL=43.3\log_{10}(d_{3D})+11.5+20\log_{10}(f_c)$	$\sigma_{SF}=4$	$10\text{ m}\leqslant d_{3D}\leqslant 150\text{ m}$ $h_{BS}=3\sim 6\text{ m}$ $h_{UT}=1\sim 2.5\text{ m}$

注：$d'_{BP}=4h'_{BS}h'_{UT}f_c/c$，其中，$f_c$ 为中心频率，单位为 Hz;$c=3.0\times10^8$m/s 是自由空间的光速；h'_{BS} 和 h'_{UT} 分别指基站和移动台的相对有效天线高度。

在上述模型中，基站天线高度 h_{BS}，移动台天线高度 h_{UT}，基站天线到移动台天线的直线距离 d_{3D}，水平距离 d_{2D} 的定义如图 7-9 所示。如移动台天线处于室内，则相应定义 d_{3D-out}、d_{3D-in}、d_{2D-out} 和 d_{2D-in}，注意到有

$$d_{3D-out} + d_{3D-in} = \sqrt{(d_{2D-out} + d_{2D-in})^2 + (h_{BS} - h_{UT})^2} \tag{7-2}$$

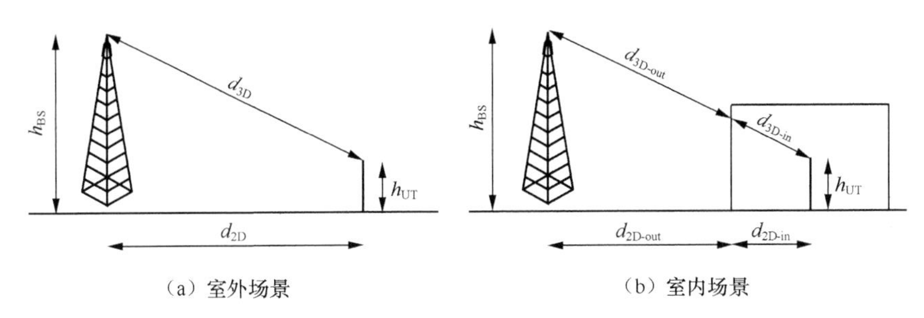

（a）室外场景　　（b）室内场景

图 7-9　室外及室内传播场景的若干定义

3GPP TR 38.901 同样定义了 UMa（城区宏站）、UMi（城区微站）、RMa（农村宏站）和 InH（室内热点）4 类场景下的传播模型，且同样区分 LOS（视距传播）和 NLOS（非视距传播）场景，其适用频率范围更宽，可拓展到 0.5～100 GHz。但是 TR 38.901 模型与平均建筑物高度 h 和街道宽度 W 无关，仅与工作频率、接收天线高度、天线间距离有关。

在 NR 覆盖预测中，通常考虑 UE 处于小区边缘，UE 与基站间的路径易受到遮挡，其传播路径通常为非视距传播，因此，在链路预算时建议使用其对应的 NLOS 模型。图 7-10 分别给出了 3.5 GHz 频段在 UMa 和 RMa 场景下的非视距传播、TR 36.873 模型和 TR 38.901 模型的路径损耗关系对比。在 RMa 场景下，二者的计算结果一致性很高，曲线基本拟合。而在 UMa 场景下，TR 38.901 模型的预测相对于 TR 36.873 模型更为乐观。

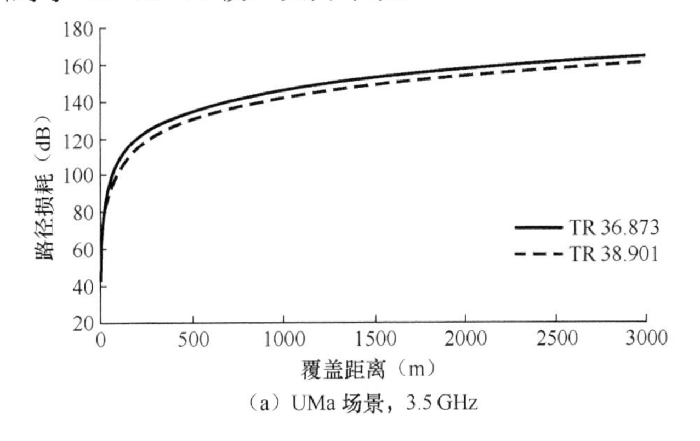

（a）UMa 场景，3.5 GHz

图 7-10　TR 36.873 与 TR 38.901 模型对比

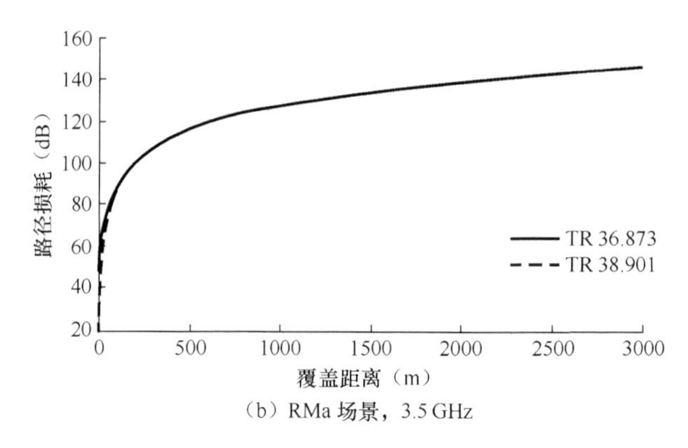

（b）RMa 场景，3.5 GHz

图 7-10　TR 36.873 与 TR 38.901 模型对比（续）

考虑到 TR 36.873 模型的适用频段更加贴合当前 NR 的主力频段，且该模型充分考虑到建筑物高度和街道宽度等对高频段信号传播的影响，更能体现实际的高频信号传播特性，建议初选 TR 36.873 模型作为 NR 覆盖预测中使用的传播模型。需要说明的是，传播模型的使用一定是在经过校正的前提下进行的。

7.4.2　阴影衰落余量

阴影衰落是指电磁波在传播路径上受到建筑物及山丘等的阻挡而产生的阴影效应所带来的损耗，也称为慢衰落。在链路预算中，根据统计型传播模型计算得到的路径损耗值为中值。由于阴影衰落，实际的路径损耗在此值上下波动。为了保证一定的覆盖概率，需要预留出一定的功率余量，即阴影衰落余量（Shadow Fading Margin），其取值与阴影衰落标准差、小区边缘覆盖概率有关。

阴影衰落标准差取决于实际的电磁波传播环境。一般在城市环境中，阴影衰落标准差大约是 8～10 dB，在郊区或农村环境中约为 6～8 dB。在 3GPP TR 36.873 模型和 TR 38.901 模型中，对各类场景对应的阴影衰落标准差也给出了建议值。

边缘覆盖概率是用于评估覆盖质量的指标。对于无线制式网络，为了评估阴影衰落下的通信链路可靠性，一般使用覆盖概率来表征网络覆盖的质量。覆盖概率是指在无线网络覆盖区域边缘，UE 与基站通信质量达到规定要求的概率。覆盖概率可分为面积覆盖概率和边缘覆盖概率。其中，面积覆盖率是指，在覆盖区域内，接收信号强度大于接收门限的位置占总覆盖区域面积的百分比。而边缘覆盖概率是指，在覆盖区域边缘，接收信号强度大于接收门限的时间百分比。面积覆盖概率定义的覆盖要求比较直观，而链路预算中直接使用边缘覆盖概率更为方便。

根据边缘覆盖概率 P_L 和标准差 σ，可以求出对应的阴影衰落余量 γ，即

$$\gamma = \sigma \times Q^{-1}(1 - P_{\mathrm{L}}) \tag{7-3}$$

其中，边缘覆盖概率 P_{L} 由式（7-4）得到，式中 z 为标准正态变量。

$$P_{\mathrm{L}}(x > z) = \frac{1}{\sqrt{2\pi}} \times \int_{\frac{z}{\sigma}}^{\infty} \mathrm{e}^{-\frac{x^2}{2}} \mathrm{d}x = Q\left(\frac{z}{\sigma}\right) \tag{7-4}$$

表 7-13 给出了当阴影衰落标准差 $\sigma = 8$ dB 时，不同边缘覆盖概率要求下所对应的阴影衰落余量。

表 7-13　不同边缘覆盖概率要求下所需的阴影衰落余量（$\boldsymbol{\sigma} = 8$ dB）

边缘覆盖概率 P_{L}	标准正态变量 z	所需阴影衰落余量 γ（$\sigma = 8$ dB）
50%	0	0 dB
55%	0.12566	1.0 dB
60%	0.25335	2.0 dB
65%	0.38532	3.1 dB
70%	0.52440	4.2 dB
75%	0.67449	5.4 dB
80%	0.84162	6.7 dB
85%	1.03643	8.3 dB
90%	1.28115	10.3 dB
91%	1.34075	10.7 dB
92%	1.40507	11.2 dB
93%	1.47579	11.8 dB
94%	1.55477	12.4 dB
95%	1.64485	13.2 dB
96%	1.75069	14.0 dB
97%	1.88709	15.0 dB
98%	2.05374	16.4 dB
99%	2.32634	18.6 dB

根据边缘覆盖概率 P_{L} 可以换算得到面积覆盖概率 P_{A}，即

$$P_{\mathrm{A}} = \frac{1}{2}\left\{1 - \mathrm{erf}(a) + \exp\left(\frac{1 - 2 \times a \times b}{b^2}\right) \times \left[1 - \mathrm{erf}\left(\frac{1 - a \times b}{b}\right)\right]\right\} \tag{7-5}$$

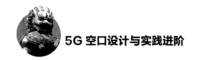

其中，

$$a = \mathrm{erfinv}(1 - 2 \times P_{\mathrm{L}}) \tag{7-6}$$

$$b = \frac{10 \times m \times \log(\mathrm{e})}{\sqrt{2} \times \sigma} \tag{7-7}$$

在式（7-7）中，m 为路径损耗指数，一般可取值为 3.52。表 7-14 给出了当 m=3.52 时，边缘覆盖概率 P_{L} 与面积覆盖概率 P_{A} 的换算值。

表 7-14　边缘覆盖概率 P_{L} 与面积覆盖概率 P_{A} 的换算

边缘覆盖概率 P_{L}	阴影衰落余量 γ（σ = 8 dB）	面积覆盖概率 P_{A}
50%	0 dB	75.5%
55%	1.0 dB	78.8%
60%	2.0 dB	81.8%
65%	3.1 dB	84.7%
70%	4.2 dB	87.4%
75%	5.4 dB	89.9%
80%	6.7 dB	92.3%
85%	8.3 dB	94.5%
90%	10.3 dB	96.6%
91%	10.7 dB	97.0%
92%	11.2 dB	97.4%
93%	11.8 dB	97.7%
94%	12.4 dB	98.1%
95%	13.2 dB	98.4%
96%	14.0 dB	98.8%
97%	15.0 dB	99.1%
98%	16.4 dB	99.4%
99%	18.6 dB	99.7%

按照上述方法计算得出的阴影衰落余量实际上偏于保守。这是因为，当 UE 处于小区边缘时，通常也位于服务小区与邻区的交接处，在该区域易发生切换，驻留到服务质量更好的小区。所以，在连续组网的场景下，由于这种硬切换的增益，不满足覆盖要求的联合概率会降低。所以，实际需要预留的余量可以减去硬切换增益。表 7-15 给出了不同标准差及区域覆盖概率要求下，实际所需的阴影衰落余量。

表 7-15 考虑硬切换增益前提下的阴影衰落余量取值

硬切换增益（dB）						
阴影衰落标准差	面积覆盖概率					
	90%	91%	92%	93%	94%	95%
12	4.19	4.23	4.28	4.33	4.38	4.45
11	4.6	4.7	4.81	4.93	5.07	5.22
10	3.41	3.44	3.48	3.52	3.56	3.61
9	2.29	2.25	2.21	2.17	2.12	2.07
8	2.62	2.64	2.67	2.7	2.74	2.78
7	1.6	1.55	1.5	1.45	1.39	1.32
6	1.82	1.83	1.85	1.88	1.9	1.93

7.4.3 干扰余量

链路预算仅考虑了单小区与单 UE 之间的关系，而在实际网络中，系统内部还存在同频干扰和邻区干扰等问题。因此，需要预留一定的功率余量，以克服干扰导致的噪声抬升问题。对应的余量即为干扰余量（Interference Margin），其取值为

$$IM = \frac{I+N}{N} \tag{7-8}$$

在式（7-8）中，IM 为指干扰余量，I 为干扰，N 为噪声，其单位均为 mW。在实际应用中，干扰余量一般根据经验值确定。表 7-16 给出了 NR@3.5 GHz 在不同场景下的干扰余量。

表 7-16 3.5 GHz 频段的干扰余量经验值

场景	O2O		O2I	
	UL	DL	UL	DL
密集城区	2	17	2	7
一般城区	2	15	2	6
农村	1	10	1	2

7.4.4 雨衰余量

无线信号，尤其是高频信号在降雨区域传播时，信号会被雨滴吸收或散射，

从而导致信号衰减。因此，在雨量丰富且降雨频繁的区域需要考虑雨衰的影响并预留一定的余量。

在现有的雨衰模型中，ITU-R 地—空雨衰减模型的应用最为广泛。该模型采用传统半经验公式，同时参考了水平路径和垂直路径的不均匀性，由 0.01%时间对应的雨衰预报其他时间雨衰的概率。超过 0.01%时间降雨率的雨衰表示为

$$A_{\mathrm{R}}(0.01) = aR_{0.01}^{b} \times r \times d \tag{7-9}$$

其中，$R_{0.01}^{b}$ 为年平均超过 0.01%时间的降雨率，单位为 mm/h。a 和 b 均为经验系数，与无线电波的频率和极化有关。r 为地面路径长度修正因子，与地面路径距离 d 以及地面等效降雨路径长度相关。

基于 0.01%时间对应雨衰，可推导超过 p%（p 的取值为 0.001~1）时间对应的衰减，即

$$A_{\mathrm{R}}(p) = \begin{cases} 0.12A_{\mathrm{R}}(0.01)p^{-(0.546+0.043\lg p)}, & \phi \geqslant 30^{\circ} \\ 0.07A_{\mathrm{R}}(0.01)p^{-(0.855+0.139\lg p)}, & \phi < 30^{\circ} \end{cases} \tag{7-10}$$

其中，ϕ为地面路径的平均地理纬度。

由模型计算可知，在考虑 99.999%的业务保持率的前提下，在最强降雨区域，对于 3.5 GHz 频段，当传播距离为 2 km 时，雨衰余量为 0.58 dB。而在同等条件下，28 GHz 频段对应的雨衰余量达到 10.8 dB。可见，在降雨量和传输距离一定的条件下，无线信号频率越高，雨衰越快，对应的雨衰余量也越大。

7.4.5 穿透损耗

室外无线信号穿过墙体、车体、树木等障碍物时所造成的损耗，称为穿透损耗（Penetration Loss）。针对 O2I 场景的链路预算，需要考虑穿透损耗。

不同材质所对应的穿透损耗不同。3GPP TR 38.901 定义了标准多窗格玻璃、IRR 玻璃、混凝土和木材各类材质对应的穿透损耗，见表 7-17。

表 7-17　各类材质对应的穿透损耗

材质	穿透损耗（dB）
标准多窗格玻璃	$L_{\mathrm{glass}}=2+0.2f$
IRR 玻璃	$L_{\mathrm{IRRglass}}=23+0.3f$
混凝土	$L_{\mathrm{concrete}}=5+4f$
木材	$L_{\mathrm{wood}}=4.85+0.12f$

注：频率 f 的单位为 GHz。

根据表 7-17 可以计算出各个主流频段对应不同材质的穿透损耗，见表 7-18。可见，频率越高，穿透损耗越大。

表 7-18　各频段对应不同材质的穿透损耗（dB）

材质	1.8 GHz	1.9 GHz	2.3 GHz	2.6 GHz	3.5 GHz	4.9 GHz	28 GHz
标准多窗格玻璃	2.36	2.38	2.46	2.52	2.70	2.98	7.60
IRR 玻璃	23.54	23.57	23.69	23.78	24.05	24.47	31.40
混凝土	12.20	12.60	14.20	15.40	19.00	24.60	117.00
木材	5.07	5.08	5.13	5.16	5.27	5.44	8.21

在 NR 链路预算中，涉及穿透损耗的计算时，应注意：

• 在密集城区场景中，涂层玻璃、混凝土材质的建筑物相对较多，从而对应着相对较大的穿透损耗；

• 在普通城区、郊区和农村场景中，上述建筑物的比重逐渐减少，因而场景化相关的穿透损耗的大小依次为普通城区 > 郊区 > 农村。

此外，在表 7-18 中，我们注意到，2.6 GHz 频段和 3.5 GHz 频段信号对应的混凝土材质的穿透损耗相对 1.8 GHz 频段信号分别高 3.2 dB 和 6.8 dB。因此，NR 采用 2.6 GHz 或 3.5 GHz 频段实现 O2I 场景覆盖的难度相对更高。而以 28 GHz 为典型的毫米波则基本丧失穿墙能力，只适合视距传播使用。

7.4.6　人体遮挡损耗

高频无线信号主要依赖直射路径进行传播，但直射路径很容易受到人体的遮挡。因此，人体对信号传播的遮挡造成的穿透损耗也需要充分考虑。

实验测试显示，在 eMBB 场景下，高频人体损耗与人和接收端、信号传播方向的相对位置以及收发端高度差等因素相关。人体遮挡比例越大，损耗越严重。在典型的室外 LOS 场景下，采用 28 GHz、在较重遮挡时人体损耗约为 18 dB、重遮挡时约为 21 dB、严重遮挡时可达到 40 dB。

当采用 3.5 GHz 频段时，人体损耗可以根据经验值确定，一般在 LOS 场景下取值为 6 dB，在 NLOS 场景下可取值为 3 dB。

7.4.7　植被损耗

无线信号穿过植被，会被植被吸收或散射，造成信号衰减。且信号穿过的植被越厚、无线信号频率越高，其衰减越大。此外，植被的类型、厚度以及穿

过植被的俯仰角不同时，所造成的衰减也不同。

在 LOS 场景下，由于无线信号通过直射路径传播，若直射路径被植被所遮挡，则会造成较大的损耗。因此，在 LOS 场景下，通常要考虑植被损耗。一般来说，对于 3.5 GHz 频段，可以考虑 12 dB 植被损耗；对于 28 GHz 及更高频段，则建议考虑 17 dB。

对于 NLOS 场景，由于该场景主要是低频无线信号传播，且信号可以通过多个路径到达接收端，因此，植被损耗的影响较小，可以不予考虑。

7.4.8 链路预算用例

结合前述 NR 关键参数和取值的讨论，在 UMa 场景下，分别计算边缘业务速率为 1/2/3/5 Mbit/s 时上行链路 PUSCH 所允许的最大路径损耗，结果见表 7-19。

表 7-19 上行 PUSCH 链路预算

UMa 场景	边缘速率需求			
	1 Mbit/s	2 Mbit/s	3 Mbit/s	5 Mbit/s
系统配置				
系统带宽（MHz）	100	100	100	100
子载波间隔（kHz）	30	30	30	30
时隙配置（DL：UL）	DDDSU+DDSUU	DDDSU+DDSUU	DDDSU+DDSUU	DDDSU+DDSUU
PRB 分配数量	32	64	96	160
UE 端				
发射功率（dBm）	26	26	26	26
每 RE 发射功率（dBm）	0.16	–2.85	–4.61	–6.83
天线增益（dBi）	0	0	0	0
发射端线缆损耗（dB）	0	0	0	0
每 REEIRP（dBm）	0.16	–2.85	–4.61	–6.83
基站端				
SINR（dB）	–4	–4	–4	–4
热噪声密度（kT）（dBm/Hz）	–174	–174	–174	–174
噪声系数（dB）	3.5	3.5	3.5	3.5
每子载波热噪声（dB）	–129.23	–129.23	–129.23	–129.23
接收机灵敏度（dBm）	–129.73	–129.73	–129.73	–129.73

续表

UMa 场景	边缘速率需求			
	1 Mbit/s	2 Mbit/s	3 Mbit/s	5 Mbit/s
接收天线增益（dBi）	25	25	25	25
接收机线缆损耗（dB）	0	0	0	0
干扰余量（dB）	3	3	3	3
天线口每 RE 最小接收电平（dBm）	−151.73	−151.73	−151.73	−151.73
MCL（dB）	151.89	148.88	147.12	144.90
余量&损耗				
阴影衰落标准差（dB）	8	8	8	8
面积覆盖概率	95%	95%	95%	95%
阴影衰落余量（dB）	8.61	8.61	8.61	8.61
雨衰余量（dB）	0	0	0	0
穿透损耗（dB）	25	25	25	25
人体遮挡损耗（dB）	0	0	0	0
植被损耗（dB）	0	0	0	0
MAPL&ISD				
最大允许路径损耗（dB）	118.28	115.27	113.51	111.29
小区半径（m）	315	249	217	183
站间距 ISD（m）	472	374	326	274

同理，在 UMa 场景下，计算边缘业务速率为 10/20/30/50 Mbit/s 时下行链路 PDSCH 所允许的最大路径损耗，结果见表 7-20。

表 7-20　下行 PDSCH 链路预算

UMa 场景	边缘速率需求			
	10 Mbit/s	20 Mbit/s	30 Mbit/s	50 Mbit/s
系统配置				
系统带宽（MHz）	100	100	100	100
子载波间隔（kHz）	30	30	30	30
时隙配置（DL：UL）	DDDSU+DDSUU	DDDSU+DDSUU	DDDSU+DDSUU	DDDSU+DDSUU
PRB 分配数量	273	273	273	273

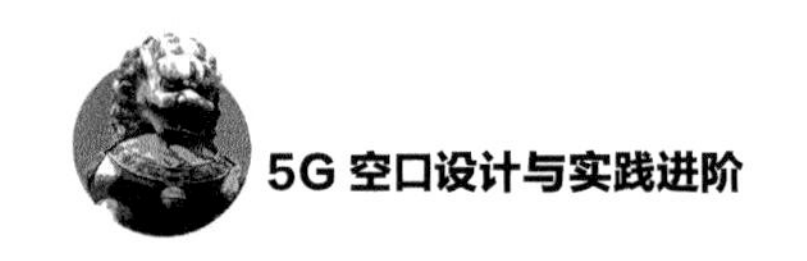

续表

UMa 场景	边缘速率需求			
	10 Mbit/s	20 Mbit/s	30 Mbit/s	50 Mbit/s
基站端				
发射功率（dBm）	53	53	53	53
每 RE 发射功率（dBm）	17.85	17.85	17.85	17.85
天线增益（dBi）	25	25	25	25
发射端线缆损耗（dB）	0	0	0	0
每 REEIRP（dBm）	42.86	42.86	42.86	42.86
UE 端				
SINR（dB）	−2.8	−2.0	−1.4	0
热噪声密度（kT）（dBm/Hz）	−174	−174	−174	−174
噪声系数（dB）	7	7	7	7
每子载波热噪声（dB）	−129.23	−129.23	−129.23	−129.23
接收机灵敏度（dBm）	−125.03	−125.03	−125.03	−125.03
接收天线增益（dBi）	0	0	0	0
接收机线缆损耗（dB）	0	0	0	0
干扰余量（dB）	7	7	7	7
天线口每 RE 最小接收电平（dBm）	−118.03	−117.23	−116.63	−115.23
MCL（dB）	160.89	160.09	159.49	158.09
余量&损耗				
阴影衰落标准差（dB）	8	8	8	8
面积覆盖概率	95%	95%	95%	95%
阴影衰落余量（dB）	8.61	8.61	8.61	8.61
雨衰余量（dB）	0	0	0	0
穿透损耗（dB）	25	25	25	25
人体遮挡损耗（dB）	0	0	0	0
植被损耗（dB）	0	0	0	0
MAPL&ISD				
最大允许路径损耗（dB）	127.28	126.48	125.88	124.48
小区半径（m）	630	593	566	508
站间距 ISD（m）	945	889	849	762

通过表 7-19 和表 7-20 可知，NR 与 LTE 类似，同样为上行受限系统。上行覆盖半径决定了 NR 小区的最大覆盖面积。

7.5 NR 网络参数规划

NR 网络参数规划包括 RF 参数规划和无线参数规划。RF 规划主要包括方位角、下倾角、天线挂高、广播波束权值等工程参数的确定。无线参数规划则主要是在确定站址和 RF 参数之后，进行包括 PCI、PRACH、邻区和时隙配比等的规划。

7.5.1 方位角规划

针对 NR AAU，其方位角的定义是，天线水平外包络 3 dB 波瓣宽度对应的中间指向相对于正北方向的角度。

在连续组网场景下，NR 的方位角规划建议遵循的主要原则包括：

• 如 NR 基站与存量 LTE 共站，为了更好地继承网络拓扑，NR 的初始方位角的设置可以参考现有的 LTE 系统方位角；

• 如 NR 基站为新规划站点，初始方位角可考虑采用三叶草形状的标准指向，扇区间相邻 120°，可根据实际覆盖目标进行调整，但不推荐相邻扇区间夹角少于 60°；

• 密集城区应避免天线主瓣正对长直街道，以免出现越区覆盖、干扰；

• 异站相邻扇区的交叉覆盖深度不宜过深，即要避免异站相邻的扇区天线对打。

此外，需要注意的是，上述对方位角规划的描述，特指的是机械方位角。对于机械方位角的调整，将影响控制信道、业务信道和参考信号的覆盖指向。与传统天线不同，NR AAU 支持广播波束（SSB）方位角的独立调整。通过广播信道窄波束指向的调整，有助于改善网络的覆盖性能。但在网络规划中，建议将广播波束方位角设置为 0°（SSB 方位角与 CSI-RS 方位角保持一致），优先采用机械的方式调整方位角。在后续的网络优化中，才建议针对广播波束的可调方位角进行调优。

7.5.2 天线挂高规划

天线挂高是指天线中心距其所覆盖区域水平面的垂直高度，也即天线挂高等于天线相对于站址地面的高度和站址位置相对主服务区的垂直高度之和，如图 7-11 所示。如果覆盖区域所在地貌的地形起伏较小，则天线挂高可以简化等同于天线相对于站址地面的高度。

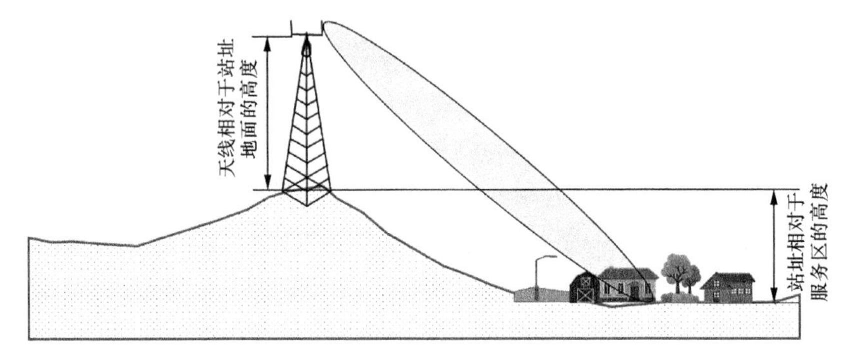

图 7-11　天线挂高的定义

天线挂高的规划建议遵循以下主要原则：

• 在地势较平坦的市区，且覆盖方向无明显遮挡的条件下，一般天线建议挂高为 25～30 m；

• 对于郊区或农村 NR 基站，天线高度可适当提高，一般可设置在 40 m 左右；

• 对于 NR 与 LTE 共站的场景，如天面空间允许 NR AAU 应安装在 LTE 天线上层，且保证必要的垂直隔离度。

7.5.3　广播波束规划

NR 引入 Massive MIMO 天线，其天线波束对应可分为静态波束和动态波束。PDSCH 中用户数据采用用户级的动态波束，也称为业务波束。业务波束可以根据用户的信道环境实时赋形，故而不支持波束定制。SSB、CSI-RS 以及 PDCCH 中的小区级数据采用小区级的静态波束，也称为广播波束。静态广播波束采用窄波束轮询扫描（时分扫描）整个小区的机制，选择合适的时频资源发送窄波束。因此，在 NR 中可以根据不同场景配置不同的广播波束，以匹配多样性的覆盖场景，如图 7-12 所示。

由于 Massive MIMO 广播波束的权值配置灵活度高、数量极多，一般采用模板化配置。在近期，暂时只能通过人工调整的方式进行广播波束权值的加载。预计在中后期，可以实现广播权值的迭代自优化。

表 7-21 给出了 H 设备商近期的 Massive MIMO 天线广播波束场景化配置的方案。

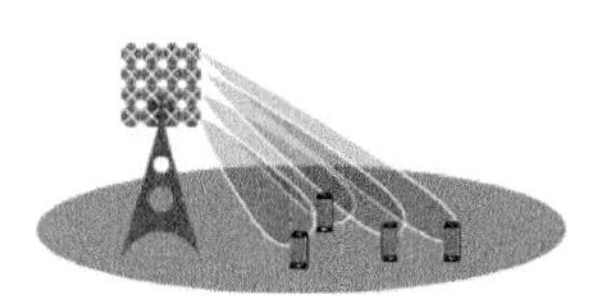

广场场景：近点使用宽波束，保证接入；远点使用窄波束，提升覆盖

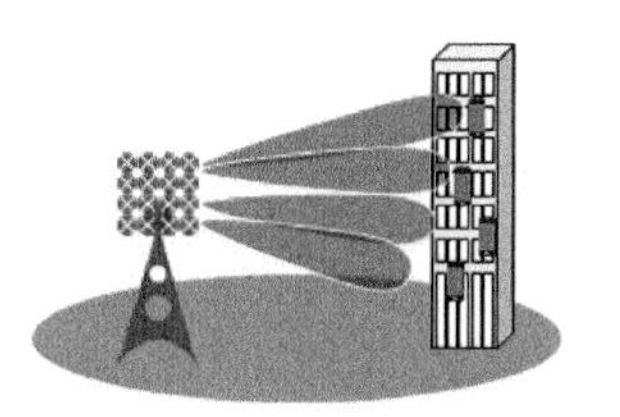

高楼场景：使用垂直面覆盖比较宽的波束，提升垂直覆盖范围

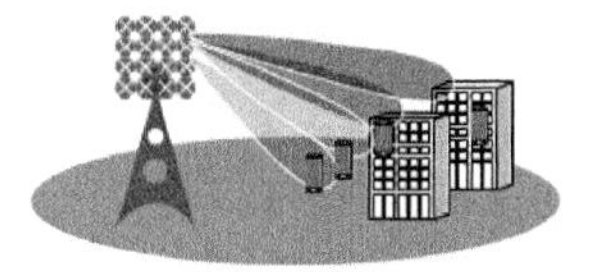

商业区：既有广场又有高楼，采用水平垂直覆盖角度都比较大的波束

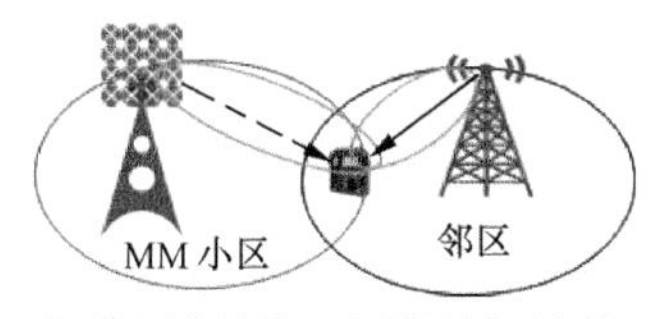

小区间干扰场景：可以使用水平扫描范围相对窄的波束，避免强干扰源

图 7-12　广播波束场景化配置

表 7-21　广播波束场景化配置

场景	水平 3 dB 波宽	垂直 3 dB 波宽	数字倾角	方位角	64T	32T	应用场景
0	默认场景				Y	Y	典型三扇区组网，普通默认场景，适用于广场场景
1	110°	6°	−2°～9°	0°	Y	Y	非标准三扇区组网，适用于水平宽覆盖，水平覆盖比场景 2 大，比如广场场景和高大建筑。近点覆盖比场景 2 略差
2	90°	6°	−2°～9°	−10°～10°	Y	N	非标准三扇区组网，当邻区存在强干扰源时，可以收缩小区水平覆盖范围，减少邻区干扰影响。由于垂直覆盖角度较小，适用于低层覆盖
3	65°	6°	−2°～9°	−22°～22°	Y	N	非标准三扇区组网，当邻区存在强干扰源时，可以收缩小区水平覆盖范围，减少邻区干扰影响。由于垂直覆盖角度较小，适用于低层覆盖
4	45°	6°	−2°～9°	−32°～32°	Y	N	低层楼宇，热点覆盖
5	25°	6°	−2°～9°	−42°～42°	Y	N	低层楼宇，热点覆盖
6	110°	12°	0°～6°	0°	Y	Y	非标准三扇区组网，水平覆盖比较大，且带中层覆盖的场景
7	90°	12°	0°～6°	−10°～10°	Y	Y	非标准三扇区组网，当邻区存在强干扰源时，可以收缩小区水平覆盖范围，减少邻区干扰影响。由于垂直覆盖角度变大，适用于中层覆盖
8	65°	12°	0°～6°	−22°～22°	Y	Y	非标准三扇区组网，当邻区存在强干扰源时，可以收缩小区水平覆盖范围，减少邻区干扰影响。由于垂直覆盖角度变大，适用于中层覆盖

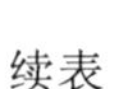
续表

场景	水平3 dB波宽	垂直3 dB波宽	数字倾角	方位角	64T	32T	应用场景
9	45°	12°	0°～6°	−32°～32°	Y	N	中层楼宇，热点覆盖
10	25°	12°	0°～6°	−42°～42°	Y	N	中层楼宇，热点覆盖
11	15°	12°	0°～6°	−47°～47°	Y	N	中层楼宇，热点覆盖
12	110°	25°	6°	0°	Y	N	非标准三扇区组网，水平覆盖比较大，且带高层覆盖的场景
13	65°	25°	6°	−22°～22°	Y	N	非标准三扇区组网，当邻区存在强干扰源时，可以收缩小区水平覆盖范围，减少邻区干扰影响。由于垂直覆盖角度更大，适用于高层覆盖
14	45°	25°	6°	−32°～32°	Y	N	高层楼宇，热点覆盖
15	25°	25°	6°	−42°～42°	Y	N	高层楼宇，热点覆盖
16	15°	25°	6°	−47°～47°	Y	N	高层楼宇，热点覆盖

根据上述方案，在一般情况下，推荐配置为默认场景，即场景 0，适用于典型三扇区组网。在水平覆盖要求较高时，推荐配置为场景 1/6/12，远点可以获得更高的波束增益，提升远点覆盖。在小区边缘存在固定干扰源时，可考虑场景 2/3/7/8/9/13，缩小水平覆盖范围，避开干扰。在覆盖目标区域只有孤立建筑时，可选用场景 4/5/9/10/11/14/15/16，其水平覆盖面较小，可集中能量指向目标建筑物，但不适用于连续组网。总之，具体场景化配置的选用，要选择与覆盖场景匹配度相对最高的。

7.5.4 下倾角规划

NR Massive MIMO 天线与 LTE 传统天线的下倾角规划存在差异。传统天线的下倾角是小区级的。下倾角（包括机械下倾角和电下倾角）的调整会影响小区所有信道的覆盖。而 NR Massive MIMO 天线的下倾角是划分信道的，具体涉及机械下倾角、SSB 可调电下倾角和 CSI-RS 波束下倾角。其中，机械下倾角是由机械调整决定的下倾角，可同时对公共波束和业务波束进行调整。

SSB 可调电下倾角通过影响 SSB 的总下倾角，进而影响用户在网络中的驻留以及 NR 小区的实际覆盖区域。由于 CSI-RS 较优的区域，PDSCH 也相对较优，因此，CSI-RS 波束可以用于表征业务信道的覆盖情况。故而 CSI-RS 波束下倾角可以通过影响 CSI 的总下倾角，进而影响用户的体验，如吞吐率、业务时延等。

NR Massive MIMO 天线下倾角的规划，建议遵循以下原则：

• 对于 NR 与 LTE 共站的站点，要以波束最大增益方向覆盖小区边缘，因此，可以参照 LTE 下倾角，即业务信道总的下倾角等于 LTE 的机械下倾角加电下倾角；

• 默认控制信道总的下倾角与业务信道总下倾角保持一致；

• 对于新建 NR 基站，如果垂直面有多层波束，原则上以最大增益覆盖小区边缘，如图 7-13 所示。

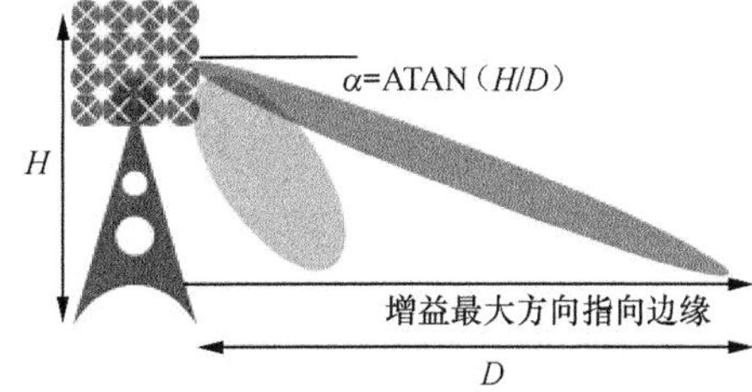

图 7-13　以波束最大增益方向覆盖小区边缘

7.5.5　PCI 规划

PCI 是 NR 小区的重要参数。在 NR 中共有 1008 个 PCI，分为 336 组，每组包含 3 个 PCI。NR 的每个小区对应一个 PCI，用于无线侧区分不同的小区，影响下行信号的同步、解调及切换。

根据 3GPP 协议，NR 的 PCI 相对于 LTE 的主要区别见表 7-22。

表 7-22　NR 的 PCI 相对于 LTE 的主要区别

序列	LTE	NR	区别及影响
同步信号	主同步信号与 PCI 模 3 相关，基于长度为 62 的 ZC 序列	主同步信号与 PCI 模 3 相关，基于长度为 127 的 m 序列	LTE 为 ZC 序列，相关性较差，相邻小区间 PCI 模 3 应尽量错开； NR 为 m 序列，相关性相对较好，相邻小区间 PCI 模 3 错开与否对用户感知略微有影响
上行参考信号	伴随 PUCCH/PUSCH 的 DMRS 和 SRS 基于 ZC 序列；ZC 序列共 30 组根，根与 PCI 相关联	伴随 PUCCH/PUSCH 的 DMRS 和 SRS 基于 ZC 序列；ZC 序列共 30 组根，根与 PCI 相关联	一致，相邻小区需要 PCI 模 30 错开
下行参考信号	CRS 资源位置由 PCI 模 3 确定	PBCH DMRS 资源位置由 PCI 模 4 确定	NR 取消了 CRS，但引入了 PBCH DMRS； PCI 模 4 错开与否不影响 PBCH DMRS 的性能

由上述讨论可知，NR PCI 虽然新增了模 4 干扰，但对网络的实际影响有限，因此，在规划时可以不必考虑 PCI 模 4 错开。此外，NR 同步信号通过采用相关性较好的 m 序列，降低了模 3 干扰的影响。但由于大部分干扰随机化算法均与 PCI 模 3 有关，为了充分发挥算法的性能，在 PCI 规划时，建议仍考虑模 3 错开。综合起来，NR 的 PCI 规划要考虑模 30 干扰和模 3 干扰的影响，具体建议遵循以下原则。

- 避免 PCI 冲突（Collision），即相邻小区不能分配相同的 PCI。若邻近小区分配相同的 PCI，会导致 UE 在重叠覆盖区域最多只能检测到一个小区，而造成初始小区搜索时只能同步到其中一个小区，该小区不一定是最合适的，如图 7-14 所示。
- 避免 PCI 混淆（Confusion），即服务小区的两个频率相同的邻区不能分配相同的 PCI，若分配相同的 PCI，如果 UE 请求切换，基站侧将无法判断哪一个为目标小区，如图 7-15 所示。

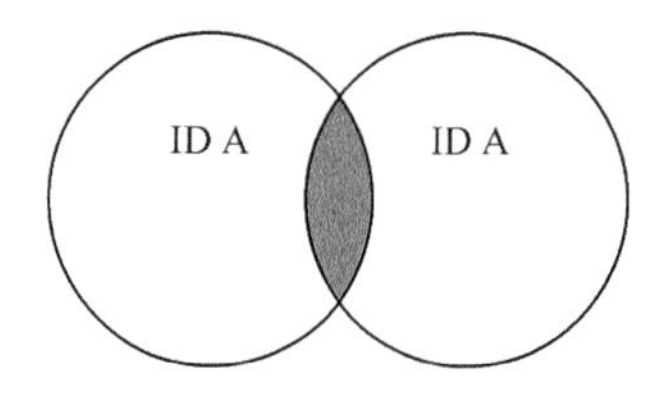

图 7-14 PCI 冲突

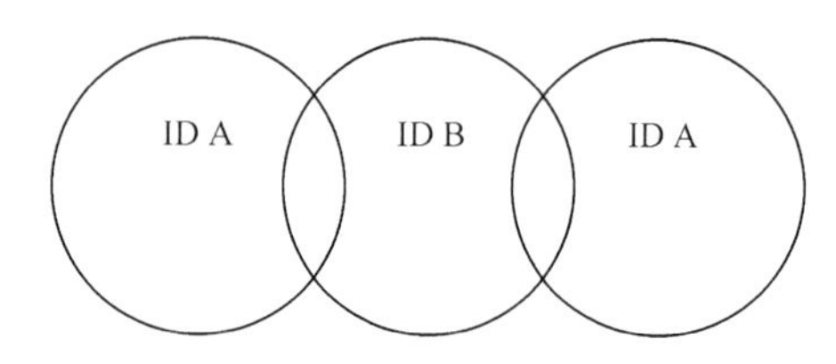

图 7-15 PCI 混淆

7.5.6 PRACH 规划

PRACH Preamble 码是由 ZC 序列通过循环移位产生的。每个 NR 小区需要支持 64 个 Preamble 码，因此，在 PRACH 规划时，要确保为当前 NR 小区分配足够数量的 ZC 根，且尽量保证相邻小区使用不同的 PRACH、ZC 根。

每个 ZC 根能够产生的 Preamble 码与小区半径、PRACH 格式及限制集等因素有关。具体的规划方法如下所述。

- 基于小区半径 r，根据式（7-11）计算出 N_{CS}，其中，T_S 为 ZC 序列的抽样间隔。T_{RTD} 为小区最大信号往返时延，其与小区半径 r 的关系为 $T_{RTD}=6.67\cdot r$。T_{MD} 为最大多径时延拓展。T_{Adsch} 为下行同步误差。T_S、T_{RTD} 和 T_{Adsch} 的单位均为μs。r 的单位为 km。

$$N_{CS}\cdot T_S > T_{RTD}+T_{MD}+T_{Adsch} \tag{7-11}$$

- 基于 N_{CS} 计算出每个 ZC 根可以生成的 Preamble 码数 $N_{Preamble}^{root}$。对于非限

制集小区，对应的 Preamble 码数为

$$N_{\text{Preamble}}^{\text{root}} = \begin{cases} \lfloor 839 / N_{\text{CS}} \rfloor, \text{长序列} \\ \lfloor 139 / N_{\text{CS}} \rfloor, \text{短序列} \end{cases} \tag{7-12}$$

- 计算 NR 小区所需的 ZC 根数量 $N_{\text{root}}^{\text{group}}$ 以及可用的 ZC 根分组数 N_{group}，即有

$$N_{\text{root}}^{\text{group}} = \left\lceil 64 / N_{\text{Preamble}}^{\text{root}} \right\rceil \tag{7-13}$$

$$N_{\text{group}} = \begin{cases} \lceil 838 / N_{\text{root}}^{\text{group}} \rceil, \text{长序列} \\ \lceil 138 / N_{\text{root}}^{\text{group}} \rceil, \text{短序列} \end{cases} \tag{7-14}$$

- 基于可用的 ZC 根组，为 NR 小区分配一组 ZC 根，且要求对于邻区，尽量不使用相同的 ZC 根。

7.5.7 邻区规划

邻区主要在移动性、LTE-NR DC 等特性中使用，其规划的好坏直接影响网络的性能。NR 的邻区规划涉及以下 4 种类型，见表 7-23。

表 7-23 NR 邻区规划及其作用

源小区	目标小区	邻区的作用
LTE	LTE	NSA DC 用户移动性切换
LTE	NR	NSA DC 用户在 LTE 上添加 NR 辅载波；LTE 重定向到 NR
NR	NR	NR 系统内移动性切换
NR	LTE	SA 场景下 NR 由于覆盖较差切换到邻近 LTE 小区

NR 邻区规划需要全面考虑上述类型，将对应的邻近小区划分为邻区。

7.5.8 时隙配比规划

在 eMBB 场景下，按照 30 kHz 的子载波间隔配置，NR 典型的时隙配比方案包括以下几种。

- Option1：配置为 DDDSUDDSUU，即 2.5 ms 双周期结构，每 5 ms 包含 5 个全下行时隙、3 个全上行时隙和 2 个灵活时隙。其中 Slot#3 和 Slot#7 为灵活时隙，对应符号配比建议为 10∶2∶2（可调整），如图 7-16 所示。

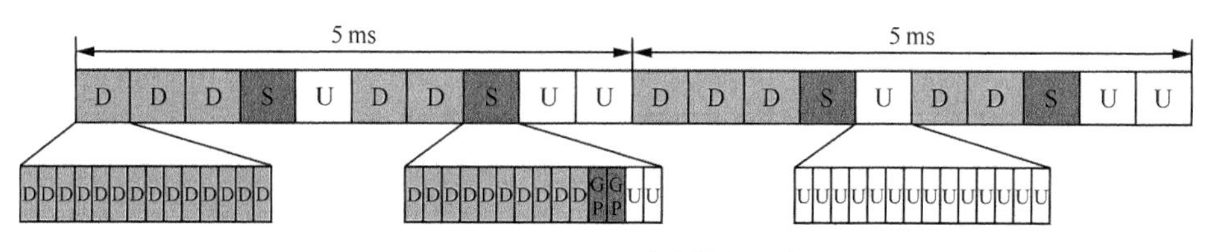

图 7-16　Option1 时隙配比示意

• Option2：配置为 DDDSU，即 2.5 ms 单周期结构，每 2.5 ms 包含 3 个全下行时隙、1 个全上行时隙和 1 个灵活时隙。灵活时隙的符号配比建议为 10∶2∶2（可调整），如图 7-17 所示。

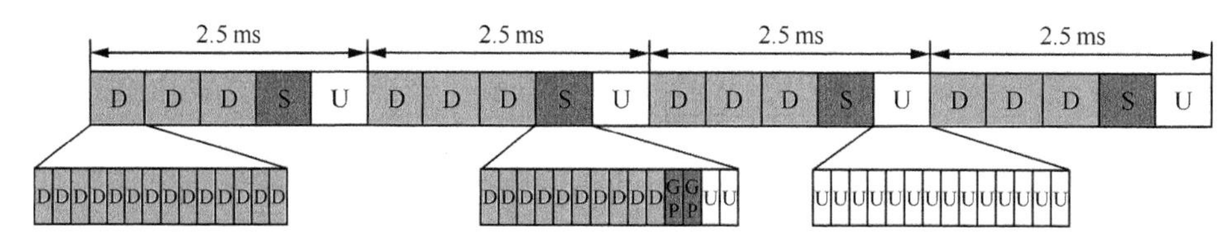

图 7-17　Option2 时隙配比示意

• Option3：配置为 DSDU，即 2 ms 单周期结构，每 2 ms 包含 2 个全下行时隙、1 个上行为主时隙和 1 个灵活时隙。上行为主时隙的符号配比为 1∶2∶11（GP 的长度可调整），灵活时隙的符号配比建议为 10∶2∶2（可调整），如图 7-18 所示。

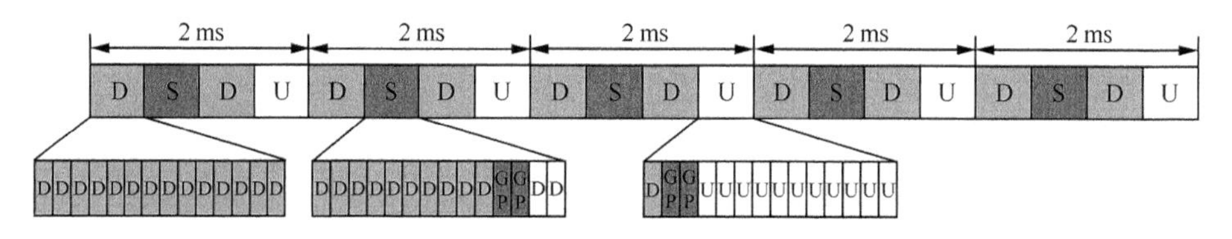

图 7-18　Option3 时隙配比示意

• Option4：配置为 DDDDU，即 2.5 ms 单周期结构，每 2.5 ms 包含 4 个下行为主时隙和 1 个上行为主时隙。上行为主时隙的符号配比为 1∶1∶12，下行为主时隙的符号配比为 12∶1∶1，如图 7-19 所示。

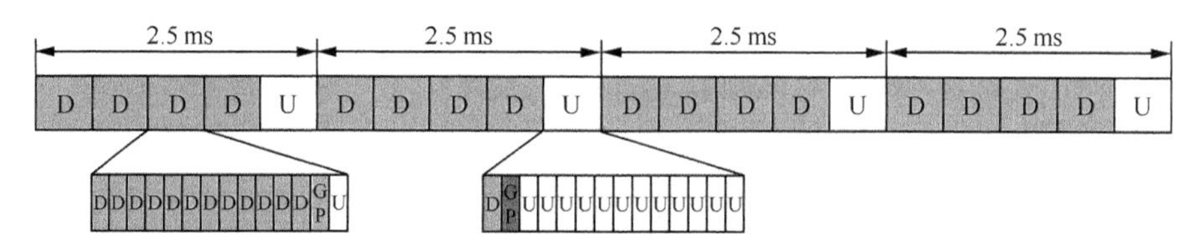

图 7-19　Option4 时隙配比示意

• Option5：配置为 DDSU，即 2 ms 单周期结构，每 2 ms 包含 2 个全下行时隙、1 个灵活时隙和 1 个全上行时隙。下行为主时隙的符号配比建议为 12：2：0（GP 的长度可调整，且要求大于或等于 2），如图 7-20 所示。

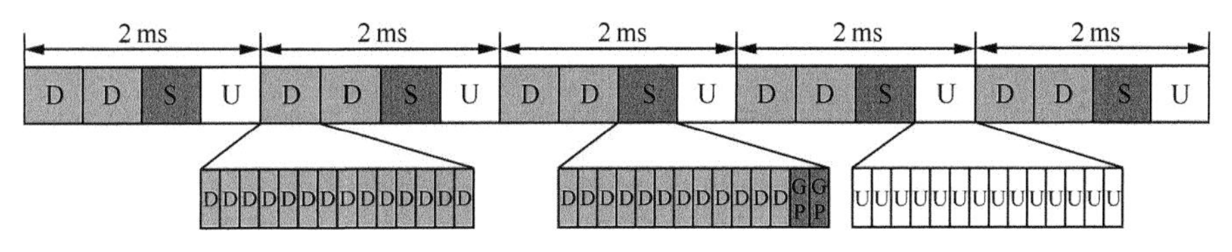

图 7-20　Option5 时隙配比示意

上述时隙配比方案的优劣对比见表 7-24。

表 7-24　典型时隙配比方案对比

选项	属性	优势	劣势
Option1	DDDSUDDSUU，2.5 ms 双周期	上下行时隙配比均衡，可配置长 PRACH 格式	双周期实现较复杂
Option2	DDDSU，2.5 ms 单周期	下行有更多时隙，有利于下行吞吐量的提升，且单周期实现简单	无法配置长 PRACH 格式
Option3	DSDU，2 ms 单周期	有效减少时延	转换点增多
Option4	DDDDU，2.5 ms 单周期	每个时隙都存在上下行，调度时延缩短	存在频繁上下行转换，影响性能
Option5	DDSU，2 ms 单周期	有效减少调度时延	无法配置长 PRACH 格式

综合考虑上下行吞吐量、时延、覆盖距离等方面的影响，建议将时隙配比方案收敛在 Option1、Option2 和 Option5。实际的时隙配比方案选用，还要进一步综合考虑业务、建网策略和销售策略等因素。

由于 NR 网络部署初期，典型应用需求不明朗，常规业务仍体现出上下行业务不均衡的特点，因此，可以考虑静态时隙配比。待 NR 网络完善及相应的应用需求突显后，再考虑引入动态 TDD 配置。

需要注意的是，当 NR TDD 与 TD-LTE 同频段共存时，建议调整 NR 的时隙配比，使 NR 与 LTE 时隙对齐（上下行时刻一致），以免引起时隙交叉干扰。

7.6　NR 网络规划仿真

仿真是通过仿真软件（如 Atoll 等），使用数字地图、基站工程参数、测试数据建立网络模型，通过系统的模拟运算得出网络覆盖预测、干扰预测及容量评估结果，可以为网络规划、建设及优化提供参考。

7.6.1 NR 仿真关键步骤

NR 仿真中最为核心的是通过对 Massive MIMO 的波束赋形进行 3D 建模，导入波束的方向图，计算相关的路损，评估出最小路径的波束，模拟 5G 的波束选择，因此，NR 仿真相对于 LTE 对地图和运算精度的要求更高，仿真运算量更大。以下以 Atoll 为例，简要介绍 NR 仿真的关键步骤。

1. 数字地图导入

在新建仿真工程后，首先要进行数字三维地图的导入。NR 仿真建议采用 5 m 精度带建筑物外形的数字三维地图，至少为 20 m 精度。这主要是由于 NR 频段相对更高，小区覆盖距离较小，地图精度太低会导致预规划及仿真结果不可靠。

数字三维地图主要包含以下信息。

- 地形矢量信息（Vector）：描述街道、铁路、高速公路等地形信息。
- 地物信息（Clutter）：描述建筑物、公园等地物信息。
- 地物高度信息（Clutter Height）。
- 地形高程信息（DTM）。
- 建筑物外形信息（Building Vector）。

2. 传播模型校正

Aster 模型是 Atoll 中一个可选的射线追踪传播模型（预校正）。Aster 支持主流的无线制式网络，如 GSM、UMTS、CDMA2000、LTE、Wi-Fi 和 NR 等。Aster 2.6.0 版本增加了 Aster mmWave 模型，使 Aster 系列模型支持的频率范围扩展到 150 MHz～60 GHz。

Aster 模型主要考虑楼顶的垂直衍射和基于射线追踪算法的水平衍射和反射，如图 7-21 所示。

Aster 模型支持不同类型的传播环境，包括密集城区、城区、郊区等，特别适合于带有高精度地图的密集城区环境。利用连续波（CW，Continuous Wave）测试数据，Aster 模型可以进行自动模型校正。

3. 基站数据导入

准备好基站数据，依次导入 Sites、Transmitters 和 Cells 数据，其对应的主要参数分别见表 7-25～表 7-27。可以看到，NR 仿真的大部分参数与 LTE 类似，少部分为新增，如关于 Numerology 的配置。此外，还有部分参数需要重点留意和变通，以下举例说明。

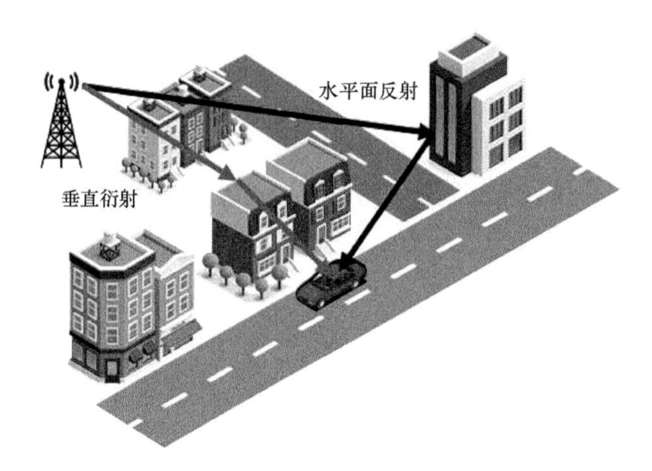

图 7-21　Aster 模型示意

表 7-25　Sites 表主要参数

参数	说明
Name	基站名
Longitude	经度
Latitude	纬度
Altitude	海拔，从 DTM 地图读取

表 7-26　Transmitters 表主要参数

参数	说明
Site	扇区所属基站
Transmitter Type	Intra-network、Inter-network
Antenna	天线类型
Height	天线挂高
Azimuth	方位角
Mechanical Downtilt	机械下倾角
Additional Electrical Downtilt	额外电下倾角
Number of Transmission Antennas	发射天线端口数
Number of Reception Antennas	接收天线端口数
Noise Figure	噪声系数
Main Propagation Model	传播模型
Main Calculation Radius	路径损耗计算半径
Beamforming Model	波束赋形模型
Frequency Band	工作频段

表 7-27 Cells 表主要参数

参数	说明
Transmitter	扇区所属发射机
Carrier	载波频点号
Max Power	最大发射功率
SSS EPRE	用于 SSS 的每 RE 能量
PSS EPRE Offset/SSS	用于 PSS 的每 RE 相对 SSS 的能量
PBCH EPRE Offset/SSS	用于 PBCH 的每 RE 相对 SSS 的能量
PDCCH EPRE Offset/SSS	用于 PDCCH 的每 RE 相对 SSS 的能量
PDSCH EPRE Offset/SSS	用于 PDSCH 的每 RE 相对 SSS 的能量
Layer	所属的网络分层
Min SS-RSRP	最小 RSRP 接入门限
SS/PBCH Numerology	SSB 参数集，实际为子载波间隔
SS/PBCH Periodicity	SSB 发射周期
SS/PBCH OFDM Symbols	SSB 起始符号及每一周期符号数
PDCCH Overhead (OFDM Symbols)	PDCCH 开销
Traffic Numerology	业务参数集，实际为子载波间隔
DL:UL Ratio	上下行配比
Traffic Load (DL)	下行负载
Traffic Load (UL)	上行负载

例如，在 Transmitters 表中，关于 *Number of Transmission antennaports* 和 *Number of Reception antenna ports* 参数的设置。天线端口的取值与其最大支持的流或波束数目有关，见表 7-28。其中，对于 32Tx/32Rx 天线和 64Tx/64Rx 天线，其 Tx/Rx 天线端口数本应设置为 16，但由于工具最大只支持设置为 8，因此，8 和 16 的差距需要通过设置接收设备选择不同的终端来模拟。

表 7-28 天线端口与 Tx/Rx 的对应设置

MIMO	Tx/Rx	最大支持的流或波束数目	Tx/Rx 天线端口数
mMIMO	2Tx/2Rx	2	2
mMIMO	4Tx/4Rx	4	4
mMIMO	8Tx/8Rx	4	4
mMIMO	16Tx/16Rx	8	8
mMIMO	32Tx/32Rx	16	8*
mMIMO	64Tx/64Rx	16	8*

4. 传播计算

在进行传播计算之前，需要先做好若干准备工作，包括设置覆盖图精度与接收机高度、设置计算区域。随后可根据不同预测类型进行相应的传播计算，并生成对应的覆盖图。工具支持的 NR 主要预测类型见表 7-29。

表 7-29　NR 主要预测类型

预测项目	预测类型	显示字段
最优小区覆盖	下行覆盖	Transmitter
SSS RSRP	下行覆盖	SS RSRP（dBm）
PDSCH 信号电平	下行覆盖	PDSCH Signal Level（dBm）
最佳控制信道波束	下行覆盖	Best Control Channel Beam
最佳业务信道波束	下行覆盖	Best Traffic Channel Beam
SSS SINR	下行质量	SSS C/(I+*N*) Level (DL)（dB）
PDSCH SINR	下行质量	PDSCH C/(I+*N*) Level (DL)（dB）
RSSI	下行质量	RSSI Level (DL)（dBm）
下行最佳承载	下行服务区域	Bearer（DL）
下行吞吐量	下行容量	Peak RLC Allocated Bandwidth Throughput（DL）（kbit/s）
PUSCH 信号电平	下行覆盖	PUSCH Signal Level（dBm）
PUSCH SINR	下行质量	PDSCH C/(I+*N*) Level（DL）（dB）
上行最佳承载	下行服务区域	Bearer（UL）
上行吞吐量	下行容量	Peak RLC Allocated Bandwidth Throughput（UL）（kbit/s）

实际较常用的主要有 SS-RSRP、SS-SINR、PDSCH-RSRP、PDSCH-SINR 以及 DL/UL 吞吐量等方面的预测。

7.6.2 NR 网络仿真用例

根据仿真输出的、针对不同指标的预测结果进行分析，包括指标统计及 CDF 累积分布曲线，与网络规划目标进行对比，可以初步评估网络建成后能否达到规划目标值。

图 7-22～图 7-25 为某市、某区域的 NR 仿真输出结果，仅作为参考。

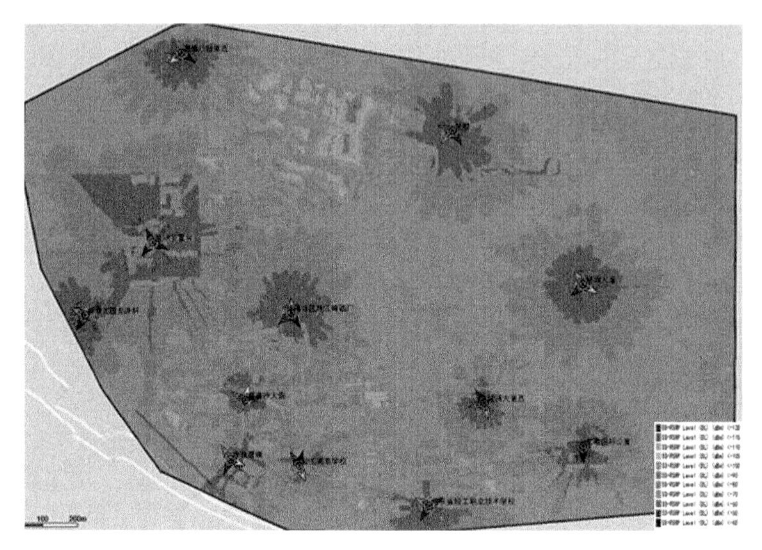

图 7-22 SS-RSRP 仿真

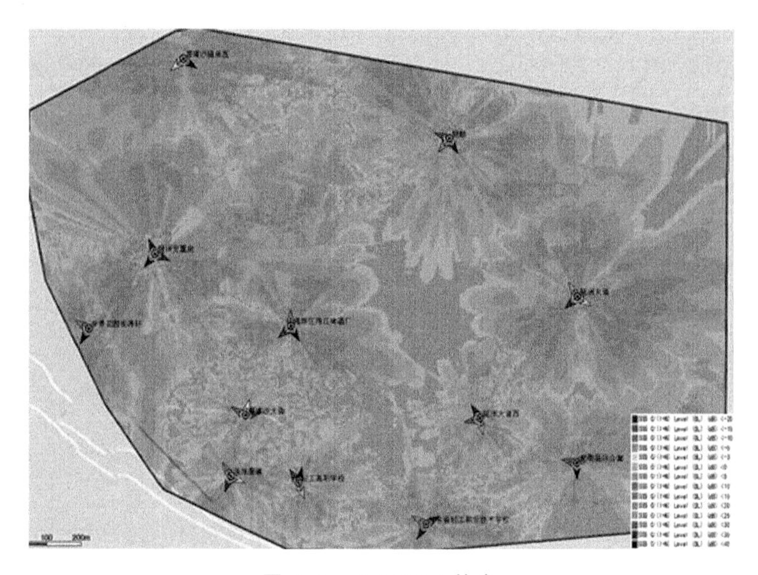

图 7-23 SS-SINR 仿真

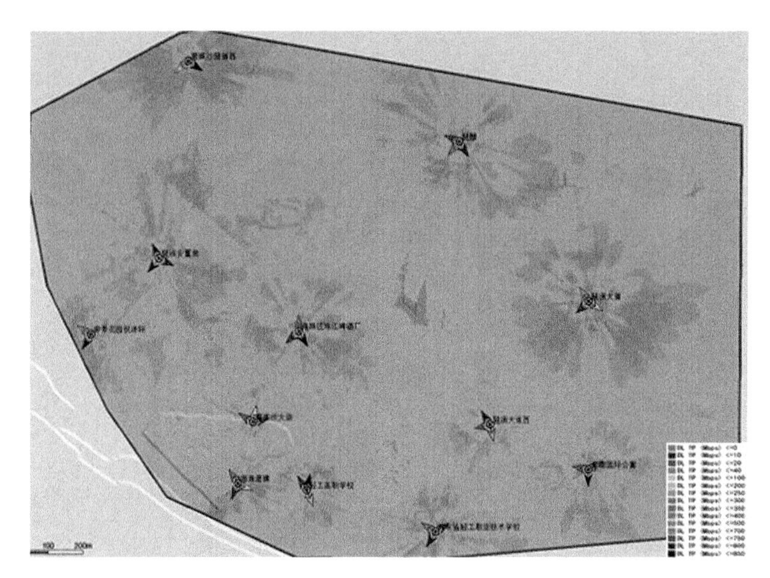

图 7-24　DL 吞吐量仿真

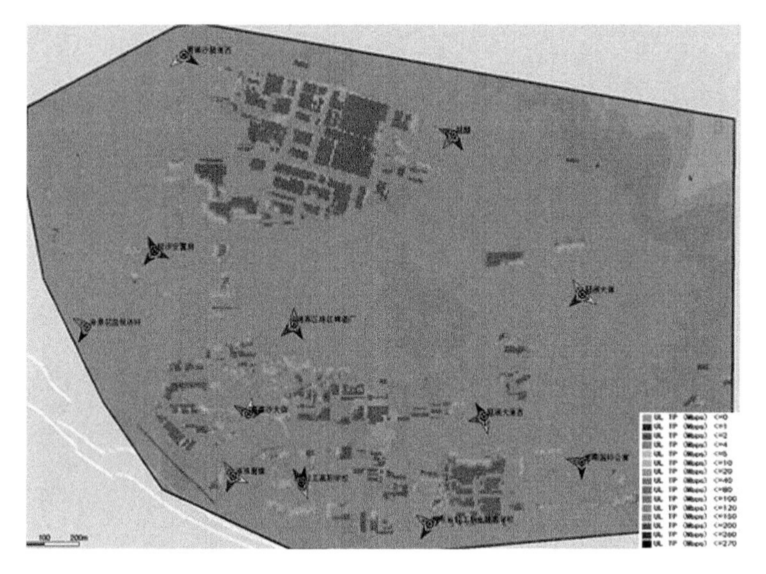

图 7-25　UL 吞吐量仿真

第 8 章

NR 无线网络建设

工程实施是 NR 网络部署的重中之重。由于 NR 主设备形态及电源配套需求等的变化，为支撑高效率、低成本的 NR 网络部署，应重点研究对应的工程建设实施方案。本章从主设备、天馈、电源配套以及室分系统等方面提供了工程实施解决建议，并讨论 NR 共建共享模式的应用。

| 8.1 无线主设备的演进特点 |

在无线业务宽带化、多样化发展的驱动下，移动通信网络经历了从 2G、3G 到 4G 的发展历程，网络性能持续提升的同时对设备提出了更高的要求。5G 新技术的应用、网络智能化、设备资源云化和软硬件解耦等需求正不断推动着 NR 基站设备持续地演进。基站设备在硬件能力、集成度以及软件功能等方面不断提高，向着性能更优、体积更小、绿色智能等方向继续演进。

| 8.2 NR 主设备特点及安装 |

8.2.1 NR 主设备形态特点

为满足 5G 多样化的业务场景需求，NR 引入了 Massive MIMO、双连接、网络功能虚拟化和网络切片等技术，同时也带来了设备上的演进。在天面上，为运用 Massive MIMO 技术，整合原有的 RRU 与天线为 AAU。在机房侧，分裂原有的 BBU 为 CU 和 DU 两个处理单元，以实现不同业务场景下灵活的硬件部署和网络虚拟化等功能。

NR 主设备的具体变化有以下几点。

（1）设备整体架构发生变化。NR 的基站架构相对于 4G 发生了很大的变化，将由 4G 的“BBU+RRU”两级架构向“CU+DU+AAU”的三级架构演进，如图 8-1 所示。

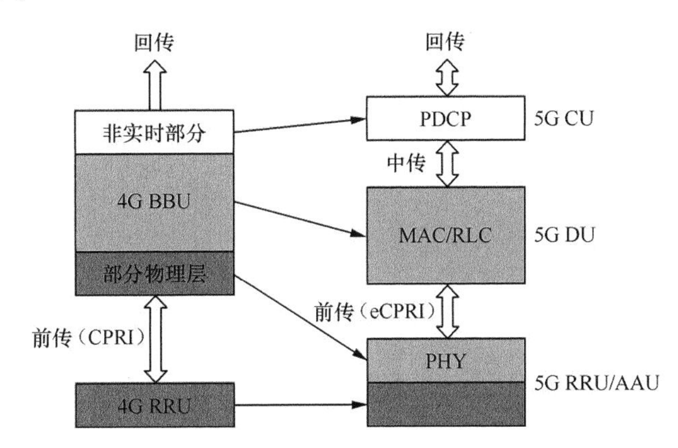

图 8-1　NR RAN 功能模块重构

其中，集中单元（CU，Centralized Unit）是原 BBU 非实时部分分割出来的单元，主要处理非实时协议和服务，包含分组数据汇聚协议（PDCP）和无线资源控制（RRC）功能，同时也支持部分核心网功能下沉和边缘应用业务的部署。

分布式单元（DU，Distribute Unit）是负责处理物理层协议和高实时的无线协议栈功能单元。DU 包含无线链路控制（RLC）、介质访问控制（MAC）和高层物理层（PHY-H）等功能，与 CU 一起构成了完整的协议栈。考虑到节省 AAU 与 DU 之间的传输资源，部分物理层功能可前移至 AAU。

有源天线处理单元（AAU，Active Antenna Unit）是 BBU 的部分物理层处理功能与原射频单元 RRU 及无源天线的融合，如图 8-2 所示。与传统分离方案相比，AAU 方案提高了天馈系统的集成度。天线与射频单元实现一体化，减少了无源器件，同时减少了馈线损耗，有利于 Massive MIMO 空间复用、空间分集和波束赋形应用，增强覆盖效果；天线的状态可以在网管中实时监控；AAU 支持多种电调模式，可以通过手动、近端、远端对天线进行调整，避免业务中断。有利于降低运营商的基站建设成本和建设难度，有助于提升基站后期管理和维护的效率。

同样，因为 AAU 采用射频单元和天线一体化设计，在一般情况下 NR 设备不能与现有的 2G/3G/4G 系统共天线，对于部分天馈资源紧张的站点而言带来了巨大的挑战，需要在工程建设中予以克服。

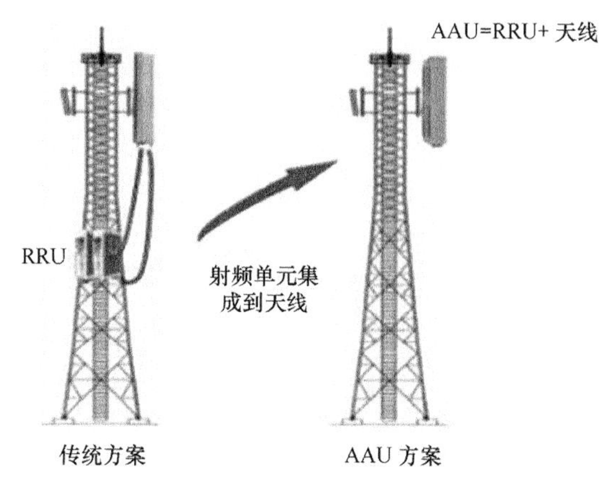

图 8-2 传统方案和 AAU 方案的对比

（2）在具体设备形态上，CU、DU 和 AAU 既可分离，又可集中。考虑到传输条件、运维难度、应用场景等因素，未来 NR 基站将主要存在 3 种设备形态："CU/DU 合设+AAU""CU+DU+ AAU"及一体化 NR，如图 8-3 所示。

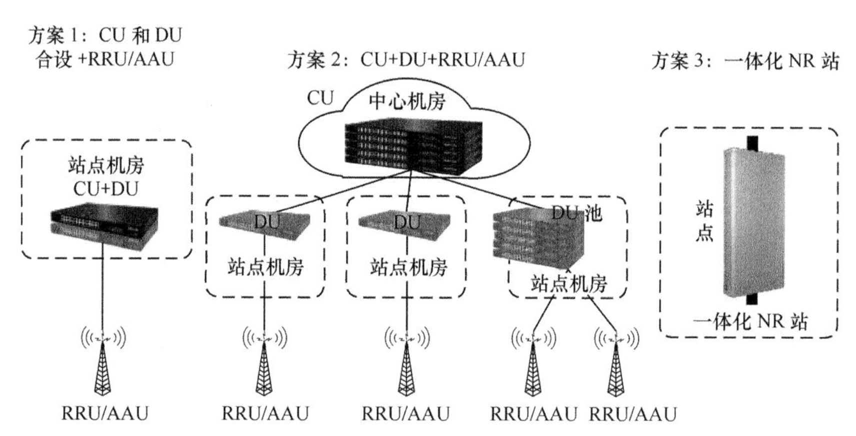

图 8-3 NR 基站部署方案

对于 CU/DU 分离的设计，一方面是受低时延业务对 MEC/UPF 的部署需求推动，MEC/UPF 需要下沉到汇聚环节点；另一方面，NR 业务可靠性、容灾和备份的实现，有赖于物理网元的云化和池化，CU/DU 分离架构能更好地满足这一需求。

在 NR 网络部署初期，将主要采用“CU&DU 合设+AAU”的设备方案，这样的设备形态与 4G 的“BBU+RRU”类似，如图 8-4 所示，因此，在建设中可以参考以往 BBU 放置的方案。值得注意的是，CU/DU 合设可以灵活地放置，既可以部署在基站侧降低时延，又可以采用集中方式放置，组成 CU/DU 池，起到基带资源灵活调配的作用。

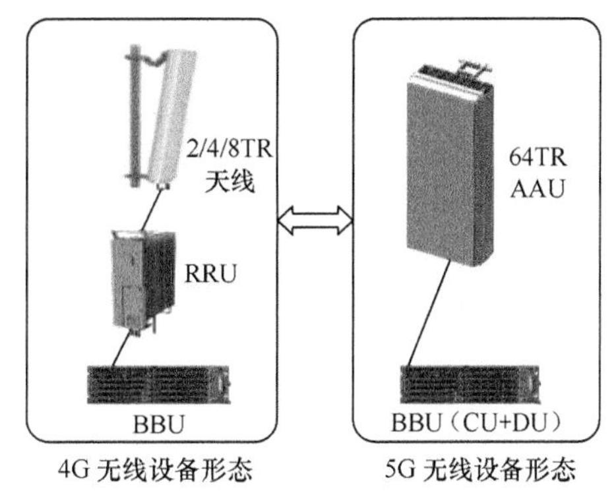

图 8-4　4G 和 NR 基站设备形态对比

目前，各主流设备厂商均已推出符合 3GPP R15 版本的“CU/DU 合设+AAU”形态的基站设备，主要支持 2.6 GHz 和 3.5 GHz 频段，其具体参数对比分别如表 8-1 和图 8-5 所示。

表 8-1　主流设备厂商基站设备参数对比

设备厂商	BBU	AAU			
	功耗（W）	规格	尺寸（mm）	重量（kg）	功耗（W）
H	1000	64T64R	795×395×220	40	1080
Z	800	64T64R	880×450×140	40	1000
E	/	64T64R	893×520×183	45	800

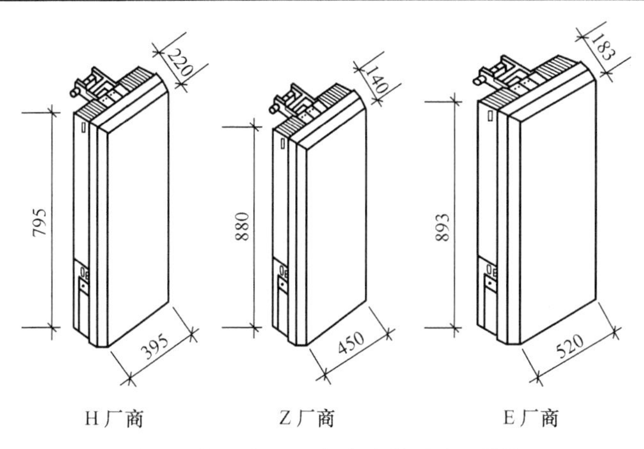

图 8-5　主流设备厂商 AAU 设备参数对比（单位：mm）

AAU 的设备特点是频段更高、收发单元更多，使用 eCPRI 接口，能够成倍提升系统的频谱效率（5～10 倍），更好地实现 3D MIMO。与 4G 基站典型的“RRU+天线”相比，AAU 的形态变化主要为迎风面积略有减小、重量略有增加，分别如表 8-2 和图 8-6 所示。

表 8-2　典型基站尺寸及重量对比

类型	主流天线体积尺寸（mm）	天线重量（kg）	天线迎风面积（m^2）	RRU 体积尺寸（mm）	RRU 重量（kg）	RRU 迎风面积（m^2）	合计重量（kg）	合计迎风面积（m^2）
移动 4G	1285×309×130	12	0.397	400×300×100	12	0.120	24	0.517
	1650×320×145	22	0.528				34	0.648
联通 4G	1310×380×65	16.5	0.497	400×300×100	14	0.120	21.5	0.617
	1310×265×86	14.5	0.347				28.5	0.467
电信 4G	1310×265×86	14.5	0.347	400×300×100	14	0.120	28.5	0.467
	1515×265×145	19.2	0.401				33.2	0.521
5G AAU	体积尺寸（mm）：880×450×140，重量（kg）：45（含挂件）						45	0.4

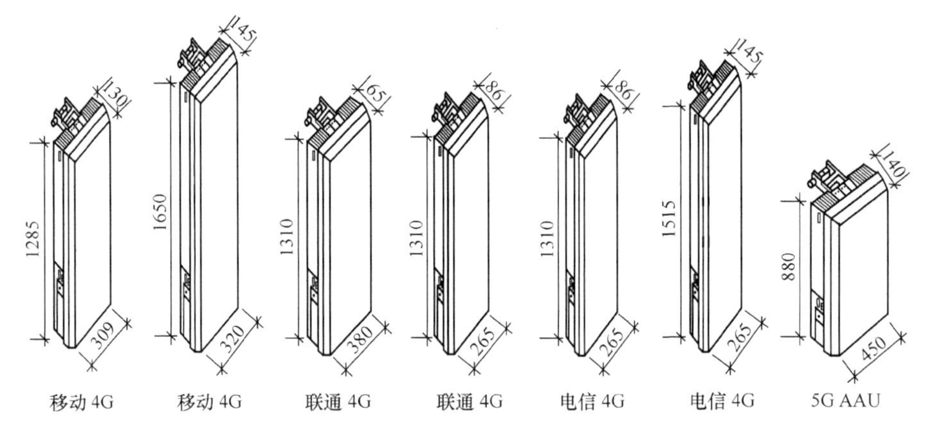

图 8-6　典型基站天线尺寸对比（单位：mm）

不难发现，NR 设备的高度比传统天线要低，对垂直方向上的安装空间而言是利好。另外，NR 设备的宽度要比传统天线更宽，水平方向带来的问题更值得关注，例如水平隔离度（一般情况下，异系统天线之间的水平隔离度建议为 1～3 m）、美化外罩尺寸等。

8.2.2　NR 主设备的安装

AAU 安装组件与传统天线安装组件类似，主要包括辅扣件、主扣件和下倾支臂，如图 8-7 所示。

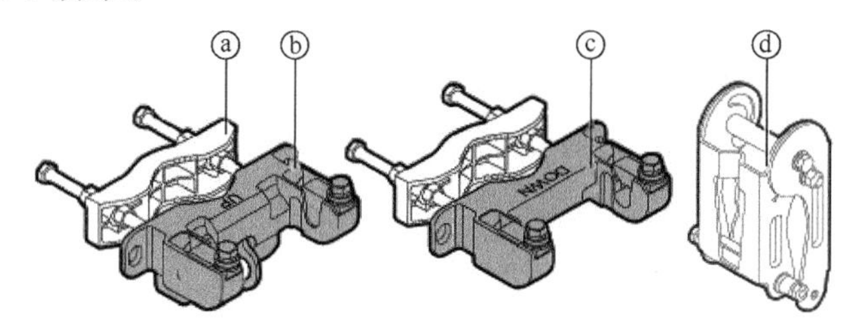

a：辅扣件　b：上主扣件
c：下主扣件　d：下倾支臂

图 8-7　AAU 安装组件

AAU 根据覆盖场景，主要可以分为低楼层覆盖和高楼层覆盖，对应的两种类型的安装方式如图 8-8 所示。

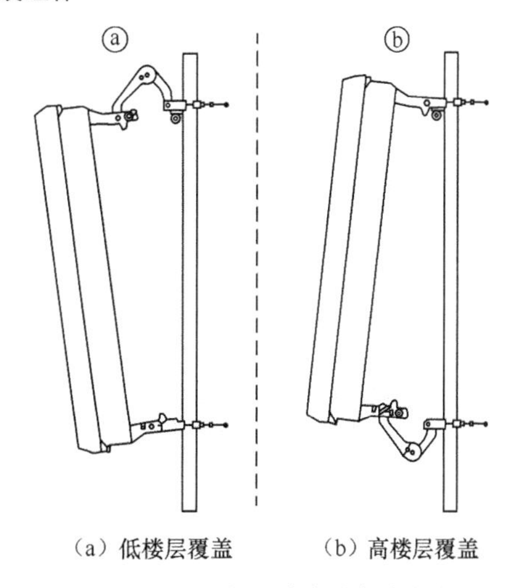

（a）低楼层覆盖　　（b）高楼层覆盖

图 8-8　AAU 的两种类型安装方式

其具体安装步骤如下。

步骤 1　安装上主扣件。根据抱杆直径手动调整两颗螺栓上的螺母位置，拧松螺栓，移动辅扣件，将上主扣件、辅扣件从水平方向套进抱杆，将辅扣件的螺栓预紧至主扣件，调整方位角使其与实际站点需求一致，使用扳手拧紧上主扣件上的两颗螺栓，使上主扣件和辅扣件牢牢卡在杆体上，如图 8-9 所示。

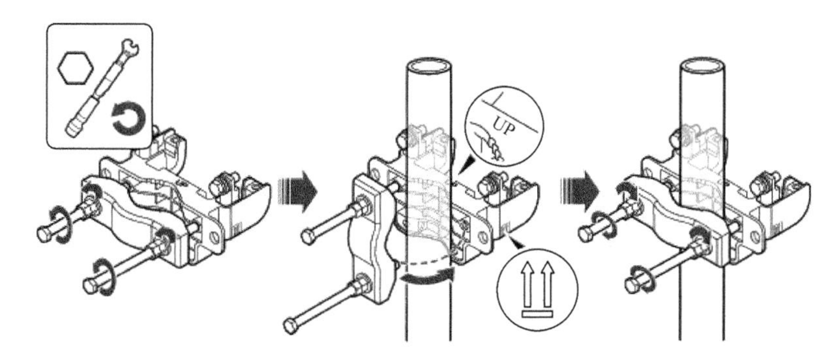

图 8-9　安装上主扣件和辅扣件

步骤 2　吊装 AAU 上塔/抱杆（AAU 需要预先安装好下主扣件和下倾支臂）。当吊装绳上的扣环靠近定滑轮时，登高人员用手轻轻扶正 AAU，将 AAU 上的把手挂入上主扣件的卡槽中，如图 8-10 所示。

值得注意的是，5G 的 AAU 的重量超过 40 kg（约为传统天线的 2 倍），安装作业应配备足够的、具有相应工种执业资格的专业人员，落实安全围蔽及风险排查工作后方可实施。

图 8-10　吊装 AAU 上塔/抱杆

步骤 3　将上主扣件两侧顶部的螺钉向下扣，并使用力矩扳手紧固。将下主扣件、辅扣件卡在抱杆上，将辅扣件上未预紧的另一颗螺栓预紧，使用扳手将两颗螺栓拧紧，如图 8-11 所示。

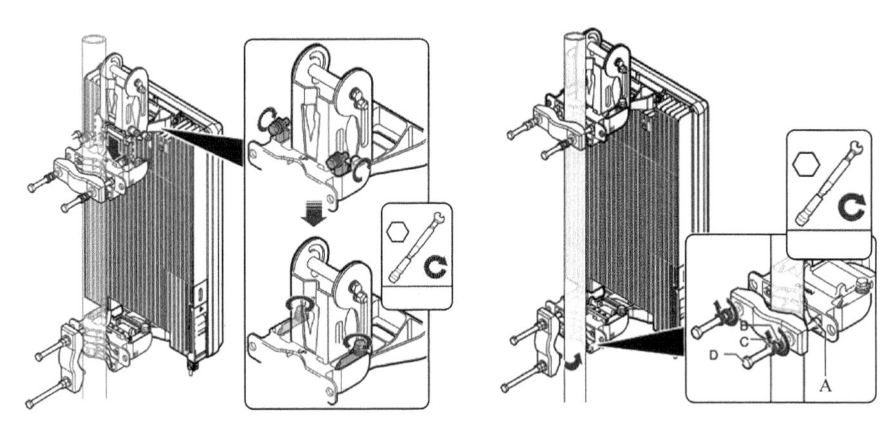

图 8-11　紧固螺钉

8.3　NR 天馈建设方案

为避免建筑物阻挡，达到更好的信号收发效果，天线等射频设备一般安装在铁塔、通信杆等“增高”设施上。NR 采用更高的频段建网，信号的穿透损耗将更大，障碍物对于网络性能的影响将更加明显。因此，在杆塔等天馈资源的规划上，确定“合适”的 AAU 设备安装位置相当必要。

根据天馈配套资源的使用情况，可划分为配套利旧、配套改造和新建配套 3 种方式。顾名思义，配套利旧即目标站址上已建有适用的杆塔配套设施，可以直接使用其资源；而配套改造是指目标站址上已有杆塔及部分配套资源，需要对其进行加固或扩容后才能供 NR 网络所用；而新建配套方式大部分用于新建站址的建设，少部分用于解决原有站址上天馈系统的荷载不足且无法改造的问题。从建设成本来看，“利旧”方式成本最低，“改造”方式次之，“新增”方式成本最高。

8.3.1　利旧天馈系统

利旧天馈系统方案是指在原有站址上，无须对原来的天馈系统进行改动而直接安装 NR 天馈设备。根据 NR 设备的安装方式，可分为异位新增及同位替换两种。

1. *异位新增 NR 设备方案*

异位新增是指 AAU 不挤占原有的系统天线位置，在空余抱杆位置上进行安装，如图 8-12 所示。该方式的优点是不会对原有网络的覆盖造成影响，适合天馈资源丰富的场景使用。

图 8-12　异位新增（在空余抱杆位置安装天馈）

异位新增方案具有建设成本低、周期短、无须改动现网天线的特点，是最为理想的建设方式。此方案实现的前提条件是：杆塔上存在空闲的支臂或抱杆等承托资源，并经过专业的检测单位进行荷载核算，确定满足安装 NR 设备所需的条件，检测内容建议包括但不限于以下几个方面：

- 确保该通信杆/铁塔的设计荷载满足将要搭

载的设备要求；

- 核实该通信杆/铁塔生产及安装过程符合相关标准及设计标准；
- 对该通信杆/铁塔现状进行检测，确保其处于正常使用状态。

特别强调，有下列情况之一的在用杆塔，不建议直接加装设备。

- 通信杆/铁塔额外加装了（超出原厂配置）平台或抱箍的，或新增的平台或抱箍属于额外构件，使用前需谨慎验证。
- 杆塔外观锈蚀严重，构件出现大量缺失，或者杆塔出现明显倾斜等严重缺陷的，不建议变更荷载。
- 安装方式不符合建设规范的，如无反梁柱头，采用化学锚栓直接与天面连接的加建超高支撑杆、增高架；未建在承重梁柱位置的抱杆等，不建议新增荷载。

2. **同位替换 NR 设备方案**

同位替换是指整合原有系统的天线，腾出资源用于 AAU 的安装。该方式的缺点在于在整合天线时，可能会对原有系统造成一定的冲击，导致覆盖差异，优点在于无须占用额外的杆体资源，适用于天馈资源紧张的场景。

具体的做法是，利用多频天线，将原有天线系统进行收编，腾出相关的诸如安装空间、设备重量、风压荷载等资源，用于安装新的 NR 设备。其实现的重要条件是等荷置换原则，即安装 NR 设备后的天馈系统，负荷总量不大于安装前的负荷总量，如图 8-13 所示。

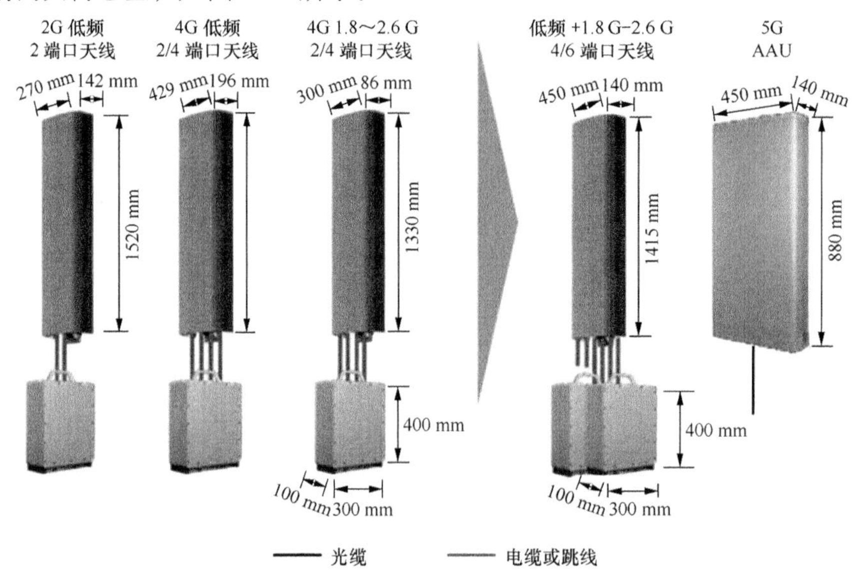

图 8-13　等荷设备置换

以整合一副天线为目标，有以下几种场景及推荐方案。

场景一　现网同方向小区存在 4 独立天线，例如电信（CDMA<E-800 MHz、FDD 1800 MHz、FDD 2100 MHz、TDD 2600 MHz）、移动（GSM&FDD-900 MHz、FDD 1800 MHz、TDD-F 频、TDD-D 频）。推荐按照网络的业务特点进行整合，即整合为基础业务网（例如 800 MHz/900 MHz 等低频网），基础数据网（例如 FDD-1800 MHz）和容量增强网（FDD 2100 MHz、TDD 系统），如图 8-14 所示。

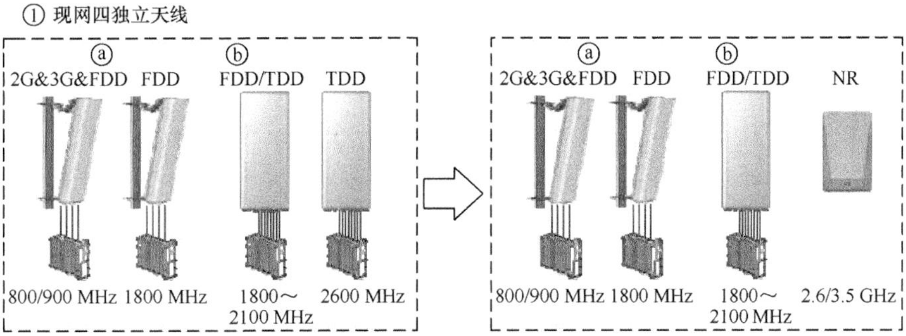

① 现网四独立天线

ⓐ ⓑ
2G&3G&FDD FDD FDD/TDD TDD
800/900 MHz 1800 MHz 1800～2100 MHz 2600 MHz

ⓐ ⓑ
2G&3G&FDD FDD FDD/TDD NR
800/900 MHz 1800 MHz 1800～2100 MHz 2.6/3.5 GHz

图 8-14　现网 4 独立天线，按网络业务特点整合

场景二　现网小区为独立 3 天线的组合。推荐整合方式有两种，如图 8-15 所示。一是按频段进行整合，低频系统独立天馈，重点保障基础业务；其他频段作为数据及容量层的补充。二是按技术制式进行整合，LTE-FDD 和 LTE-TDD 分别拥有独立的天线，其中短期无法退网的 2G 系统（GSM/CDMA）则合路接入 FDD 系统天线。

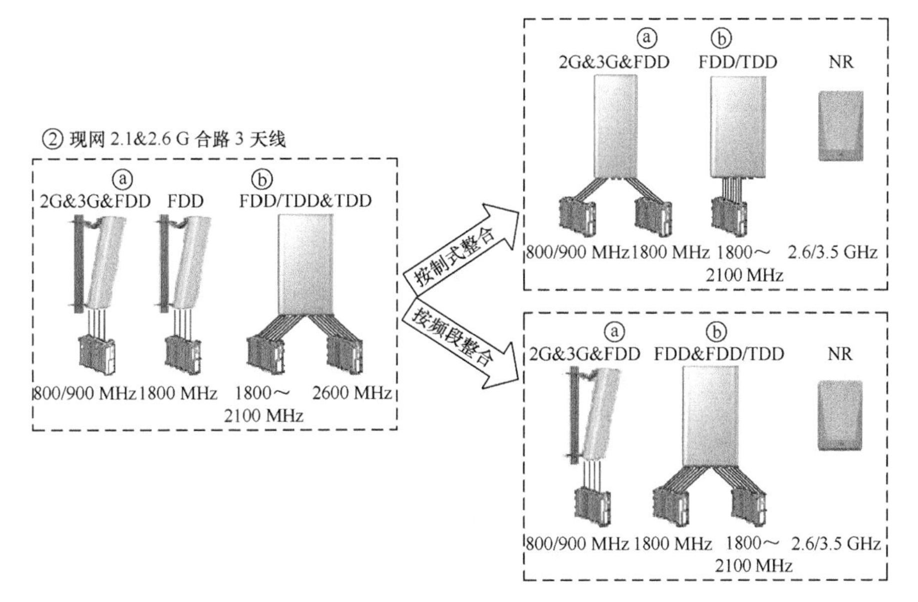

图 8-15　现网合路 3 天线，按频段或按制式整合

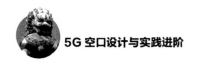

场景三 利用超宽频天线，将所有非 NR 系统整合到一面天线中（例如 4488 天线），同时满足 2G/3G/4G 所有频段的放号需求，这可极大地节省天线的安装空间与荷载资源，如图 8-16 所示。其代价是无法针对覆盖特性进行精细化网优调整。

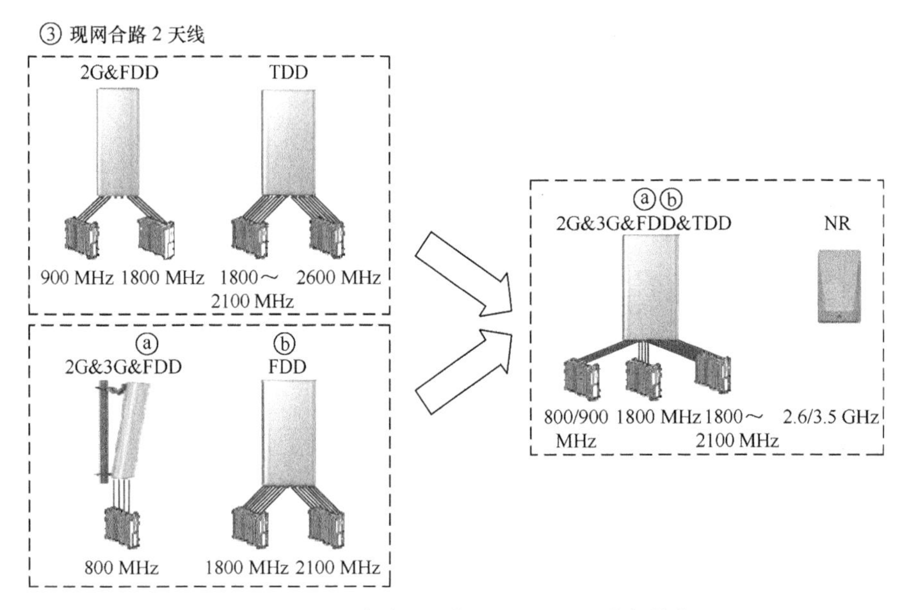

图 8-16 现网合路 2 天线，非 NR 天线进行整合

8.3.2 改造及新建天馈系统

当现有的杆塔资源已满（平台或抱杆挂满天线），无法直接利旧原有杆塔安装 NR 设备时，可优先考虑对原有杆塔进行改造。常见的改造方案有结构加固、等效增容、原址新建几种，如图 8-17 所示。

结构加固是最常见和最实用的改造方案，其主要思路是通过增加斜撑等固件，改善基础受力，原理相当于降低杆塔的高度，改造后可以直接增加荷载。该方式的优点在于成本低、周期短，不足之处在于需要增加占地面积，对设计深度及施工质量要求较高。

等效扩容多用于无法通过杆体加固来提高承载力的场景。该方案的主要思路是根据荷载等效替换原理，减少非必要荷载（例如美化外罩），置换出荷载空间以承载 NR 设备。其优点在于无须增加建设用地，设计方案相对简单，缺点在于建设造价较高、改造周期相对较长。

创新方案	结构加固	等效增容	原址新建
适用场景	楼面抱杆、落地支撑杆、通信杆	带外挑平台的普通单管塔	以原有单管塔为中心点，建一座 25 m 三管塔，三管塔的塔身独立安装，不依附原有单管塔
图例	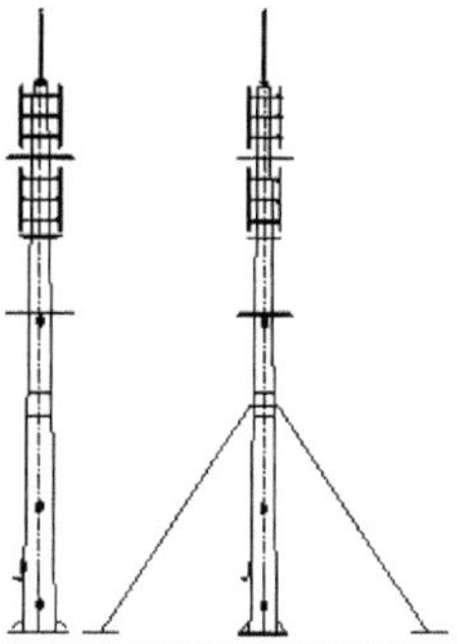	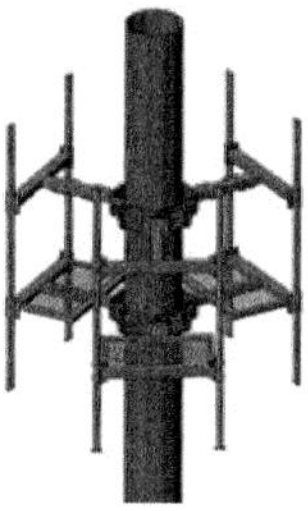	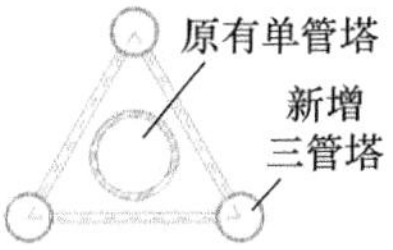  原有单管塔 新增三管塔

图 8-17 常见的杆塔改造方案

原址新建方式本质上属于新建杆塔的范畴，但该方案具有无须征地、重新选址及地勘等特点，可作为补充，当上述扩容改造方案均无法使用的情况下可采用，建设造价和建设周期与新建同类铁塔相同。

新增天馈系统建站方案多用于新增站址的建设，对于原有站址的建设，建议采用改造或整合天线的方式匹配需求。新增天馈或杆塔设施，应根据国家及行业标准进行设计及施工，涉及的细化条款较多，不在此一一叙述。值得关注的是新增天馈资源，应该综合考虑不同运营商、不同网络制式的需求，避免多次投资、重复建设。

8.3.3 NR 天馈载荷分析

根据《移动通信工程钢塔桅结构设计规范》（YD/T5131-2005）的条文说明，由于钢塔桅结构为轻柔型结构，对地震作用的反应相对较小，在设防烈度小于或等于 8 度的地区，通常是风荷载起控制作用，故可不进行截面抗震验算，仅需满足《建筑抗震设计规范》规定的抗震构造要求。即在设防烈度小于或等于 8 度的地区，在地震作用下，杆塔构件产生的内力远小于风荷载作用下的内力，故风荷载为钢塔桅结构安全性的主要控制因素；当设防烈度大于 8 度时，钢塔桅的结构安全性由地震作用和风荷载共同控制。

通信铁塔属于高耸结构，对风荷载较为敏感，风荷载对铁塔产生的影响超过 90%，对于其荷载的讨论，需重点关注荷载物的最大迎风面积，也就是天线、设备的尺寸而不仅仅是重量。

综合上述分析，得出以下结论。

- NR AAU 在尺寸、重量方面与传统天线相比存在一定的差异。在分析荷载时，应对差异部分，如最大迎风面积等关键参数进行充分的分析，论证建设方案的可行性及安全性。
- 当计划在通信杆/铁塔空余抱杆上加装 AAU 设备时，应经过专业评估机构的检测，在检测通过后，才可以实施。无挂载空间时可考虑等效替换的方式建设。
- NR AAU 对水平物理空间要求增大，将导致部分美化外罩类的产品需要进行扩建改造，进而使迎风面积增大。此场景需慎重对待，应委托专业的设计、检测单位充分评估后实施。此外建议网络建设者，以满足各项安全标准为前提，加快开发 NR 设备专用的隐蔽型/美化外罩类产品，匹配特殊/敏感站点的建设需求。

需要特别强调的是，通信铁塔荷载是个敏感且复杂的问题，此处提供的仅是其中的一个方法论或切入点，结论仅供参考。在实际工程中，杆塔的荷载有诸多决定因素，在设计过程中需要考虑建设地点的风压系数、海拔高度、地质环境、抗震设防烈度、抗震等级等。在杆体制作和安装过程中涉及杆体构件制作质量、杆基础制作质量、现场安装施工质量等。此外，杆体在使用过程中，保养及维护水平也会影响杆体的承载能力及使用寿命。在实际的工程项目中，建议建设单位或铁塔产权单位针对具体的建设场景需求，聘请符合国家资质的检测单位或机构进行判断。

8.4 NR 电源配套方案

基站电源系统一般由交流供电部分和直流供电部分组成，如图 8-18 所示。其中，交流供电部分包括一路市电、发电油机、浪涌保护器及交流配电箱；直流供电部分包括高频开关组合电源（含监控模块、整流模块及直流配电单元）和两组（或一组）蓄电池组。

目前，国内各运营商分别拥有自己的无线通信网络。同一基站内 2G/3G/4G 多系统、多制式共存，各系统的无线设备都需要电源系统提供相应的端子和后备电源，导致机房电源系统的资源越来越紧张。

根据主流设备厂商提供的数据，NR 设备的功耗是 LTE 系统的 2～3 倍，见表 8-3。此外，新建 NR 基站还需要考虑新系统的后备电源、系统冗余等需求。

以下是电源系统容量的计算以及不同场景的配置分析及建议。

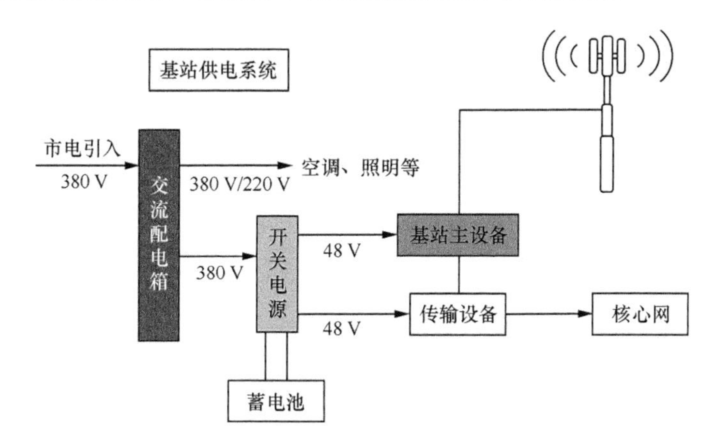

图 8-18　基站电源系统构成示意

表 8-3　4G 设备与 NR 设备功耗对比

4G 典型设备功耗				NR 典型设备功耗			
设备	数量	供电方式	总功率（W）	设备	数量	供电方式	总功率（W）
BBU	1	直流-48 V	250	CU DU	1	直流-48 V	800
RRU	3	直流-48 V	900	AAU	3	直流-48 V	3240

8.4.1　蓄电池容量计算

蓄电池容量按 CU+DU+3×AAU 典型新建站进行计算，见表 8-3，NR 功耗为 4040 W。以 3 小时放电时长为例，根据式（8-1）计算电池容量 C，即

$$C \geqslant \frac{KIT}{\eta[1+\alpha(t-25)]} \tag{8-1}$$

其中，K 为安全系数，一般取 1.25。I 为负荷电流（A）。T 为放电时间（h）。η为放电容量系数。t 为实际电池所在地的最低环境温度值，如无采暖设备时，建议按 5℃考虑。α为电池温度系数（1/℃），当 1≤放电小时率<10 时，取 0.008。

电池放电容量系数（η）见表 8-4。

代入数据，计算结果为 510 Ah，即需要两组 300 Ah 的铅酸电池才能够满足需求。

表 8-4　电池放电容量系数（η）

电池放电时间（h）	0.5			1			2	3	4	6	8	10	≥20
放电终止电压（V）	1.65	1.70	1.75	1.70	1.75	1.80	1.80	1.80	1.80	1.80	1.80	1.80	≥1.85
放电容量系数	0.48	0.45	0.40	0.58	0.55	0.45	0.61	0.75	0.79	0.88	0.94	1.00	1.00

在蓄电池扩容改造方案中，必须根据空间、承重选择新增或替换电池方案。（梯次）铁锂电池在等容量配置下，可以降低接近一半的体积和重量，适合在承重能力较差或空间较小的机房中使用。此外，铁锂电池还具有循环寿命长、耐高温等优点。

8.4.2　开关电源容量及扩容

开关电源总负载由直流设备负载及电池充电负载组成，其计算方式为

$$P_{max} = I_{max} \times V_c \quad (8\text{-}2)$$

其中，P_{max} 为开关电源总负载，I_{max} 为最大输出电流，V_c 为输出电压（以对蓄电池在线充电时的电压计算）。I_{max} 和 V_c 的计算方法分别如下。

$$I_{max} = I + 0.1C \quad (8\text{-}3)$$

$$V_c = V_i \times N_c \quad (8\text{-}4)$$

在式（8-4）中，V_i 为铅酸蓄电池单体的最大充电电压在 25℃环境下，均衡充电单体电压为 2.30～2.35 V，计算时一般取 2.35 V。N_c 为铅酸蓄电池单体个数，典型配置为 24 个。代入式（8-4）计算可得输出电压 V_c 为 56.4 V。

目前常用的整流模块容量 I_e 为 50 A，额定电压 V_e 为 48 V，整流模块输出功率 P_e 的计算公式如下。

$$P_e = I_e \times V_e \quad (8\text{-}5)$$

通过式（8-3）、式（8-4）、式（8-5）计算整流模块数量，计算方式如下。

直流功耗按本次增加负载后的总直流耗电电流计算，蓄电池的充电电流按 10 小时率充电电流计算，整流器模块数量 N 按式（8-6）计算，即

$$N = \frac{P_{max}}{P_e} + 1 \quad (8\text{-}6)$$

此外，10 台以上整流模块的场景，按每 10 台额外备份 1 台的方式进行配置。

综上可得，新增 AAU+CU/DU 需要增加的功耗及整流模块配置见表 8-5。

表 8-5　新增 NR 系统功耗及整流模块

新增系统数量（套）	新增 NR 系统功耗（W）	负荷电流（A）	电池组容量（Ah）	充电电流（A）	输出总功率（W）	整流模块数量（个）
1	4040	84	600	60	8131	5
2	8080	168	1000	100	15134	8
3	12120	253	1500	150	22701	12

根据上述测算，整流模块配置建议如下：

- 每套 NR 系统需要新增 5 个整流模块；
- 若共享共建的需求大于 3 套系统，建议独立为 NR 系统配置一套容量为 600 A 的直流系统。

8.4.3　交流引入容量及扩容

市电引入容量（视在功率，单位为 kVA）的计算方法为

$$S = P / \cos\varphi \qquad (8\text{-}7)$$

其中，$\cos\varphi$为功率因数，一般取值为 0.9。P 为有功功率，由式（8-8）给定，即

$$P = P_{\max} / \eta + P_{ac} + P_{light} \qquad (8\text{-}8)$$

式（8-8）中，$P_{\max}$ 为开关电源总负载。η为交直流转换效率，一般取值为 0.9。P_{ac} 按 3 匹空调机计算，取值为 2.5 kW。P_{light} 照明取值为 0.3。则计算可得，S=13.1 kVA。

由此可得，15 kVA 的市电报装容量可以满足 NR 基站的建设需求。若考虑多家运营商、多套系统共建共享，市电的峰值会超过 45 kVA，具体的扩容改造建议如下：

- 若基站附近存在更近的报装接电资源，且新建投资比改造费用少，则建议按新建站原则重新报装电源；
- 若基站附近无更近的报装接电资源或新建投资比改造费用多，则在原来接电点扩容改造；
- 为节约投资和方便维护，线路引入方式原则上按照原有路由方式敷设；
- 若外市电容量不足，则优先考虑电源减配方案，再考虑外市电扩容；

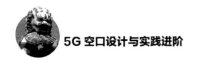

- 外市电容量不足且不能扩容的节点，须进行节点布局调整；
- 遵循对现网影响最小、造价最低、工期最短的原则，建议选择市电改造方案。

8.4.4 阶梯式电源配置方案

NR 电源配套主要存在功耗高、线损大和后备电源投入大的特点，为 NR 网络的建设和运维带来较大的压力。为节约建设投资、资源精准投放，建议 NR 电源方案根据覆盖场景的特点进行梯级配置，具体可分为以下 4 种方案。

AAU+机房电源。该方案是最为传统的通信电源配置方案，在专用的通信机房里配置了相应的 AC、DC、电池、监控及温控设备，电源从 DC 端引出，直接接入 AAU 设备，如图 8-19 所示。该场景的特点是以较为高昂的建设及维护成本为代价，为通信设备用电提供最大限度的保障。该方案普遍适用于关键的通信节点（例如 CU、DU 集中放置点）和政府机关、交通枢纽、医院等重要覆盖的大型公共场所。

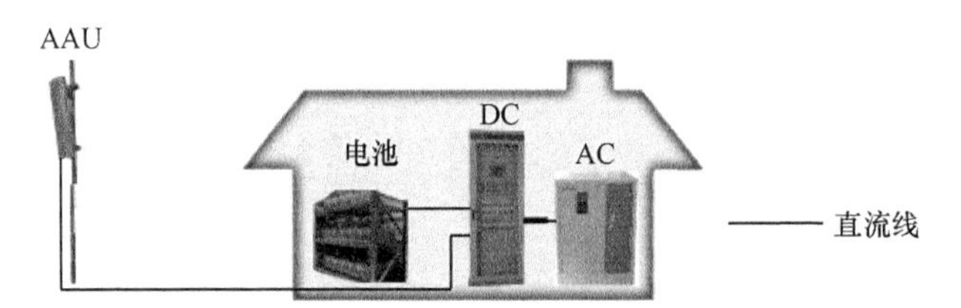

图 8-19　AAU+机房电源方案

AAU+室外机柜。室外机柜具有投资低、节约机房占地空间、能耗低、快速部署、应用灵活、组合方式灵活等优点。在此方案中，接电点至机柜之间采用交流电传输，在机柜内完成交流—直流的转换后再接入 AAU，如图 8-20 所示。此种建设模式适合大部分覆盖场景，有通用性强、应用场景广泛的特点，普遍用于农村、普通居民楼、商业区等机房建设成本高、建设难度大的一般性覆盖场所。

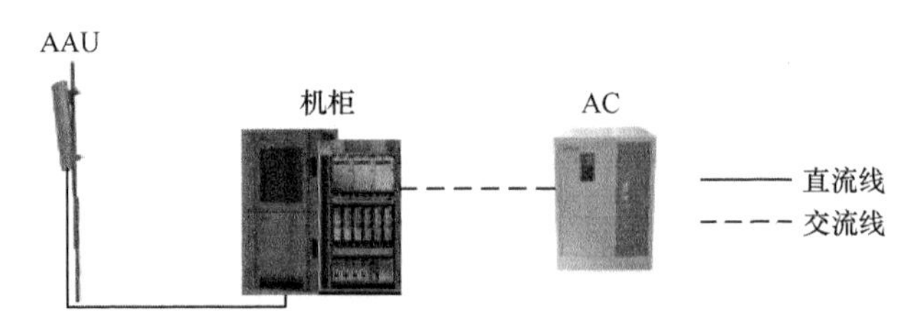

图 8-20　AAU+室外机柜方案

AAU+电源背包。在该方案中，电源背包是核心部件，“背包”中包含交转直模块、锂电池组、简易的监控及散热模块。接入方式如图 8-21 所示，外电以 220 V 交流电的方式传送到电源背包，完成交流-直流的转换后接入 NR 设备。该方案可以理解为室外机柜的“低配”版本，其优点是占地面积小、建设周期短、造价低廉，且具有一定程度的电源续航和监控功能，适合于网络快速部署、容量提升、峰值速率提升等场景使用（前提是用于抢险救急的通信业务驻留在其他网络），如居民区、低密度商业区、餐厅、学校等。

AAU+交转直单元。此方案中，将直接采用交流供电，不考虑配置备用电源，如图 8-22 所示。该方案建设成本最低，适用于非永久性的高容量通信保障场景，例如露天体育场、演奏厅、展馆等。

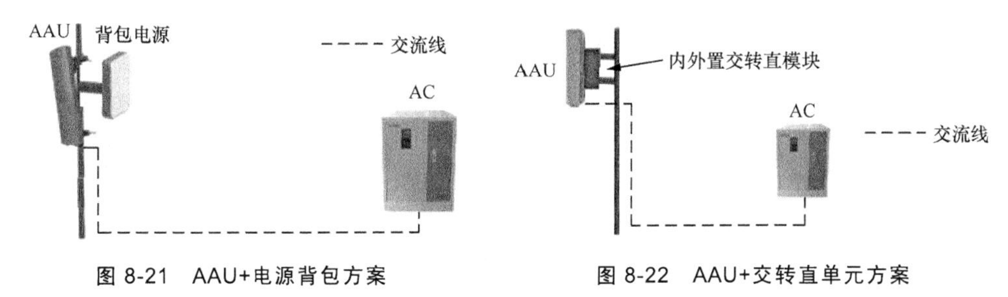

图 8-21　AAU+电源背包方案　　　图 8-22　AAU+交转直单元方案

针对上述 4 种方案在建站周期、征地面积、防盗性等多方面的对比见表 8-6，可供实际工程建设参考。

表 8-6　建站场景性能对比

对比项	AAU+电源背包	AAU+室外机柜	AAU+机房	AAU+交转直单元
建设周期	1～2 天	2～3 天	10～30 天（分土建，租赁机房）	1～2 天
征地面积	0.5 m^2	2～3 m^2	20～30 m^2	0.5 m^2
建设和维护成本	低	一般	最高	最低
结构耐久性	差	一般	优	差
防偷盗性能	差	一般	优	差
后期扩展性	差	优	差	差

8.5　NR 室分系统建设

由于用户的分布特点，室内移动业务数据流量远高于室外，因而良好的室内覆盖在确保网络质量、提升用户业务体验方面起着重要的作用。统计表明，目前，LTE 网络中超过 70%的业务流量发生在室内场景，而该部分流量通过室内分布系统吸收的仅占 20%左右。伴随 NR 业务种类的持续增多和行业边界的不断扩展，业界预测未来可能有超过 85%的移动业务发生在室内，而由于室外高频无线信号穿透能力的下降，业务承载更加依赖于室内方案，因而预计业务流量由室内分布系统吸收的比例也将升高至 70%左右。

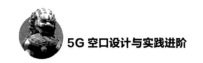

8.5.1 NR 室分建设方案

在室分系统建设方面，目前，业界有传统无源覆盖方案（如 DAS 系统）和新型室内数字化覆盖方案两大类，同时又包括各种细分方案。图 8-23 列举出了几种常见的室分建设方案。在 LTE 时代，传统的 DAS 系统是解决室内覆盖的主要手段，但随着移动互联网和物联网技术的发展，一些业务密集型场景（例如交通枢纽、大型场馆等）开始引入新型数字化室分系统。预计在 NR 时代，由于 DAS 的不足，新型数字化室分系统将成为室内覆盖的主角。

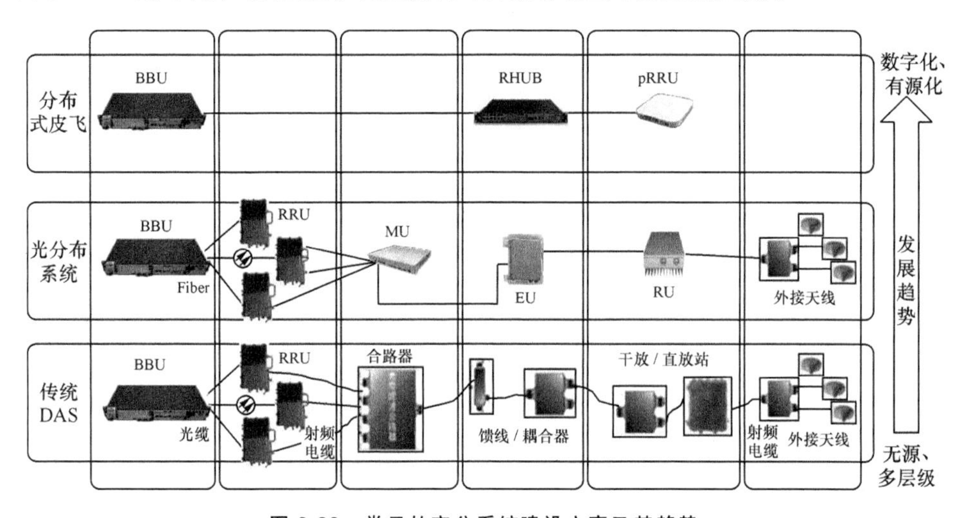

图 8-23 常见的室分系统建设方案及其趋势

传统的 DAS 系统的主要不足和挑战包括以下几方面。

- 施工难度大：传统 DAS 的馈线、无源器件以及天线数量多，设计和施工难度大、周期长，需要多处钻孔走线等，且天线外露，物业协调困难重重。
- 拓展灵活性不足：对室分进行多路改造时，新建节点多，某些区域可能无改造空间，同时由于器件老化程度不同，施工工艺不同等原因，难以保证多路平衡，更难支持更大规模的 MIMO。

• 设备支持能力有限：现网 DAS 无源器件支持的最高频段多为 2.5 GHz～2.7 GHz，对于更高频段基本无法使用，且同轴电缆的传输损耗随频段的升高而大幅度增加。

• 主动定位故障能力弱：无源器件无法进行监控，一旦发生故障，排查难度极大，尤其是大型室分系统和隐蔽室分系统。

新型数字化室分系统则具有以下优势。

• 工程实施简单：新型数字化室分系统采用简单的三级架构，基站侧（类似于 BBU）、Hub 和远端射频单元，同时用网线和光纤代替传统的同轴电缆作为传输介质，整体上体积小、重量轻、安装简单，部署迅速。

• 升级改造方便：新型数字化室分系统采用光纤和网线传输数字信号，支持高频段，有利于向 NR 演进，同时设备默认支持 2T2R，且能通过软件升级至 4T4R。

• 支持可视化运维：新型数字化室分系统采用有源器件，能够对所有设备的工作状态进行实时监控，快速定位故障点，实现运营维护可视化。

• 支持室内精准定位。

但新型数字化室分系统目前也仍存在不足，例如价格偏高、网线施工工艺要求高、有源器件故障率受外部工作环境影响大等。表 8-7 给出了传统的 DAS 系统和新型数字化室分系统的具体对比。

表 8-7　传统的 DAS 系统和新型数字化室分系统的对比

对比项	传统的 DAS 系统	新型数字化室分系统
NR 兼容性	传统的 DAS 支持的频率范围仅为 800 MHz～2.5 GHz，难以支持中高频 NR 系统	可通过软件/硬件升级平滑支持 NR 系统
现网系统兼容性	LTE 双流 MIMO 需要室分改造	LTE 天然支持双流 MIMO，无须室分改造
	通过替换合路器及分布系统改造，正常支持 2G/3G/4G 系统兼容	主设备厂家的分布系统需要共址同厂家兼容
	只要天馈系统及无源器件频段支持，可以透传支持所有移动通信制式，不存在系统整体替换或升级问题	灵活实现多频段、多制式的应用要求，频段与制式灵活实现转换，满足不同阶段的部署要求
组网方案	采用传统的射频分配模式，组网方案较复杂	利用光缆或网线完成信源到拓展单元，以及拓展单元到天线覆盖点的连接，组网方案简单
工程实施	需要大量的馈线及无源器件，特别是在主干层及平层没有良好布线环境的情况下，工程建设难度大	在信源到拓展单元之间，以及拓展单元到有源天线覆盖点之间，用光纤、电源线、网线替代馈线及无源器件，工程实施难度较低
实施速度	传统方案复杂的馈线及无源器件产品，建设速度慢，大型小区一般 10～15 天才能全部建完	省略了主干馈线、无源器件及平层的大部分馈线、无源器件连接，建设速度很快，大型小区一般 2～5 天可全部建完

续表

对比项	传统的 DAS 系统	新型数字化室分系统
安全及可靠性	无源器件一般不容易出现性能下降的问题，只要规范可靠连接，且器件质量良好，可以确保长期稳定质量。但是前三级器件在长期工作后，容易老化，性能降低	取消了大量馈线及无源器件，大幅减少了可能引发问题的故障点数量。同时有源设备全部是明设备，网管可以监控，但有源器件的长期工作耐久性及指标一致性不如无源器件稳定
维护及优化	日常维护量少，但是无源器件一旦发生故障，由于是哑设备、哑系统，无法监控，排障难度大	可监控，且设备、器件数量大幅减少，利于排障维护。但是有源信源点较多，有源故障率和有源维护量将有所增加
搬迁利旧	主干层的馈线、无源器件很难拆除利旧，平层馈线、器件拆除利旧也不是很方便	全部设备可以拆除利旧，如果主干层光缆无法拆除利旧，损失也较小
投资效益	在中小型场所，投资效益较佳，但是在用户难以协调室分改造或者新选大型复杂室分场景的情景下，传统 DAS 投资效益一般	在普通建设场景下，投资效益一般。但由于直接取消了主干层的馈线及无源器件，同时减少了布设这些馈线及器件的集成商，在规模使用的情况下，设备单价会逐步下降。现阶段在大型复杂或其他适用场景，投资效益佳

综合上述讨论，目前对于 NR 初期室内网络部署的技术方案、演进策略、覆盖要求等，新型数字化室分系统方案已相对明确。对于现网存量 LTE 有源室分（分布式皮、飞站）场景，考虑到投资效益最大化，可以对其加以改造。

8.5.2 存量有源室分改造

NR 新型数字化室分系统与 LTE 有源室分的设备架构一致，均是由三级硬件设备和两段线缆组成。其中，BBU 与扩展单元之间通过光纤连接，扩展单元与远端单元之间通过网线相连。因此，对存量有源室分的改造，可以从安装的硬件设备和硬件之间的连接线缆两方面进行考虑。

1. **硬件设备**

对于 BBU 侧，由于 NR 与 LTE 网络制式不同，信道板不能通用。但 NR 和 LTE 的信道板可以共用同一台 BBU，以共享配套资源。因此，NR 新型数字化室分接入时，可以通过在现有 BBU 加插 NR 信道板实现 BBU 的设计改造。

对于拓展单元，考虑到扩展单元起汇聚收敛远端单元的作用，一般安装在覆盖区域的弱电间位置。NR 新型数字化室分接入时，可以替换原有扩展单元，施工相对较为方便。

对于远端单元，主要有两种改造方案。其一是将原有天线头端替换为 NR 模块，再级联原有 LTE 远端单元。其二是 NR 远端单元与 LTE 远端单元并存。

这两种方案可以因地制宜地进行选择。

2. **连接线缆**

连接线缆部分的改造主要有 3 种可选方案。

- 利旧现网单根网线。NR 数字化室分系统共用网线改造如图 8-24 所示。该方案的优点在于，只需要在末端的远端单元位置进行更换及新增，但缺点是电源功率受限。这是由于 CAT6a 网线只能提供 70 W 左右的功耗，如果 NR 与 LTE 远端单元共用一根网线，各自只能提供一个频点的网络能力。

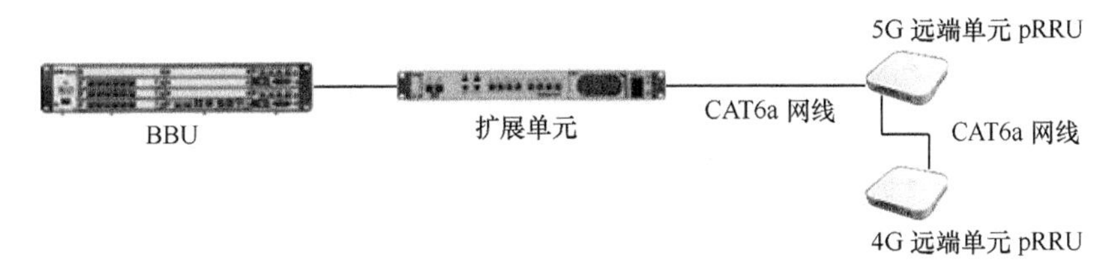

图 8-24　NR 与 LTE 数字化室分共用网线改造示意

- 独立网线部署。NR 数字化室分系统独立网线改造如图 8-25 所示。其优点是，独立网线连接、带宽及供电能力有保障，但也存在一定的不足。该方案不仅要在末端的远端单元位置新增一台设备，还需要新增一条网线，这些工程量与新建一套有源数字化室分系统实际上相差无几。

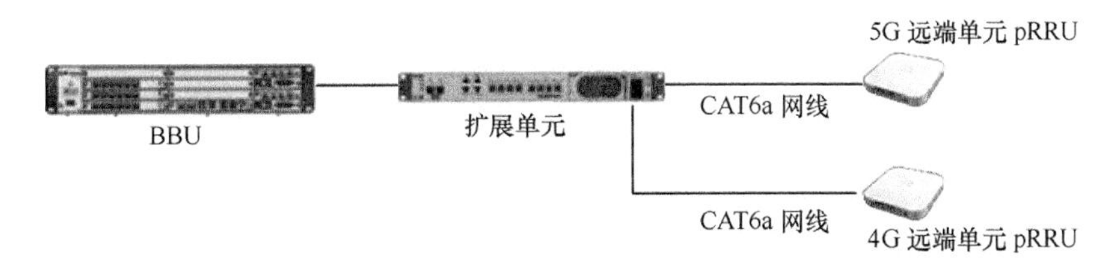

图 8-25　NR 与 LTE 数字化室分独立网线改造示意

- 光电复合缆改造。NR 数字化室分系统光电复合缆改造如图 8-26 所示。该方案的优点是通过光电复合缆供电，能够有效保障带宽及供电能力，但此方案也存在改造工程量大，且设备不成熟的缺点。

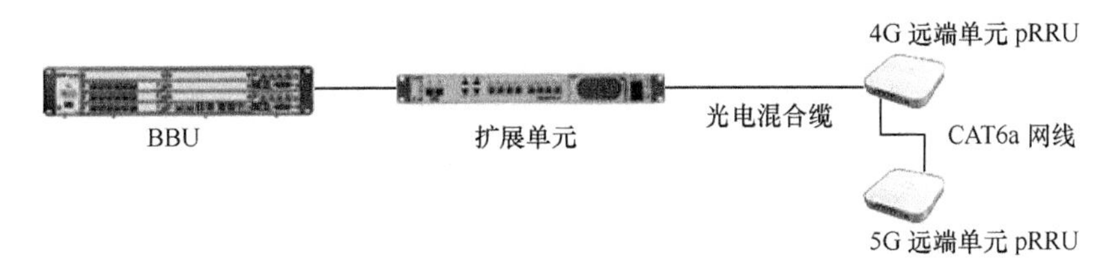

图 8-26　NR 与 LTE 数字化室分光电复合缆改造示意

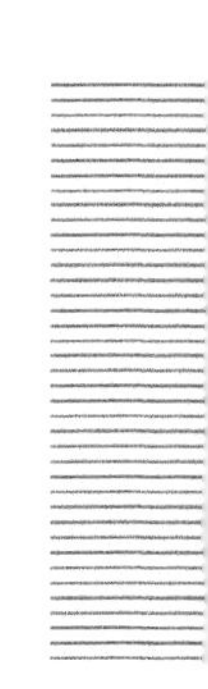

|8.6　NR 共建共享模式|

由于站址、频谱等资源的稀缺，无线网络的建网难度不断增大，建网成本增高而利润下降，网络资源共建共享成为解决网络资源紧张问题的重要途径。NR 网络建设一方面可以延续铁塔的共享模式，另一方面也可以在运营商之间进行更广范围、更深层次的资源共享。

8.6.1　铁塔共享模式

铁塔共享模式通过整合运营商铁塔资源，统一运营管理，避免重复建设，可以达到降本增效的作用。NR 时代对站点加密部署的需求更加迫切，铁塔共享模式成为 NR 网络工程建设的首选方案。

1. **常规站址储备**

在铁塔共享模式下，除了利旧铁塔存量站址外，还需要考虑新建站址的选址和共享。对于新建站址，一般从以下几个方面衡量选点的合理性。

- 站点建设的经济性。铁塔建设成本是站点建设的最主要成本之一，因而在选址时应优先选择楼面站址，次选地面站址。
- 周边地形环境的可行性。如选用地面站址，需要考虑周边地形和自然环境，远离矿区和地势低洼易受洪水淹灌的地方，避开地质不稳定如山体滑坡和泥石流的地区。同时还要注意环境保护，不占用良田，尽量避免砍伐树木等。
- 市电获取的可行性。能否获取市电，直接关系到站点供电方案，与建站直接成本密切相关，同时与站点后期维护和间接成本相关。
- 交通运输的便利性。站点位置应尽量靠近公路或者街道，尽量减少可能的接入道路建设工程，同时也为工程实施和站点维护提供方便。此外，对于楼面站址，还需要考虑设备搬运的方便性。
- 安全要求。远离易燃、易爆源，以及雷达、磁共振等强电磁波环境等。

需要注意的是，站址资源整合的目标既要面向宏站建设需求，又要考虑 NR 网络部署中后期对微站站址的需求。

2. **智慧灯杆整合**

对于 NR 微站的选址，可在综合考虑无线覆盖、站址布局和天线挂高等要求的前提下，合理选用智慧灯杆进行微站建设，实现社会塔向通信塔的转变。

智慧灯杆是智慧城市建设的重要共享载体，可以集成 LED 照明、通信基站、视频监控、交通指示、一键呼叫、气象环境监控、应急充电桩、广播、监控预警等多种功能，如图 8-27 所示。

鉴于当下多个省市政府均出台了与智慧灯杆相关的推动政策，如《广东省加快 5G 产业发展行动计划（2019—2020 年）》中提出“大力推进 5G 智慧杆塔建设”，智慧灯杆作为 NR 微站潜在站址的定位更为清晰。因此，可以发挥智慧灯杆杆塔资源丰富（中远期）、易于靠近用户部署的优势，满足 5G NR 微站超密集部署的需求。

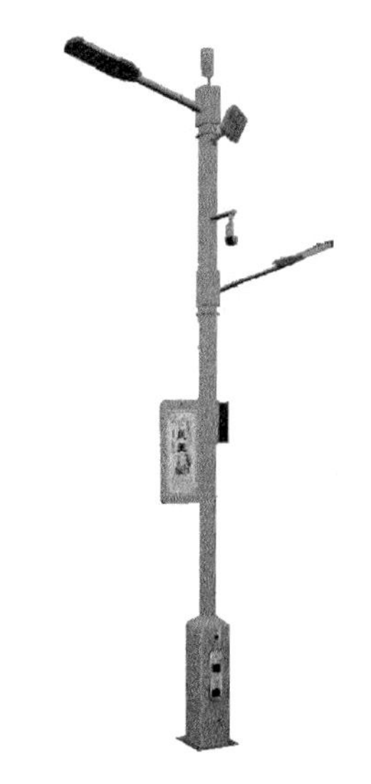

图 8-27　某厂商智慧灯杆产品

8.6.2　网络共享模式

网络共享是一种深度共享的建设模式。不同于运营商之间只共享站址资源和配套资源的铁塔共享模式，网络共享模式突破了运营商之间独立投资建网的限制，实现了运营商之间无线接入网甚至是核心网的深度共享。

网络共享模式主要包括 MOCN（Multi-Operator Core Network）模式和 GWCN（Gateway Core Network）模式。

MOCN 模式是指一个 RAN 可以连接到多个运营商的核心网节点，可以由多个运营商合作共建 RAN，也可以是其中一个运营商单独建设 RAN，而其他运营商租用该运营商的 RAN 网络。在 MOCN 共享网络架构下，根据载波是否共享又分为独立载波网络共享和共享载波网络共享。独立载波网络共享时，BBU 共享对接同厂家 RRU/AAU，RRU/AAU 各运营商独立，各载波独立配置和管理，无线侧 gNB 内部使用逻辑上独立的不同小区提供给多个运营商进行独立使用。共享载波网络共享时，BBU、RRU/AAU 均共享，站点侧 RAN 设备全共享，共享不同运营商的某段或某几段载波，形成一个连续大带宽的共享载波，可进一步降低基础设施和设备费用，如图 8-28（a）所示。

在 MOCN 模式下，独立载波和共享载波模式的配置对比见表 8-8。

GWCN 模式是指在共享 RAN 的基础上，再进行部分核心网网元的共享，如图 8-28（b）所示。

根据 R15，目前，NR 暂时仅支持 MOCN 模式，还未出现针对 GWCN 的相应规范说明。

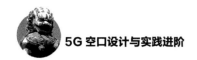

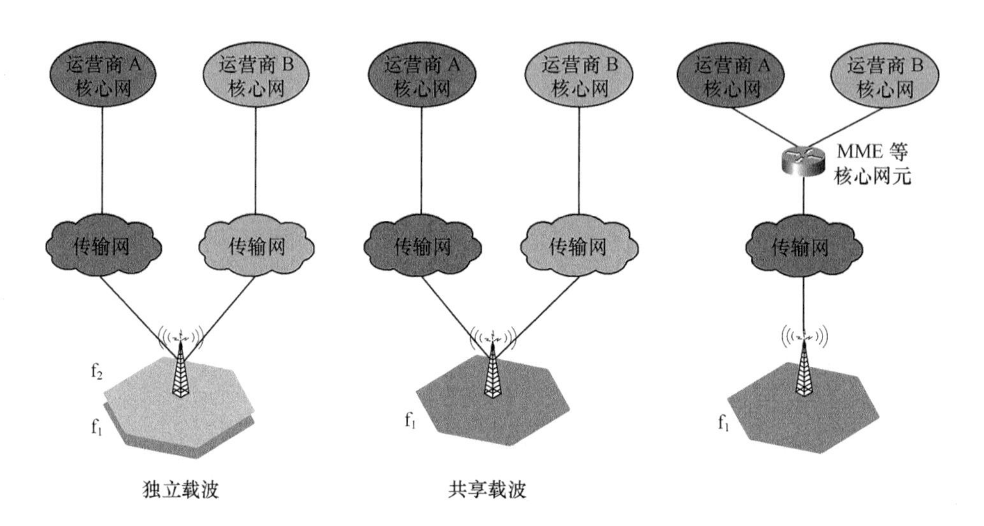

（a）MOCN 模式　　（b）GWCN 模式

图 8-28　网络共享模式

表 8-8　独立载波和共享载波方案的配置对比

对比项	共享载波模式	独立载波模式
载波配置	配置共享的载波需要同时广播不同共享运营商的 PLMN	各自配置一个独立的载波，每个独立载波广播各自的 PLMN
邻区配置	同时配置不同共享运营商的邻区参数，须引入异频切换	各自配置和优化各自频率的邻区，同频切换
空口资源管理	UE 在同一载波下开展业务，需要考虑协调空口资源分配策略	UE 在各自独立的载波下开展业务，无须考虑空口资源分配
核心网	需要支持 RAN 共享功能	无须改动
TAC 规划	共享 TAC，需要统一规划 TAC，实现独立的位置更新和寻呼	无须改动现网
载波聚合	可使用不同运营商的频率进行载波聚合	无法使用不同运营商的频率进行载波聚合
部署灵活性	可根据业务量灵活部署，业务小的场景部署单载波，反之部署双载波	两个载波均需要部署，与业务量无关

第四部分
应用前瞻

第9章 NR典型应用

NR将凭借更快的传输速度、超低的时延、更低功耗及海量连接的能力，与人工智能、边缘计算、传感技术等多项基础技术及控制系统、监控系统等垂直行业解决方案合力，共同促进交通、能源、制造、教育、医疗、休闲娱乐等行业传统商业模式的演进甚至是重塑，进而实现巨大的经济价值。

5G NR 包含了三大类典型的应用场景，即增强型移动宽带（eMBB）、海量机器类通信（mMTC）和低时延高可靠通信（uRLLC）。一般而言，eMBB 场景关注移动带宽的提升，适用于高速率、大带宽的移动宽带业务，且更聚焦于提升以“人”为中心的娱乐、社交等个人消费通信业务。mMTC 场景则关注“万物互联”，能满足海量物联的基本通信需求，适用于以传感和数据采集为主的通信业务。uRLLC 场景的特点在于空口时延的大幅度降低，基于低时延和高可靠的特点，可面向对时延较敏感的各种垂直行业的需求。

对于 5G NR 应用的发展趋势，预计将首先从 eMBB 场景开始，然后逐渐向 uRLLC 和 mMTC 场景渗透。未来 5G NR 应用的主要市场将面向垂直行业应用，实现跨界融合，具体的应用时间与网络部署进度、垂直行业发展情况、国家政策推动密切相关。此外，5G NR 的应用实际上应该包含两层含义：NR 使能技术及其关联技术群。前者为使 NR 具备更快传输速率、超低时延、更低功耗及海量连接的无线技术和网络技术。后者则是诸如大数据、人工智能、边缘计算、传感器技术等与 NR 技术有机结合后，能产生“1+1>2”的效应并赋予下游相关垂直行业拓展能力的技术集合。行业应用的演进或重塑，除了 5G NR 网络设施的支持以外，还需要依靠上述技术集合的合力完成。而 5G NR 的出现，确保了各种技术所驱动的应用能够有机高效地整合在一起，并发挥更加完整且智能化的作用。

基于上述观点，以下将对 5G NR 典型应用，按照不同生态体系进行划分，并对这些典型应用进行较为详细的叙述，见表 9-1。

表 9-1　5G NR 典型应用的生态体系划分

体系大类	细分类别	主要应用及功能
智慧城市	智慧出行	车联网应用、自动驾驶、远程驾驶、编队行驶、导航 AR 辅助应用、交通规划应用、高铁场景应用
	智能电网	远程操作、并网优化、智能配电、精准负荷控制
	智慧安防	超清安防监控、无人机安防巡检
智慧生活	智能家居	通过感知家居温度、湿度等参数，自动控制家居
	智慧医疗	移动医疗设备的数据互联、远程手术示教、超级救护车、高阶远程会诊、远程遥控手术
	文化娱乐	沉浸式网络游戏、沉浸式教学、体育赛事直播、虚拟购物中心
智慧生产	智慧农业	智能种植、智慧畜牧、无人机作业
	智慧物流	陆运配送、无人机配送
	智慧工厂	远程监控与调试、大范围调度管理、多工厂联动、远程作业

9.1　智慧城市应用

智慧城市的具体定义比较广泛，一般而言，是指运用信息和通信技术手段感测、分析、整合城市运行核心系统的各项关键信息，从而对包括民生、环保、公共安全、城市服务、工商业活动在内的各种需求做出智能响应。5G NR 时代的智慧城市，主要体现在智慧出行、智能电网、智慧安防 3 个方面，如图 9-1 所示。

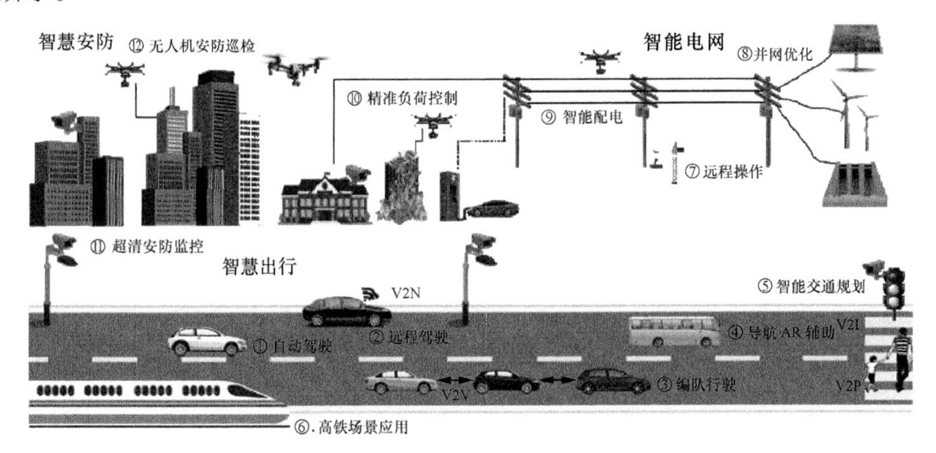

图 9-1　5G NR 时代的智慧城市全景图

9.1.1 智慧出行

1. **车联网应用**

基于现有 4G 网络的传统车联网应用一般只着眼于辅助功能和娱乐功能，例如，通过 GPS 定位提供救援服务、通过 OBD 接口获取车辆的各项参数以实现远程的保养提醒或简单的故障检测，又或者通过接入各大网站平台获取音乐、视频等娱乐资讯于车上享用。但基于 5G NR 网络的车联网应用将颠覆传统的辅助和娱乐功能，成为道路安全和汽车革新的推动力，使传统的汽车市场彻底变革。

2019 年 5 月，广州正式推出了第一条 5G 车联网公交线路，该线路包含了 5G 高清视频多路回传监控及决策分析应用系统、5G 智能高清视频监控及安全服务管理系统、5G 云总线及智能维修材料系统等车联网系统，在真正意义上首次体现了车联网在 5G NR 时代的优势。

2. **自动驾驶**

国际自动机工程师学会（SAE International）对自动驾驶定义了 L0～L5 6 个分级标准，分别是 L0（无自动化）、L1（驾驶支持）、L2（部分自动化）、L3（有条件自动化）、L4（高度自动化）和 L5（完全自动化）。目前，市面上已经大量普及的定速巡航系统/自适应巡航系统均属于 L1 级别。在未实现 5G 车联网的前提下，汽车只能基于自身安装的传感器和控制器实现部分自动驾驶功能，这种情况属于 L2 级别，驾驶者可一定程度上把驾驶操作交由系统处理，但仍然不能脱离对周边环境的监控，需要随时准备对系统进行接管。即使车企在 L2 的基础上进行升级，达到 L3 级别，也只是代表在某些特定场景下系统能完成驾驶任务和监控驾驶环境，但驾驶者仍然无法进行深度休息。

由于 5G NR 网络的低延迟、高可靠特性，可支持全部形式的车对万物的连接（V2X），这使 L4 级别甚至 L5 级别的自动驾驶成为可能，可以把驾驶操作和周边监控职能完全交由系统处理，驾驶者可以完全放开双手进行深度休息。L4 级别和 L5 级别的最大区别在于道路和环境条件的限制，这一点与 5G NR 网络的覆盖范围及实现程度也有较大的联系。

2019 年第二季度，北京市交通委员会、北京市公安局公安交通管理局、北京市经济和信息化局三部委联合发布了中国首份自动驾驶路测工作报告——《北京市自动驾驶车辆道路测试 2018 年度工作报告》。同期，北京智能车联产业创新中心受北京市自动驾驶测试管理联席工作小组的委托，作为自动驾驶路测第三方服务机构发布《北京市自动驾驶车辆道路测试报告（2018 年）》，进一步从技术层面解析了现阶段北京市自动驾驶道路测试的政策制定、标准研制、路网开放、牌照申领、测试监管及应用示范等方面的问题。这两份报告的发布，明确了自动驾驶研发与产业化阶段的时间表，促进了汽车企业进行自动驾驶测试的规范性与规模性，提升了自动驾驶产业的整体技术水平。5G NR 自动驾驶测试如图 9-2 所示。

图 9-2 5G NR 自动驾驶测试

3. 远程驾驶

基于 5G NR 网络的低时延（RTT 时延小于 10 ms）和高可靠特点，系统接收和执行指令的速度可达到甚至是超过人体感知的速度，因此，可由远程控制中心的控制员根据道路高清摄像头回传的实时图像来进行室内远程驾驶，进而可提供自由度更高的出行服务，例如高级礼宾服务和高级租车服务，甚至取代现有的代驾服务。

4. 编队行驶

当今物流行业发达，高速公路上货车密集，由于货车司机疲劳驾驶而导致的交通意外屡有发生，因此，基于低时延、高可靠的 5G NR 网络而实现的编队行驶方案比人工驾驶更具优势，在保障交通安全的同时还可节省燃油和提高货物运输的效率。在高速公路、隧道港口等场景，车辆之间可任意组成编队，在车辆进入高速公路时自动组编，当车辆离开高速公路时自动解散，相邻车辆之间可利用 5G NR 网络进行通信，十分灵活。

5. 导航 AR 辅助应用

现有的大部分导航软件均只能基于模拟地图进行导航，实际使用中会为缺乏经验的驾驶者带来一定的不便，不仅无法实现精准导航，更无法为不熟悉路况的驾驶者提供指引，避免出现交通违章行为。

通过 5G NR 网络的低时延、高效率通信，可为驾驶者提供 AR 辅助的实时

路况精确导航，减少导航误判。例如，利用车内主机屏幕或车内智能后视镜提供基于现场实景拍摄的 AR 辅助导航，甚至可利用 HUD 抬头显示功能在挡风玻璃上为驾驶者提供更直观的 AR 辅助导航。某地图公司的 AR 导航系统如图 9-3 所示。

图 9-3　某地图公司的 AR 导航系统

6. **交通规划应用**

现阶段，汽车驾驶者可通过各种地图导航软件获取道路交通信息，但该方式下，由于用户过于离散，无法达到综合统筹的目的。利用 5G NR 网络的海量连接和低时延特性，城市交通指挥中心可通过各种交通数据的获取来统筹管控全市交通，例如，根据车流量统计来调节红绿灯的时间、对出入口进行规划、道路疏导和提前拥堵预警等。

7. **高铁场景应用**

由于难以完全克服多普勒频移，现阶段高铁内的移动通信较难得到保证，特别是在时速超过 300 km/h 的场景下，经常发生断流和掉话的现象，各种数据业务应用难以开展。

基于 5G NR 网络的高移动性，终端在高达 500 km/h 的时速移动时，仍能保证稳定的通信质量，使各种通信业务和娱乐应用在 5G NR 时代有了实现的可能。

9.1.2　智能电网

智能电网以包括发电、输电、配电、储能和用电的电力系统为对象，应用数字信息技术和自动控制技术，实现从发电到用电所有环节信息的双向交流，系统地优化电力的生产、输送和使用。总体来看，未来的智能电网应该是一个安全、可靠、绿色、高效，并且能够提供适应数字时代的优质电力网络，如图 9-4 所示。

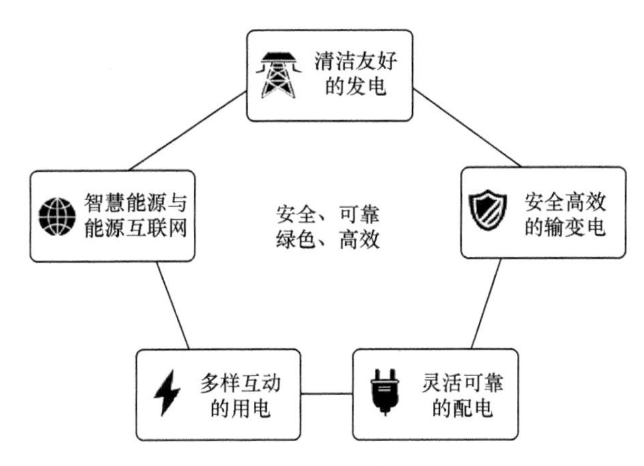

图 9-4　智能电网发展目标及重点方向

通过无线技术承载的智能电网主要考虑满足三大类业务场景，包括电网控制类、信息采集类和移动应用类。电网控制类业务是首要，由于它涉及核心的生产控制的业务流程，包括远程控制操作、即插即用式的智能配电和精准的负荷控制等，因此，无论从实用性方面还是迫切性方面来考虑，控制类应用在5G NR时代的地位都特别显著。其次是信息采集类，目前的信息采集相对而言是比较单一的，利用5G NR网络低时延和海量连接的特性，可将海量的分布式新能源发电参数及时传输到控制主站进行整合，实现并网优化。至于移动应用类，则可满足与电网企业经营管理相关的一些零散业务需求。

1．远程操作

一般的电力施工现场具有较高的危险性，如果能通过无线网络连接远程控制设备，基于大带宽、低时延和高可靠的网络，依靠高清摄像头实现远程的维护与操作，将为电力施工提供极大的安全保障。

当前电网的整体通信采用子站/主站的连接模式、星形连接拓扑，主站相对集中，一般控制的时延要求为秒级。而未来通过毫秒级时延的5G NR网络，随着智能分布式配网终端的广泛应用，更多的分布式点到点连接模式将会出现，与子站/主站的连接模式并存。而为了适应用电负荷需求侧响应、分布式能源调控等应用场景，主站系统将逐步下沉，出现更多的本地就近控制，以及与主网控制联动的需求。

2．智能配电

随着国家新能源汽车产业的推广，城市内电动汽车、充电桩等新能源业务将逐步普及。另外，惠及农村环境的光伏扶贫、农光互补、渔光互补等新能源保障接入和消纳也将逐步普及。这些新场景将促使配电网提供能适配更多元负荷的“泛在接入”“即插即用”的功能。同时，随着智能分层分布式控制体系的逐步建立，配电网自动化水平将全面提升，其精准控制的能力将进一步加强。

基于 5G NR 网络的海量连接特性，可实现配电线路及设备的数据连接，实现运行状态检测、故障诊断、定位等，快速恢复非故障区的正常供电。智能配电的核心作用是加强配电网的自动化、柔性化建设，实现配电网可观、可控，满足多元负荷“即插即用”的接入需求，提升电网供电可靠性、电能质量和服务水平。

3. **精准负荷控制**

5G NR 网络能提供定制化的端到端网络切片服务，更好地满足“行业专网”的需求，根据用电终端负荷信息的实时反馈进行电力切片，精准地控制不同的用电需求，实现高效和错峰用电。

网络切片的四大特征包括定制性、隔离和专用性、分级 SLA 保障以及可基于统一平台灵活构建，实现自动化运维。

- 定制性：网络能力可定制、网络性能可定制、接入方式可定制、服务范围和部署策略可定制，有助于行业分步骤、按需、快速地开通新业务所需要的网络新特性。
- 隔离和专用性：为不同的切片提供服务于特定应用场景的差异化资源使用策略、数据访问安全、高可用性等保障，使不同切片之间相互隔离、互不影响。
- 分级 SLA 保障：对各域网络性能指标进行采集分析和准实时处理，保证系统的性能满足用户的 SLA 需求。
- 统一平台：5G NR 引入了如 SDN（软件定义网络）和 NFV（网络功能虚拟化）等，实现软件与硬件的解耦，网络功能以虚拟网元的形式部署在统一的基础设施上，提升切片的管理效率，提供更为高效的行业服务。

未来用电终端负荷侧响应将由用户、售电商、增量配电运营商、储能及微网运营商等多方参与，借助 5G NR 网络的切片特性，可通过灵活多样的商业模式，实现更精细化的负荷控制。基于 5G 的智能电网网络切片示意如图 9-5 所示。

4. **并网优化**

以风能、太阳能为主的可再生能源开发利用技术日益成熟，成本不断降低，逐渐成为替代传统化石能源的重要选择，未来可再生能源逐步替代化石能源。另外，随着储能、分布式能源、微网等技术的发展，能源供给形态将从集中式、一体化的能源供给向集中与分布协同、供需双向互动的能源供给转变。利用 5G NR 网络具有低时延和海量连接的特性，将海量的分布式新能源发电参数及时传输到控制主站进行整合，最终实现并网系统的完善化，达到清洁低碳、网源协同、灵活高效的目标。该优化方案的核心作用是增强系统的灵活性，提升非化石能源消费的比重，推动能源结构的转型升级。分布式能源构成及并网结构图 9-6 所示。

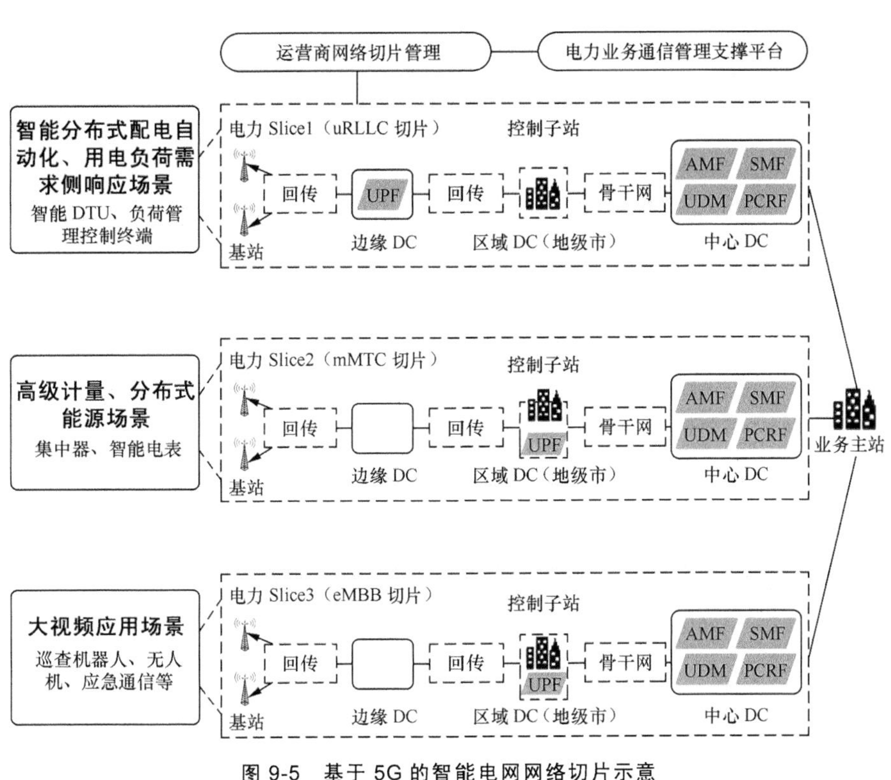

图 9-5 基于 5G 的智能电网网络切片示意

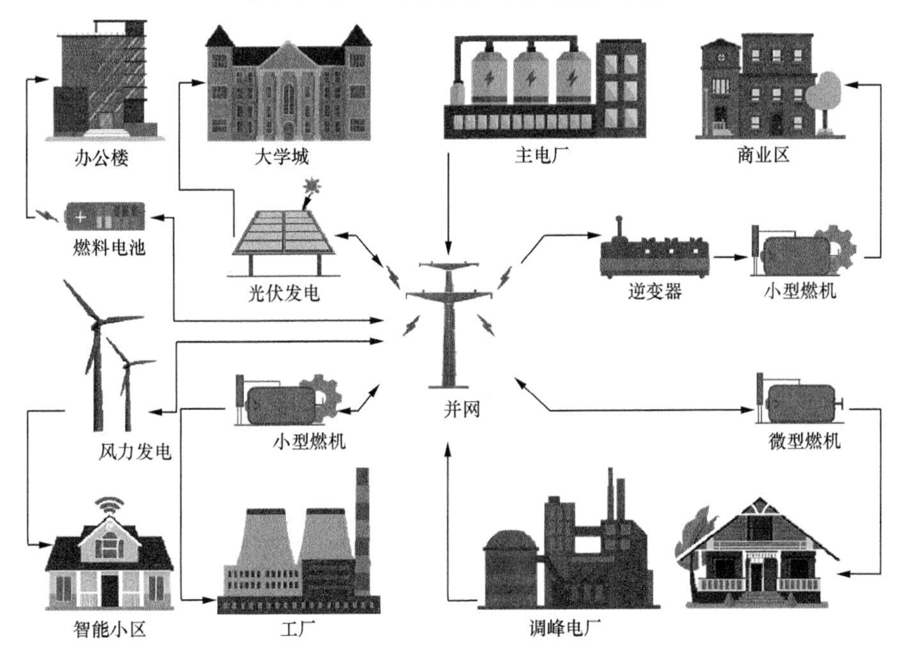

图 9-6 分布式能源构成及并网结构

9.1.3 智慧安防

智慧城市拥有竞争优势，因为它可以主动而不是被动地应对城市居民和企业的需求。一个智慧城市，不仅需要感知城市脉搏的数据传感器，还需要各种能有效保障公共安全的智能设施。

1. 超清安防监控

城市视频监控是一个非常有价值的工具，它不仅提高了安全性，还大大提高了企业和机构的工作效率。视频系统对如下监控场景非常有用。

- 繁忙的公共场所（广场、活动中心、学校、医院）。
- 商业领域（银行、购物中心、广场）。
- 交通中心（车站、码头）。
- 主要十字路口。
- 高犯罪率地区。
- 机构和居住区。
- 防洪（运河、河流）。
- 关键基础设施（能源网、电信数据中心、泵站）。

在成本可接受的前提下，摄像头数据收集和分析技术进一步推动了视频监控需求的增长，例如，可以结合人脸识别、图像识别等技术，通过安防摄像头实时传输超高清视频，可对潜在危险任务与行为进行提前识别并及时提醒安保人员，这对城市安防监控的发展十分有价值。

目前的视频监控服务采用系统交付的商业模式，而对于下一代的视频监控服务，智慧城市将更倾向采用“视频监控即服务”（VSaaS）的模式。在 VSaaS 模式中，无论视频的录制、存储、管理还是服务监控，都是通过云提供给用户的，视频监控服务提供商也需要通过云对系统进行维护。然而，这些操作都必须依赖于高带宽场景才能实现，特别是视频监控目前正在向 4K/8K 超高清方向进发，这将为能提供增强移动宽带场景的 5G NR 网络提供广阔的发展空间。

2. 无人机安防巡检

无人机全球市场在过去 10 年中大幅增长，现在已经成为商业、政府和消费应用的重要工具。在安防领域，无人机可以鸟瞰地面实况，有利于掌握全局，通盘指挥和正确疏导。无人机可以低空飞行、路径短、速度快、变换视角灵活、活动范围大，可用于警务执行。联网使无人机可以在线使用，发挥出“一架抵多架”的功能。

移动蜂窝网络除了需要满足无人机通信的数据类型和场景需求之外，还需要解决无线通信环境的差异带来的新问题。当前4G网络信号能够覆盖到300 m高度时，可以支持物流等低速率无人机业务，但存在以下潜在问题：300 m以上覆盖不足、低空下行干扰严重、现网低空空域SINR较差，相对地面明显恶化。由于下行SINR恶化，现网低空空域掉线率很高、切换频繁，上行速率波动较大、未来无人机数量和上行数据传输增多，会对地面用户上行造成干扰。5G NR网络新型架构、终端及无线接入技术可以进一步满足无人机的新需求。5G NR以用户级下行导频替代小区级下行导频，降低了无人机空中的下行干扰。无线接入网的创新架构，以用户为中心，突破用户与小区绑定的传统架构，联合优选多个物理小区链路随时随地适配用户体验，有效提升有用信号，降低信号衰落和干扰。同时因上层逻辑小区唯一识别，可成功减少小区间切换，提升无人机在空中的移动性。以业务为中心的云化架构，基于SDN/NFV（软件定义网络/网络功能虚拟化）的网络将实现更灵活的应用创新，满足多种行业多样化的业务需求，按需实现网络切片资源分配，为不同切片提供相应的QoS（服务质量）保障。网络切片使一张5G NR网络上同时承载无人机大带宽、低时延、高可靠的多种不同应用。基站侧采用大规模MIMO（多输入多输出）天线技术，采用更窄的波束精确对准服务的无人机和地面终端，增强有用信号，并减少小区内和小区间干扰，从而满足无人机的下行较高可靠性、较低时延要求，以及上行大容量传输要求。

利用5G NR无线网络接入的增强移动宽带以及低时延、高可靠的特性，将有效解决巡检、安防领域面临的人员伤亡、恶劣环境相关的安全隐患问题，进一步提升无人机应用体验，加速安防巡检行业的升级。后续结合5G NR与AI云端处理技术，通过无人机专网结合AI智能控制无人机的巡航、探测、回巢、充电等行为，彻底实现7×24小时无间歇巡航，将能进一步解放人力、提高效率、提升智慧城市的安防水平。

9.2 智慧生活应用

5G NR技术的应用，将进一步打破空间的局限，在多个生活场景提高人们的生活质量，带来新内涵的生活方式。在这种新方式下，采用5G NR网络作为渠道，依托云计算技术的存储，配合丰富的智能终端设备，能衍生出智慧家居、智慧医疗和文娱行业的新业务，给用户带来全新体验，如图9-7所示。

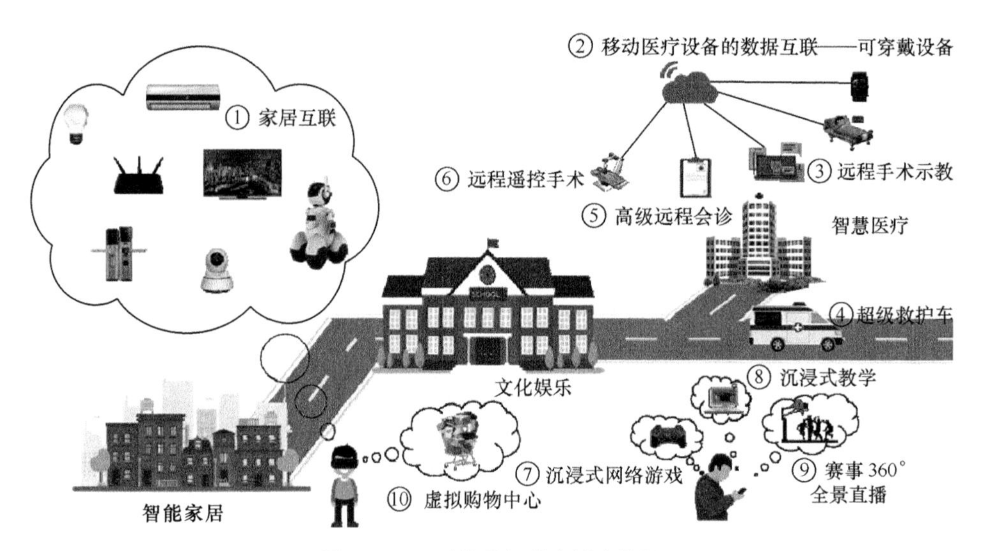

图 9-7　5G 时代的智慧生活全景图

9.2.1　智能家居

近年来，在人工智能和物联网技术发展的带领下，智能家居蓬勃兴起，互联网巨头及新兴创业公司从硬件、技术、系统解决方案等不同角度进行了布局，智能家居的雏形已形成。基于 5G NR 网络的海量连接特性，更多的居家设备将能实现互联，并且能提升设备间的响应速度，使智能家居系统更加智能化、自动化，除了现阶段的室内感知与控制（如根据室内温度自动开关空调、结合室内光线设定开关窗帘等）外，还可实现真正足不出户的购物和家用电器的维护保养。

9.2.2　智慧医疗

目前，医疗健康行业正以 4G 等信息通信技术为依托，充分利用有限的医疗的人力和设备资源，同时发挥大医院的医疗技术优势，在疾病诊断、监护和治疗等方面提供信息化、移动化和远程化医疗服务。5G NR 将进一步创新医疗健康领域的智能化服务和应用，节省医院运营成本，促进医疗资源的共享下沉，提升医疗效率和诊断水平，缓解患者看病难的问题，协助推进偏远地区的精准扶贫。

1. *移动医疗设备的数据互联*

利用 5G NR 网络的海量连接和低时延特性，支持实时传输大量的人体健康数据，协助医疗机构对非住院穿戴者实现不间断的身体监测。同时，也可通过医疗平台，对医院所有设备，如医疗监护仪、便携式监护仪等进行数据的统一传输。

通过对患者生命体征进行实时、连续和长时间的监测，并将获取的生命体征数据和危急报警信息以无线通信的方式传送给医护人员。无线监护使医护人员实时获悉患者的当前状态，做出及时的病情判断和处理。

该应用主要适用于术后康复患者和突发性疾病患者，医院可采用无线可穿戴监护方式，实现无活动束缚的持续患者监护。

目前，苹果、谷歌和 verily 等都有产品获得了 FDA 医疗器械的认证，众多 IT 巨头在医疗器械领域表现得十分活跃，移动医疗设备的未来前景由此可见一斑。

2. 远程手术示教

由于医疗水平存在地区性差异，远程手术示教可以帮助提升偏远医院的医疗技术水平，支持现场手术医生和远端会诊专家或学员进行视频实时交流。且医院内手术室一般设备多，若使用有线方式实现远程手术示教，大量的线缆将影响手术的操作活动，因此，对无线通信需求十分强烈。

基于 5G NR 网络的高带宽、低时延和海量连接特性，通过术野摄像机对手术创口、手术台画面和医疗仪器（如内窥镜和监护仪等）画面进行在线实时采编、录像和无线直播，可顺利地实现手术音像资料的存档、远程观摩教学和专家指导。

2019 年 5 月，中山大学肿瘤防治中心首次开展“5G+AI”跨网段远程微创介入“一对多”指导手术，为远程手术的规范化以及指导提供了解决方案。该中心通过组建涵盖肿瘤微创介入科、肝脏外科、影像科等多学科诊疗模式专家团队，利用人工智能技术、3D 打印技术及 5G 技术直播平台，在线远程指导珠海市人民医院、北京大学深圳医院以及高州市人民医院的粒子、射频消融和微波消融手术。该模式有效地节约了医学专家们奔赴现场的时间，有利于优质医疗资源的下沉。

3. 超级救护车

利用具有超低时延和海量连接特性并能保证在高速移动场景下仍能保持稳定通信的 5G NR 网络，可在救护车上实现超高清视频和智能医疗设备数据的传输，协助在院医生提前掌握救护车上病人的病情。

在疾病急救和自然灾害救援现场，医疗人员将伤情检查结果传输到应急指挥中心和医院，同时针对疑难病情的患者，通过移动终端由医院进行远程救治指导。在急救车转运途中，医疗人员可通过移动终端调阅患者的电子病历信息，通过车载移动医疗装备持续监护患者的生命体征，并通过车载摄像头与远端专家协同诊断治疗。应急救援现场和救护车移动途中，均为室外环境，需要广域覆盖的网络。另外，医疗信息传输的安全性和可靠性需要进行专门的保障，5G NR 网络能很好地满足相关需求。

2019 年 5 月，中国科学技术大学附属第一医院的一辆移动 ICU（危重症转运车）通过 5G NR 网络，与远在深圳的中国电信 5G 创新合作大会的会议现场实现了信息互通和音视频互连。车内装有 4K 全景镜头，基于高带宽、低时延的 5G NR 网络，能实现车内实时救治情况、患者生命体征、病历信息、医疗设备信息等医疗数据以及车辆方位、路况等信息的实时同步音视频传输。该案例的实现，标志着我国首台基于 5G NR 网络的移动 ICU 改造获得成功，如图 9-8 所示。

图 9-8　全国首台基于 5G NR 网络的移动 ICU

4．高阶远程会诊

目前的远程会诊只能通过一般视频或语音交流病人的病情和远端医疗专家的初步建议，但通过 5G NR 网络实时传输高清视频，并结合力量感知与反馈设备，可以为远端医疗专家提供更真实的病况，即使在远程也能为病人提供高阶会诊。

随着手持超声和移动数字 X 光摄影系统等移动式无线医疗设备的出现，越来越多的医疗检查开始由检查室延伸到病房，从而推动了远程实时会诊延伸到患者床旁。远程实时会诊基于高清视频，部分业务还需要实时回传患者端的医疗操作手法，需要 5G NR 网络提供高带宽和低时延的通信保障。该模式实现后，也可由远端医疗专家通过视频实时指导基层医生对患者开展检查和诊断的咨询服务。

2019 年 4 月，在上海的某科技论坛上，中国电信某子公司联合上海中医药大学向人们演示了 5G 远程会诊的操作。上海中医药大学的专家、医生利用基于 5G NR 网络的“医疗智能镜”“中医四诊仪”和“方证辩证人工智能辅助诊疗系统”的辅助，通过信息化手段检测病人的面部、舌苔、声音、脉象等，将中医的“四诊合参”数据化，并将数据通过 5G NR 网络上传到云端，利用云端中医辨证论治模型给出临床建议，并开出了处方，由社区医院的制药中心通过智能制药机将处方直接制成药丸，快递到患者家中。这样，患者可免去来回奔波、在医院排队之苦，而且也享受到了优质、便捷的专业医疗服务。

5. 远程遥控手术

医生可通过 5G NR 网络传输的实时信息，结合 VR 和触觉感知系统，远程操作机器人，实现远程手术。

依托机器人、定位和传感等技术，为实现手术的微创性，采用电子机械手开展手术。首先将手术方案参数传送给机器人，机器人进行手术位置精确定位，并根据医生的指令执行自动化或半自动化的手术操作。机器人手术定位有双目视觉和 X 光透视两种方式，视觉定位具有非接触性、较高的准确度和无辐射性的优点。目前的网络难以满足相关需求，需要在 5G NR 网络中逐步实现。

2019 年第一季度，全国首例基于 5G 的远程人体手术——帕金森病“脑起搏器”植入手术成功完成。位于海南的神经外科专家凌至培主任，通过 5G NR 网络实时传输的高清画面远程操控手术器械，成功为身在北京的一位患者完成了“脑起搏器”的植入手术。手术耗时近 3 小时，术中通过磁共振扫描可见脑内电极植入位置精确，患者在手术完成后症状立即得到缓解，术后状态良好，如图 9-9 所示。

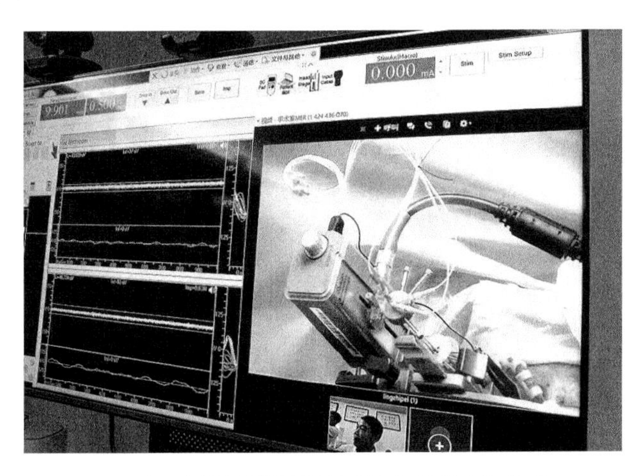

图 9-9　全国首例基于 5G NR 的远程人体手术

9.2.3　文化娱乐

基于 5G NR 网络的文化娱乐业务，主要结合 4K/8K 视频传输及 VR/AR 技术实现。

据预测，更低的价格和新的服务订阅模式将使 2020 年全球一半的观众使用 4K/8K 电视。8K 视频的带宽需求超过 100 Mbit/s，这需要 5G WTTx 的支持。同时家庭监控、流媒体和云游戏等其他基于视频的应用也将受益于 5G WTTx。

而 VR/AR 是借助近眼现实、感知交互、渲染处理、网络传输和内容制作等新一代的信息技术，构建跨越端管云的新业态，满足用户在身临其境等方面的体验需求。随着 VR/AR 向深度沉浸、完全沉浸等阶段发展，对云化及无线网络的需求将大幅增加。VR/AR 与 5G NR 的结合，既可以充分发挥 5G NR 的低延时、高带宽等技术特性，又可以进一步拓展 VR/AR 的交互性和沉浸式体验，将作为在各行各业的通用型应用被广泛使用。

1. 沉浸式网络游戏

目前的云游戏平台通常不会提供高于 720 p 的图像质量，因为大部分家庭网络还不够"先进"，但是利用 5G NR 网络，云游戏平台有望在数据速率高于 75 Mbit/s、延迟低于 10 ms 的条件下，以 90 f/s 的速度提供响应式和沉浸式的 4K 游戏体验，这将有利于云游戏业务的跨越式发展。

云游戏业务对终端用户设备的要求较低，所有的处理都将在云端进行，用户的互动将被实时传送到云中进行处理，以确保高品质的游戏体验，如图 9-10 所示。

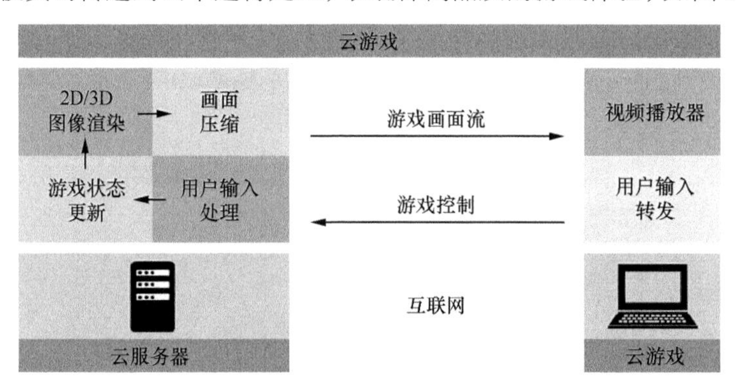

图 9-10　云游戏处理过程

2. 沉浸式教学

沉浸式教学主要依赖于 VR/AR 技术，是指通过 VR/AR 技术为学习者提供一个接近真实的学习环境，借助虚拟学习环境，学习者通过高度参与互动、演练而提升技能。

教学内容涵盖各种仿真模拟训练（如 3D 虚拟环境下的操作训练、飞行训练或军事训练等）；游戏化学习［如角色扮演、大型游戏机台（Arcade）、实时策略游戏（Real-time Strategy）、大型多人在线游戏（MMOG）等］。目前，国外已有相当部分的企业采用沉浸式学习作为培训与学习的模式，例如，IBM在 Second Life 上运营的培训体系；联合国、美国国防部等也大量地采用沉浸式学习的方式来对军人进行训练。而沉浸式学习也被应用在医学方面，例如实体的课程与仿真，不仅将手术、问诊的程序 3D 虚拟化，甚至可以模拟整个医院运作的虚拟环境。

未来，沉浸式教学需要逐步走向无线化，但 VR/AR 要实现完美的虚拟现实体验，时延必须低于 20 ms；除时延外，VR/AR 由于需要对画面进行精细绘制或传输超高清视频，对传输带宽也有较高的要求。而 5G NR 所具有毫秒级的端到端时延和超高带宽的特性可以解决这些难题。

3. *体育赛事直播*

借助基于 5G NR 网络的 VR 技术，可实现体育赛事的 360° 全景直播。利用这种技术的优势，体育迷可以获得坐在场边观看比赛的体验。

国内外众多相关企业已经在紧锣密鼓地进行这项业务的试验。例如 Orange 发布了 Android 和 iOS 智能手机的 HMD，以支持其 Orange VR 360 应用。SK Telecom 于 2017 年 MWC 上发布了“360° 自适应 VR 直播平台”，并在 2018 年冬运会上提供了 360° 全景直播。由此可见，体育赛事（例如英特尔 True VR）和现场活动（例如 Next VR）的 VR 已经突破了一般的体验。优质内容、事件的 VR 已经主导了未来的视频市场。

2019 年 4 月 6 日，2019 赛季中超联赛第 4 轮，广州恒大在主场天河体育中心迎战广州富力，吸引了逾 4 万名球迷入场观看。而在场外，当地电视台和运营商的技术人员们经过此前几天的筹备工作，正在有条不紊地对这场重要赛事进行基于 5G NR 的 4K 超高清直播。以往这类重要的体育赛事都只能通过卫星进行 1080P 的高清直播，但如今利用高带宽、低时延的 5G NR 网络作为传输载体，由运营商负责提供 5G NR 网络覆盖、模拟网络以及 4K 视频编码器等相关的技术支持，电视台则完成对 4K 图像的实时采集、处理，并通过 5G NR 网络进行转播，可以更便利地实现体育赛事的高清直播。

继 5G 高清直播实现后，在 2019 年第三季度，广州天河体育中心正式成为全国首个 5G 智慧球场。智慧球场引入了人脸识别系统，借助 5G NR 网络，球迷无须检票，通过人脸识别后就可以进场。球场内未来将设置 5G 高速 VR 直播，即便是场外的观众也可以通过 VR 实时无延迟地观看比赛。而且，5G NR 的极速网络，让现场观战球迷也可以实时观看现场回放，不会错过任何的精彩瞬间，极大地提升了观赛感受。

4. *虚拟购物中心*

传统的购物体验有时并不能满足消费者的需求，例如消费者想买一个新沙发，在购买之前（无论是在线或实体店购买），需要确定沙发的摆放位置，所占用的空间，并设想一下它与其他家具和装潢是否搭配。这样既消耗了大量的时间和精力，又容易带来购物时的各种不快。

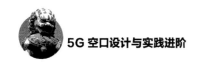

基于 5G NR 网络的虚拟购物中心可以简化整个流程。以上述场景为例，消费者无须拉出卷尺或猜测眼前的沙发是否与你的咖啡桌或地毯的颜色相匹配，只需要从零售商处下载详细的产品规格，然后使用 5G 手机查看该产品在计划放置的背景下的 3D 模型，就能轻松地确定这个沙发是否满足需求。

谷歌增强现实（Google AR）高级工程总监 Rajan Patel 在 2018 年骁龙技术峰会上已经用 Google Lens 演示了这种应用场景。他展示了 5G NR 网络在快速下载家具信息过程中所扮演的重要角色，然后，AR 技术会提供一个安装预览，根据产品规格生成一个虚拟沙发叠加在用户指定的环境中，由用户决定是否购买。

9.3 智慧生产应用

无论农业还是工业，难免会遇上某些危险的作业环境，5G NR 可使农业和工业生产具备远程操作与控制的条件，降低危险作业环境对人的依赖，推动农业和工业生产的智慧化升级，如图 9-11 所示。

图 9-11　5G NR 时代的智慧生产全景图

9.3.1 智慧农业

基于 5G NR 网络的低时延、高带宽和海量连接特性，多种技术手段可应用于农业生产，有助于促进农业提产、实现供需平衡。智慧农业基于 5G NR 网络，通过实时收集分析现场数据以及部署指挥机制等方式，达到提升运营效率、扩大收益、降低损耗的目的。智慧种植、智慧畜牧等多种基于 5G NR 物联网的应用将推动农业流程的改进，用于解决农业领域特有的问题，打造基于 5G NR 物联网的智慧农场，实现作物质量和产量的双提高。

1. **智慧种植**

智慧种植有利于应对气候变化，并可节约在农业生产活动中的用水量，有助于农场主有效地降低成本、减少体力投入，同时能优化种子、肥料、杀虫剂、人力等农业资源配置，还可降低能耗和燃料用量，引导农场主巧妙平衡时间与资源的投入，获得最大产量。

智慧种植应用依附于 5G NR 的海量连接场景，主要可实现以下几方面功能。

- 精准农业

利用物联网技术以及信息和通信技术，获取有关农田、土壤和空气状况的实时数据，实现优化产量、保存资源的效果，在保护环境的同时确保收益和可持续性。

- 可变速率技术（VRT）

将变速控制系统与应用设备相结合，在精准的时间、地点投放输入，因地制宜，确保每块农田获得最适宜的投放量。

- 智慧灌溉

基于物联网的智慧灌溉对空气湿度、土壤湿度、温度、光照度等参数进行测量，由此可精确计算出灌溉用水的需求量，提升灌溉效率、减少水源的浪费。

- 智慧温室

智慧温室可持续监测气温、空气湿度、光照、土壤湿度等气候状况，气候状况的改变会触发自动反应，在对气候变化进行分析评估后，温室会自动执行纠错功能，使各气候状况维持在最适宜作物生长的水平，将作物种植过程中的人工干预降到最低。

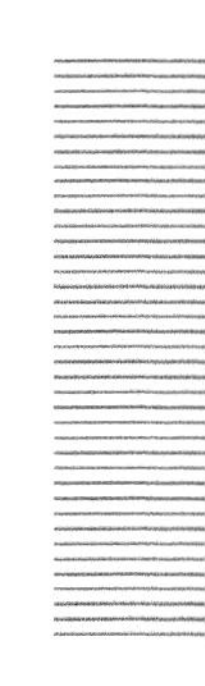

- 收成监测

收成监测系统可对影响农业收成的各方面因素进行监测，包括谷物质量、水量、收成总量等，监测得到的实时数据可帮助农民形成决策，有助于缩减成本、提高产量。

• 农业管理系统（FMS）

系统借助传感器及跟踪装置为农民及其他利益相关方提供数据收集与管理服务，将收集到的数据经过存储与分析，为复杂决策提供支撑。此外，系统还可用于辨识农业数据分析的最佳实践与软件交付模型、提供可靠的金融数据和生产数据管理、提升与天气或突发事件相关的风险缓释能力。

• 土壤监测系统

土壤监测系统可对一系列物理、化学、生物指标（如土质、持水力、吸收率等）进行监测，降低土壤侵蚀、密化、盐化、酸化，以及受危害土壤质量的有毒物质污染等风险，协助农民跟踪并改善土壤质量，防止土壤恶化。

2. 智慧畜牧

基于 5G NR 物联网技术，通过传感器随时采集牲畜的生理状况、位置等信息，并结合语音识别、图像分析、人工智能等手段监测分析其健康和安全，可对牲畜的繁殖、健康、精神等状况进行实时监测，确保收益最大化。农场主可利用先进的技术实施持续监测，并根据监测结果做出利于提高牲畜健康状况的决策。

3. 无人机作业

农业植保无人机有着丰富的农业应用，例如进行大面积农作物护养，如对植被喷洒药剂等，也能用于监测作物健康、农业拍照（以促进作物健康生长为目的）、可变速率应用、牲畜管理等。依托 5G NR 网络的覆盖，扩大飞行范围，以更低成本实现大面积区域的监视，其搭载的传感器更可轻易地采集大量的农业相关数据，有助于智慧种植和智慧畜牧各种应用的高效运行。

4. 智慧农业在国外

为了发掘 5G 智慧农业应用的潜力，提升农业效率与粮食产能，2019 年初，Cisco 在英国发布了名为“5G Rural First”的智慧农业计划，分别在什罗普郡（Shropshire）和萨默塞特郡（Somerset）建设了多个农村 5G NR 试验点，使用了来自多家不同无线设备商的硬件，并测试了 700 MHz、3.5 GHz 和毫米波段等欧洲指定用于 5G NR 的无线电频率，在这些农村区域进行了多项 5G 智慧农业应用的试验。

• 无人拖拉机

测试通过 5G NR 网络远程控制无人拖拉机的可行性，并探索该应用的价值。

• 无人机土壤分析

利用无人机进行土壤成分的分析和拖拉机控制，并在有需要的区域喷洒肥料或农药。

• 牲畜护理

利用 AR 技术提供远程兽医诊断支持，当地农民可以使用语音指令实时询问兽医的建议并对牲畜进行及时的护理。

- 奶牛连接

测试主动管理牲畜健康的能力，将智能腿部传感器和项圈放置在奶牛身上，监测奶牛的反刍、繁殖能力和进食数据，农民可通过手机等终端设备了解奶牛的实时状态信息。

- 高光谱影像

将 5G NR 网络作为传输载体，对 900 m 高空上的飞机拍摄的土壤实时影像进行识别和分类，以达到对土壤条件的快速响应、优化放牧模式和降低牲畜疾病在森林中传播速度的效果。

9.3.2　智慧物流

随着人工智能技术的逐步成熟，物流、制造业等巨头逐渐进入该市场，因而应用场景得到不断扩展，智慧物流行业市场规模不断增长，使物流行业的管理水平有所提升，物流成本将随之大幅下降。

1. 场外物流追踪与配送——陆运配送

传统场外物流一般是指产品出厂后的包装、运输、装卸、仓储等环节，追踪与配送方式多以人工为主，效率较低，信息化程度低。物流作为 5G 产业链上不可分离的重要部分，将会因为 5G 而发生巨大变革。所以，5G 对于物流来说，价值不言而喻。

在机器人与人交互的市场环境中，对于人员、运输高端产品等的追踪因高连接成本问题大大限制了该市场的增长。预计 5G NR 将在深度覆盖、低功耗和低成本以及作为 3GPP 标准技术方面提供额外优势。5G NR 提供的改进将包括在广泛产业中优化物流，提升工人安全和提高资产定位与跟踪效率，从而最小化成本。它还将扩展能力以实现动态跟踪更广泛的在途商品。随着在线购物的增多，资产跟踪将变得更加重要。

此外，虚拟工厂的端到端整合跨越产品的整个生命周期，连接分布广泛的已售出商品也需要低功耗、低成本和广覆盖的网络，企业内部或企业之间的横向集成也需要无所不在的网络，5G NR 网络能很好地满足这类需求。

2019 年第一季度，京东物流宣布率先在上海嘉定建设并落地运营国内首个 5G 智能物流示范园区，依托 5G NR 网络通信技术，通过 AI、IoT、自动驾驶、机器人等智能物流技术和产品融合应用，打造成一个高智能、自决策、一体化的智能物流示范园区。

园区内设置智能车辆匹配、自动驾驶覆盖、人脸识别管理和全域信息监控，预留全园自动驾驶技术接入，实现无人重卡、无人轻型货车、无人巡检机器人调度行驶。依托 5G NR 定位技术实现车辆入园路径自动计算和最优车位匹配。通过人脸识别系统实现员工管理，进行园区、仓库、分拣多级权限控制。基于 5G NR 提供园区内无人机、无人车巡检以及人防联动系统，实现人、车、园区管理的异常预警和实时状态监控。

在数字化仓库中，在自动入仓及出仓匹配、实时库容管理、仓储大脑和机器人无缝衔接、AR 作业、包裹跟踪定位等场景，5G NR 技术也将发挥重要的作用。根据规划，园区将通过自动识别仓内商品实物体积，匹配最合理车辆，提升满载率；借助仓储大脑实现所有搬运、拣选、码垛机器人互联互通和调度统筹，以及仓内叉车、托盘、周转筐等资产设备的定位跟踪；通过 AR 眼镜帮助操作员自动识别商品，并结合可视化指令辅助作业；实现包裹实时追踪和全程视频监控，方便商家、客户随时查询包裹情况并进行履约超时预警。

国内首个 5G NR 智能物流示范园区如图 9-12 所示。

图 9-12　国内首个 5G NR 智能物流示范园区

2. *场外物流追踪与配送——无人机配送*

无人机配送是极具潜力的物流快递应用领域之一，无人机物流行业通常分为“干线—支线—末端”三段式空运网络架构。在该架构下衍生出三大应用场景。

干线运输。大型有人运输机的运力补充，可实现跨区域、跨省份的货物快速调配。载重能力为 500 kg～1 t，时速约 200 km/h，飞行线路固定，飞行高度在 100 m 以上。

支线运输。大城市与小城市或小城市之间的快速直达，有效载荷一般定义在百公斤以上，巡航速度约 170 km/h，最大巡航时间约为 10 h。

末端运输。通常聚焦城镇、农村或山区等运力不足地区等的物流配送，载重为 5～50 kg，飞行半径为 10～50 km。

无人机物流配送涉及配送任务的下发、配送任务的执行、任务及无人机监控等流程，对通信的典型网络需求主要包括飞行状态监控以及网络定位，而在城区等人口密集区域或高可靠物流场景下，给予飞行安全和任务变更的考虑，需要网络图传能力，以保证无人机的实时人工接管。

2019 年第一季度，在浙江杭州，某知名快餐连锁店已提供“5G 无人机送餐”服务，快餐店在接到客户订单后，将食品放入 5G 无人机停机坪内，并选择配送地点，随后无人机依靠“5G 实时视觉识别”精准地降落在客户端自助取货站的停机坪上，大大节约了传统外卖送餐的时间和人力资源，如图 9-13 所示。今后，通过各种家用电器自带的物联网功能，可预约维护、保养配件通过无人机、无人车等方式配送上门，大大改变了传统的物流模式。

图 9-13　5G+无人机送餐服务

9.3.3　智慧工厂

随着新一代信息通信技术与工业的深度融合，无线网络技术将逐步向工业领域渗透，形成新型的智慧工厂。在企业内网中，5G NR 将成为工业有线网络的有力补充或替代，如 5G NR 的 mMTC 场景将会成为低功耗、广覆盖、大连接等工业信息采集和控制场景中较好的技术选择。uRLLC 被设计用于工业控制、工厂自动化、智能电网等，满足高可靠、低时延的业务需求。SDN 可将企业生产内部网络资源进行编排，实现灵活组网，以满足智能机器的柔性生产。同时，在企业外网中，SDN、NFV 等 5G NR 新型网络技术，可以有力支撑智慧工厂中的个性化定制、远程监控、远程运维、智能产品服务等新模式、新业态的发展。5G NR 网络切片也将支持多业务场景、多服务质量、多用户的隔离和保护。可见 5G NR 是满足智慧工厂需求的关键技术之一。

1. 远程监控与调试

传统的设备维护方式是由客户现场人员报告故障，厂家售后人员根据客户描述、图片/视频以及从设备收集的远程数据来给出维修建议，或厂家指派专业技术人员到现场进行故障检修。随着设备的集成度、复杂度越来越高，操作人员的经验缺乏使设备的维修变得越来越困难。

随着 5G NR 网络的发展，可通过在设备上加装多个 NR 传输模块，使设备各主要部件的运行情况能够实时回传给厂家，并通过设定的阈值，对设备的运行情况进行判断，并对临近阈值的部件发出预警信息，告知相关人员进行保养维护，降低企业成本。同时当设备出现故障时，可借助 AR 技术，远程直观查看设备当前的情况及故障点，调试原有的设备运维方式，降低企业成本，提升效率，保障质量。

2. 范围调度管理

在港口、矿区等占地范围较大的区域，可以利用 5G NR 网络进行货物甚至运输设备本身的大范围智能调度，实现智能化的物流调度应用。

智能化物流调度应用涵盖仓储物流作业的入库、仓储、出库、运输 4 个环节。需针对仓储物流的不同环节、不同业务特性进行网络保障，确保整体业务有序、可靠的开展。同时需要利用 5G NR 的大带宽、高可靠、低时延、大连接的网络特性，满足货物在入库、仓储、出库、运输中应用机器视觉、AGV（自动导引运输车）、无人机、无人车等信息通信需求，以对货物进行大范围的物流调度管理。

3. 多工厂联动

通过 5G NR 网络，多家工厂之间的数据可以得到全面互联，打破信息孤岛，实现不同工厂间、不同设备之间的数据交互链接。

在大型企业的生产场景中，经常涉及跨工厂、跨地域的设备维护、远程问题定位等场景。5G NR 技术在这些方面的应用，可以提升运行、维护效率，降低成本。5G NR 带来的不仅是万物互联，还有万物信息交互，使未来智能工厂的维护工作突破工厂的边界。工厂维护工作按照复杂程度，可根据实际情况由工业机器人或者人与工业机器人协作完成。在未来，工厂中每个物体都是一个有唯一 IP 的终端，使生产环节的原材料都具有"信息"的属性。原材料会根据"信息"自动生产和维护。人也变成了具有自己 IP 的终端，人和工业机器人进入整个生产环节中，与带有唯一 IP 的原料、设备、产品进行信息交互。工业机器人在管理工厂的同时，人在千里之外也可以第一时间接收到实时信息，并进行交互操作。

4. 远程作业

利用 5G NR 网络，通过 VR/AR 技术和远程触觉感知技术设备，遥控工业机器人在现场进行故障诊断、修复与作业，降低维护成本。

在生产装配操作过程中，采用 5G VR/AR 眼镜，通过网络与云端服务器通信，传输工业机器人操作手册及所产生的信息等，机器人通过网络与云端服务器通信，反馈当前状态信息，准确执行云端下的控制指令。远端专家通过 5G NR 网络实时传送 VR/AR 影像，可协同操作工业机器人进行工业生产过程中的上下料、视觉智能检测与分拣等。采用 VR/AR 操作柔性协作工业机器人，可远程进行各种单调、重复性高、危险性强的工作。

5. 智慧工厂在国内

2019 年第一季度，中国联通联合中国商飞在上海飞机制造有限公司厂区举行了 5G 智慧厂区及基于 5G 的十大工业场景发布会，意味着国内首个真正意义上的 5G 智慧工厂正式建立。

该 5G 智慧工厂带来的新应用主要包括以下几个方面。

- 可穿戴监控

工人、技术人员、管理人员通过可穿戴设备，能够实时掌握飞机的生产、运行状况。

- AR 应用辅助

实现装配过程中的 AR 应用，贯穿设计、辅助维护维修、培训、制造等流程，技术人员通过 AR 设备实时指导员工装配，及时对不规范操作预警和记录。

- 边缘云/私有云

部署了边缘云和私有云，结合云计算与边缘计算技术，共享云端强大的计算能力，可实现仿真分析的即时演算，随时随地获取分析结果信息，也可以将设备的计算和存储功能转移到云端，实现智能装备的轻便化。

- 机床大数据预测性维护

将传感器植入数控机床，对机床运行时的各种数据进行采集，并立刻上传到智慧平台或云端，再与数据模型进行不间断比对，一旦发现异常，在短时间内就能立刻告警，实现数控车间机床的大数据预测性维护，实时展示设备利用率并针对典型问题进行大数据预警探索。

- 远程操作

远程操作包含两类应用，一类是实现人与机械臂的交互，并实现实时的远程操作，可在狭小空间或危险区域进行远程制造；另一类是实现对大部件自动对接装配，对接装配过程和全机对接过程中产生的大量装配数据在云端分析，实现对接过程的智能化，如图 9-14 所示。

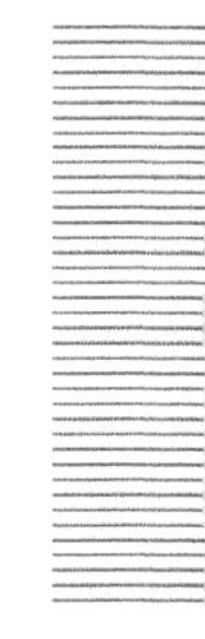

图 9-14 大部件智能自动对接装配

- 物料定位跟踪

用于大飞机生产的零配件成千上万，且不少工艺仍需要工匠们手工完成，基于蜂窝辅助定位技术，实现物料的定位和跟踪，打造可视化供应链管理，满足资源的动态、灵活调度。

- 柔性生产线

实现机器人与机器人之间的通信无线化，机器臂与末端执行器的通信无线化，提升设备的柔性化能力，打造成为柔性生产线。

- 智能 AGV 运输

多源融合感知的智能 AGV 运输，实现云化的路径规划，并实现对 AGV 的精确导航定位，如图 9-15 所示。

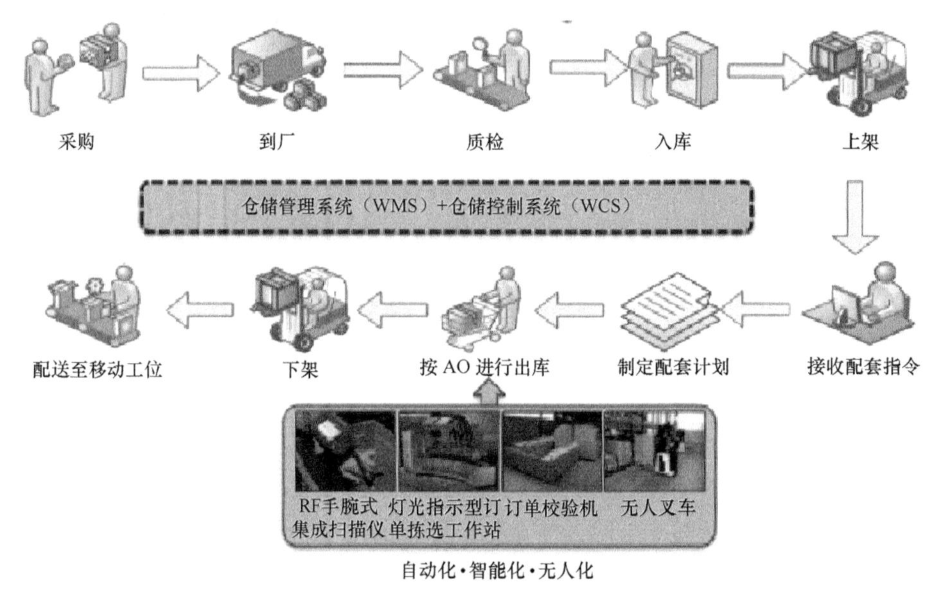

图 9-15 智能 AGV 运输

第五部分
系统演进

第10章

后NR展望

移动通信系统主要由技术和需求驱动。除第一代模拟系统已经消失外，每一代系统都曾不断引入增强技术，提高信息的传输能力，在支持新业务的同时延长生命周期。当前，技术飞速发展，社会需求不断扩大，可以预见NR系统也必然面临着系统持续演进的问题。

NR 系统在设计之初就综合考虑了技术发展趋势及网络平滑演进等因素，兼顾了前向演进和后向兼容的需求。其中，后向兼容主要是考虑到 LTE/LTE-A 网络已在全球范围内大规模部署，为持续提升 4G 用户体验并支持网络平滑演进，需要对其进一步增强。而 NR 作为事实上的全球统一标准，在未来也必然面临同样的系统演进问题。预计 NR 将通过非授权频谱接入等技术，进一步融合各个主流的无线制式网络，完成自身系统的前向演进，以全面满足不断出现的全新业务需求，而这一持续演进之路可能是长期的。

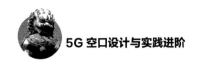

10.1 非授权频谱接入

当前世界各国无线频谱的分配方式基本上是根据各个行业的业务特点、带宽需求量进行静态频谱管理和分配。也就是说，授权用户在为其分配的频段上具有独占性，且不允许其他用户接入该频谱。而随着移动互联网和物联网的爆发式增长，对无线频谱的需求量也急剧增长。但是，作为一种不可再生资源，无线频谱在中低频以下非常稀缺，几乎都已授权分配给现有的无线通信系统。频谱资源的短缺与日益增长的需求之间形成了尖锐的矛盾。然而，即使在无线频谱资源如此匮乏的情况下，现网的部分授权频谱的使用率实际上仍然很低，并且频谱的实际使用在频率、时间、地理位置上呈现出高度的不均衡性。在此背景下，非授权频谱接入技术越来越得到业界的重视。因为非授权频谱的接入使运营商或用户可以在无法获得更多授权频谱的情况下，为无线通信系统在维持低成本的同时显著提高系统的容量提供可能性。通信领域典型的非授权频谱主要有 ISM 频段（开放给工业、科学和医学机构的频段，共 11 个频段，其中通信领域主要使用 2.4 GHz 和 5.8 GHz）和 5 GHz WLAN 频段。

NR 对系统容量、速率和时延的要求相比上一代移动通信系统显著提高，因而也就隐含要求了更多的频谱资源。但是，中低频资源的稀缺和高频段利用技术的不成熟等问题对其产生了一定的限制，因而 NR 的标准化目标中也加入了对非授权频谱接入的支持。

对 NR 非授权频谱接入的研究，主要分为两类，如图 10-1 所示。一类是基于 LTE-A 中的非授权频谱接入技术（如 LTE-U、LAA、eLAA 和 LWA 等）的增强，其主要方式是通过在授权频段上设置锚点对非授权频段的控制信息进行传输，以保证通信质量，而通过在非授权频段上传输数据信息来提升数据的传输速率。另一类是独立的方案（如 MuLTEfire、Wi-Fi 等），其可以在没有授权频段辅助的情况下独立地使用非授权频谱。

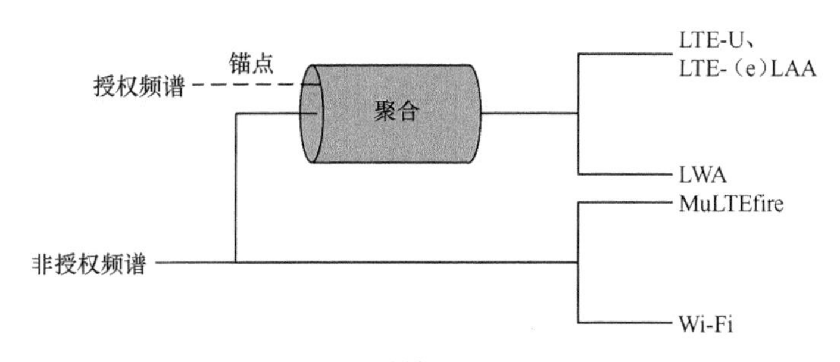

图 10-1　非授权频谱接入技术

10.1.1　NR 授权频谱辅助接入

利用非授权频谱的 LTE 技术最早可以追溯到 R12 中的 LTE-U，其设计初衷是在尽可能保持 LTE 物理层和 MAC 层现有标准的条件下，将 LTE 空口扩展到非授权频段。LTE-U 采用载波聚合的机制将非授权频段的多个载波和授权频段的载波聚合成一个更宽的虚拟载波，如图 10-2 所示。位于非授权频段的辅载波可以作为进一步提高数据传输速率的补充，而工作在授权频段的主载波可以用于控制面的维持，以保障用户 QoS 体验。LTE-U 对现有 LTE 系统的改动很小，易于实现。但由于 LTE-U 不支持 LBT 机制，其使用范围受到了极大的限制。这是因为 LTE-U 的非授权频段主要是使用 5 GHz WLAN 频段，需要考虑

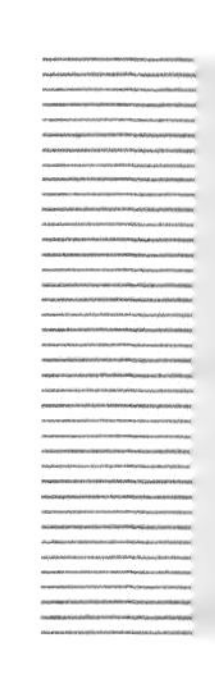

与 Wi-Fi 的共存。LTE 对信道的使用是独占的，而 Wi-Fi 是通过竞争机制对信道进行竞争。因而，在这样的情况下，如果把 LTE 和 Wi-Fi 都部署在同一非授权频段上，LTE 会使 Wi-Fi 系统很难获得接入信道的机会。

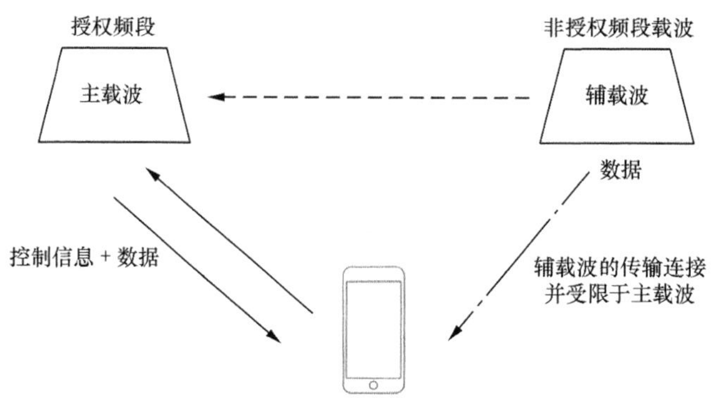

图 10-2　LTE-U 示意

LAA 与 LTE-U 的思想类似，都是采用载波聚合的方式利用非授权频谱的辅载波，但 LAA 吸取了 LTE-U 的教训。为了保证 LAA 和其他系统的共存，LAA 在信道选择方面也采用了 LBT 机制，以保证它和 Wi-Fi 在对非授权频谱的使用上的竞争是公平的。如图 10-3 所示，在下行链路中，LTE 基站 eNB 在数据传输前先进行信道感知。如果感知到信道空闲，eNB 会调度 UE 进行数据传输。同理，在上行链路中，UE 如果感知到信道忙，也会避免在非授权频段上进行数据传输。

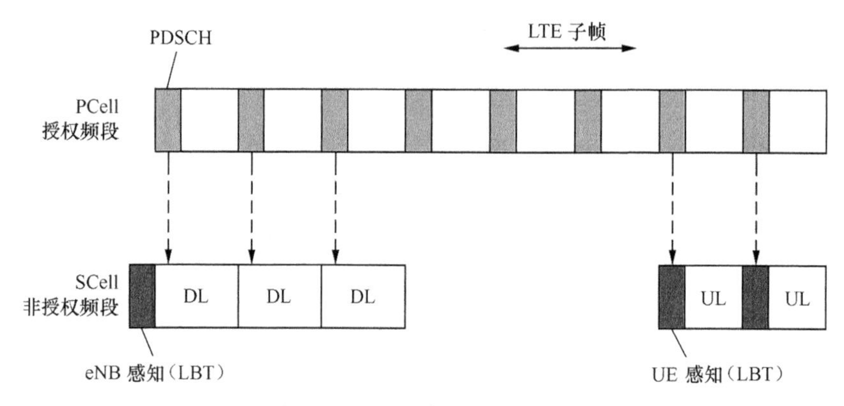

图 10-3　LAA 中的 LBT 机制

在 3GPP R13 中，LAA 仅支持下行的非授权频谱接入。直到 R14 确定，eLAA 加入了对上行链路的支持。当前及未来，NR 会对基于 LTE 的非授权频谱接入技术进行增强，使其能够更好地与NR系统的使用场景和关键指标相结合。

10.1.2 SA非授权频谱接入

前述的LTE-U、（e）LAA均要通过载波聚合的方式受控于授权频段，而无法独立完成包括上下行数据、参考信号、控制信令等在内的所有传输。相较而言，MuLTEfire是一种独立组网（Stand Alone）的方案，其可以在没有授权频谱辅助的情况下独立使用。MuLTEfire基于（e）LAA的框架演变而来，承袭了诸多的（e）LAA相关特性，但作为独立方案，MuLTEfire也不得不考虑在非授权频段上独立地进行上下行传输这一需求而做出相应的改动，包括网络架构增强（支持PLMN接入模式和NHN接入模式）、下行信道增强、上行信令相关流程及传输模式的重新设计等。

综合来说，MuLTEfire同时拥有LTE和Wi-Fi的性能优势，因而极有可能成为NR应对日益增长数据业务量的强有力的备选方案。更具想象力的是，由于MuLTEfire可独立于授权频谱使用，不只是移动运营商，电网、工业互联网等各行各业均可以通过非授权频谱建设自己的NR专网，以满足多样化、个性化的业务需求。

10.2 长期演进之路

当前处于NR网络部署的初期，NR无论是在技术成熟度、网络规模还是在应用孵化上，都仍处于初级阶段。然而，出于种种因素的影响，普通民众对NR网络的发展前景和期待早已经历了一段急剧且曲折的心理波动，甚至形成了某种观点的对立。悲观论者认为5G NR只是泡沫，NR并不会如期待中的那样“改变社会”。乐观论者则认为NR在经过短暂的酝酿之后将很快迎来量产高峰。NR的发展前景究竟如何？以下将从技术发展、应用孵化和投资时序等方面进行简要的分析。

技术发展程度。5G NR与前四代移动通信系统以不同的多址接入技术革新为换代标志不同，NR是由一组“标志性能力指标”和“关键技术”来共同定义的。从狭义层面看，“关键技术”是指NR的使能技术，即使NR具备更快传输速率、超低时延、更低功耗及海量连接的无线技术和网络技术。具体技术上的成熟度由NR的标准化进程可见一斑。单就目前冻结的R15版本而言，其更多的是针对 eMBB 场景的使能技术规范，而不足以支持 mMTC 和 uRLLC 全业务场景。因此，NR 使能技术的成熟及标准化是具有阶段性的，而非一蹴而就。从广义层面看，“关键技术”还包括 NR 关键技术群，诸如大数据、人工智能、边缘计算、传感器技术等与 NR 技术有机结合后，能产生“1+1>2”效应并赋予 NR 向下游相关垂直行业拓展能力的技术集合。关键技术群的成熟度事实上也影响了 NR 面向特定场景的“标志性能力指标”的实现。

应用孵化程度。NR 垂直行业应用的催生或重塑，需要产学研用各界的合力。目前 NR 的应用主要局限在 eMBB 场景孵化，对 mMTC 和 uRLLC 场景应用的探索仍有待时日。应当说，NR 技术及其应用的发展都遵循技术成熟度曲线（the Hype Cycle），即满足“双驼峰”规律。根据 Gartner 发布的 2018 年新兴技术成熟度曲线（如图 10-4 所示），目前 NR 仍处于创新驱动期，距离其跨过高期望顶峰和泡沫化低谷期，进入稳步爬升的光明期甚至量产高峰期仍需要一定的时间周期。相应地，对待 NR 垂直行业的应用孵化，也应给予一定的恒心和耐心。

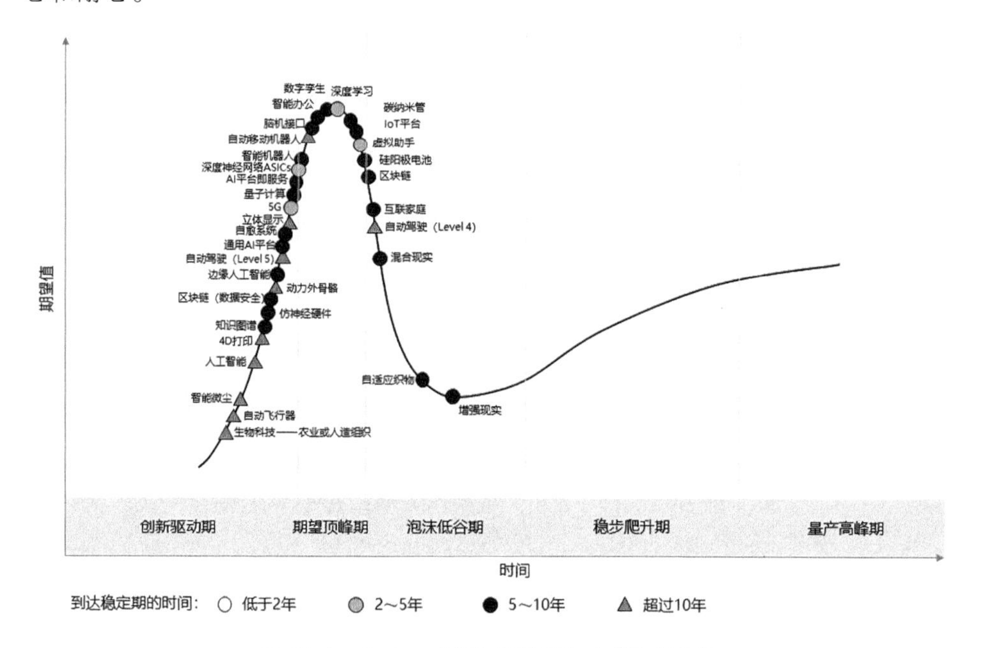

图 10-4　Gartner 2018 年新兴技术成熟度曲线

投资时序。对于运营商而言，部署 NR 网络无疑会面临如何节省频谱开销、如何利用现有无线网络平滑升级支撑新的业务形态以达到保护原有 4G 投资的目的等诸多问题。出于保护 4G 投资的考虑，运营商更倾向于，在 NR 网络部署初期仅投资垂直行业用户、品牌示范区域和高流量区域热点覆盖，而不追求

连续覆盖。这种按需建设的投资策略决定了 NR 网络的部署和成形必定是阶段性的。

根据上面的讨论，NR 网络的成熟应该是一个相对长期的演进过程，但这并不代表 NR 的应用前景不佳。麦特卡尔夫定律（Metcalfe's Law）认为，网络的价值同网络用户数量的平方成正比。NR 作为全球统一标准制式的电信网络，一旦形成规模，必定会带来显著的正向反馈，即 NR 网络的价值会随着用户数量的增加而急剧增加。因此，NR 网络的应用前景是值得肯定的。只要稳扎稳打，踏踏实实地走好 NR 部署之路，切实解决网络部署初期可能面临的工程问题和技术难题，促使网络与终端成熟后再扩大规模建设，并同步加强 NR 的创新应用孵化，NR 有望达成“信息随心至，万物触手及”的广阔愿景。

缩略语

AAU	Active Antenna Unit	有源天线处理单元
AM	Acknowledged Mode	确认模式
AMF	Access and Mobility Management Function	接入和移动性管理功能单元
ASN.1	Abstract Syntax Notation One	抽象语法描述
AUSF	Authentication Server Function	认证服务器功能单元
BA	Bandwidth Adaptation	带宽自适应
BCCH	Broadcast Control Channel	广播控制信道
BCH	Broadcast Channel	广播信道
BWP	Bandwidth Part	部分带宽
CA	Carrier Aggregation	载波聚合
CAPEX	Capital Expenditure	资本性支出
CBRA	Contention Based Random Access	基于竞争的随机接入
CCCH	Common Control Channel	公共控制信道
CCE	Control Channel Element	控制信道单元
CFI	Control Format Indicator	控制格式指示消息
CFRA	Contention Free Random Access	基于非竞争的随机接入

CMAS	Commercial Mobile Alert System	广播商用移动告警系统
CORESET	Control Resource SET	控制资源集
CP	Cyclic Prefix	循环前缀
	Control Plane	控制面
CPF	Controller Plane Function	控制面功能
CQI	Channel Quality Indicator	信道质量指示
CRB	Common Resource Block	公共资源块
CRI	CSI-RS Resource Indicator	CSI-RS 资源指示
CRS	Cell-specific RS	小区级参考信号
CSI-RS	Channel State Information Reference Signal	信道状态信息参考信号
CSS	Common Search Space	公共搜索空间
CU	Centralized Unit	集中单元
CW	Code Word	码字
	Continuous Wave	连续波
DC	Data Center	数据中心
	Dual Connectivity	双连接
DCCH	Dedicated Control Channel	专用控制信道
DCI	Downlink Control Information	下行控制信息
DL-SCH	Downlink Shared Channel	下行链路共享信道
DMRS	Demodulation Reference Signal	解调参考信号
DRB	Data Radio Bearer	数据无线承载
DRX	Discontinuous Reception	不连续接收
DTCH	Dedicated Traffic Channel	专用业务信道
DU	Distributed Unit	分布单元
EAI	Embed Air Interface	嵌入式空口
eMBB	enhanced Mobile Broadband	增强移动宽带
eNodeB/eNB	Evolved Node B	演进型基站
EPRE	Energy Per Resource Element	每资源单元的能量

E-RAB	E-UTRAN Radio Access Bearer	E-UTRAN 无线承载
ETWS	Earthquake and Tsunami Warning Service	广播地震和台风预警系统
FDD	Frequency Division Duplex	频分双工
GP	Guard Period	保护间隔
GT	Guard Time	保护时间
HARQ	Hybrid Automatic Repeat Request	混合自动重传请求
HPUE	High Power UE	高功率用户终端
ICI	Inter Carrier Interference	载波间干扰
IM	Interference Measurements	干扰测量
IoT	Internet of Things	物联网
ITU	International Telecommunication Union	国际电信联盟
LAA	Licensed-assisted Access Using LTE	基于 LTE 的授权频谱辅助接入
LBRM	Limited Buffer Rate Matching	有限缓存速率匹配
LBT	Listen-Before-Talk	先听后讲
LI	Layer Indicator	层指示
LOS	Light Of Sight	视距传播
MAC	Medium Access Control	媒体接入控制层
MAPL	Max Attenuation Path Loss	最大允许路径损耗
MCCH	Multicast Control Channel	多播控制信道
MCG	Master Cell Group	主小区组
MCH	Multicast Channel	多播信道
MCS	Modulation and Coding Scheme	调制与编码策略
MEC	Multi-Access Edge Computing	多接入边缘计算
MeNB	Master eNodeB	主基站
MIB	Master Information Block	主信息块
MIMO	Multiple-Input Multiple-Output	多输入多输出
MME	Mobility Management Entity	移动管理实体
mMTC	massive Machine Type of Communications	海量机器类通信

mmWave	millimeter Wave	毫米波
MTC	Machine Type of Communication	机器类通信
MTCH	Multicast Traffic Channel	多播业务信道
MUSA	Multi-User Shared Access	多用户共享接入
NA	Notification Area	通知区
NAS	Non-Access Stratum	非接入层
NGC	Next Generation Core	下一代核心网
NG-RAN	Next Generation Radio Access Network	下一代无线接入网
NLOS	None Light of Sight	非视距传播
NOMA	Non-Orthogonal Multiple Access	非正交多址接入
NR	New Radio	新空口（特指 5G）
NR-U	5G NR in Unlicensed Spectrum	NR 非授权频谱
NSA	Non-Stand Alone	非独立组网
NSSF	Network Slice Selection Function	网络切片选择功能单元
OCC	Orthogonal Cover Code	正交覆盖码
OMA	Orthogonal Multiple Access	正交多址接入
OPEX	Operating Expense	运营性支出
OTSA	5G Open Trial Specification Alliance	5G 开放试用规范联盟
PBCH	Physical Broadcast Channel	物理广播信道
PCCH	Paging Control Channel	寻呼控制信道
PCF	Policy Control Function	策略控制功能单元
PCFICH	Physical Control Format Indicator Channel	物理控制格式指示信道
PCH	Paging Channel	寻呼信道
PDCCH	Physical Downlink Control Channel	物理下行控制信道
PDCP	Packet Data Convergence Protocol	分组数据汇聚协议层
PDMA	Pattern Division Multiple Access	图样分割多址接入
PDN-GW	Packet Data Network GateWay	分组数据网关
PDSCH	Physical Downlink Shared Channel	物理下行共享信道

PDU	Protocol Data Unit	协议数据单元
PHICH	Physical Hybrid ARQ Indicator Channel	物理 HARQ 指示信道
PHY	Physical Layer	物理层
PI	Preemption Indication	抢占指示
PMCH	Physical Multicast Channel	物理多播信道
PMI	Precoding Matrix Indicator	预编码矩阵指示
PRACH	Physical Random Access Channel	物理随机接入信道
PRB	Physical Resource Block	物理资源块
PSS	Primary Synchronization Signal	主同步信号
PT-RS	Phase Tracking Reference Signal	相位噪声跟踪参考信号
PUCCH	Physical Uplink Control Channel	物理上行控制信道
PUSCH	Physical Uplink Shared Channel	物理上行共享信道
QCL	Quasi Co-Located	准共址
QoS	Quality of Service	服务质量
RACH	Random Access Channel	随机接入信道
RAR	Random Access Response	随机接入响应
RAT	Radio Access Technology	无线接入技术
RB	Resource Block	资源块
RE	Resource Element	资源粒子
REG	Resource Element Groups	资源单元组
RF	Radio Frequency	射频
RG	Resource Grid	资源栅格
RI	Rank Indicator	秩指示
RLC	Radio Link Control	无线链路控制层
RMSI	Remaining Minimum System Information	最小保留系统信息
RNTI	Radio Network Tempory Identity	无线网络临时标识
RO	RACH Occasion	随机接入突发
ROHC	Robust Header Compression	头压缩

RRC	Radio Resource Control	无线资源控制层
RS	Reference Signal	参考信号
RV	Redundancy Version	冗余版本
SA	Stand Alone	独立组网
SAP	Service Access Point	业务接入点
SCG	Secondary Cell Group	辅小区组
SCMA	Sparse Code Multiple Access	稀疏码多址接入
SCS	SubCarrier Spacing	子载波间隔
SCTP	Stream Control Transmission Protocol	流控制传输协议
SDAP	Service Data Adaptation Protocol	服务数据适应协议层
SDU	Service Data Unit	服务数据单元
SeNB	Secondary eNodeB	辅基站
SFN	System Frame Number	系统帧号
SG	Scheduling Grant	调度授权
S-GW	Serving GateWay	服务网关
SIB	System Information Block	系统信息块
SIC	Successive Interference Cancellation	串行干扰删除
SMF	Session Management Function	会话管理功能单元
SR	Scheduling Request	调度请求信令
SRS	Sounding Reference Signal	探测参考信号
SS	Synchronization Signal	同步信号
SSB	SS/PBCH Block	同步信号/广播信道信息块
SSS	Secondary Synchronization Signal	辅同步信号
SUL	Supplementary Uplink	辅助上行
TA	Timing Advance	时间提前量
TB	Transport Block	传输块
TBS	Transport Block Size	传输块大小
TCI	Transmission Configuration Indicator	传输配置指示

TDD	Time Division Duplex	时分双工
TF	Transport Format	传输格式
TM	Transparent Mode	透明模式
TRS	Tracking Reference Signal	跟踪参考信号
TTI	Transmission Time Interval	传输时间间隔
UCI	Uplink Control Information	上行控制信息
UDM	Unified Data Management	统一数据管理实体
UDP	User Datagram Protocol	用户数据报协议
UE	User Equipment	用户终端
UL-SCH	Uplink Shared Channel	上行链路共享信道
UM	Unacknowledged Mode	非确认模式
UP	User Plane	用户面
UPF	User Plane Function	用户面功能
URLLC	Ultra Reliable Low Latency Communications	超高可靠低时延通信
URS	UE-specific RS	用户级参考信号
USS	UE-specific Search Space	UE 专用搜索空间
UTC	Coordinated Universal Time	世界标准时间

参考文献

第1章

[1] ITU-R M.1865. Framework and Overall Objectives of the Future Development of IMT for 2020 and beyond [R]. 2015.

[2] ITU-R M.2410-0. Minimum Requirements Related to Technical Performance for IMT-2020 Radio Interface(s) [R]. 2017.

[3] IMT-2020(5G)推进组. 5G 愿景与需求白皮书[R]. 2014.

[4] IMT-2020(5G)推进组. 5G 概念白皮书[R]. 2015.

[5] 3GPP TR38.912 V15.0.0. Study on New Radio (NR) Access Technology (Release 15) [R].2018.

[6] 3GPP TR38.913 V15.0.0. Study on Scenarios and Requirements for Next Generation Access Technologies (Release 15) [R].2018.

[7] 3GPP TS 38.101-1 V15.3.0. User Equipment (UE) Radio Transmission and Reception; Part 1 : Range 1 Stand Alone (Release 15) [R]. 2018.

[8] 3GPP TS38.101-2 V15.3.0. NR; User Equipment (UE) Radio Transmission and Reception; Part 2: Range 2 Stand Alone (Release 15) [R].2018.

[9] Erik Dahlman. 3G 演进：HSPA 与 LTE：HSPA and LTE for Mobile Broad Band[M]. 北京：人民邮电出版社, 2010.

[10] IMT-2020（5G）推进组. 5G 无线技术架构白皮书[R]. 2015.

[11] 黄劲安，曾哲君，蔡子华，梁广智. 迈向 5G：从关键技术到网络部署[M]. 北京：人民邮电出版社，2018.

[12] 樊昌信，曹丽娜. 通信原理[M]. 北京：国防工业出版社，2011.

[13] 黄劲安，梁广智，陆俊超，蔡子华. 5G 超密集异构网络的上行性能提升方案[J]. 移动通信，2018, 42(10):52-57.

[14] 文桥安，蔡子华. 上下行解耦技术在 5G 异构网络中的应用及挑战[J]. 广东通信技术，2018(4): 39-41.

[15] 赵钊. 上行 NOMA 系统中的用户分簇和功率分配[D]. 北京：北京邮电大学，2018.

[16] 刘泽源. 面向 5G 的大规模机器通信技术研究[D]. 成都：成都电子科技大学，2018.

[17] Erik Dahlman, Stefan Parkvall, Johan Sköld. 5G NR：the Next Generation Wireless Access Technology[M]. Academic Press, 2018.

第 2 章

[1] 3GPP TR 38.912 V15.0.0. Study on New Radio (NR) Access Technology (Release 15) [R].2018.

[2] 3GPP TS 38.300 V15.3.1. NR; NR and NG-RAN Overall Description; Stage 2 (Release 15) [R].2018.

[3] 3GPP TS 38.401 V15.3.0. NG-RAN; Architecture Description (Release 15) [R].2018.

[4] 3GPP TS 38.425 V15.4.0. NG-RAN; NR User Plane Protocol (Release 15) [R].2018.

[5] 3GPP TS 38.331 V15.4.0. NR; Radio Resource Control (RRC) Protocol Specification (Release 15) [R].2018.

[6] 3GPP TS 37.324 V15.1.0. Evolved Universal Terrestrial Radio Access (E-UTRA) and NR; Service Data Adaptation Protocol (SDAP) Specification (Release 15) [R].2018.

[7] 3GPP TS 38.323 V15.3.0. NR; Packet Data Convergence Protocol (PDCP) Specification (Release 15) [R].2018.

[8] 3GPP TS 38.322 V15.3.0. NR; Radio Link Control (RLC) Protocol Specification (Release 15) [R].2018.

[9] 3GPP TS 38.321 V15.3.0. NR; Medium Access Control (MAC) Protocol

Specification (Release 15) [R].2018.

[10] 3GPP TS 38.804 V14.0.0. Study on New Radio Access Technology; Radio Interface Protocol Aspects (Release 14) [R].2017.

[11] 3GPP TS 38.101-1 V15.4.0. NR; User Equipment (UE) Radio Transmission and Reception; Part 1: Range 1 Stand Alone (Release 15) [R].2018.

[12] 3GPP TS 38.101-2 V15.4.0. NR; User Equipment (UE) Radio Transmission and Reception; Part 2: Range 2 Stand Alone (Release 15) [R].2018.

[13] Erik Dahlman, Stefan Parkvall, Johan Sköld. 5G NR：The Next Generation Wireless Access Technology[M]. Academic Press, 2018.

[14] Erik Dahlman. 3G 演进：HSPA 与 LTE：HSPA and LTE for Mobile Broad Band[M]. 北京：人民邮电出版社，2010.

[15] 许宁. 蜂窝移动通信系统的空口演进——LTE、LTE-A、LTEPro 和 5G [M]. 北京：北京邮电大学出版社，2017.

第 3 章

[1] 3GPP TS 38.211 V15.4.0. NR; Physical Channels and Modulation (Release 15) [R].2018.

[2] 3GPP TS 38.212 V15.4.0. NR; Multiplexing and Channel Coding (Release 15) [R].2018.

[3] 3GPP TS 38.213 V15.4.0. NR; Physical Layer Procedures for Control (Release 15) [R].2018.

[4] 3GPP TS 38.214 V15.4.0. NR; Physical Layer Procedures for Data (Release 15) [R].2018.

[5] 3GPP TS 38.215 V15.4.0. NR; Physical Layer Measurements (Release 15) [R].2018.

[6] 3GPP TS 38.101-1 V15.4.0. NR; User Equipment (UE) Radio Transmission and Reception; Part 1: Range 1 Stand Alone (Release 15) [R].2018.

[7] 3GPP TS 38.101-2 V15.4.0. NR; User Equipment (UE) Radio Transmission and Reception; Part 2: Range 2 Stand Alone (Release 15) [R].2018.

[8] Erik Dahlman, Stefan Parkvall, Johan Sköld. 5G NR：The Next Generation Wireless Access Technology[M]. Academic Press, 2018.

[9] 3GPP TS 38.101-1 V15.3.0. User Equipment (UE) Radio Transmission and Reception; Part 1 : Range 1 Stand Alone (Release 15) [R]. 2018.

[10] 3GPP TS 38.101-2 V15.3.0. User Equipment (UE) Radio Transmission and Reception; Part 2 : Range 2 Stand Alone (Release 15) [R]. 2018.

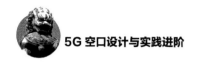

[11] National Instruments.5G 新空口物理层介绍技术白皮书[R]. 2018.

[12] 许宁. 蜂窝移动通信系统的空口演进——LTE、LTE-A、LTEPro 和 5G[M]. 北京：北京邮电大学出版社，2017.

第 4 章

[1] 3GPP TS 38.201 V15.0.0. NR; Physical Layer; General Description (Release 15) [R].2018.

[2] 3GPP TS 38.201 V15.3.0. NR; Services Provided by the Physical Layer (Release 15) [R].2018.

[3] 3GPP TS 38.211 V15.4.0. NR; Physical Channels and Modulation (Release 15) [R].2018.

[4] 3GPP TS 38.212 V15.4.0. NR; Multiplexing and Channel Coding (Release 15) [R].2018.

[5] 3GPP TS 38.213 V15.4.0. NR; Physical Layer Procedures for Control (Release 15) [R].2018.

[6] 3GPP TS 38.214 V15.4.0. NR; Physical Layer Procedures for Data (Release 15) [R].2018.

[7] 3GPP TS 38.215 V15.4.0. NR; Physical Layer Measurements (Release 15) [R].2018.

[8] 3GPP TS 38.101-1 V15.4.0. NR; User Equipment (UE) Radio Transmission and Reception; Part 1: Range 1 Stand Alone (Release 15) [R].2018.

[9] 3GPP TS 38.101-2 V15.4.0. NR; User Equipment (UE) Radio Transmission and Reception; Part 2: Range 2 Stand Alone (Release 15) [R].2018.

[10] 3GPP TS 38.331 V15.4.0. NR; Radio Resource Control (RRC) Protocol Specificatio (Release 15) [R].2018.

[11] Erik Dahlman, Stefan Parkvall, Johan Sköld. 5G NR：The Next Generation Wireless Access Technology[M]. Academic Press, 2018.

[12] Ali Zaidi, Fredrik Athley, Jonas Medbo, et al. 5G Physical Layer: Principles, Models and Technology Components [M]. Academic Press, 2018.

[13] 刘晓峰，孙韶辉，杜忠达，等. 5G 无线系统设计与国际标准 [M]. 北京：人民邮电出版社，2019.

[14] Erik Dahlman. 3G 演进：HSPA 与 LTE：HSPA and LTE for Mobile Broad Band[M]. 北京：人民邮电出版社，2010.
[15] 元泉. LTE 轻松进阶 [M]. 北京：电子工业出版社，2012.
[16] 许宁. 蜂窝移动通信系统的空口演进——LTE、LTE-A、LTEPro 和 5G [M]. 北京：北京邮电大学出版社，2017.

第 5 章

[1] 3GPP TS 38.211 V15.4.0. NR; Physical Channels and Modulation (Release 15) [R].2018.
[2] 3GPP TS 38.212 V15.4.0. NR; Multiplexing and Channel Coding (Release 15) [R].2018.
[3] 3GPP TS 38.213 V15.4.0. NR; Physical Layer Procedures for Control (Release 15) [R].2018.
[4] 3GPP TS 38.214 V15.4.0. NR; Physical Layer Procedures for Data (Release 15) [R].2018.
[5] 3GPP TS 38.215 V15.4.0. NR; Physical Layer Measurements (Release 15) [R].2018.
[6] 3GPP TS 38.331 V15.4.0. NR; Radio Resource Control (RRC) Protocol Specification (Release 15) [R].2018.
[7] 3GPP TS 38.304 V15.4.0. NR; User Equipment (UE) Procedures in Idle Mode and in RRC Inactive State (Release 15) [R].2018.
[8] Erik Dahlman, Stefan Parkvall, Johan Sköld. 5G NR：the Next Generation Wireless Access Technology[M]. Academic Press, 2018.
[9] 许宁. 蜂窝移动通信系统的空口演进——LTE、LTE-A、LTEPro 和 5G [M]. 北京：北京邮电大学出版社，2017.

第 6 章

[1] 3GPP TR 37.910 V1.1.0. Study on Self Evaluation towards IMT-2020 Submission (Release 16) [R].2018.
[2] 3GPP RWS-180018. Self Evaluation: Enhanced Mobile Broadband (eMBB) Evaluation Results [R].2018.
[3] 3GPP TS 38.214 V15.4.0. NR; Physical Layer Procedures for Data (Release

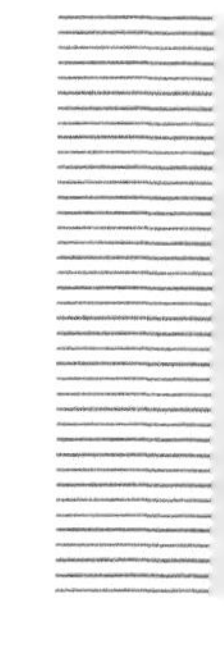

15) [R].2018.

[4] ITU-R M.2410-0. Minimum Requirements Related to Technical Performance for IMT-2020 Radio Interface(s) [R]. 2017.

[5] ITU-R M.2411-0. Requirements, Evaluation Criteria and Submission Templates for the Development of IMT-2020 [R]. 2017.

[6] ITU-R M.2412-0. Guidelines for Evaluation of Radio Interface Technologies for IMT-2020 [R]. 2017.

[7] 刘晓峰，孙韶辉，杜忠达等. 5G 无线系统设计与国际标准 [M]. 北京：人民邮电出版社，2019.

[8] Erik Dahlman. 3G 演进：HSPA 与 LTE：HSPA and LTE for Mobile Broadband[M]. 北京：人民邮电出版社，2010.

[9] Erik Dahlman, Stefan Parkvall, Johan Sköld. 5G NR：the Next Generation Wireless Access Technology[M]. Academic Press, 2018.

第 7 章

[1] 3GPP TR 38.913 V15.0.0. Study on Scenarios and Requirements for Next Generation Access Technologies (Release 15) [R].2018.

[2] 3GPP TS 38.101-1 V15.4.0. NR; User Equipment (UE) Radio Transmission and Reception; Part 1: Range 1 Stand Alone (Release 15) [R].2018.

[3] 3GPP TS 38.101-2 V15.4.0. NR; User Equipment (UE) Radio Transmission and Reception; Part 2: Range 2 Stand Alone (Release 15) [R].2018.

[4] 3GPP TR 36.873 V12.6.0. Study on 3D Channel Model for LTE (Release 12) [R].2017.

[5] 3GPP TR 38.901 V14.3.0. Study on Channel Model for Frequencies from 0.5 to 100 GHz (Release 14) [R].2017.

[6] 华为技术有限公司. 5G 无线网络规划解决方案白皮书[R]. 2018.

[7] 黄劲安，曾哲君，蔡子华，等. 迈向 5G 从关键技术到网络部署[M]. 北京：人民邮电出版社，2018.

[8] ITU-R P.838-3. Specific Attenuation Model for Rain for Use in Prediction Methods[DB/OL]. 2005.

[9] 陈杨，杨芙蓉，余扬尧. 5G 覆盖能力研究[J]. 通信技术，2018.

[10] 酷哥尔. 实战无线通信应知应会[M]. 北京：人民邮电出版社，2010.

[11] 郭宝，张阳，李冶文. 移动通信技术丛书：TD-LTE 无线网络优化与应用

[M]. 北京：机械工业出版社，2014.
[12] 朱明程，王霄峻. 网络规划与优化技术[M]. 北京：人民邮电出版社, 2018.
[13] 中兴通讯股份有限公司. 5G 技术白皮书[R]. 2018.
[14] IMT-2020 推进组. 5G 低频基站设备功能技术要求[S]. 2018.
[15] 中国移动. Guideline for 3.5 GHz 5G System Prototype and Trial [R]. 2017.

第 8 章

[1] 陈华旺. 大话无线通信-网络设计完全攻略[M]. 北京：化学工业出版社，2015.
[2] 中兴通讯股份有限公司. 5G 技术白皮书[R]. 2018.
[3] GSA，华为. 室内数字化面向 5G 演进白皮书[R]. 2017.
[4] 中国联通，华为. 面向 5G 的室内覆盖数字化演进白皮书[R]. 2018.
[5] 王振世. 大话无线室内分布系统[M]. 北京：机械工业出版社，2018.
[6] 唐云. 浅谈 4G 有源室分向 5G 演进[J]. 电信快报，2019.
[7] 许桂芳. 深度共享方案分析[J]. 移动通信，2017.
[8] 刘光海，陈崴嵬，薛永备，等. 4G 网络基站共享优化解决方案[J]. 邮电设计技术，2017.
[9] 黄劲安，曾哲君，蔡子华，等. 迈向 5G：从关键技术到网络部署[M]. 北京：人民邮电出版社，2018.

第 9 章

[1] 德勤中国. 5G 重塑行业应用[R]. 2018.
[2] 华为技术有限公司. 5G 时代十大应用场景白皮书[R]. 2017.
[3] 中国信通院，IMT-2020（5G）推进组. “绽放杯”5G 应用征集大赛白皮书[R]. 2018.
[4] 中国南方电网，中国移动，华为技术有限公司. 5G 助力智能电网应用白皮书[R]. 2018.
[5] 中商产业研究院. 2019 年中国 5G 产业市场研究报告[R]. 2018.
[6] 上海联通. 未来已来——面向 5G 网络的思考及探索[R]. 2018.
[7] 华为技术有限公司. 联网农场——智慧农业市场评估[R]. 2017.
[8] 杉野升，矶部悦男. 图说移动通信技术[M]. 北京：科学出版社，2003.

第 10 章

[1] 3GPP TR 36.889 V13.0.0. Study on Licensed-Assisted Access to Unlicensed Spectrum (Release 13) [R]. 2015.

[2] 张晋瑜. 基于 MuLTEfire 的上行传输及共存优化[D]. 北京：北京邮电大学，2018.

[3] 常永宇. 非授权频段中 eLAA 与 Wi-Fi 系统共存性能研究[D]. 北京：北京邮电大学，2018.

[4] 周宇，陈健，高月红. 5G 授权频谱分配及非授权频谱利用技术的研究[J]. 电信工程技术与标准化，2018，31(3):4-9.

[5] Gartner. 2018 年新兴技术成熟度曲线[R]. 2018.

[6] IMT-2020（5G）推进组. 5G 愿景与需求白皮书[R]. 2014.

[7] 黄劲安，曾哲君，蔡子华，等. 迈向 5G：从关键技术到网络部署[M]. 北京：人民邮电出版社，2018.